쓰니책

당신도 이번에 반드시 합격합니다!

무료강의

소방안전관리자 2급

기출문제 총집합 + 5개년 기출문제

우석대학교 소방방재학과 교수 / 한국소방안전원 초빙교수 역임 **공하성** 지음

BM (주)도서출판 **성안당**

소방안전관리자 2급!!

한번에 합격할 수 있습니다.

저는 소방분야에서 20여 년간 몸담았고 학생들에게 소방안전관리자 교육을 꾸준히 해왔습니다. 그래서 다년간 한국소방안전원에서 초빙교수로 소방안전관리자 교육을 하면서 어떤 문제가 주로 출제되고, 어떻게 공부하면 한번에 합격할 수 있는지 잘 알고 있습니다.

이 책은 한국소방안전원 교재를 함께보면서 공부할 수 있도록 구성했습니다. 하루 8시간씩 받는 강습 교육은 매우 따분하고 힘든 교육입니다. 이때 강습 교육을 받으면서 이 책으로 함께 시험 준비를 하면 효과 '짱'입니다.

이에 이 책은 강습 교육과 함께 공부할 수 있도록 본문 및 문제에 한국소방안전원 교재페이지를 넣었습니다. 강습 교육 중 출제가 될 수 있는 중요한 문제를 이 책에 표시하면서 공부하면 학습에 효과적일 것입니다.

문제번호 위의 별표 개수로 출제확률을 확인하세요.

★ 출제확률 30%	★★ 출제확률 70%	★★★ 출제확률 90%

한번에 합격하신 여러분들의 밝은 미소를 기억하며…….
이 책에 대한 모든 영광을 그분께 돌려드립니다.

저자 공하성 올림

▶▶ **기출문제 작성에 도움 주신 분**
박제민(朴帝玟)

GUIDE 시험 가이드

① ▸▸ **시행처**

한국소방안전원(www.kfsi.or.kr)

② ▸▸ **진로 및 전망**

- 빌딩, 각 사업체, 공장 등에 소방안전관리자로 선임되어 소방안전관리자의 업무를 수행할 수 있다.
- 건물주가 자체 소방시설을 점검하고 자율적으로 화재예방을 책임지는 자율소방 제도를 시행함에 따라 소방안전관리자에 대한 수요가 증가하고 있는 추세이다.

③ ▸▸ **시험접수**

- 시험접수방법

구 분	시·도지부 방문접수(근무시간 : 09:00~18:00)	한국소방안전원 사이트 접수(www.kfsi.or.kr)
접수 시 관련 서류	• 응시수수료 결제(현금, 신용카드 등) • 사진 1매 • 응시자격별 증빙서류(해당자에 한함)	• 응시수수료 결제(신용카드, 무통장입금 등)

- 시험접수 시 기본 제출서류
  - 시험응시원서 1부
  - 사진 1매(가로 3.5cm×세로 4.5cm)

④ ▸▸ **시험과목**

1과목	2과목
소방안전관리자 제도	소방시설(소화설비, 경보설비, 피난구조설비)의 점검·실습·평가
소방관계법령(건축관계법령 포함)	소방계획 수립 이론·실습·평가 (화재안전취약자의 피난계획 등 포함)
소방학개론	자위소방대 및 초기대응체계 구성 등 이론·실습·평가
화기취급감독 및 화재위험작업 허가·관리	작동기능점검표 작성 실습·평가
위험물·전기·가스 안전관리	응급처치 이론·실습·평가
피난시설, 방화구획 및 방화시설의 관리	소방안전교육 및 훈련 이론·실습·평가

1과목	2과목
소방시설의 종류 및 기준	화재 시 초기대응 및 피난 실습·평가
소방시설(소화설비·경보설비·피난구조설비)의 구조	업무수행기록의 작성·유지 실습·평가

⑤ ▸▸ 출제방법

- 시험유형 : 객관식(4지 선택형)
- 배점 : 1문제 4점
- 출제문항수 : 50문항(과목별 25문항)
- 시험시간 : 1시간(60분)

⑥ ▸▸ 합격기준 및 시험일시

- 합격기준 : 매 과목 100점을 만점으로 하여 매 과목 40점 이상, 전 과목 평균 70점 이상
- 시험일정 및 장소 : 한국소방안전원 사이트(www.kfsi.or.kr)에서 시험일정 참고

⑦ ▸▸ 합격자 발표

홈페이지에서 확인 가능

⑧ ▸▸ 지부별 연락처

지부(지역)	연락처	지부(지역)	연락처
서울지부(서울 영등포)	02-850-1378	부산지부(부산 금정구)	051-553-8423
서울동부지부(서울 신설동)	02-850-1392	대구경북지부(대구 중구)	053-431-2393
인천지부(인천 서구)	032-569-1971	울산지부(울산 남구)	052-256-9011
경기지부(수원 팔달구)	031-257-0131	경남지부(창원 의창구)	055-237-2071
경기북부지부(파주)	031-945-3118	광주전남지부(광주 광산구)	062-942-6679
대전충남지부(대전 대덕구)	042-638-4119	전북지부(전북 완주군)	063-212-8315
충북지부(청주 서원구)	043-237-3119	제주지부(제주시)	064-758-8047
강원지부(횡성군)	033-345-2119	–	–

CONTENTS

차 례

제 1 편

소방관계법령

당신도 해낼 수 있습니다.

제 1 장 소방안전관리제도

 Key Point

＊소방안전관리제도
소방안전관리에 관한 전문
지식을 갖춘 자를 해당 건
축물에 선임토록 하여 소방
안전관리를 수행하는 민간
에서의 소방활동

**＊특정소방대상물 vs 소
방대상물**
① **특정소방대상물**
　다수인이 출입·근무하
　는 장소 중 소방시설 설
　치장소
② **소방대상물**
　소방차가 출동해서 불을
　끌 수 있는 것
　㉠ **건**축물
　㉡ **차**량
　㉢ **선**박(항구에 **매어 둔
　　선박**)
　㉣ 선박건조구조물
　㉤ **산**림
　㉥ **인**공구조물 및 **물**건

공하성 기억법
건차선 산인물

＊화재발생현황 교재 P.11
사망자＜부상자

＊실무교육 교재 P.13
① 화재의 예방 및 안전관리
　에 관한 법률 시행규칙
② 실무교육 미참석자 : 50만
　원 이하 **과태료**

01 특정소방대상물 교재 P.12

(1) 소방시설 설치 및 관리에 관한 법률

(2) **근린생활시설, 업무시설, 위락시설, 숙박시설, 공장** 등, 그 밖의 **다수
인**이 **출입** 또는 **근무**하는 장소 중 **소방시설**을 **설치**하여야 하는 장소

(3) **30종류**로 분류

02 소방안전관리자의 실무교육 교재 P.13

(1) **목적**
현장실무능력을 배양하고 새로운 소방기술정보 등을 습득

(2) **실무교육 미참석자**
① 소방안전관리자의 자격정지
② 실무교육을 받지 아니한 소방안전관리자 및 보조자에게는 **50만원**의
과태료

제 **2** 장   소방기본법

01 ▶ 소방기본법의 목적 [교재] P.14

(1) 화재**예방·경계** 및 **진압** [문01 보기①]
(2) 화재, 재난·재해 등 위급한 상황에서의 **구조·구급활동** [문01 보기①]
(3) 국민의 **생명·신체** 및 **재산보호** [문01 보기②] [유사01 보기①]
(4) 공공의 안녕 및 질서유지와 **복리증진**에 이바지 [문01 보기③] [유사01 보기②]

* 소방기본법의 궁극적인
목적   [교재] P.14
공공의 안녕 및 질서유지와
복리증진에 이바지

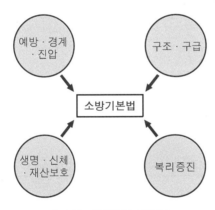

┃ 소방기본법의 목적 ┃

유사 기출문제

01★★ [교재] P.11, P.14, P.39
다음 사항 중 틀린 것은?
① 소방기본법은 국민의 생명, 신체 및 재산을 보호하는 것이 목적이다.
② 소방시설 설치 및 관리에 관한 법률은 공공의 안녕 및 질서유지와 복리증진이 그 목적이다.
③ 매년 화재발생으로 인한 인명피해는 부상자보다 사망자가 더 적다.
④ 소방안전관리제도는 민간 소방의 최일선에 있는 관리자들을 통해 화재 및 재난 등에 효과적으로 대응하기 위해 만들어진 제도이다.

해설 ② 소방시설 설치 및 관리에 관한 법률 → 소방기본법

정답 ②

기출문제 ●

01★★ [교재] P.14   **소방기본법의 목적이 아닌 것은?**
① 화재예방, 경계, 진압과 재난, 재해 및 위급한 상황에서의 구조 및 구급활동
② 국민의 생명 및 재산보호
③ 공공의 안녕 및 질서유지와 복리증진에 이바지
④ 사회와 기업의 복리증진

Key Point

해설 ④ 사회와 기업의 → X

정답 ④

비교 **목적**

	소방기본법 [교재 P.14]	화재의 예방 및 안전관리에 관한 법률, 소방시설 설치 및 관리에 관한 법률 [교재 P.19, P.39]
	공공의 안녕 및 질서유지와 복리증진	공공의 안전과 복리증진

02 소방대 [교재 P.14]

(1) **소**방공무원 [문02 보기①]
(2) **의**무소방원 [문02 보기②]
(3) **의**용소방대원 [문02 보기③]

공하성 기억법 의소(의용소방대)

용어 **소방대**

화재를 **진압**하고 화재, 재난·재해, 그 밖의 위급한 상황에서의 **구조·구급**활동 등을 하기 위하여 구성된 조직체

기출문제

★★★
02 다음 중 화재를 진압하고 화재, 재난·재해, 그 밖의 위급한 상황에서 구조·구급활동 등을 하기 위하여 구성된 조직체가 아닌 것은?
[교재 P.14]
① 소방공무원　　　　　　② 의무소방원
③ 의용소방대원　　　　　④ 자체소방대원

해설 ④ 해당 없음

정답 ④

4

 중요 · **소방대상물** 교재 P.14

소방차가 출동해서 불을 끌 수 있는 것
(1) **건**축물 문03 보기①
(2) **차**량 문03 보기②
(3) **선**박(항구에 **매어 둔 선박**) 문03 보기③
　　　　항해 중인 선박 ×
(4) 선박건조구조물 문03 보기④
(5) **산**림
(6) **인**공구조물 또는 **물**건

공하성 기억법 **건차선 산인물**

소방대상물 X

┃ 운항 중인 선박 ┃

기출문제 ●------------

★★★
03 **소방기본법 용어 정의 중 소방대상물이 아닌 것은?**
교재 P.14
　① 건축물
　② 차량
　③ 선박(항해 중인 선박)
　④ 선박건조구조물

해설
③ 항해 중인 선박 → 항구에 매어 둔 선박

정답 ③

유사 기출문제

03★★★ 교재 P.14
소방기본법의 소방대상물이
아닌 것은?
① 산림
② 차량
③ 건축물
④ 지하 매설물
해설
④ '지하 매설물'처럼
땅속에 묻혀 있는
것은 해당 없음

정답 ④

Key Point

03 한국소방안전원

1 한국소방안전원의 설립목적　교재 P.15

(1) **소방기술**과 안전관리기술의 향상 및 홍보
(2) **교육·훈련** 등 행정기관이 위탁하는 업무의 수행
(3) 소방관계종사자의 **기술 향상** 문05 보기④
　　소방관계인 ×

▌한국소방안전원▌

2 한국소방안전원의 업무　교재 P.15

(1) 소방기술과 안전관리에 관한 **교육** 및 **조사·연구** 문04 보기①, 문05 보기①
(2) 소방기술과 안전관리에 관한 각종 **간행물 발간** 문05 보기②
(3) 화재예방과 안전관리의식 고취를 위한 **대국민 홍보**
(4) 소방업무에 관하여 **행정기관**이 **위탁**하는 업무 문04 보기③, 문05 보기③
(5) 소방안전에 관한 **국제협력** 문04 보기②
(6) **회원**에 대한 **기술지원** 등 정관으로 정하는 사항

기출문제

04 다음 중 한국소방안전원의 설립목적 및 업무가 아닌 것은?

교재 P.15

① 소방기술과 안전관리에 관한 교육
② 소방안전에 관한 국제협력
③ 교육 등 행정기관이 위탁하는 업무의 수행
④ 소방용품에 대한 형식승인의 연구, 조사

해설
④ '**소방용품**'은 한국소방산업기술원의 업무

정답 ④

Key Point

05 한국소방안전원의 업무내용이 아닌 것은?

교재 P.15

① 소방기술과 안전관리에 관한 교육 및 조사·연구
② 소방기술과 안전관리에 관한 각종 간행물 발간
③ 행정기관이 위탁하는 업무
④ 소방관계인의 기술 향상

해설

④ 소방관계인 → 소방관계종사자

정답 ④

3 한국소방안전원의 회원자격 교재 P.15

(1) **소**방안전관리자
(2) **소**방기술자
(3) **위**험물안전관리자

공하성 기억법 소위(소위 계급)

유사 기출문제

05★★★ 교재 P.15
한국소방안전원의 업무로서 옳지 않은 것은?

① 소방기술과 안전관리에 관한 교육 및 조사·연구
② 소방기술과 안전관리에 관한 각종 간행물 발간
③ 화재예방과 안전관리 의식 고취를 위한 대국민 홍보
④ 소방기술과 안전관리에 관한 방염성능검사 업무

해설 ④ 방염성능검사 업무 → 각종 간행물 발간

정답 ④

* 한국소방안전원의 회원 자격 교재 P.15

❖ 꼭 기억하세요 ❖

Key Point

01 화재의 예방 및 안전관리에 관한 법률의 목적 [교재 P.19]

(1) 화재로부터 국민의 생명·신체 및 **재산보호** [문01 보기②]
(2) **공공**의 **안전**과 **복리증진** 이바지 [문01 보기②]

기출문제 •-------------------------

01 ⭐ [교재 P.19] 화재의 예방 및 안전관리에 관한 법률의 목적에 대한 설명으로 옳은 것을 모두 고르시오.

> ㉠ 화재를 예방·경계·진압하는 목적이 있다.
> ㉡ 국민의 재산을 보호하는 목적이 있다.
> ㉢ 공공의 안녕 및 질서유지를 목적으로 한다.
> ㉣ 복리증진에 이바지함을 목적으로 한다.

① ㉠, ㉡
② ㉡, ㉣
③ ㉠, ㉡, ㉢
④ ㉠, ㉡, ㉢, ㉣

해설
> ㉠, ㉢ : 소방기본법의 목적

정답 ②

02 화재안전조사

1 화재안전조사의 정의 교재 P.19

소방관서장(소방청장, 소방본부장, 소방서장)이 소방대상물, 관계지역 또는 관계인에 대하여 소방시설 등이 소방관계법령에 적합하게 설치·관리되고 있는지, 소방대상물에 화재발생위험이 있는지 등을 확인하기 위하여 실시하는 **현장조사·문서열람·보고요구** 등을 하는 활동

중요 소방관계법령

소방기본법	화재의 예방 및 안전관리에 관한 법률	소방시설 설치 및 관리에 관한 법률
• 한국소방안전원 문02 보기① • 소방대장 문02 보기③ • 소방대상물 문02 보기④ • 소방대 • 관계인	• 화재안전조사 문02 보기② • 화재예방강화지구(시·도지사) • 화재예방조치(소방관서장)	• 건축허가 등의 동의 • 피난시설, 방화구획 및 방화시설 • 방염 • 자체점검

기출문제

★★
02 소방기본법에 대한 설명으로 틀린 것은?

교재 PP.14-15

① 한국소방안전원　　　② 화재안전조사
③ 소방대장　　　　　　④ 소방대상물

해설
② 화재안전조사 : 화재의 예방 및 안전관리에 관한 법률

정답 ②

2 화재안전조사의 실시대상 교재 P.20

(1) 소방시설 등의 자체점검이 **불성실**하거나 불완전하다고 인정되는 경우
(2) **화재예방강화지구** 등 법령에서 화재안전조사를 하도록 규정되어 있는 경우

* 소방관서장
① 소방청장
② 소방본부장
③ 소방서장

유사 기출문제

02★★★
교재 PP.14-15, P.19, P.41, P.44
소방기본법에 대한 설명으로 옳은 것은?
① 방염
② 자체점검
③ 화재안전조사
④ 한국소방안전원

해설
①·② 소방시설 설치 및 관리에 관한 법률
③ 화재의 예방 및 안전관리에 관한 법률
④ 소방기본법

정답 ④

* 화재안전조사 실시자
교재 P.19
① 소방청장
② 소방본부장
③ 소방서장

★ 화재안전조사 관계인의
승낙이 필요한 곳
주거(주택)

(3) **화재예방안전진단**이 **불성실**하거나 불완전하다고 인정되는 경우

(4) **국가적 행사** 등 주요 행사가 개최되는 장소 및 그 주변의 관계 지역에 대하여 소방안전관리 실태를 조사할 필요가 있는 경우

(5) **화재**가 **자주 발생**하였거나 발생할 우려가 뚜렷한 곳에 대한 조사가 필요한 경우

(6) **재난예측정보**, 기상예보 등을 분석한 결과 소방대상물에 화재의 발생 위험이 크다고 판단되는 경우

(7) 화재, 그 밖의 긴급한 상황이 발생할 경우 인명 또는 재산 피해의 우려가 **현저하다고** 판단되는 경우

3 화재안전조사의 항목 교재 P.20

(1) **화재**의 **예방조치** 등에 관한 사항

(2) 소방안전관리 업무 수행에 관한 사항

(3) 피난계획의 수립 및 시행에 관한 사항

(4) 소화·통보·피난 등의 훈련 및 소방안전관리에 필요한 교육에 관한 사항

(5) **소방자동차 전용구역**의 설치에 관한 사항

(6) 「소방시설공사업법」에 따른 시공, 감리 및 감리원의 배치에 관한 사항

(7) 소방시설의 설치 및 관리에 관한 사항

(8) **건설현장 임시소방시설**의 설치 및 관리에 관한 사항

(9) **피난시설**, **방화구획** 및 **방화시설**의 관리에 관한 사항

(10) **방염**에 관한 사항

(11) 소방시설 등의 **자체점검**에 관한 사항

(12) 「**다중이용업소의 안전관리에 관한 특별법**」, 「**위험물안전관리법**」, 「**초고층 및 지하연계 복합건축물 재난관리에 관한 특별법**」의 안전관리에 관한 사항

(13) 그 밖에 소방대상물에 화재의 발생 위험이 있는지 등을 확인하기 위해 **소방관서장**이 화재안전조사가 필요하다고 인정하는 사항

기출문제

03 화재안전조사 항목에 대한 사항으로 옳지 않은 것은?
① 특정소방대상물 및 관계지역에 대한 강제처분·피난명령에 관한 사항
② 소방안전관리 업무수행에 관한 사항
③ 소방시설 등의 자체점검에 관한 사항
④ 피난계획의 수립 및 시행에 관한 사항

해설
> ① 해당 없음

정답 ①

4 화재안전조사 방법 교재 P.21

종합조사	부분조사
화재안전조사 **항목 전체**에 대해 실시하는 조사	화재안전조사 **항목 중 일부**를 확인하는 조사

5 화재안전조사 절차 교재 P.21

(1) 소방관서장은 조사대상, 조사시간 및 조사사유 등 조사계획을 인터넷 홈페이지 또는 전산시스템을 통해 **7일** 이상 공개해야 한다.

(2) 소방관서장은 사전통지 없이 화재안전조사를 실시하는 경우에는 화재안전조사를 실시하기 전에 관계인에게 **조사사유** 및 **조사범위** 등을 현장에서 설명해야 한다.

(3) 소방관서장은 화재안전조사를 위하여 소속 공무원으로 하여금 관계인에게 **보고** 또는 **자료**의 **제출**을 요구하거나 소방대상물의 위치·구조·설비 또는 관리 상황에 대한 **조사·질문**을 하게 할 수 있다.

Key Point

* 화재안전조사계획 공개 기간 교재 P.21
7일

＊ 화재안전조사 교재 P.19
소방청장, 소방본부장 또는 소방서장(소방관서장)이 소방대상물, 관계지역 또는 관계인에 대하여 소방시설 등이 소방관계법령에 적합하게 설치·관리되고 있는지, 소방대상물에 화재의 발생 위험이 있는지 등을 확인하기 위하여 실시하는 현장조사·문서열람·보고요구 등을 하는 활동 문04 보기①

기출문제 ●

04
교재
P.19

다음 중 화재안전조사에 대한 설명으로 옳은 것은?

① 소방관서장으로 하여금 관할구역에 있는 소방대상물, 관계지역 또는 관계물에 대하여 소방시설 등이 소방관계법령에 적합하게 설치·관리되고 있는지 조사하는 것이다.

② 관계공무원으로 하여금 관리상황을 조사하게 할 수 있다.

③ 한국가스공사와 합동조사반을 편성하여 실시할 수 있다.

④ 화재안전조사 항목에 위험물 제조·저장·취급 등 안전관리에 관한 사항이 포함된다.

해설
> ②·③·④ 해당 없음

정답 ①

＊ 화재안전조사 조치명령권자 교재 P.21
① 소방청장
② 소방본부장
③ 소방서장

6 화재안전조사 결과에 따른 조치명령 교재 P.21

(1) 명령권자
　소방관서장(소방**청**장·소방**본**부장·소방**서**장)

공하성 기억법　청본서안

(2) 명령사항
① **개수**명령 문05 보기②
　재축명령 ✕
② **이전**명령 문05 보기④
③ **제거**명령 문05 보기③
④ **사용**의 **금지** 또는 제한명령, 사용폐쇄
⑤ **공사**의 **정지** 또는 중지명령

기출문제 ●

05
교재
P.21

화재안전조사 결과에 따른 조치명령사항이 아닌 것은?

① 재축명령　　　　　　　② 개수명령
③ 제거명령　　　　　　　④ 이전명령

해설
> ① 해당 없음

정답 ①

7 화재예방강화지구의 지정 `교재 P.22`

(1) **지정권자** : 시·도지사

(2) **지정지역**

① **시장**지역
② **공장·창고** 등이 밀집한 지역
③ **목조건물**이 밀집한 지역
④ **노후·불량건축물**이 **밀집**한 지역
⑤ **위험물**의 **저장** 및 **처리시설**이 **밀집**한 지역
⑥ **석유화학제품**을 **생산**하는 공장이 있는 지역
⑦ **소방시설·소방용수시설** 또는 **소방출동로**가 **없는** 지역
⑧ 산업입지 및 개발에 관한 법률에 따른 **산업단지**
⑨ 물류시설의 개발 및 운영에 관한 법률에 따른 물류단지
⑩ **소방청장, 소방본부장** 또는 **소방서장**이 화재예방강화지구로 지정
   할 필요가 있다고 인정하는 지역

8 화재예방조치 등 `교재 P.22`

(1) **모닥불, 흡연** 등 화기의 취급 행위의 금지 또는 제한
(2) **풍등** 등 소형열기구 날리기 행위의 금지 또는 제한
(3) **용접·용단** 등 불꽃을 발생시키는 행위의 금지 또는 제한
(4) **대통령령**으로 정하는 화재발생위험이 있는 행위의 금지 또는 제한
(5) 목재, 플라스틱 등 가연성이 큰 물건의 제거, 이격, 적재 금지 등
(6) 소방차량의 통행이나 소화활동에 지장을 줄 수 있는 물건의 이동

03 특정소방대상물 소방안전관리

1 소방안전관리자 및 소방안전관리보조자를 선임하는 특정 소방대상물 [교재] PP.23-25

소방안전관리대상물	특정소방대상물
특급 소방안전관리대상물 (동식물원, 철강 등 불연성 물품 저장·취급창고, 지하구, 위험물제조소 등 제외)	• **50층** 이상(지하층 제외) 또는 지상 **200m** 이상 **아파트** • **30층** 이상(지하층 포함) 또는 지상 **120m** 이상(아파트 제외) [유사06 보기①] • 연면적 **10만m²** 이상(아파트 제외)
1급 소방안전관리대상물 (동식물원, 철강 등 불연성 물품 저장·취급창고, 지하구, 위험물제조소 등 제외)	• **30층** 이상(지하층 제외) 또는 지상 **120m** 이상 **아파트** [문06 보기①②] 지하층 포함 × • 연면적 **15000m²** 이상인 것(아파트 및 연립주택 제외) [문06 보기③] • **11층** 이상(아파트 제외) 11층 미만 × • 가연성 가스를 **1000톤** 이상 저장·취급하는 시설 [문06 보기④]
2급 소방안전관리대상물	• 지하구 • 가스제조설비를 갖추고 도시가스사업 허가를 받아야 하는 시설 또는 가연성 가스를 **100~1000톤** 미만 저장·취급하는 시설 • **옥내소화전설비, 스프링클러설비** 설치대상물 [유사06 보기③] • **물분무등소화설비**(호스릴방식 제외) 설치대상물 • 공동주택(옥내소화전설비 또는 스프링클러설비가 설치된 공동주택 한정) • 목조건축물(국보·보물) [유사06 보기④]
3급 소방안전관리대상물	• **자동화재탐지설비** 설치대상물 • **간이스프링클러설비**(주택전용 제외) 설치대상물

＊ 지하구 [교재] P.25
2급 소방안전관리대상물

Key Point

기출문제

06 다음 중 층수가 17층인 오피스텔의 소방안전관리대상물과 기준이 다른 것은?

교재 P.24

① 30층 이상(지하층 포함)인 아파트
② 지상으로부터 높이가 120m 이상인 아파트
③ 연면적 15000m² 이상인 특정소방대상물(아파트 제외)
④ 가연성 가스를 1000톤 이상 저장·취급하는 시설

해설
- ① 지하층 포함 → 지하층 제외
- 17층으로서 11층 이상(아파트 제외)이므로 1급 소방안전관리대상물

정답 ①

중요 최소 선임기준 [교재 PP.23-26]

소방안전관리자	소방안전관리보조자
• 특정소방대상물마다 **1명**	• **300세대** 이상 아파트 : 1명(단, 300세대 초과마다 1명 이상 추가) • 연면적 **15000m²** 이상 : 1명(단, 15000m² 초과마다 1명 이상 추가) • 공동주택(기숙사), 의료시설, 노유자시설, 수련시설 및 숙박시설(바닥면적 합계 1500m² 미만이고, 관계인이 24시간 상시 근무하고 있는 숙박시설 제외) : 1명

07 연면적이 43000m²인 어느 특정소방대상물이 있다. 소방안전관리자와 소방안전관리보조자의 최소선임기준은 몇 명인가?

교재 PP.23-26

① 소방안전관리자 : 1명, 소방안전관리보조자 : 1명
② 소방안전관리자 : 1명, 소방안전관리보조자 : 2명
③ 소방안전관리자 : 2명, 소방안전관리보조자 : 1명
④ 소방안전관리자 : 2명, 소방안전관리보조자 : 2명

해설 (1) 소방안전관리자 : **1명**

(2) 소방안전관리보조자수 = $\dfrac{\text{연면적}}{15000\text{m}^2} = \dfrac{43000\text{m}^2}{15000\text{m}^2} = 2.8 = 2$명(소수점 버림)

• 소수점 발생시 소수점을 버린다는 것을 잊지 말 것

정답 ②

유사 기출문제

06★★★ [교재 PP.23-25]
특정소방대상물에 대한 설명으로 틀린 것은?

① 지하층을 포함한 30층 이상의 특정소방대상물은 특급 소방안전관리대상물이다.
② 지하층을 제외한 30층 이상의 아파트는 1급 소방안전관리대상물이다.
③ 옥내소화전설비가 설치되어 있으면 2급 소방안전관리대상물이다.
④ 보물로 지정된 목조건축물은 3급 소방안전관리대상물이다.

해설 ④ 3급 → 2급

정답 ④

유사 기출문제

07★★★ [교재 P.26]
연면적이 45000m²인 어느 특정소방대상물이 있다. 소방안전관리보조자의 최소선임기준은 몇 명인가?

① 소방안전관리보조자 : 1명
② 소방안전관리보조자 : 2명
③ 소방안전관리보조자 : 3명
④ 소방안전관리보조자 : 4명

해설 소방안전관리보조자수 $= \dfrac{45000\text{m}^2}{15000\text{m}^2} = 3$명

정답 ③

08 1600세대의 아파트에 선임하여야 하는 소방안전관리보조자는 최소 몇 명인가?

교재 P.26

① 3명   ② 4명
③ 5명   ④ 6명

해설

$$소방안전관리보조자수 = \frac{세대수}{300세대}$$

$$= \frac{1600세대}{300세대} = 5.33 ≒ 5명(소수점 버림)$$

정답 ③

2 소방안전관리자의 선임자격

(1) 특급 소방안전관리대상물의 소방안전관리자 선임자격   교재 PP.23-24

자 격	경 력	비 고
• 소방기술사 • 소방시설관리사	경력 필요 없음	특급 소방안전관리자 자격증을 받은 사람
• 1급 소방안전관리자(소방설비기사)	5년	
• 1급 소방안전관리자(소방설비산업기사)	7년	
• 소방공무원	20년	
• 소방청장이 실시하는 특급 소방안전관리 대상물의 소방안전관리에 관한 시험에 합격한 사람	경력 필요 없음	

(2) 1급 소방안전관리대상물의 소방안전관리자 선임자격   교재 P.24

자 격	경 력	비 고
• 소방설비기사 • 소방설비산업기사	경력 필요 없음	1급 소방안전관리자 자격증을 받은 사람
• 소방공무원	7년	
• 소방청장이 실시하는 1급 소방안전관리 대상물의 소방안전관리에 관한 시험에 합격한 사람	경력 필요 없음	
• 특급 소방안전관리대상물의 소방안전관 리자 자격이 인정되는 사람		

* 특급 소방안전관리자
교재 PP.23-24
소방공무원 20년

* 1급 소방안전관리자
교재 P.24
소방공무원 7년

기출문제 ●┄┄┄┄┄┄┄┄┄┄┄┄┄┄┄┄┄┄┄┄┄┄┄┄┄┄┄┄┄

09 다음 보기에서 설명하는 소방안전관리자로 옳은 것은?

 교재 P.24

- 소방설비기사 또는 소방설비산업기사 자격이 있는 사람으로 해당 소방안전관리자 자격증을 받은 사람
- 소방공무원으로 7년 이상 근무한 경력이 있는 사람으로 해당 소방안전관리자 자격증을 받은 사람

① 특급 소방안전관리자
② 1급 소방안전관리자
③ 2급 소방안전관리자
④ 3급 소방안전관리자

해설
> ② 1급 소방안전관리자에 대한 설명

●정답 ②

10 다음의 소방안전관리대상물에 선임대상으로 옳지 않은 것은? (단, 해당 소방안전관리자 자격증을 받은 경우이다.)

 교재 P.24

지상 11층 이상, 지하 5층, 바닥면적 2000m²의 건축물에 스프링클러설비, 포소화설비가 설치되어 있다.

① 소방설비산업기사의 자격이 있는 사람
② 소방공무원으로 7년 이상 근무한 경력이 있는 사람
③ 위험물기능사 자격을 가진 사람으로서 '위험물안전관리법' 제15조 제1항에 따라 안전관리자로 선임된 사람
④ 소방설비기사의 자격이 있는 사람

해설
> - ③ 2급 소방안전관리자 선임대상
> - **지상 11층** 이상이므로 **1급 소방안전관리대상물**(1급 소방안전관리자)

●정답 ③

Key Point

(3) 2급 소방안전관리대상물의 소방안전관리자 선임조건 | 교재 P.25

자 격	경 력	비 고
● 위험물기능장 ● 위험물산업기사 ● 위험물기능사	경력 필요 없음	2급 소방안전관리자 자격증을 받은 사람
● 소방공무원	3년	
●「기업활동 규제완화에 관한 특별조치법」 에 따라 소방안전관리자로 선임된 사람 (소방안전관리자로 선임된 기간으로 한정)		
● 소방청장이 실시하는 2급 소방안전관리 대상물의 소방안전관리에 관한 시험에 합격한 사람	경력 필요 없음	
● 특급 또는 1급 소방안전관리대상물의 소방안전관리자 자격이 인정되는 사람		

* 2급 소방안전관리자
교재 P.25

소방공무원 3년

기출문제 ●

★★★
11 2급 소방안전관리대상물의 소방안전관리자로 선임될 수 있는 자격
교재 기준으로 알맞은 것은? (단, 해당 소방안전관리자 자격증을 받은 경
P.25 우이다.)

① 전기기능사 자격을 가진 사람
② 위험물기능사의 자격을 가진 사람
③ 경찰공무원으로 2년 이상 근무한 경력이 있으며 2급 소방안전관
리자시험에 합격한 사람
④ 의용소방대원으로 2년 이상 근무한 경력이 있으며 2급 소방안전관
리자시험에 합격한 사람

 해설
> ① · ③ · ④ 해당 없음

●정답 ②

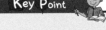

(4) 3급 소방안전관리대상물의 소방안전관리자 선임조건 교재 P.25

자 격	경 력	비 고
• 소방공무원	1년	
• 「기업활동 규제완화에 관한 특별조치법」에 따라 소방안전관리자로 선임된 사람(소방안전관리자로 선임된 기간으로 한정)		3급 소방안전관리자 자격증을 받은 사람
• 소방청장이 실시하는 3급 소방안전관리대상물의 소방안전관리에 관한 시험에 합격한 사람	경력 필요 없음	
• 특급, 1급 또는 2급 소방안전관리대상물의 소방안전관리자 자격이 인정되는 사람		

Key Point

* 3급 소방안전관리자
교재 P.25

소방공무원 1년

 기출문제 ●

★★★
12 소방안전관리자의 선임자격에 대한 설명으로 옳은 것은? (단, 해당 소방안전관리자 자격증을 받은 경우이다.)

교재
PP.23
-29

① 소방공무원으로 10년 이상 근무한 경력이 있는 사람은 특급 소방안전관리자로 선임이 가능하다.
② 소방공무원으로 5년 이상 근무한 경력이 있는 사람은 1급 소방안전관리자시험 응시가 가능하다.
③ 소방공무원으로 3년 이상 근무한 경력이 있는 사람은 2급 소방안전관리자로 선임이 가능하다.
④ 의용소방대원으로 1년 이상 근무한 경력이 있는 사람은 3급 소방안전관리자로 선임이 가능하다.

 해설

① 10년 이상 → 20년 이상
② 5년 이상 → 7년 이상
④ 의용소방대원 → 소방공무원

정답 ③

3 관계인 및 소방안전관리자의 업무   교재 P.31

특정소방대상물(관계인)	소방안전관리대상물(소방안전관리자)
① 피난시설 · 방화구획 및 방화시설의 관리	① 피난시설 · 방화구획 및 방화시설의 관리
② 소방시설, 그 밖의 소방관련시설의 관리	② 소방시설, 그 밖의 소방관련시설의 관리
③ **화기취급**의 감독	③ **화기취급**의 감독
④ 소방안전관리에 필요한 업무	④ 소방안전관리에 필요한 업무
⑤ 화재발생시 초기대응	⑤ **소방계획서**의 작성 및 시행(대통령령으로 정하는 사항 포함)
	⑥ **자위소방대** 및 **초기대응체계**의 구성 · 운영 · 교육
	⑦ 소방훈련 및 교육
	⑧ 소방안전관리에 관한 업무수행에 관한 기록 · 유지
	⑨ 화재발생시 초기대응

기출문제

13 ★★★ 소방안전관리대상물을 제외한 특정소방대상물의 관계인의 업무가 아닌 것은?

교재 P.31

① 소방계획서의 작성 및 시행(대통령령으로 정하는 사항 포함)
② 피난시설, 방화구획 및 방화시설의 관리
③ 화기취급의 감독
④ 소방시설, 그 밖의 소방관련시설의 관리

해설

① 소방안전관리자의 업무

정답 ①

14 ★★★ 다음 중 소방안전관리대상물의 소방안전관리자의 업무가 아닌 것은?

교재 P.31

① 피난시설, 방화구획 및 방화시설의 관리
② 소방훈련 및 교육
③ 화기취급의 감독
④ 피난계획에 관한 사항과 대통령령으로 정하는 사항을 제외한 소방계획서의 작성 및 시행

해설
④ 사항을 제외한 → 사항이 포함된

정답 ④

4 소방안전관리자의 선임신고 교재 PP.29-30

선 임	선임신고	신고대상
30일 이내	14일 이내	소방본부장 또는 소방서장

Key Point

* 30일 이내 교재 P.29, P.107
① 소방안전관리자의 선임·재선임
② 위험물안전관리자의 선임·재선임

기출문제

15 어떤 특정소방대상물에 소방안전관리자를 선임 중 2021년 7월 1일 소방안전관리자를 해임하였다. 해임한 날부터 며칠 이내에 선임하여야 하고 소방안전관리자를 선임한 날부터 며칠 이내에 관할 소방서장에게 신고하여야 하는지 옳은 것은?

교재 PP.29 -30

① 선임일 : 2021년 7월 14일, 선임신고일 : 2021년 7월 25일
② 선임일 : 2021년 7월 20일, 선임신고일 : 2021년 8월 10일
③ 선임일 : 2021년 8월 1일, 선임신고일 : 2021년 8월 15일
④ 선임일 : 2021년 8월 1일, 선임신고일 : 2021년 8월 30일

해설 **소방안전관리자의 선임신고**
(1) 해임한 날이 2021년 7월 1일이고 해임한 날(다음 날)부터 **30일** 이내에 소방안전관리자를 선임하여야 하므로 선임일은 7월 14일, 7월 20일은 맞고, 8월 1일은 31일이 되므로 틀리다(7월달은 31일까지 있기 때문이다).
(2) **선임신고일**은 선임한 날(다음 날)부터 **14일** 이내이므로 2021년 7월 25일만 해당이 되고, 나머지 ②, ④는 선임한 날부터 14일이 넘고 ③은 14일이 넘지는 않지만 선임일이 30일이 넘으므로 답은 ①번이 된다.

정답 ①

✓ 중요 소방안전관리자의 선임연기 신청자 교재 P.30

2, 3급 소방안전관리대상물의 관계인

 Key Point

★★★
16 특정소방대상물의 소방안전관리에 관한 사항으로 소방안전관리자의 선임연기 신청자격이 있는 사람을 모두 고른 것은?

교재 P.30

> ㉠ 특급 소방안전관리대상물의 관계인
> ㉡ 1급 소방안전관리대상물의 관계인
> ㉢ 2급 소방안전관리대상물의 관계인
> ㉣ 3급 소방안전관리대상물의 관계인

① ㉠, ㉡
② ㉠, ㉢
③ ㉢, ㉣
④ ㉡, ㉢

해설

③ 선임연기 신청자 : **2, 3급** 소방안전관리대상물의 관계인

 정답 ③

★ 소방안전관리 업무대행
교재 P.32
'소방시설관리업체'가 한다.

5 소방안전관리 업무의 대행 교재 P.32

대통령령으로 정하는 소방안전관리대상물의 **관계인**은 관리업자로 하여금 소방안전관리 업무 중 **대통령령**으로 정하는 업무를 대행하게 할 수 있으며, 이 경우 선임된 소방안전관리자는 관리업자의 대행업무 수행을 감독하고 대행 업무 외의 소방안전관리업무는 직접 수행하여야 한다.

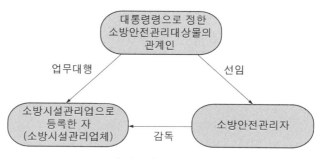

‖ 소방안전관리 업무대행 ‖

| 소방안전관리 업무대행 |

대통령령으로 정하는 소방안전관리대상물	대통령령으로 정하는 업무
① 11층 이상 1급 소방안전관리대상물 (단, 연면적 15000m² 이상 및 아파트 제외) ② **2급·3급** 소방안전관리대상물 문17 보기②	① **피난시설, 방화구획** 및 **방화시설**의 관리 문17 보기④ ② 소방시설이나 그 밖의 소방관련시설의 관리

기출문제 ●

17 다음 중 소방안전관리 업무의 대행에 관한 설명으로 옳은 것은?

교재 P.32

① 소방안전관리 업무를 대행하는 자를 감독할 수 있는 자를 소방안전관리자로 선임할 수 있다.

② 대통령령으로 정하는 소방안전관리대상물은 특급 소방안전관리대상물을 말한다.

③ 대통령령으로 정하는 소방안전관리대상물은 1급 소방안전관리대상물 중 바닥면적 15000m² 미만을 말한다.

④ 피난시설, 방화구획 및 방화시설의 관리 업무는 행정안전부령으로 정하는 업무에 해당한다.

해설
② 특급 → 2급·3급
③ 1급 소방안전관리대상물 중 바닥면적 → 11층 이상인 1급 소방안전관리대상물 중 연면적
④ 행정안전부령 → 대통령령

 정답 ①

---

⑥ 건설현장 소방안전관리대상물 교재 P.33

(1) 연면적 **15000m²** 이상
(2) 연면적 **5000m²** 이상 ─┬ ① **지하 2층** 이하인 것
　　　　　　　　　　　　├ ② **지상 11층** 이상인 것
　　　　　　　　　　　　└ ③ 냉동창고, 냉장창고 또는 **냉동·냉장 창고**인 것

Key Point

유사 기출문제

17★★ 교재 P.32
소방안전관리업무를 대행할 수 있는 사항으로 옳지 않은 것은?

① 대통령령으로 정하는 1급 소방안전관리대상물 중 연면적 15000m² 미만인 특정소방대상물로서 층수가 11층 미만인 특정소방대상물(아파트는 제외)

② 대통령령으로 정하는 2급·3급 소방안전관리대상물

③ 대통령령으로 정하는 피난시설, 방화구획 및 방화시설의 관리

④ 대통령령으로 정하는 소방시설이나 그 밖의 소방관련시설의 관리

해설
① 11층 미만 → 11층 이상

 정답 ①

Key Point

기출문제 ●

★★
18 다음 보기가 설명하는 선임대상은?

| 교재 P.33 |
| • 연면적 15000m² 이상인 것 |
| • 연면적 5000m² 이상으로 지하 2층 이하인 것 |
| • 연면적 5000m² 이상으로 지상 11층 이상인 것 |
| • 연면적 5000m² 이상으로 냉동창고, 냉장창고 또는 냉동 냉장 창고인 것 |

① 특급 소방안전관리자   ② 1급 소방안전관리자
③ 2급 소방안전관리자   ④ 건설현장 소방안전관리자

해설
④ 건설현장 소방안전관리자 선임대상

정답 ④

★ 20일 교재 P.35
소방안전관리자의 **강**습실
시 공고일

공하성 기억법
강2(강의)

7 소방안전관리자의 강습 교재 P.35

구 분	설 명
실시기관	한국소방안전원
교육공고	20일 전

8 소방안전관리자 및 소방안전관리보조자의 실무교육 교재 P.36

(1) 실시기관 : **한국소방안전원**
(2) 실무교육주기 : **선임**된 **날**(다음 날)부터 **6개월** 이내, 그 이후 **2년**마다 **1회**
       합격연월일부터 ✕
(3) 소방안전관리자가 실무교육을 받지 아니한 때 : 1년 이하의 기간을 정하여 자격정지 문22 보기②
(4) 실무교육을 수료한 자 : **교육수료사항**을 **기재**하고 **직인**을 날인하여 교부
(5) 강습·실무교육을 받은 후 **1년 이내**에 선임된 경우 강습교육을 수료하거나 실무교육을 이수한 날에 실무교육을 이수한 것으로 본다.

> ● '**선임된 날부터**'라는 말은 '**선임한 다음 날부터**'를 의미한다.

Key Point

 비교 **실무교육**

소방안전 관련업무 경력보조자	소방안전관리자 및 소방안전관리보조자
선임된 날로부터 **3개월** 이내, 그 이후 **2년**마다 최초 실무교육을 받은 날을 기준일로 하여 매 2년이 되는 해의 기준일과 같은 날 전까지 **1회** 실무교육을 받아야 한다.	선임된 날로부터 **6개월** 이내, 그 이후 **2년**마다 최초 실무교육을 받은 날을 기준일로 하여 매 **2년**이 되는 해의 기준일과 같은 날 전까지 **1회** 실무교육을 받아야 한다.

 기출문제

19 ★★ 다음 중 실무교육에 관한 내용으로 잘못된 것은?

교재 P.36

① 합격연월일부터 6개월 이내, 그 이후 2년마다(최초 실무교육을 받은 날을 기준일로 하여 매 2년이 되는 해의 기준일과 같은 날 전까지를 말함) 1회 실무교육을 받아야 한다.

② 소방안전관리 강습 또는 실무교육을 받은 후 1년 이내에 소방안전관리자로 선임된 경우 해당 강습·실무교육을 받은 날에 실무교육을 받은 것으로 본다.

③ 소방안전관리보조자의 경우, 소방안전관리자 강습교육 또는 실무교육이나 소방안전관리보조자 실무교육을 받은 후 1년 이내에 선임된 경우 해당 강습·실무교육을 받은 날에 실무교육을 받은 것으로 본다.

④ 소방안전 관련업무 경력으로 보조자로 선임된 자는 선임된 날부터 3개월 이내, 그 이후 2년마다(최초 실무교육을 받은 날을 기준일로 하여 매 2년이 되는 해의 기준일과 같은 날 전까지를 말함) 1회 실무교육을 받아야 한다.

 해설 ① 합격연월일부터 → 선임된 날부터

정답 ①

유사 기출문제

19 ★★★ 교재 P.36
어떤 특정소방대상물에 2021년 5월 1일 소방안전관리자로 선임되었다. 실무교육은 언제까지 받아야 하는가?

① 2021년 11월 1일
② 2021년 12월 1일
③ 2022년 5월 1일
④ 2023년 5월 1일

해설 2021년 5월 1일 선임되었으므로, 선임한 날(다음 날)부터 6개월 이내인 2021년 11월 1일이 된다.
정답 ①

유사 기출문제

20★★★   교재 P.36

다음 조건을 보고 실무교육에 대한 설명으로 가장 타당한 것을 고르시오.

- 자격번호 : 2022-03-15-0-000001
- 자격등급 : 소방안전관리자 2급
- 강습 수료일 : 2022년 2월 10일
- 자격 취득일 : 2022년 3월 15일
- 기타 : 아직 소방안전관리자로 선임되지는 않음

① 실무교육을 받지 않아도 된다.
② 2022년 8월 10일 전까지 실무교육을 받아야 한다.
③ 2022년 10월 15일 전까지 실무교육을 받아야 한다.
④ 2023년 3월 15일 전까지 실무교육을 받아야 한다.

해설 아직 소방안전관리자로 선임되지 않았기 때문에 실무교육을 받지 않아도 된다.

정답 ①

★★★
20 다음 보기에서 소방안전관리자에 대한 설명으로 옳은 것을 모두 고른 것은?

교재 PP.26-27, PP.29-30, P.32, P.36

ⓐ 대통령령으로 정하는 피난시설, 방화구획 및 방화시설의 관리 업무는 대행이 가능하다.
ⓑ 소방공무원으로 10년 이상 근무한 경력이 있으면 특급 소방안전관리자로 선임이 가능하다.
ⓒ 소방안전관리자 선임은 14일 이내에 선임 후 신고는 30일 이내에 신고하여야 한다.
ⓓ 소방안전관리자로 선임되면 2년마다 실무교육을 받아야 한다.
ⓔ 3급 소방안전관리자 시험에 응시할 수 있는 자격요건은 의용소방대원, 경찰공무원, 소방안전관리보조자로 2년 이상 근무한 경력이 있을 때 주어진다.

① ⓐ, ⓑ, ⓔ
② ⓐ, ⓓ, ⓔ
③ ⓐ, ⓒ, ⓓ, ⓔ
④ ⓑ, ⓒ, ⓓ, ⓔ

해설

ⓑ 특급 소방안전관리자로 선임이 가능하다 → 특급 소방안전관리자 시험의 응시자격이 주어진다.
ⓒ 14일 이내 → 30일 이내, 30일 이내 → 14일 이내

∎3급 소방안전관리자 응시자격∎

경력	대상
2년	① 의용소방대원 ② 경찰공무원 ③ 소방안전관리자

비교 3급 소방안전관리자 선임자격

경력	대상
1년	소방공무원

정답 ②

★★★
21 2022년 1월 15일에 소방안전관리자 강습교육을 수료한 후, 2022년 2월 10일 자격시험에 최종 합격하였고, 2022년 10월 9일에 소방안전관리자로 선임되었다. 언제까지 실무교육을 받아야 하는가?

교재 P.36

① 2022년 5월 10일
② 2022년 8월 9일
③ 2024년 1월 14일
④ 2024년 8월 9일

해설 (1) 강습교육을 받은 후 1년 이내에 소방안전관리자로 선임되면 강습교육을 받은 날에 실무교육을 받은 것으로 본다.
(2) 강습교육을 2022년 1월 15일에 받고 2022년 10월 9일에 선임되었으므로 1년 이내가 되어 2022년 1월 15일이 최초 실무교육을 받은 날이 된다.
(3) 그 이후 2년마다 실무교육을 받아야 하므로 **2024년 1월 14일**까지 실무교육을 받으면 된다.

정답 ③

∗ 실무교육   교재 P.36
소방안전관리자 · 소방안전관리보조자가 강습교육을 받은 후 1년 이내에 소방안전관리자로 선임되면 강습교육을 받은 날에 실무교육을 받은 것으로 본다.

22 소방안전관리자에 대한 다음 설명으로 옳은 것을 고르시오. (단, 강습수료일은 2021년 4월 5일이다.)

교재
PP.35
-36

> **[소방안전관리자의 선임신고]**
> • 소방안전관리자 이름 : ○○○
> • 선임일자 : 2022년 5월 10일
> • 기타 : 아직 실무교육은 받지 않음

① 2022년 11월 10일 이전에 실무교육을 받아야 한다.
② 실무교육을 받지 않으면 1차 자격정지된다.
③ 50만원의 과태료를 부담하면 업무가 정지되지 않는다.
④ 강습을 수료한 날을 기준으로 2023년 4월 5일 이전에 실무교육을 받으면 된다.

 해설

> ①·④ 소방안전관리자 강습수료일은 2021년 4월 5일이고, 선임일은 2022년 5월 10일로서 1년을 초과했으므로 강습수료일을 실무교육을 받은 날로 볼 수 없다. 이때에는 선임된 날부터 6개월 이내에 실무교육을 받아야 하므로 2022년 11월 10일 이전에 실무교육을 받아야 한다.
> ② 자격정지 → 경고
> ③ 부담하면 업무가 정지되지 않는다. → 부담해도 업무는 교육을 받을 때까지 정지된다.

정답 ①

* 소방안전관리자 실무
교육을 받지 않은 경우
① 50만원의 과태료 대상
② 교육을 받을 때까지 업무
정지

04 벌 칙

1 5년 이하의 징역 또는 5000만원 이하의 벌금 교재 P.16

(1) 위력을 사용하여 출동한 소방대의 화재진압·인명구조 또는 구급활동을 **방해**하는 행위 문23 보기①
(2) 소방대가 화재진압·인명구조 또는 구급활동을 위하여 현장에 출동하거나 현장에 출입하는 것을 고의로 **방해**하는 행위
(3) 출동한 소방대원에게 폭행 또는 협박을 행사하여 화재진압·인명구조 또는 구급활동을 **방해**하는 행위 문23 보기③

(4) 출동한 소방대의 소방장비를 파손하거나 그 효용을 해하여 화재진압·인명구조 또는 구급활동을 **방해**하는 행위 문23 보기④

(5) 소방자동차의 **출동**을 **방해**한 사람

(6) 사람을 **구출**하는 일 또는 불을 끄거나 불이 번지지 아니하도록 하는 일을 **방해**한 사람

(7) 정당한 사유 없이 소방용수시설 또는 비상소화장치를 사용하거나 소방용수시설 또는 비상소화장치의 효용을 해하거나 그 정당한 사용을 **방해**한 사람

공하성 기억법 5방5000

기출문제 ●

23 5년 이하의 징역 또는 5000만원 이하의 벌금으로 옳지 않은 것은?

교재 P.16

① 위력을 사용하여 출동한 소방대의 화재진압·인명구조 또는 구급활동을 방해하는 행위

② 화재가 발생하거나 불이 번질 우려가 있는 소방대상물의 강제처분을 방해한 자

③ 출동한 소방대원에게 폭행 또는 협박을 행사하여 화재진압·인명구조 또는 구급활동을 방해하는 행위

④ 출동한 소방대의 소방장비를 파손하거나 그 효용을 해하여 화재진압·인명구조 또는 구급활동을 방해하는 행위

해설
> ② 3년 이하의 징역 또는 3000만원 이하의 벌금

정답 ②

* 3년 이하의 징역 또는 3000만원 이하의 벌금
교재 P.17
화재가 발생하거나 불이 번질 우려가 있는 소방대상물의 강제처분을 방해한 자

(8) 소방시설에 **폐쇄·차단 등의 행위를 한 자** 교재 P.49

비교 **가중처벌 규정**

사람 상해	사 망
7년 이하의 징역 또는 7천만원 이하의 벌금	10년 이하의 징역 또는 1억원 이하의 벌금

2 3년 이하의 징역 또는 3000만원 이하의 벌금 교재 P.17, P.36, P.49

(1) 소방대상물 또는 토지의 강제처분 방해 교재 P.17
(2) **화재안전조사** 결과에 따른 **조치명령**을 정당한 사유 없이 위반한 자 교재 P.36
(3) **화재예방안전진단** 결과에 따른 보수·보강 등의 **조치명령**을 정당한 사유 없이 위반한 자 교재 P.36
(4) 소방시설이 **화재안전기준**에 따라 설치·관리되고 있지 아니할 때 관계인에게 필요한 조치명령을 정당한 사유 없이 위반한 자 교재 P.49
(5) **피난시설**, **방화구획** 및 **방화시설**의 관리를 위하여 필요한 조치명령을 정당한 사유 없이 위반한 자 교재 P.49
(6) 소방시설 **자체점검** 결과에 따른 이행계획을 완료하지 않아 필요한 조치의 이행 명령을 하였으나, 명령을 정당한 사유 없이 위반한 자 교재 P.49

3 1년 이하의 징역 또는 1000만원 이하의 벌금 교재 P.36, P.49

(1) **소방안전관리자** 자격증을 다른 사람에게 **빌려주거나** 빌리거나 이를 알선한 자 교재 P.36
(2) **화재예방안전진단**을 받지 아니한 자 교재 P.36
(3) 소방시설의 **자체점검** 미실시자 교재 P.49

＊ 자체점검 미실시자
1년 이하의 징역 또는 1000만원 이하의 벌금

4 300만원 이하의 벌금 교재 P.37, P.49

(1) **화재안전조사**를 정당한 사유 없이 **거부·방해·기피**한 자 문24 보기① 교재 P.37
(2) **화재예방조치 조치명령**을 정당한 사유 없이 따르지 아니하거나 방해한 자 교재 P.37
(3) **소방안전관리자, 총괄소방안전관리자, 소방안전관리보조자**를 **선임**하지 아니한 자 문24 보기② 교재 P.37

29

Key Point

(4) **소방시설·피난시설·방화시설** 및 **방화구획** 등이 법령에 위반된 것을 발견하였음에도 필요한 조치를 할 것을 요구하지 아니한 소방안전관리자 　교재 P.37

(5) **소방안전관리자**에게 **불이익**한 처우를 한 관계인 문24 보기④ 　교재 P.37

(6) 자체점검 결과 **소화펌프 고장** 등 중대위반사항이 발견된 경우 필요한 조치를 하지 않은 관계인 또는 관계인에게 중대위반사항을 알리지 아니한 관리업자 등 　교재 P.49

유사 기출문제

24★★　　교재 P.37
다음 소방시설 중 소화펌프를 고장시 조치를 하지 않은 관계인의 벌금기준은?
① 50만원　② 100만원
③ 200만원　④ 300만원
해설
④ 300만원 벌금 : 소화펌프 고장시 조치를 하지 않은 관계인
정답 ④

* 300만원 이하의 과태료
교재 P.37
특정소방대상물의 소방안전관리업무를 수행하지 아니한 관계인

* 100만원 이하의 벌금
교재 P.17
피난명령을 위반한 사람

기출문제

24 300만원 이하의 벌금이 아닌 것은?
교재 P.37
① 화재안전조사를 정당한 사유 없이 거부·방해 또는 기피한 자
② 소방안전관리자, 총괄소방안전관리자, 소방안전관리보조자를 선임하지 아니한 자
③ 특정소방대상물의 소방안전관리업무를 수행하지 아니한 관계인
④ 소방안전관리자에게 불이익한 처우를 한 관계인

해설
③ 300만원 이하의 과태료

정답 ③

5 100만원 이하의 벌금　교재 P.17

(1) 정당한 사유 없이 소방대가 현장에 도착할 때까지 사람을 **구**출하는 조치 또는 불을 끄거나 불이 번지지 않도록 하는 조치를 하지 아니한 소방대상물 관계인 문25 보기②

(2) **피**난명령을 위반한 사람

(3) 정당한 사유 없이 **물**의 사용이나 **수도의 개폐장치**의 사용 또는 **조**작을 하지 못하게 하거나 방해한 자 문25 보기③

(4) 정당한 사유 없이 **소방대의 생활안전활동**을 방해한 자 문25 보기①

(5) 긴급조치를 정당한 사유 없이 방해한 자

공하성 기억법　구피조1

기출문제 ●

25 ★★★

교재 P.17

다음 중 벌칙이 100만원 이하의 벌금에 해당되지 않는 것은?

① 정당한 사유 없이 소방대의 생활안전활동을 방해한 자
② 정당한 사유 없이 소방대가 현장에 도착할 때까지 사람을 구출하는 조치 또는 불을 끄거나 불이 번지지 아니하도록 하는 조치를 하지 아니한 소방대상물 관계인
③ 정당한 사유 없이 물의 사용이나 수도의 개폐장치의 사용 또는 조작을 하지 못하게 방해한 자
④ 출동한 소방대의 소방장비를 파손하거나 그 효용을 해하여 화재진압·인명구조 또는 구급활동을 방해하는 행위

해설

④ 5년 이하의 징역 또는 5000만원 이하의 벌금

정답 ④

6 500만원 이하의 과태료 교재 P.17

화재 또는 **구조·구급**이 필요한 상황을 **거짓**으로 알린 사람

7 300만원 이하의 과태료 교재 P.37, PP.50~51

(1) 화재의 **예방조치**를 위반하여 화기취급 등을 한 자 교재 P.37
(2) 특정소방대상물 소방안전관리를 위반하여 **소방안전관리자를 겸한 자** 교재 P.37
(3) **소방안전관리업무**를 하지 **아니한** 특정소방대상물의 **관계인** 또는 소방안전관리대상물의 **소방안전관리자** 교재 P.37
(4) **건설현장** 소방안전관리대상물의 **소방안전관리자**의 업무를 하지 아니한 소방안전관리자 교재 P.37

비교 건설현장 소방안전관리자 업무태만

1차 위반	2차 위반	3차 위반 이상
100만원 과태료	200만원 과태료	300만원 과태료

(5) **피난유도 안내정보**를 제공하지 아니한 자 교재 P.37
(6) **소방훈련** 및 **교육**을 하지 아니한 자 교재 P.37

＊ 300만원 이하의 과태료
공사현장 임시소방시설 설
치·관리 ×

(7) 소방시설을 **화재안전기준**에 따라 설치·관리하지 아니한 자 교재 P.50

(8) 공사현장에 **임시소방시설**을 설치·관리하지 아니한 자 교재 P.50

(9) 피난시설, 방화구획 또는 **방화시설**을 **폐쇄·훼손·변경** 등의 행위를
한 자 교재 P.50

 피난시설·방화시설 폐쇄·변경

1차 위반	2차 위반	3차 이상 위반
100만원 과태료	200만원 과태료	300만원 과태료

(10) 관계인에게 **점검결과**를 제출하지 아니한 관리업자 등 교재 P.50

(11) 점검결과를 보고하지 아니하거나 거짓으로 보고한 관계인 교재 P.50

 점검결과 지연보고기간

10일 미만	10일~1개월 미만	1개월 이상 또는 미보고	점검결과 축소·삭제 또는 거짓보고
50만원 과태료	100만원 과태료	200만원 과태료	300만원 과태료

(12) 자체점검 이행계획을 **기간 내**에 **완료**하지 아니한 자 또는 이행계획 완료
결과를 보고하지 아니하거나 거짓으로 보고한 자 교재 P.51

 자체점검 이행계획 지연보고기간

10일 미만	10일~1개월 미만	1개월 이상 또는 미보고	거짓보고
50만원 과태료	100만원 과태료	200만원 과태료	300만원 과태료

(13) 점검기록표를 **기록**하지 아니하거나 특정소방대상물의 출입자가 쉽게 볼
수 있는 장소에 게시하지 아니한 관계인 교재 P.51

 점검기록표 미기록

1차 위반	2차 위반	3차 이상 위반
100만원 과태료	200만원 과태료	300만원 과태료

8 200만원 이하의 과태료 教材 P.17, P.38

(1) **소방활동구역**을 출입한 사람 教材 P.17
(2) 소방자동차의 출동에 **지장**을 준 자 教材 P.17

5년 이하의 징역 또는 5000만원 이하의 벌금 教材 P.16	200만원 이하의 과태료 教材 P.17
소방자동차의 **출동**을 **방해**한 사람	소방자동차의 **출동**에 **지장**을 준 자

(3) 한국소방안전원 또는 이와 유사한 명칭을 사용한 자 教材 P.17
(4) 기간 내에 **소방안전관리자 선임신고**를 하지 아니한 자 또는 소방안전관리자의 성명 등을 게시하지 아니한 자 教材 P.38
(5) 기간 내에 **건설현장 소방안전관리자 선임신고**를 하지 아니한 자 教材 P.38

건설현장 소방안전관리자 선임신고 지연기간

1개월 미만	1~3개월 미만	3개월 이상 또는 미제출
50만원 과태료	100만원 과태료	200만원 과태료

(6) 기간 내에 소방훈련 및 교육 결과를 제출하지 아니한 자 教材 P.38

기출문제

26 다음 중 200만원 이하의 과태료 처분에 해당되지 않는 것은?
教材 P.17, P.37
① 소방활동구역에 출입한 사람
② 소방자동차의 출동에 지장을 준 자
③ 기간 내에 소방안전관리자 선임을 하지 아니한 자
④ 한국소방안전원 또는 이와 유사한 명칭을 사용한 자

해설
- ③ 선임을 → 선임신고를
- 소방안전관리자 선임을 하지 아니한 자 : 300만원 이하의 벌금

정답 ③

Key Point

* **20만원 이하의 과태료** 教材 P.18
① 화재로 오인할 만한 우려가 있는 불을 피우거나 연막소독을 실시하고자 하는 자가 신고를 하지 아니하여 소방자동차를 출동하게 한 자
② 화재로 오인할 만한 불을 피우거나 연막소독 시 신고지역
㉠ 시장지역
㉡ 공장·창고 밀집지역
㉢ 목조건물 밀집지역
㉣ 위험물의 저장 및 처리시설 밀집지역
㉤ 석유화학제품을 생산하는 공장지역
㉥ 시·도의 조례로 정하는 지역 또는 장소

공하성 기억법
시공 목위석시연

* **300만원 이하의 과태료** 教材 P.37
소방안전관리 업무를 하지 아니한 특정소방대상물의 관계인 또는 소방안전관리자

Key Point

27

교재 P.17, P.37, P.49

다음 보기를 보고, 각 벌칙에 해당하는 벌금(또는 과태료)의 값이 적은 순서대로 나열한 것은?

- ㉠ 화재안전조사를 정당한 사유 없이 거부·방해·기피한 자
- ㉡ 피난명령을 위반한 자
- ㉢ 소방시설 등에 대한 스스로 점검을 실시하지 아니하거나 관리업자 등으로 하여금 정기적으로 점검하지 아니한 자
- ㉣ 소방시설에 폐쇄, 차단 행위를 한 자

① ㉠-㉡-㉢-㉣   ② ㉢-㉡-㉠-㉣
③ ㉡-㉠-㉣-㉢   ④ ㉡-㉠-㉢-㉣

 해설

- ㉠ 300만원 이하의 벌금 교재 P.37
- ㉡ 100만원 이하의 벌금 교재 P.17
- ㉢ 1년 이하의 징역 또는 1000만원 이하의 벌금 교재 P.49
- ㉣ 5년 이하의 징역 또는 5000만원 이하의 벌금 교재 P.49

벌금(또는 과태료)의 값이 적은 순서대로 나열한 것은 ㉡ 100만원 이하의 벌금-㉠ 300만원 이하의 벌금-㉢ 1000만원 이하의 벌금-㉣ 5000만원 이하의 벌금

정답 ④

유사 기출문제

28★★★ 교재 PP.36-37, P.50

다음 사항 중 가장 높은 벌칙에 해당되는 것은?

① 화재예방 안전진단을 받지 아니한 자
② 정당한 사유 없이 화재안전조사 결과에 따른 조치명령을 위반한 자
③ 소방안전관리자, 총괄소방안전관리자, 소방안전관리보조자를 선임하지 아니한 자
④ 공사현장에 임시소방시설을 설치·관리하지 아니한 자

 해설

① 1년 이하의 징역 또는 1000만원 이하의 벌금 교재 P.36
② 3년 이하의 징역 또는 3000만원 이하의 벌금 교재 P.36
③ 300만원 이하의 벌금 교재 P.37
④ 300만원 이하의 과태료 교재 P.50

가장 큰 벌칙에 해당하는 것은 ②번이다.

정답 ②

28★★★

교재 P.18, P.37, P.50

다음 중 위반사항과 벌칙이 옳게 짝지어진 것은?

① 소방시설에 폐쇄·차단 등의 행위를 한 자 → 3년 이하의 징역 또는 3000만원 이하의 벌금
② 소방안전관리자, 총괄소방안전관리자, 소방안전관리보조자를 선임하지 아니한 자 → 300만원 이하의 과태료
③ 법에 위반하여 소방활동구역에 함부로 출입한 자 → 300만원 이하의 과태료
④ 시장지역에서 화재로 오인할 만한 우려가 있는 불을 피우거나 연막소독을 실시하고자 하는 자가 신고를 하지 아니하여 소방자동차를 출동하게 한 자 → 20만원 이하의 과태료

해설

① 5년 이하의 징역 또는 5000만원 이하의 벌금 교재 P.49
② 300만원 이하의 벌금 교재 P.37
③ 200만원 이하의 과태료 교재 P.17

정답 ④

Key Point

9 100만원 이하의 과태료 `교재 P.18, P.38`

(1) **소방자동차 전용구역**에 주차하거나 전용구역에의 진입을 가로막는 등의 방해행위를 한 자 `문29 보기④` `교재 P.18`

(2) **실무교육**을 받지 아니한 **소방안전관리자** 및 **소방안전관리보조자** `교재 P.38`

기출문제 ●

★★★
29 다음 중 100만원 이하의 과태료에 해당되는 것은?
`교재 P.18`
① 피난명령을 위반한 자
② 정당한 사유 없이 물의 사용이나 수도의 개폐장치의 사용 또는 조작을 하지 못하게 방해한 자
③ 정당한 사유 없이 소방대가 현장에 도착할 때까지 사람을 구출하는 조치 또는 불을 끄거나 불이 번지지 않도록 조치를 아니한 사람
④ 소방자동차 전용구역에 주차하거나 전용구역에의 진입을 가로막는 등의 방해행위를 한 자

 해설
　　① · ② · ③ 100만원 이하의 벌금

 정답 ④

＊ 100만원 이하의 벌금
`교재 P.17`
① 피난명령을 위반한 자
② 정당한 사유 없이 물의 사용이나 수도의 개폐장치의 사용 또는 조작을 하지 못하게 방해한 자
③ 정당한 사유 없이 소방대가 현장에 도착할 때까지 사람을 구출하는 조치 또는 불을 끄거나 불이 번지지 않도록 조치를 아니한 사람

10 20만원 이하의 과태료 `교재 P.18`

아래의 지역 또는 장소에서 **화재**로 **오인**할 만한 우려가 있는 불을 피우거나 **연막소독**을 실시하고자 하는 자가 신고를 하지 아니하여 **소방자동차**를 **출동**하게 한 자 `문30 보기①`

(1) 시장지역

(2) **공장 · 창고**가 밀집한 지역

(3) **목조건물**이 밀집한 지역

(4) 위험물의 저장 및 처리시설이 밀집한 지역

(5) 석유화학제품을 **생산**하는 공장이 있는 지역

(6) 그 밖에 **시 · 도**의 조례로 정하는 지역 또는 장소

Key Point

유사 기출문제

31 ★★★ 교재 PP.16-17, P.37
다음 중 벌금이 가장 많은 사람은?

① 갑 : 나는 정당한 사유 없이 소방용수시설을 사용하였어.
② 을 : 나는 화재시 피난명령을 위반하였어.
③ 병 : 나는 불이 번질 우려가 있는 소방대상물의 강제처분을 방해하였어.
④ 정 : 나는 소방안전관리자에게 불이익한 처우를 한 관계인이야.

해설
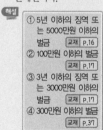
① 5년 이하의 징역 또는 5000만원 이하의 벌금 교재 P.16
② 100만원 이하의 벌금 교재 P.17
③ 3년 이하의 징역 또는 3000만원 이하의 벌금 교재 P.17
④ 300만원 이하의 벌금 교재 P.37

정답 ①

기출문제 ●

30 ★
교재 P.18
화재로 오인할 만한 우려가 있는 불을 피우거나 연막소독을 실시하고자 하는 자가 신고를 하지 아니하여 소방자동차를 출동하게 한 자의 벌칙은?

① 20만원 이하의 과태료 ② 50만원 이하의 과태료
③ 100만원 이하의 벌금 ④ 200만원 이하의 과태료

해설
① 연막소독으로 소방자동차 출동 : 20만원 이하의 과태료

정답 ①

31 ★★★
교재 PP.16 -17, P.37
다음 사항 중 가장 높은 벌칙에 해당되는 것은?

① 정당한 사유 없이 소방용수시설 또는 비상소화장치를 사용하거나 소방용수시설 또는 비상소화장치의 효용을 해하거나 그 정당한 사용을 방해한 사람
② 화재안전조사를 정당한 사유 없이 거부·방해·기피한 자
③ 긴급조치를 정당한 사유 없이 방해한 자
④ 피난명령을 위반한 자

해설
① 5년 이하의 징역 또는 5000만원 이하의 벌금 교재 P.16
② 300만원 이하의 벌금 교재 P.37
③·④ 100만원 이하의 벌금 교재 P.17

정답 ①

제 **4** 장 소방시설 설치 및 관리에 관한 법률

Key Point

01 소방시설 설치 및 관리에 관한 법률의 목적 교재 P.39

(1) 소방시설 등의 설치·관리와 소방용품 성능관리에 필요한 사항을 규정함으로써 국민의 생명·신체 및 **재산보호** 문이 보기②

(2) **공공**의 **안전**과 **복리증진** 이바지 문이 보기②

기출문제 ●

01 소방시설 설치 및 관리에 관한 법률의 목적에 대한 설명으로 옳은 것을 모두 고르시오.

교재 P.39

㉠ 화재를 예방·경계·진압하는 목적이 있다.
㉡ 국민의 재산을 보호하는 목적이 있다.
㉢ 공공의 안녕 및 질서유지를 목적으로 한다.
㉣ 복리증진에 이바지함을 목적으로 한다.

① ㉠, ㉡
② ㉡, ㉣
③ ㉠, ㉡, ㉢
④ ㉠, ㉡, ㉢, ㉣

해설

㉠, ㉢ : 소방기본법의 목적

정답 ②

＊ 소방기본법의 목적
교재 P.14
① 화재예방·경계 및 진압
② 화재, 재난·재해 등 위급한 상황에서의 **구조·구급활동**
③ 국민의 **생명·신체** 및 **재산보호**
④ 공공의 안녕 및 질서유지와 **복리증진**에 이바지

37

Key Point

＊ 특정소방대상물 vs 소방대상물 문02 보기④

① **특정소방대상물**
다수인이 출입·근무하는 장소 중 소방시설 설치장소

② **소방대상물**
소방차가 출동해서 불을 끌 수 있는 것
　㉠ **건**축물
　㉡ **차**량
　㉢ **선**박(항구에 매어 둔 선박)
　㉣ 선박건조구조물
　㉤ **산**림
　㉥ **인**공구조물
　㉦ **물**건

공하성 기억법
건차선 산인물

02 다음 중 용어의 정의에 대한 설명으로 틀린 것은?

교재 P.14, P.39

① 항구에 매어 둔 선박은 소방대상물이다.
② 소방대는 소방공무원, 의용소방대원, 의무소방원을 말한다.
③ 소방시설에는 소화설비, 경보설비 등이 해당된다.
④ 특정소방대상물은 건축물, 차량 등을 말한다.

해설 ④ 특정소방대상물 → 소방대상물

정답 ④

☑ 중요 용어 　교재 P.39

용어	정 의
소방시설	소화설비·경보설비·피난구조설비·소화용수설비·소화활동설비로서 대통령령으로 정하는 것 문03 보기③
특정소방대상물	① 건축물 등의 규모·용도 및 수용인원 등을 고려하여 소방시설을 설치하여야 하는 소방대상물로서 대통령령으로 정하는 것 ② 다수인이 출입 또는 근무하는 장소 중 소방시설을 설치하여야 하는 장소

기출문제

03 다음 중 용어의 정의에 대한 설명이 틀린 것은?

교재 P.14, P.39

① 항구에 매어 둔 선박은 소방대상물에 해당된다.
② 소유자, 관리자, 점유자는 관계인에 해당된다.
③ 소방시설에는 소화설비, 경보설비, 피난구조설비, 소화용수설비, 소화활동설비 등이 해당된다.
④ 소방대에는 소방공무원, 자위소방대원, 의무소방원이 해당된다.

해설 ④ 자위소방대원 → 의용소방대원

정답 ④

＊ 소방대 교재 P.14
① **소**방공무원
② **의무**소방원
③ **의용**소방대원

공하성 기억법
의소(의용소방대)

02 용어의 정의

1 무창층 교재 P.40

지상층 중 다음에 해당하는 개구부면적의 합계가 그 층의 바닥면적의 $\frac{1}{30}$ 이하가 되는 층 문04 보기④

Key Point

* 무창층 교재 P.40
$\frac{1}{30}$ 이하

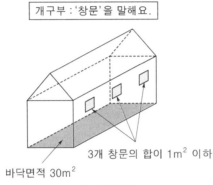

개구부 : '창문'을 말해요.

3개 창문의 합이 1m² 이하

바닥면적 30m²

▌무창층▐

(1) 크기는 지름 **50cm 이상**의 원이 통과할 수 있을 것 문05 보기①
　　　　　　　이하 ×

(2) 해당층의 바닥면으로부터 개구부 밑부분까지의 높이가 **1.2m** 이내일 것
유사04 보기③　　　　　　　　　　　　　　　　　　　　1.5m ×

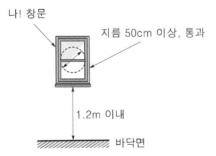

화재발생시 사람이 통과할 수 있는 어깨 너비, 키 등의 최소기준을 생각해 봐요.

나! 창문

지름 50cm 이상, 통과

1.2m 이내

바닥면

(3) **도로** 또는 **차량**이 진입할 수 있는 **빈터**를 향할 것

Key Point

(4) 화재시 건축물로부터 쉽게 **피난**할 수 있도록 개구부에 **창살**이나 그 밖의 장애물이 설치되지 않을 것

(5) 내부 또는 외부에서 **쉽게 부수거나 열** 수 있을 것

기출문제 ●

유사 기출문제

04★ [교재 P.40]

소방관계법에 의한 무창층의 정의는 지상층 중 개구부면적의 합계가 해당층 바닥

면적의 $\frac{1}{30}$ 이하가 되는 층을 말하는데, 여기서 말하는 개구부의 요건으로 틀린 것은?

① 크기는 지름 50cm 이상의 원이 통과할 수 있을 것

② 도로 또는 차량이 진입할 수 있는 빈터를 향할 것

③ 해당층의 바닥면으로부터 개구부 밑부분까지의 높이가 1.5m 이내일 것

④ 내부 또는 외부에서 쉽게 부수거나 열 수 있을 것

 해설
③ 1.5m → 1.2m

정답 ③

★★★
04 다음 중 무창층에 대한 설명으로 옳은 것은?

[교재 P.40]

① 창문이 없는 층이나 그 층의 일부를 이루는 실

② 지하층의 명칭

③ 직접 지상으로 통하는 출입구나 개구부가 없는 층

④ 지상층 중 개구부면적의 합계가 그 층의 바닥면적의 $\frac{1}{30}$ 이하가 되는 층

 해설

④ 무창층 : 지상층 중 개구부면적의 합계가 그 층의 바닥면적의 $\frac{1}{30}$ 이하가 되는 층

정답 ④

★★
05 다음 중 소방시설 설치 및 관리에 관한 법률에서 정하는 무창층이 아닌 것은?

[교재 P.40]

① 크기가 지름 50cm 이하의 원이 통과할 수 있을 것

② 해당층의 바닥면으로부터 개구부 밑부분까지의 높이가 1.2m 이내일 것

③ 화재시 건축물로부터 쉽게 피난할 수 있도록 창살이나 그 밖의 장애물이 설치되지 않을 것

④ 내부 또는 외부에서 쉽게 부수거나 열 수 있을 것

 해설
① 50cm 이하 → 50cm 이상

정답 ①

2 피난층 교재 P.40

곧바로 지상으로 갈 수 있는 출입구가 있는 층

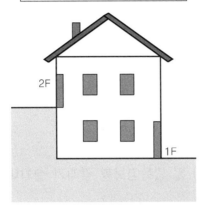

이 집은 1층, 2층이 피난층이예요.

2F

1F

‖ 피난층 ‖

 기억법 피곧(피곤)

기출문제 ●

★★★
06 피난층에 대한 뜻이 옳은 것은?

교재
P.40

① 곧바로 지상으로 갈 수 있는 출입구가 있는 층
② 건축물 중 지상 1층만을 피난층으로 지정할 수 있다.
③ 직접 지상으로 통하는 계단과 연결된 지상 2층 이상의 층
④ 옥상의 지하층으로서 옥상으로 직접 피난할 수 있는 층

해설 **피**난층 : **곧**바로 지상으로 갈 수 있는 출입구가 있는 층

기억법 피곧(피곤)

정답 ①

Key Point

＊ 피난층 교재 P.40

❖ 꼭 기억하세요 ❖

Key Point

03 소방시설 등의 설치 · 관리 및 방염

단독주택 및 공동주택(아파트 및 기숙사 제외)에 설치하는 소방시설 교재 P.41

(1) 소화기
(2) 단독경보형 감지기

기출문제 ●

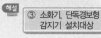

유사 기출문제

07★★ 교재 P.41
단독주택 및 공동주택(아파트 및 기숙사 제외)의 소유자가 설치하여야 하는 소방시설을 모두 고른 것은?

㉠ 소화기
㉡ 옥내소화전
㉢ 단독경보형 감지기
㉣ 간이소화용구

① ㉠
② ㉠, ㉡
③ ㉠, ㉢
④ ㉠, ㉢, ㉣

해설 ③ 소화기, 단독경보형 감지기 설치대상

정답 ③

07★★ 교재 P.41 다음 중 소화기 및 단독경보형 감지기 설치대상물로서 옳은 것은?
① 단독주택 및 공동주택(아파트 포함)
② 단독주택 및 공동주택(기숙사 포함)
③ 단독주택 및 공동주택(아파트 및 기숙사 제외)
④ 단독주택 및 다중이용업소

해설 ③ 단독주택 및 공동주택(아파트 및 기숙사 제외)

정답 ③

04 방 염

1 방염성능기준 이상의 실내장식물 등을 설치하여야 할 장소 교재 P.41

(1) 조산원, 산후조리원, 공연장, 종교집회장
(2) **11층** 이상의 층(**아파트** 제외) 문08 보기①
　　　　　　　　아파트 포함 ×
(3) **체**력단련장 문08 보기②
(4) 문화 및 집회시설(옥내에 있는 시설)
(5) 운동시설(**수영장** 제외)
　　　　　수영장 포함 ×
(6) **숙**박시설 · **노**유자시설 문08 보기③④

* **방염성능기준 이상 특정 소방대상물** 교재 P.41
운동시설(수영장 제외)

(7) 의료시설(요양병원 등), 의원
(8) 수련시설(**숙**박시설이 있는 것)
(9) **방**송국・촬영소
　　전화통신용 시설 ×
(10) 종교시설
(11) 합숙소
(12) 다중이용업소(단란주점영업, 유흥주점영업, 노래연습장의 영업장 등)

 기억법　방숙체노

 기출문제 ●

★★★
08 방염성능기준을 적용하지 않아도 되는 곳은?

교재
P.41

① 60층 아파트　　　　　② 체력단련장
③ 숙박시설　　　　　　　④ 노유자시설

해설
　① 아파트 제외

정답 ①

★★
09 다음 중 방염성능기준 이상의 실내장식물을 설치하여야 할 장소로 알맞은 것을 모두 고른 것은?

교재
P.41

ㄱ 숙박시설　　　　　　　ㄴ 노유자시설
ㄷ 요양병원　　　　　　　ㄹ 교육연구시설 중 합숙소
ㅁ 근린생활시설 중 의원

① ㄱ, ㄴ
② ㄱ, ㄴ, ㄷ
③ ㄱ, ㄴ, ㄷ, ㄹ
④ ㄱ, ㄴ, ㄷ, ㄹ, ㅁ

해설
　④ ㄱ 숙박시설　　ㄴ 노유자시설　　ㄷ 요양병원
　　ㄹ 교육연구시설 중 합숙소　　ㅁ 근린생활시설 중 의원

정답 ④

 Key Point

유사 기출문제

08★★　　교재 P.41
방염성능기준 이상의 실내 장식물 등을 설치하여야 할 장소로 옳지 않은 것은?

① 운동시설(수영장 포함)
② 노유자시설
③ 숙박이 가능한 수련시설
④ 다중이용업소

해설　① 수영장 포함 →
　　　　　수영장 제외

정답 ①

09★★★　　교재 P.41
다음 중 방염성능기준 이상의 실내장식물을 설치하여야 할 장소로서 틀린 것은 어느 것인가?

① 노유자시설
② 미용원
③ 교육연구시설 중 합숙소
④ 숙박시설

 해설　② 미용원 ×

정답 ②

10 다음 중 방염성능기준 이상의 실내장식물을 설치하여야 할 장소로서 틀린 것은 어느 것인가?

교재 P.41

① 다중이용업소
② 숙박이 가능한 수련시설
③ 방송통신시설 중 전화통신용 시설
④ 근린생활시설 중 체력단련장

해설

③ 전화통신용 시설 → 방송국·촬영소

정답 ③

2 방염대상물품   교재 P.42

제조 또는 가공공정에서 방염처리를 한 물품	건축물 내부의 천장이나 벽에 설치하는 물품
① 창문에 설치하는 **커튼류**(블라인드 포함) ② 카펫 ③ **벽지류**(두께가 **2mm 미만**인 **종이벽지 제외**) ④ **전시용 합판·목재·섬유판** ⑤ **무대용 합판·목재·섬유판** ⑥ **암막·무대막**(영화상영관·가상체험 체육시설업의 **스크린** 포함) ⑦ 섬유류 또는 합성수지류로 제작된 **소파·의자**(단란주점·유흥주점·노래연습장에 한함)	① 종이류(두께 **2mm 이상**), **합성수지류** 또는 **섬유류**를 주원료로 한 물품 문11 보기② ② **합판**이나 **목재** ③ 공간을 구획하기 위하여 설치하는 **간이칸막이** ④ 흡음·방음을 위하여 설치하는 **흡음재**(흡음용 커튼 포함) 또는 **방음재**(방음용 커튼 포함) ※ **가구류**(옷장, 찬장, 식탁, 식탁용 의자, 사무용 책상, 사무용 의자 및 계산대)와 너비 **10cm 이하**인 **반자돌림대, 내부마감재료** 제외

* 방염대상물품 교재 P.42

제조 또는 가공공정에서 방염처리를 한 물품	건축물 내부의 천장이나 벽에 설치하는 물품
벽지류(두께가 2mm 미만인 종이벽지 제외)	두께 2mm 이상의 종이류

* 가상체험 체육시설업

실내에 1개 이상의 별도의 구획된 실을 만들어 골프종목의 운동이 가능한 시설을 경영하는 영업(**스크린 골프 연습장**)

방염
(세탁불가) KC

‖ 방염커튼 ‖

기출문제

11 ★★★ 다음 방염대상물품 중 제조 또는 가공공정에서 방염처리를 한 물품이 아닌 것은?

교재 P.42

① 창문에 설치하는 커튼류(블라인드 포함)
② 종이류(두께 2mm 이상)
③ 암막·무대막(영화상영관에서 설치하는 스크린과 가상체험 체육시설업에 설치되는 스크린을 포함)
④ 섬유류 또는 합성수지류 등을 원료로 하여 제작된 소파·의자(단란주점, 유흥주점 및 노래연습장에 한함)

 해설
> ② 제조 또는 가공공정에서 방염처리를 한 물품이 아니고 건축물 내부의 천장이나 벽에 설치하는 물품이다.

정답 ②

유사 기출문제

11 ★★ 교재 P.42
다음 중 방염에 대한 설명으로 옳은 것은?
① 11층 이상의 아파트는 방염성능기준 이상의 실내장식물을 설치하여야 한다.
② 방염성능기준 이상의 실내장식물을 설치하여야 하는 옥내시설은 문화 및 집회시설, 종교시설, 운동시설(수영장 포함) 등이 있다.
③ 방염처리물품 중에서 선처리물품의 성능검사 실시기관은 한국소방산업기술원이다.
④ 창문에 설치하는 커튼류(블라인드 제외)는 방염대상물품이다.

해설
> ① 아파트 제외
> ② 수영장 포함 → 수영장 제외
> ④ 블라인드 제외 → 블라인드 포함

정답 ③

❸ 방염처리된 물품의 사용을 권장할 수 있는 경우 교재 P.42

(1) **다**중이용업소·**의**료시설·**노**유자시설·**숙**박시설·**장**례시설에서 사용하는 **침**구류, **소**파, **의**자

공하성 기억법 다의 노숙장 침소의

(2) 건축물 내부의 천장 또는 벽에 부착하거나 설치하는 가구류

기출문제

12 ★★★ 다음 중 방염처리된 물품의 사용을 권장할 수 있는 경우는?

교재 P.42

① 의료시설에 설치된 소파
② 노유자시설에 설치된 암막
③ 종합병원에 설치된 무대막
④ 종교시설에 설치된 침구류

 해설
> ① 의료시설에 설치된 침구류, 소파, 의자

정답 ①

＊ 방염처리된 물품의 사용을 권장할 수 있는 경우
교재 P.42

① 다중이용업소 ┐
② 의료시설   │ **침**구류
③ 노유자시설 ├ **소**파,
④ 숙박시설   │ **의**자
⑤ 장례시설 ┘

공하성 기억법
침소의

Key Point

유사 기출문제

13★★ 교재 PP.41-42
다음 중 방염에 대한 설명으로 옳은 것은?

① 건축물의 옥내에 있는 시설로 운동시설(수영장 포함)은 방염성능기준 이상의 실내장식물을 설치하여야 한다.
② 11층 이상(아파트 제외)인 건축물은 방염성능기준 이상의 실내장식물 등을 설치하여야 한다.
③ 창문에 설치하는 커튼류(블라인드 제외)는 방염대상물품이다.
④ 다중이용업소에서 사용하는 섬유류는 방염처리된 물품의 사용을 권장할 수 있다.

① 수영장 포함 → 수영장 제외
③ 블라인드 제외 → 블라인드 포함
④ 섬유류는 방염대상물품

정답 ②

* **방염 현장처리물품의 성능검사 실시기관**
교재 P.43
시·도지사(관할소방서장)

13 방염에 관한 다음 ( ) 안에 적당한 말을 고른 것은?

교재 PP.41-42

방염성능기준 이상의 실내장식물 등을 설치하여야 할 장소는 (㉠)이며, 방염대상물품은 (㉡)에 설치하는 스크린이다.

① ㉠ : 운동시설, ㉡ : 골프연습장
② ㉠ : 노유자시설, ㉡ : 야구연습장
③ ㉠ : 아파트, ㉡ : 농구연습장
④ ㉠ : 방송국, ㉡ : 탁구연습장

 해설

① 방염성능기준 이상의 실내장식물 등을 설치하여야 할 장소는 **운동시설**이며, 방염대상물품은 **스크린 골프연습장**(가상체험 체육시설업)이다.

정답 ①

4 현장처리물품 교재 P.43

방염 현장처리물품의 성능검사 실시기관	방염 선처리물품의 성능검사 실시기관
시·도지사(관할소방서장)	한국소방산업기술원

기출문제 ●

14 방염에 있어서 현장처리물품의 성능검사 실시기관은?

교재 P.43

① 행정안전부장관
② 소방청장
③ 소방본부장
④ 관할소방서장

 해설

④ 현장처리물품 : 시·도지사(관할소방서장)

정답 ④

05 소방시설의 자체점검

1 작동점검과 종합점검 교재 PP.44-45

‖ 소방시설 등 자체점검의 점검대상, 점검자의 자격, 점검횟수 및 시기 ‖

점검구분	정 의	점검대상	점검자의 자격 (주된 인력)	점검횟수 및 점검시기
작동점검	소방시설 등을 인위적으로 조작하여 정상적으로 작동하는지를 점검하는 것	① 간이스프링클러설비·자동화재탐지설비가 설치된 특정소방대상물	• 관계인 • 소방안전관리자로 선임된 소방시설관리사 또는 소방기술사 • 소방시설관리업에 등록된 기술인력 중 소방시설관리사 또는 「소방시설공사업법 시행규칙」에 따른 특급 점검자	• 작동점검은 **연 1회** 이상 실시하며, 종합점검대상은 종합점검을 받은 달부터 **6개월**이 되는 달에 실시 • 종합점검대상 외의 특정소방대상물은 사용승인일이 속하는 달의 말일까지 실시
		② ①에 해당하지 아니하는 특정소방대상물	• 소방시설관리업에 등록된 기술인력 중 소방시설관리사 • 소방안전관리자로 선임된 소방시설관리사 또는 소방기술사	
		③ 작동점검 제외대상 • 소방안전관리자를 선임하지 않는 대상 • 위험물제조소 등 • 특급 소방안전관리대상물		

* 작동점검 제외대상 교재 P.44
① 위험물제조소 등
② 소방안전관리자를 선임하지 않는 대상
③ 특급 소방안전관리대상물

* 종합점검 점검자격

교재 PP.44~45

① 소방안전관리자
　㉠ 소방시설관리사
　㉡ 소방기술사
② 소방시설관리업자 : 소방시설관리사 참여

점검 구분	정 의	점검대상	점검자의 자격 (주된 인력)	점검횟수 및 점검시기
종합 점검	소방시설 등의 작동점검을 포함하여 소방시설 등의 설비별 주요 구성부품의 구조기준이 화재안전기준과 「건축법」 등 관련 법령에서 정하는 기준에 적합한지 여부를 점검하는 것 (1) 최초점검 : 해당 특정소방대상물의 소방시설 등이 신설된 경우 (2) 그 밖의 종합점검 : 최초점검을 제외한 종합점검	④ 소방시설 등이 신설된 경우에 해당하는 특정소방대상물 ⑤ **스프링클러설비**가 설치된 특정소방대상물 ⑥ **물분무등소화설비**(호스릴 방식의 물분무등소화설비만을 설치한 경우는 제외)가 설치된 연면적 **5000m²** 이상인 특정소방대상물(위험물제조소 등 제외) ⑦ 다중이용업의 영업장이 설치된 특정소방대상물로서 연면적이 **2000m²** 이상인 것 ⑧ **제연설비**가 설치된 터널 ⑨ **공공기관** 중 연면적(터널·지하구의 경우 그 길이와 평균폭을 곱하여 계산된 값)이 **1000m²** 이상인 것으로서 옥내소화전설비 또는 자동화재탐지설비가 설치된 것(단, 소방대가 근무하는 공공기관 제외) ☑중요 **종합점검** ① 공공기관 : 1000m² ② 다중이용업 : 2000m² ③ 물분무등(호스릴 ✕) : 5000m²	• 소방시설관리업에 등록된 기술인력 중 **소방시설관리사** • 소방안전관리자로 선임된 **소방시설관리사** 또는 **소방기술사**	〈점검횟수〉 ㉠ 연 1회 이상(특급 소방안전관리대상물은 반기에 1회 이상) 실시 ㉡ ㉠에도 불구하고 소방본부장 또는 소방서장은 소방청장이 소방안전관리가 우수하다고 인정한 특정소방대상물에 대해서는 3년의 범위에서 소방청장이 고시하거나 정한 기간 동안 종합점검을 면제할 수 있다(단, 면제기간 중 화재가 발생한 경우는 제외). 〈점검시기〉 ㉠ ④에 해당하는 특정소방대상물은 건축물을 사용할 수 있게 된 날부터 60일 이내 실시 ㉡ ㉠을 제외한 특정소방대상물은 건축물의 사용승인일이 속하는 달에 실시(단, 학교의 경우 해당 건축물의 사용승인일이 1월에서 6월 사이에 있는 경우에는 6월 30일까지 실시할 수 있다.) ㉢ 건축물 사용승인일 이후 ㉠에 따라 종합점검대상에 해당하게 된 경우에는 그 다음 해부터 실시 ㉣ 하나의 대지경계선 안에 2개 이상의 자체점검대상 건축물 등이 있는 경우 그 건축물 중 사용승인일이 가장 빠른 연도의 건축물의 사용승인일을 기준으로 점검할 수 있다.

Key Point

‖ 자체점검 ‖

종합점검	작동점검
사용승인 달에 실시	종합점검＋6개월 ↓

기출문제 ●

★★★
15 다음 중 소방시설의 자체점검에 대한 설명으로 옳은 것은?

교재
PP.44
-45

① 소방시설관리업자가 자체점검을 실시하고 점검이 끝난 날부터 10일 이내에 소방시설 등 자체점검 실시 결과보고서를 관계인에게 제출 하여야 한다.
② 작동점검은 사용승인일과 같은 날에 실시하여야 한다.
③ 연면적 2000m² 이상인 다중이용업소는 작동점검을 받은 달부터 6개 월이 되는 달에 실시한다.
④ 제연설비가 설치된 터널은 종합점검만 실시하면 된다.

해설
② 사용승인일과 같은 날에 → 사용승인일이 속하는 달의 말일까지
③ 작동점검을 → 종합점검을
④ 종합점검만 실시하면 된다 → 작동점검과 종합점검을 실시하여야 한다.

정답 ①

* **점검시기** 교재 P.45
① 종합점검 : 건축물 사용 승인일이 속하는 달
② 작동점검 : 종합점검을 받은 달부터 6개월이 되는 달
* **자체점검 실시 결과 보고서 제출**
① 소방시설관리업자 → 관계인 : 10일 이내
② 관계인 → 소방본부장·소방서장 : 15일 이내

‖ 종합점검 ‖

특 급	1 · 2급
반기별	연 1회

★★★
16 다음 중 자체점검에 대한 설명으로 옳은 것은?

교재
PP.44
-45

① 소방대상물의 규모·용도 및 설치된 소방시설의 종류에 의하여 자체점검자의 자격·절차 및 방법 등을 달리한다.
② 작동점검시 항시 소방시설관리사가 참여해야 한다.
③ 종합점검시 소방시설별 점검장비를 이용하여 점검하지 않아도 된다.
④ 종합점검시 특급, 1급은 연 1회만 실시하면 된다.

해설
② 항시 소방시설관리사 → 관계인, 소방안전관리자, 소방시설관리업자
③ 점검하지 않아도 된다. → 점검해야 한다.
④ 특급, 1급은 연 1회만 → 특급은 반기별 1회 이상, 1급은 연 1회 이상

정답 ①

유사 기출문제

17-1★★★ 교재 P.45

건축물 사용승인일이 2021년 3월 3일이라면 종합점검 시기와 작동점검 시기를 순서대로 맞게 말한 것은?

① 2월 15일, 8월 5일
② 3월 15일, 9월 5일
③ 4월 15일, 10월 5일
④ 5월 15일, 11월 5일

해설 자체점검의 실시
(1) 종합점검 : 건축물 사용승인일이 3월 3일이며 3월에 실시해야 하므로 <u>3월 15일</u>이 된다.
(2) 작동점검 : 종합점검을 받은 달부터 6개월이 되는 달(지난 달)에 실시하므로 3월에 종합점검을 받았으므로 6개월이 지난 <u>9월달</u>에 작동점검을 받으면 된다.

정답 ②

17-2★★ 교재 P.45

건축물 사용승인일이 2021년 1월 30일이라면 종합점검 시기와 작동점검 시기를 순서대로 맞게 말한 것은?

① 종합점검 시기 : 1월, 작동점검 시기 : 7월
② 종합점검 시기 : 6월, 작동점검 시기 : 12월
③ 종합점검 시기 : 4월, 작동점검 시기 : 10월
④ 종합점검 시기 : 3월, 작동점검 시기 : 9월

해설 (1) 종합점검 : 건축물 사용승인일이 1월 30일이면 1월에 실시해야 하므로 1월에 받으면 된다.
(2) 작동점검 : 종합점검을 받은 달부터 6개월이 되는 달(지난 달)에 실시하므로 1월에 종합점검을 받았으므로 6개월이 지난 7월달에 작동점검을 받으면 된다.

정답 ①

17 ★★★
교재 P.45

건축물 사용승인일이 2021년 5월 1일이라면 종합점검 시기와 작동점검 시기를 순서대로 맞게 말한 것은?

① 종합점검 시기 : 5월 15일, 작동점검 시기 : 11월 1일
② 종합점검 시기 : 5월 15일, 작동점검 시기 : 12월 1일
③ 종합점검 시기 : 6월 15일, 작동점검 시기 : 11월 1일
④ 종합점검 시기 : 6월 15일, 작동점검 시기 : 12월 1일

해설 자체점검의 실시

종합점검	작동점검
사용승인 달에 실시	종합점검＋6개월 ↓

(1) **종합점검** : 건축물 사용승인일이 5월 1일이기 때문에 **5월**에 **실시**해야 하므로 <u>5월 15일</u>에 받으면 된다.
(2) **작동점검** : 종합점검을 받은 달부터 6개월이 되는 달(지난 달)에 실시하므로 5월에 종합점검을 받았으므로 **6개월**이 지난 **11월**달(11월 1일~11월 30일)에만 작동점검을 받으면 된다.

정답 ①

18 ★★
교재 P.45

종합점검 대상인 특정소방대상물의 작동점검을 실시하고자 한다. 이 때 종합점검을 받은 달부터 몇 개월이 되는 달에 실시하여야 하는가?

① 1월　　　　　　② 6월
③ 8월　　　　　　④ 10월

해설

② 작동점검 : 종합점검을 받은 달부터 6개월이 되는 달에 실시

정답 ②

19 ★★★
교재 P.45

다음 보기를 보고, 작동점검일을 옳게 말한 것은?

- 스프링클러설비가 설치되어 있다.
- 완공일 : 2021년 5월 10일
- 사용승인일 : 2021년 7월 10일

① 2021년 11월 15일
② 2021년 12월 15일
③ 2022년 1월 15일
④ 2022년 2월 15일

해설 자체점검의 실시
(1) **종합점검** : 건축물 사용승인일이 7월 10일이며 **7월**에 **실시**해야 한다.
(2) **작동점검** : 종합점검을 받은 달부터 6개월이 되는 달(지난 달)에 실시하므로 7월에 종합점검을 받았으므로 6개월이 지난 **2022년 1월달**에 작동점검을 받으면 된다. 그러므로 **2022년 1월 15일**이 답이 된다.

정답 ③

② 자체점검 후 결과조치 교재 PP.46-47

2년	10일 이내
작동점검·종합점검 결과 **보**관	자체점검 결과보고서 제출

종합성 기억법 보2(보이차)

③ 소방시설 등의 자체점검 교재 PP.46-47

구 분	제출기간	제출처
관리업자 또는 소방안전관리자로 선임된 소방시설관리사·소방기술사	**10일** 이내	관계인
관계인	**15일** 이내	소방본부장·소방서장

기출문제 •

★★★
20 다음 중 소방시설의 자체점검에 대한 설명으로 옳은 것은?
교재
PP.46
-47
① 자체점검 실시결과 보고를 마친 관계인은 소방시설 등 자체점검 실시결과 보고서를 점검이 끝난 날부터 2년간 자체 보관해야 한다.
② 작동점검은 사용승인일과 같은 날에 실시하여야 한다.
③ 연면적 2000m² 이상인 다중이용업소는 작동점검을 받은 달부터 6개월이 되는 달에 실시한다.
④ 제연설비가 설치된 터널은 종합점검만 실시하면 된다.

해설
② 사용승인일과 같은 날에 → 사용승인일이 속하는 달의 말일까지
③ 작동점검을 → 종합점검을
④ 종합점검만 실시하면 된다 → 작동점검과 종합점검을 실시하여야 한다.

정답 ①

Key Point

* 작동점검·종합점검 결과 보관 교재 P.47
2년

* 10일 이내 교재 P.46
자체점검 결과보고서 제출

* 다중이용업소의 자체점검
연면적 2000m² 이상

51

건축관계법령

* **지하층** 교재 P.53
건축물의 바닥이 지표면 아
래에 있는 층으로서 그 바닥
으로부터 지표면까지의 평
균 높이가 해당층 높이(층고)
의 $\frac{1}{2}$ 이상인 것

01 **지하층** 교재 PP.53-54

건축물의 바닥이 지표면 아래에 있는 층으로서 그 바닥으로부터 지표면까지의 평균 높이가 해당층 높이(층고)의 $\frac{1}{2}$ **이상**인 것

📋 **참고** **지하층의 개념**

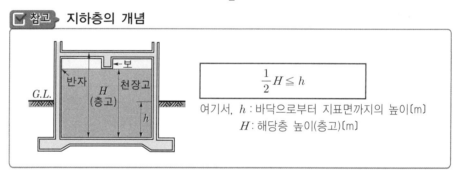

$$\frac{1}{2}H \leq h$$

여기서, h : 바닥으로부터 지표면까지의 높이〔m〕
H : 해당층 높이(층고)〔m〕

📑 **기출문제** ●

01 지하층이라 함은 건축물의 바닥이 지표면 아래에 있는 층으로서 바닥에서 지표면까지의 평균 높이가 해당층 높이의 얼마 이상인 것을 말하는가?

교재 PP.53 -54

① $\frac{1}{2}$

② $\frac{1}{3}$

③ $\frac{1}{4}$

④ $\frac{1}{5}$

해설 **지하층** : 바닥으로부터 지표면까지의 평균 높이(층고)의 $\frac{1}{2}$ **이상**

정답 ①

Key Point

02 주요구조부 [교재 P.54]

(1) 내력**벽**(기초 제외)
(2) **보**(작은 보 제외)
(3) **지**붕틀(차양 제외)
(4) **바**닥(최하층 바닥 제외)
(5) **주**계단(옥외계단 제외)
(6) **기**둥(사잇기둥 제외)

 기억법 벽보지 바주기

✱ 주요구조부 [교재 P.54]
① 내력벽
② 보
③ 지붕틀
④ 바닥
⑤ 주계단
⑥ 기둥

기출문제 ●

★★★
02 건축물의 주요구조부에 해당되지 않는 것은?
[교재 P.54]
① 내력벽　　　　　② 기둥
③ 주계단　　　　　④ 작은 보

해설
④ 작은 보 제외

정답 ④

03 내화구조와 불연재료 [교재 P.57]

내화구조	불연재료
① 철근콘크리트조	① 콘크리트
② 연와조(벽돌조)	② 석재
③ 일정 시간 동안 형태나 강도 등이 크게 변하지 않는 구조	③ 벽돌
④ 대체로 화재 후에도 재사용이 가능한 구조	④ 기와
	⑤ 철강
	⑥ 알루미늄
	⑦ 유리
	⑧ 시멘트 모르타르
	⑨ 회

✱ 불연재료 [교재 P.57]
① 콘크리트
② 석재
③ 벽돌
④ 기와
⑤ 철강
⑥ 알루미늄
⑦ 유리
⑧ 시멘트 모르타르
⑨ 회

Key Point

기출문제 ●

03 내화구조가 아닌 것은?

교재 P.57

① 철골트러스
② 연와조
③ 철근콘크리트조
④ 화재시에 일정 시간 동안 형태나 강도 등이 크게 변하지 않는 구조

＊연와조
'벽돌조'를 말한다.

해설 **내화구조**
(1) 철근콘크리트조
(2) 연와조(벽돌조)
(3) 일정 시간 동안 형태나 강도 등이 크게 변하지 않는 구조
(4) 대체로 화재 후에도 재사용이 가능한 구조

정답 ①

04 불연재료가 아닌 것은?

교재 P.57

① 철강
② 콘크리트
③ 목모시멘트판
④ 유리

해설 **불연재료**
콘크리트 · 석재 · 벽돌 · 기와 · 철강 · 알루미늄 · 유리 · 시멘트 모르타르 · 회

정답 ③

04 건 축 교재 PP.55-56

종 류	설 명
신 축	건축물이 없는 대지(기존 건축물이 철거 또는 멸실된 대지를 포함)에 새로이 건축물을 축조하는 것(부속 건축물만 있는 대지에 새로이 주된 건축물을 축조하는 것을 포함하되, 개축 또는 재축에 해당하는 경우를 제외)
증 축	기존 긴축물이 있는 대지 안에서 건축물의 건축면적 · 연면적 · 층수 또는 높이를 증가시키는 것을 말한다. 즉, 기존 건축물이 있는 대지에 건축하는 것은 기존 건축물에 붙여서 건축하거나 별동으로 건축하거나 관계없이 증축에 해당

종 류	설 명
개 축	기존 건축물의 전부 또는 일부(내력벽 · 기둥 · 보 · 지붕틀 중 **3개 이상**이 포함되는 경우)를 철거하고 그 대지 안에 종전과 동일한 규모의 범위 안에서 건축물을 다시 축조하는 것
재 축	건축물이 천재지변이나 기타 재해에 의하여 멸실된 경우에 그 대지 안에 다음의 요건을 갖추어 다시 축조하는 것 ① 연면적 합계는 종전 규모 이하로 할 것 ② 동수, 층수 및 높이는 다음 어느 하나에 해당할 것 • 동수, 층수 및 높이가 모두 종전 규모 이하일 것 • 동수, 층수 또는 높이의 어느 하나가 종전 규모를 초과하는 경우에는 해당 동수, 층수 및 높이가 건축법령에 모두 적합할 것
이 전	건축물의 주요구조부를 해체하지 않고 **동일**한 **대지 안**의 다른 위치로 **옮기는 것**
리모델링	건축물의 노후화를 억제하거나 기능 향상 등을 위하여 대수선하거나 건축물의 **일부**를 **증축** 또는 **개축**하는 행위

＊ 이전
건축물의 주요구조부를 해체하지 않고 동일한 대지 안의 다른 위치로 옮기는 것

 기출문제 ●

05 **다음 용어의 정의 중 건축에 관한 설명으로 옳지 않은 것은?**

교재
P.55

① 신축 : 건축물이 없는 대지(기존 건축물이 철거 또는 멸실된 대지를 포함)에 새로이 건축물을 축조하는 것(부속 건축물만 있는 대지에 새로이 주된 건축물을 축조하는 것을 포함하되, 개축 또는 재축에 해당하는 경우를 제외)을 말한다.

② 증축 : 기존 건축물이 있는 대지 안에서 건축물의 건축면적·연면적·층수 또는 높이를 증가시키는 것을 말한다. 즉, 기존 건축물이 있는 대지에 건축하는 것은 기존 건축물에 붙여서 건축하거나 별동으로 건축하거나 관계없이 증축에 해당한다.

③ 개축 : 건축물이 천재지변, 기타 재해에 의하여 멸실된 경우에 그 대지 안에 종전과 동일한 규모의 범위 안에서 다시 축조하는 것을 말한다.

④ 이전 : 건축물의 주요 구조부를 해체하지 않고 동일한 대지 안의 다른 위치로 옮기는 것을 말한다.

해설
③ 개축 → 재축

정답 ③

05 대수선의 범위 교재 P.56

(1) **내력벽**을 증설 또는 해체하거나 그 벽면적을 **30m²** 이상 수선 또는 변경하는 것
(2) **기둥**을 증설 또는 해체하거나 **3개** 이상 수선 또는 변경하는 것
(3) **보**를 증설 또는 해체하거나 **3개** 이상 수선 또는 변경하는 것
(4) **지붕틀**(한옥의 경우에는 지붕틀의 범위에서 서까래 <u>제외</u>)을 증설 또는 해체하거나 **3개** 이상 수선 또는 변경하는 것
(5) 방화벽 또는 방화구획을 위한 바닥 또는 벽을 증설 또는 해체하거나 수선 또는 변경하는 것
(6) 주계단·피난계단 또는 특별피난계단을 증설 또는 해체하거나 수선 또는 변경하는 것
(7) 다가구주택의 가구 간 경계벽 또는 다세대주택의 세대 간 경계벽을 증설 또는 해체하거나 수선 또는 변경하는 것
(8) 건축물의 외벽에 사용하는 **마감재료**를 증설 또는 해체하거나 벽면적 **30m²** 이상 수선 또는 변경하는 것

기출문제

06 다음 용어의 정의 중 대수선에 관한 설명으로 옳지 않은 것은?

교재 P.56

① 내력벽을 증설 또는 해체하거나 그 벽면적을 $30m^2$ 이상 수선 또는 변경하는 것
② 기둥을 증설 또는 해체하거나 3개 이상 수선 또는 변경하는 것
③ 보를 증설 또는 해체하거나 3개 이상 수선 또는 변경하는 것
④ 지붕틀(한옥의 경우에는 지붕틀의 범위에서 서까래를 포함)을 증설 또는 해체하거나 3개 이상 수선 또는 변경하는 것

해설

④ 서까래를 포함 → 서까래는 제외

정답 ④

06 내화구조 및 방화구조 [교재 P.57]

구 분	내화구조	방화구조
정 의	① 화재에 견딜 수 있는 성능을 가진 구조 ② 화재시에 일정시간 동안 형태나 강도 등이 크게 변하지 않는 구조 ③ 화재 후에도 재사용이 가능한 정도의 구조	화염의 확산을 막을 수 있는 성능을 가진 구조
종 류	① 철근콘크리트조 ② 연와조(벽돌조)	① 철망 모르타르 바르기 ② 회반죽 바르기

Key Point

* 내화구조 vs 방화구조
[교재 P.57]

내화구조	방화구조
① 철근콘크리트조	① 철망 모르타르 바르기
② 연와조(벽돌조)	② 회반죽 바르기

 기출문제

07 다음 중 방화구조의 종류로만 묶여 있는 것은?
[교재 P.57]
① 철근콘크리트조 · 연와조
② 철망 모르타르 바르기 · 회반죽 바르기
③ 철근 콘크리트조 · 철망 모르타르 바르기
④ 연와조 · 회반죽 바르기

해설
① 철근콘크리트조 · 연와조 - 내화구조
③ 철근콘크리트조 - 내화구조
④ 연와조 - 내화구조

정답 ②

Key Point

07 불연 · 준불연재료 · 난연재료 교재 P.57

구 분	불연재료	준불연재료	난연재료
정 의	불에 타지 않는 성능을 가진 재료	불연재료에 준하는 성질을 가진 재료	불에 잘 타지 아니하는 성능을 가진 재료
종 류	① 콘크리트 ② 석재 ③ 벽돌 ④ 기와 ⑤ 유리 ⑥ 철강 ⑦ 알루미늄 ⑧ 시멘트 모르타르 ⑨ 회	–	–

기출문제

08 불연재료가 아닌 것은?
교재 P.57

① 기와   ② 연와조

③ 벽돌   ④ 콘크리트

 해설

② 내화구조

정답 ②

08 면적의 산정 교재 P.57

* 방화지구
밀집한 도심지 등에서 화재가 발생할 경우 그 피해가 다른 건물로 미칠 것을 고려하여 건축물 구조를 내화구조로 하고 공작물의 주요부는 불연재로 하는 규제 강화지구

용 어		설 명
건축면적		건축물의 **외벽**의 중심선으로 둘러싸인 부분의 수평투영면적
바닥면적		건축물의 **각 층** 또는 그 일부로서 벽, 기둥, 기타 이와 유사한 구획의 중심선으로 둘러싸인 부분의 수평투영면적
연면적		하나의 건축물의 각 층의 **바닥면적**의 합계
건폐율		대지면적에 대한 **건축면적**의 비율
용적률		대시면직에 대한 **연면적**의 비율
구역 · 지역 · 지구	구역	도시개발구역, 개발제한구역 등
	지역	주거지역, 상업지역 등
	지구	방화지구, 방재지구, 경관지구 등

Key Point

★★★

09 다음 중 건축관계법령에서 정하는 용어에 대한 설명으로 옳지 않은 것은?

교재
PP.58
-59

① 바닥면적 : 건축물의 각 층 또는 그 일부로서 벽, 기둥, 기타 이와 유사한 구획의 중심선으로 둘러싸인 부분의 수평투영면적

② 연면적 : 하나의 건축물의 각 층의 바닥면적의 합계

③ 건폐율 : 대지면적에 대한 바닥면적의 비율

④ 용적률 : 대지면적에 대한 연면적의 비율

 해설

③ 바닥면적 → 건축면적

● 정답 ③

---

09 방화문의 구분 교재 P.60

60분＋ 방화문	60분 방화문	30분 방화문
연기 및 **불꽃**을 차단할 수 있는 시간이 **60분** 이상이고, **열**을 차단할 수 있는 시간이 **30분** 이상인 방화문	연기 및 불꽃을 차단할 수 있는 시간이 60분 이상인 방화문	연기 및 불꽃을 차단할 수 있는 시간이 30분 이상 60분 미만인 방화문
• 연기＋불꽃＝60분 • 열＝30분	연기＋불꽃＝60분	연기＋불꽃＝30～60분

＊ 방화문
화재의 확대, 연소를 방지하기 위해 방화구획의 개구부에 설치하는 문

★★★

10 30분 방화문에 대한 설명으로 옳은 것은?

교재
P.60

① 연기 및 불꽃을 차단할 수 있는 시간이 60분 이상이고, 열을 차단할 수 있는 시간이 30분 이상인 방화문

② 연기 및 불꽃을 차단할 수 있는 시간이 60분 이상인 방화문

③ 연기 및 불꽃을 차단할 수 있는 시간이 30분 이상 60분 미만인 방화문

④ 연기 및 불꽃을 차단할 수 있는 시간이 30분 미만인 방화문

해설

① 60분＋방화문
② 60분 방화문
④ 해당 없음

● 정답 ③

Key Point

10 **자동방화셔터의 설치** 교재 P.61

＊자동방화셔터

일부폐쇄	완전폐쇄
불꽃이나 **연기** 감지	**열** 감지

(1) 피난이 가능한 **60분+방화문** 또는 **60분 방화문**으로부터 **3m** 이내에 별도로 설치할 것
(2) 전동감식이나 수동방식으로 개폐할 수 있을 것
(3) 불꽃감지기 또는 연기감지기 중 하나와 열감지기를 설치할 것
(4) 불꽃이나 **연기**를 감지한 경우 **일부 폐쇄**되는 구조일 것
(5) 열을 감지한 경우 **완전 폐쇄**되는 구조일 것

용어 **자동방화셔터** 교재 P.61

내화구조로 된 벽을 설치하지 못하는 경우 화재시 연기 및 열을 감지하여 자동폐쇄되는 셔터를 말한다.

기출문제 ●

11 자동방화셔터에 관한 다음 ( ) 안에 알맞은 말로 옳은 것은?

교재
P.61

(1) 불꽃이나 (㉠)를 감지한 경우 일부 폐쇄되는 구조일 것
(2) (㉡)을 감지한 경우 완전 폐쇄되는 구조일 것

① ㉠ : 열, ㉡ : 연기   ② ㉠ : 연기, ㉡ : 열
③ ㉠ : 열, ㉡ : 스프링클러헤드   ④ ㉠ : 연기, ㉡ : 스프링클러헤드

해설

일부폐쇄	완전폐쇄
불꽃이나 **연기** 감지	**열** 감지

정답 ②

제 2 편

소방학개론

상대성 원리

아인슈타인이 '상대성 원리'를 발견하고 강연회를 다니기 시작했다. 많은 단체 또는 사람들이 그를 불렀다.

30번 이상의 강연을 한 어느 날이었다. 전속 운전기사가 아인슈타인에게 장난스럽게 이런 말을 했다.

"박사님! 전 상대성 원리에 대한 강연을 30번이나 들었기 때문에 이제 모두 암송할 수 있게 되었습니다. 박사님은 연일 강연하시느라 피곤하실 텐데 다음번에는 제가 한번 강연하면 어떨까요?"

그 말을 들은 아인슈타인은 아주 재미있어하면서 순순히 그 말에 응하였다.

그래서 다음 대학을 향해 가면서 아인슈타인과 운전기사는 옷을 바꿔 입었다.

운전기사는 아인슈타인과 나이도 비슷했고 외모도 많이 닮았다.

이때부터 아인슈타인은 운전을 했고 뒷자석에는 운전기사가 앉아 있게 되었다. 학교에 도착하여 강연이 시작되었다. 가짜 아인슈타인 박사의 강의는 정말 훌륭했다. 말 한마디, 얼굴표정, 몸의 움직임까지도 진짜 박사와 흡사했다.

성공적으로 강연을 마친 가짜 박사는 많은 박수를 받으며 강단에서 내려오려고 했다. 그때 문제가 발생했다. 그 대학의 교수가 질문을 한 것이다.

가슴이 '쿵'하고 내려앉은 것은 가짜 박사보다 진짜 박사 쪽이었다.

운전기사 복장을 하고 있으니 나서서 질문에 답할 수도 없는 상황이었다.

그런데 단상에 있던 가짜 박사는 조금도 당황하지 않고 오히려 빙그레 웃으며 이렇게 말했다.

"아주 간단한 질문이오. 그 정도는 제 운전기사도 답할 수 있습니다."

그러더니 진짜 아인슈타인 박사를 향해 소리쳤다.

"여보게나? 이 분의 질문에 대해 어서 설명해 드리게나!"

그 말에 진짜 박사는 안도의 숨을 내쉬며 그 질문에 대해 차근차근 설명해 나갔다.

인생을 살면서 아무리 어려운 일이 닥치더라도 결코 당황하지 말고 침착하고 지혜롭게 대처하는 여러분들이 되시기 바랍니다.

제 **1** 장

연소이론

01 연소이론

1 연소의 3요소와 4요소 [교재 | P.71]

연소의 3요소	연소의 4요소
• **가**연물질 • **산**소공급원(공기·오존·산화제·지연성 가스) • **점**화원(활성화에너지) 공화생 기억법 **가산점**	• **가**연물질 • **산**소공급원(공기·오존·산화제·지연성 가스) • **점**화원(활성화에너지) • 화학적인 **연**쇄반응 공화생 기억법 **가산점연**

가연 물질	산소공급원 (산화제 등)
점화원 (활성화에너지)	화학적인 연쇄반응

‖ 연소의 4요소 ‖

✓ 중요 소화방법의 예 [교재 | PP.84-85]

제거소화	질식소화	냉각소화	억제소화
• 가스밸브의 **폐쇄**(차단) 문어 보기① • 가연물 직접 **제거** 및 **파괴** • **촛불**을 입으로 불어 가연성 증기를 순간적으로 날려 보내는 방법 문어 보기④ • 산불화재시 진행 방향의 나무 **제거**	• 불연성 기체로 연소물을 덮는 방법 • 불연성 포로 연소물을 덮는 방법 • 불연성 고체로 연소물을 덮는 방법	• 주수에 의한 냉각 작용 • 이산화탄소소화약제에 의한 냉각 작용 문어 보기③	• 화학적 작용에 의한 소화방법 • 할론, 할로겐화합물 소화약제에 의한 억제(부촉매)작용 문어 보기② • 분말소화약제에 의한 억제(부촉매)작용
연소의 3요소를 이용한 소화방법			연소의 4요소를 이용한 소화방법

Key Point

* **연소** [교재 | P.71]
가연물이 공기 중에 있는 산소 또는 산화제와 반응하여 **열**과 **빛**을 발생하면서 **산화**하는 현상

* **연소의 3요소**
[교재 | P.71]
① **가**연물질
② **산**소공급원
③ **점**화원

공화생 기억법
가산점

기출문제

01 다음 중 연소의 3요소를 이용한 소화방법이 잘못 설명된 것은?

교재
PP.84
-85

① 밸브차단
② 할로겐소화약제를 이용한 억제소화
③ 이산화탄소를 이용한 냉각소화
④ 촛불을 입으로 불어 가연성 증기를 순간적으로 날려 보내는 방법

해설
> ② 억제소화 : 연소의 4요소를 이용한 소화방법

정답 ②

02 다음 중 연소의 4요소에 대한 설명으로 옳은 것은?

교재
PP.71
-72

① 가연물질은 산소와 결합하면 흡열반응을 한다.
② 산소는 가연물질의 연소를 차단하는 역할을 한다.
③ 지연성 가스는 산소공급원이 될 수 있다.
④ 할론, 할로겐화합물 및 불활성기체는 연쇄반응을 순조롭게 한다.

해설
> ① 흡열반응 → 발열반응   교재 P.72
> ② 차단하는 → 돕는   교재 P.72
> ④ 순조롭게 → 억제   교재 P.72

정답 ③

2 가연성 물질의 구비조건   교재 P.72

(1) 화학반응을 일으킬 때 필요한 **활성화에너지값**이 **작아야** 한다.   문03 보기①
(2) 일반적으로 산화되기 쉬운 물질로서 산소와 결합할 때 **발열량**이 커야
 한다.   문03 보기②
(3) 열의 축적이 용이하도록 **열전도**의 값이 **작아야** 한다.   문03 보기③

〈가연물질별 열전도〉
- **철** : 열전도가 빠르다(크다). → 불에 잘 타지 않는다.
- **종이** : 열전도가 느리다(작다). → 불에 잘 탄다.

열전도 방향

∥ 열전도 ∥

유사 기출문제

02★★★   교재 PP.71-72
다음 중 연소의 4요소에 대한 설명으로 옳은 것은?

① 가연물질이 되기 위해서는 활성화에너지가 커야 한다.
② 공기 중에는 산소가 12% 포함되어 있다.
③ 오존은 산소공급원이 될 수 없다.
④ 할론, 할로겐화합물 및 불활성기체는 연쇄반응을 차단하는 역할을 한다.

해설
> ① 커야 한다. → 작아야 한다.
> ② 12% → 21%
> ③ 없다. → 있다.

정답 ④

＊ 활성화에너지
'최소 점화에너지'와 동일한 뜻

Key Point

* 지연성 가스
가연성 물질이 잘 타도록 도
와주는 가스를 말하며 '조연
성 가스'라고도 함

(4) 지연성 가스인 산소·염소와의 친화력이 강해야 한다.

(5) 산소와 접촉할 수 있는 표면적이 큰 물질이어야 한다. 문03 보기④

(6) **연쇄반응**을 일으킬 수 있는 물질이어야 한다.

용어 **활성화에너지(최소 점화에너지)**

가연물이 처음 연소하는 데 필요한 열

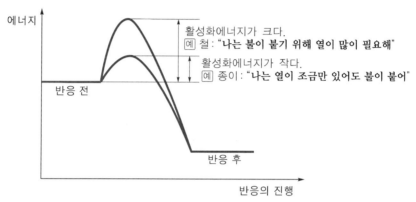

‖ 활성화에너지 ‖

기출문제 ●

03 가연성 물질의 구비조건으로 옳은 것은?

교재
P.72

① 화학반응을 일으킬 때 필요한 활성화에너지값이 커야 한다.

② 일반적으로 산화되기 쉬운 물질로서 산소와 결합할 때 발열량이 커
야 한다.

③ 열의 축적이 용이하도록 열전도의 값이 커야 한다.

④ 산소와 접촉할 수 있는 표면적이 작은 물질이어야 한다.

해설

① 커야 → 작아야
③ 커야 → 작아야
④ 작은 → 큰

정답 ②

Key Point

★★★ 04 가연성 물질의 구비조건이다. 빈칸에 알맞은 것은?

교재 P.72

- 활성화에너지의 값이 (㉠)
- 열전도도가 (㉡)

① ㉠ 커야 한다. ㉡ 커야 한다.
② ㉠ 커야 한다. ㉡ 작아야 한다.
③ ㉠ 작아야 한다. ㉡ 커야 한다.
④ ㉠ 작아야 한다. ㉡ 작아야 한다.

해설

④ ㉠ 활성화에너지의 값이 작아야 한다.
　 ㉡ 열전도도가 작아야 한다.

정답 ④

유사 기출문제

04★★★ 교재 P.72
다음 중 가연성 물질의 구비
조건이 아닌 것은?
① 산소와의 친화력이 크다.
② 활성화에너지가 작다.
③ 열전도율이 작다.
④ 인화점이 크다.

해설 ④ 인화점은 관계없음

정답 ④

3 가연물이 될 수 없는 조건 교재 P.72

특 징	불연성 물질
불활성기체	• 헬륨 • 네온 • 아르곤 공하성 기억법 헬네아
완전산화물	• 물(H_2O) • 산화알루미늄 • 이산화탄소(CO_2) • 삼산화황
흡열반응물질 문06 보기③	• 질소 • 질소산화물
자체가 연소하지 아니하는 물질	• 돌 • 흙

＊ 이산화탄소 교재 P.72
산소와 화학반응을 일으키
지 않음

열
• 질소
• 질소산화물
가연물

∥ 흡열반응물질 ∥

Key Point

유사 기출문제

05★★★ 　　교재 P.72

다음 중 가연성 물질에 대한 설명으로 옳은 것을 모두 고르시오.

㉠ 활성화에너지값이 작을수록 연소되기 쉽다.
㉡ 열전도가 클수록 연소되기 어렵다.
㉢ 산화되기 쉬운 물질로서 산소와 결합할 때 발열량이 클수록, 가연물질이 되기 쉽다.
㉣ 산소, 염소는 지연성 가스로 가연물질의 연소를 돕는다.

① ㉠, ㉢, ㉣
② ㉡, ㉢, ㉣
③ ㉠, ㉡, ㉣
④ ㉠, ㉡, ㉢, ㉣

해설
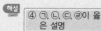
④ ㉠, ㉡, ㉢, ㉣이 옳은 설명

정답 ④

* **흡열반응**
열을 흡수하는 반응

* **공기 중 산소농도**
　　교재 PP.72~73

체적비	중량비
약 21%	약 23%

기출문제

05 ★★★
교재 P.72

다음 중 가연성 물질의 특징으로 옳은 것은?
① 최소 점화에너지값이 클수록 연소가 잘 된다.
② 아르곤은 산소와 결합하지 못하는 불활성기체로 가연물질이 될 수 없다.
③ 기체는 고체보다 열전도값이 커서 연소반응이 잘 일어난다.
④ 질소산화물은 산소와 화합하여 발열반응을 하므로 연소가 잘 된다.

해설
① 클수록 → 작을수록
③ 커서 → 작아서
④ 발열반응 → 흡열반응, 잘 된다. → 잘 안된다.

정답 ②

06 ★
교재 P.72

질소 또는 질소산화물이 가연물이 될 수 없는 이유로 옳은 것은?
① 산소와 화합하여 연쇄반응을 하기 때문이다.
② 산소와 화합하여 산화반응을 하기 때문이다.
③ 산소와 화합하여 흡열반응을 하기 때문이다.
④ 산소와 화합하여 발열반응을 하기 때문이다.

해설
③ 질소·질소산화물 : 흡열반응

정답 ③

4 공기 중 산소(약 21%)　　교재 PP.72~73

┃공기 중 산소농도┃

구 분	산소농도
체적비	약 21%
중량비	약 23%

5 점화원 교재 PP.73~74

종 류	설 명
전기불꽃 문07 보기③	**단시간**에 집중적으로 에너지가 방사되므로 에너지밀도가 높은 점화원이다. 장시간 ×
충격 및 마찰	두 개 이상의 물체가 서로 충격·마찰을 일으키면서 작은 불꽃을 일으키는데, 이러한 마찰불꽃에 의하여 가연성 가스에 착화가 일어날 수 있다.
단열압축 문07 보기①	기체를 높은 압력으로 압축하면 온도가 상승하는데, 이때 상승한 열에 의한 가연물을 착화시킨다.
불 꽃	항상 화염을 가지고 있는 열 또는 화기로서 위험한 화학물질 및 가연물이 존재하고 있는 장소에서 불꽃의 사용은 대단히 위험하다.
고온표면	작업장의 화기, 가열로, 건조장치, 굴뚝, 전기·기계 설비 등으로서 항상 화재의 위험성이 내재되어 있다.
정전기 불꽃 문07 보기②	물체가 접촉하거나 결합한 후 떨어질 때 양(+)전하와 음(−)전하로 **전하의 분리**가 일어나 발생한 **과잉전하**가 물체(물질)에 **축적**되는 현상이다.
자연발화 문07 보기④	물질이 외부로부터 에너지를 **공급받지 않아도** 자체적으로 온도가 상승하여 발화하는 현상이다.
복사열	물질에 따라서 비교적 약한 복사열도 장시간 방사로 발화될 수 있다. 예를 들어 햇빛이 유리나 거울에 반사되어 가연성 물질에 장시간 노출 시 열이 축적되어 발화될 수 있다.
기타	이외에 마찰, 충격, 열선, 광선 등도 발화의 에너지원이 될 수 있다.

기출문제

07 다음 중 점화원에 관한 설명으로 옳지 않은 것은?

교재
PP.73
-74

① 단열압축 : 기체를 높은 압력으로 압축하면 온도가 상승하는데, 이때 상승한 열에 의한 가연물을 착화시킨다.

② 정전기불꽃 : 물체가 접촉하거나 결합한 후 떨어질 때 양(+)전하와 음(−)전하로 전하의 분리가 일어나 발생한 과잉전하가 물체(물질)에 축적되는 현상이다.

③ 전기불꽃 : 장시간에 집중적으로 에너지가 방사되므로 에너지밀도가 높은 발화원이다.

④ 자연발화 : 물질이 외부로부터 에너지를 공급받지 않아도 온도가 상승하여 발화하는 현상이다.

해설

③ 장시간 → 단시간

정답 ③

＊ 전기불꽃
단시간에 집중적으로 에너지가 방사되므로 에너지밀도가 높은 발화원

6 정전기에 의한 재해예방대책 교재 P.74

(1) 정전기의 발생이 우려되는 장소에 **접지시설**을 한다. 문08 보기③
(2) **실내의 공기**를 **이온화**하여 정전기의 발생을 예방한다. 문08 보기②
(3) 정전기는 습도가 낮거나 압력이 높을 때 많이 발생하므로 습도를 **70% 이상**으로 한다. 문08 보기①
(4) 전기저항이 큰 물질은 대전이 용이하므로 **전도체물질**을 사용한다. 문08 보기④

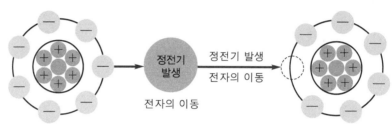

▌정전기 발생원리▐

유사 기출문제

08★★★ 교재 P.74
다음 중 정전기에 의한 재해를 방지하기 위한 예방대책에 해당하지 않는 것은?
① 접지시설을 설치한다.
② 실내의 공기를 이온화한다.
③ 습도가 낮거나 압력이 높을 때 많이 발생하므로 습도를 70% 이상으로 한다.
④ 전기저항이 작은 물질은 대전이 용이하므로 전도체물질을 사용한다.

해설
④ 작은 → 큰

정답 ④

기출문제 ●

08 다음 중 정전기에 의한 재해 예방대책으로 틀린 것은?

교재 P.74

① 습도를 70% 이하로 한다.
② 실내의 공기를 이온화한다.
③ 우려되는 장소에 접지시설을 한다.
④ 전기저항이 큰 물질은 대전이 용이하므로 전도체물질을 사용한다.

해설
① 이하 → 이상

 정답 ①

09 다음 중 정전기 예방대책으로 옳지 않은 것은?

교재 P.74

① 접지시설을 설치한다.
② 전기저항이 큰 물질은 대전이 용이하므로 전도체물질을 사용한다.
③ 실내의 공기를 이온화한다.
④ 습도가 낮거나 압력이 낮을 때 많이 발생하므로 습도를 70% 이상으로 한다.

해설
④ 압력이 낮을 때 → 압력이 높을 때

 정답 ④

02 연소용어

1 인화점 [교재 P.75]

(1) 연소범위에서 외부의 직접적인 **점화원**에 의해 **인화**될 수 있는 **최저온도**
(2) 공기 중에서 가연물 가까이 **점화원**을 투여하였을 때 착화되는 **최저**의 **온도**

물 질	인화점
휘발유	−43℃
아세톤	−18.5℃
메틸알코올	11.11℃
에틸알코올	13℃
등 유	39℃ 이상
중 유	70℃ 이상

● 인화점=인화온도

★ 휘발유 [교재 P.75]
인화점이 가장 낮음

2 발화점 [교재 P.76]

(1) 외부로부터의 직접적인 에너지 공급 없이(점화원 없이) 가열된 **열축적**에 의하여 발화에 이르는 **최저온도** [문10 보기①]
(2) **점화원**이 **없는 상태**에서 가연성 물질을 공기 또는 산소 중에서 가열함으로써 발화되는 **최저온도** [문10 보기②]
(3) 발화점=착화점=발화온도
(4) 발화점이 **낮을수록 위험**하다. [문10 보기③]
(5) 발화점은 보통 **인화점**보다 수백도가 **높은 온도**이다. [문10 보기④]

물 질	발화점
등 유	210℃
휘발유	280~456℃
중 유	400℃ 이상
메틸알코올	464℃
아세톤	465℃
암모니아	651℃

★ 등유 [교재 P.76]
발화점이 가장 낮음

Key Point

유사 기출문제

10★　교재 P.76

발화점에 대한 설명으로 틀린 것은?

① 외부의 직접적인 점화원 없이 가열된 열의 축적에 의하여 발화에 이르는 최저의 온도를 말한다.

② 점화원이 없는 상태에서 가연성 물질을 공기 또는 산소 중에서 가열함으로써 발화되는 최저온도를 말한다.

③ 발화점이 높을수록 위험하다.

④ 발화점은 보통 인화점보다 수백도가 높은 온도이다.

해설 ③ 높을수록 → 낮을수록

정답 ③

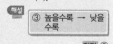

기출문제

10★★　교재 P.76　**발화점에 대한 설명으로 옳은 것은?**

① 외부의 직접적인 점화원 없이 가열된 열의 축적에 의하여 발화에 이르는 최저의 온도를 말한다.

② 점화원이 있는 상태에서 가연성 물질을 공기 또는 산소 중에서 가열함으로써 발화되는 최저온도를 말한다.

③ 발화점이 높을수록 위험하다.

④ 발화점은 보통 인화점보다 수백도가 낮은 온도이다.

해설
> ② 점화원이 있는 → 점화원이 없는
> ③ 높을수록 → 낮을수록
> ④ 낮은 → 높은

정답 ①

3 연소점　교재 P.76

(1) 인화점보다 **10**℃ 높으며, 연소상태가 **5**초 이상 **유**지되는 온도　문11 보기②

(2) 점화에너지에 의해 화염이 발생하기 시작하는 온도

(3) 발생한 화염이 꺼지지 않고 지속되는 온도

(4) 연소를 지속시킬 수 있는 최저온도

(5) 연소상태가 계속(유지)될 수 있는 온도

공하성 기억법 연510유

＊ 발화점 vs 연소점 vs 인화점　교재 P.76

일반적으로 발화점이 가장 높고 인화점이 가장 낮다.

발화점>연소점>인화점

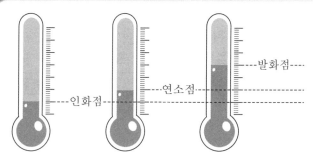

❚ 인화점·연소점·발화점 ❚

＊ 인화점 교재 P.75
인화점이 낮을수록 위험

＊ 연소점 교재 P.76
인화점보다 10℃ 높으며, 연소상태가 5초 이상 지속할 수 있는 온도

기출문제 ●

★★★
11 연소점은 일반적으로 인화점보다 대략 몇 도 정도 높은 온도에서 연소상태가 5초 이상 유지될 수 있는 온도를 말하는가?

교재 P.76

① 5℃   ② 10℃

③ 15℃   ④ 20℃

 해설

> ② 연소점 : 인화점+10℃, +5초

정답 ②

---

4 온도순서 교재 PP.75-76

인화점 < 연소점 < 발화점

용어 **연소와 관계되는 용어** 교재 PP.75-76

발화점	인화점	연소점
• 외부의 직접적인 점화원 없이 가열된 열의 축적에 의하여 발화에 이르는 **최저의** 온도	• 점화원에 의해 인화되는 최저온도	• 인화점보다 **10**℃ 높으며, 연소상태가 **5초** 이상 **지**속할 수 있는 온도 • 연소를 지속시킬 수 있는 최저온도 • 연소상태가 **계**속될 수 있는 온도 공하성 기억법 연105초지계

✔중요 **등유의 인화점, 연소점, 발화점 온도** 교재 PP.75-76

인화점	연소점	발화점
39℃ 이상	인화점+10℃	210℃

 기출문제 ●

★★★
12 다음 중 등유의 발화점, 연소점, 인화점의 온도를 낮은 순서부터 옳게 나열한 것은?

교재 PP.75 -76

① 인화점-발화점-연소점   ② 연소점-인화점-발화점

③ 인화점-연소점-발화점   ④ 연소점-발화점-인화점

Key Point

유사 기출문제

13★★ [교재 PP.75-77]
다음 중 연소의 특성으로 옳지 않은 것은?

① 인화점이 낮을수록 위험하다.
② 연소점은 인화점보다 10℃ 높다.
③ 발화점은 외부의 직접적인 점화원 없이 가열된 열의 축적에 의하여 발화에 이르는 최고의 온도이다.
④ 연소범위가 넓을수록 위험하다.

해설 ③ 최고의 온도 → 최저의 온도

정답 ③

* 공기 중 산소농도
  [교재 P.72]

21%

* 점화원의 종류
  [교재 PP.73-74]

① 전기불꽃
② 충격 및 마찰
③ 단열압축
④ 불꽃
⑤ 고온표면
⑥ 정전기불꽃
⑦ 자연발화
⑧ 복사열

* 연소범위 [교재 P.77]
연소범위가 넓을수록 위험
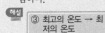
하한 ㉠ 상한   ㉡ 상한
'㉠ 상한'보다 '㉡ 상한'이 연소(폭발)범위가 넓어 위험성이 증가할 수 있다.

해설 ③ 인화점-연소점-발화점

정답 ③

13 다음 중 연소와 관련된 용어에 대한 설명으로 옳은 것은?

[교재 PP.75-77]

① 공기에는 산소가 약 16% 포함되어 있어서 산소공급원 역할을 한다.
② 휘발유가 발화점 이상의 온도가 되면 점화원 없이 가열된 열의 축적에 의하여 발화할 수 있다.
③ 연소점은 인화점보다 10도 정도 낮다.
④ 자연발화는 점화원이 될 수 없다.

해설
① 16% → 21%
③ 낮다. → 높다.
④ 없다. → 있다.

정답 ②

5 가연성 증기의 연소범위 [교재 P.77]

(1) **가연성 증기**와 **공기**와의 혼합상태, 즉 **가연성 혼합기**가 연소(폭발)할 수 있는 범위 [문15 보기④]

(2) 연소농도의 **최저 한도**를 **하한**, **최고 한도**를 **상한**이라 한다.

(3) 혼합물 중 가연성 가스의 농도가 너무 희박해도, 너무 농후해도 연소는 일어나지 않는다.

(4) 연소범위는 **온도**와 **압력**이 **상승**함에 따라 대개 확대되어 **위험성**이 **증가**한다.

가 스	하한계〔vol%〕	상한계〔vol%〕
아세틸렌 [문14 보기②]	2.5	81
수 소 [문14 보기①]	4.1	75
메틸알코올	6	36
아세톤 [문14 보기③]	2.5	12.8
암모니아	15	28
휘발유 [문14 보기④]	1.2	7.6
등 유	0.7	5
중 유	1	5

공학성 기억법

아	2581
수	475
메	636
아	25128
암	1528
휘	1276
등	075
중	15

비교 **LPG(액화석유가스)의 폭발범위** 교재 P.112

부 탄	프로판
1.8~8.4%	2.1~9.5%

2.5% 미만	2.5~81%	81% 초과
연소가 일어나지 않는다.	연소가 일어난다.	연소가 일어나지 않는다.

▌아세틸렌의 연소범위▐

중요 **증기비중** 교재 P.77

증기비중이 1보다 큰 기체는 공기보다 무겁다.

증기비중 1보다 작은 경우	증기비중이 1인 경우	증기비중 1보다 큰 경우

▌증기비중▐

Key Point

✱ **아세틸렌** 교재 P.77
연소범위가 가장 넓음

Key Point

유사 기출문제

14★★★   교재 P.77

가연성 증기 중 중유의 연소 범위[vol%]로 옳은 것은?

① 1~5   ② 1.2~7.6
③ 6~36   ④ 2.5~81

해설
ⓘ 중유 : 1~5vol%

정답 ①

유사 기출문제

15★★★   교재 P.77

다음 중 연소(폭발)범위에 대한 설명으로 옳은 것은?

① 가연성 증기와 공기가 혼합되었을 때 연소가 일어나지 않고 폭발에 이르는 범위를 말한다.
② 가연성 증기의 농도가 상한보다 농후하면 연소가 더 활발하게 일어난다.
③ 하한이 클수록, 상한이 작을수록 위험성이 증가한다.
④ 온도와 압력이 상승함에 따라 대개 확대되어 위험성이 증가한다.

해설
① 일어나지 않고 → 계속되고
② 더 활발하게 일어난다. → 일어나지 않는다.
③ 클수록 → 작을수록 작을수록 → 클수록

정답 ④

기출문제 •

14
★★★
교재 P.77

다음 중 가연성 증기의 연소범위로 틀린 것은?

① 수소 : 4.1~75vol%   ② 아세틸렌 : 15~28vol%
③ 아세톤 : 2.5~12.8vol%   ④ 휘발유 : 1.2~7.6vol%

해설 **가연성 증기의 연소범위**

> ② 아세틸렌 : 2.5~81vol%

 정답 ②

15
★★★
교재 P.77

다음 연소(폭발)범위에 대한 설명 중 (㉠), (㉡) 안에 들어갈 올바른 것을 고른 것은?

> 연소(폭발)범위는 (㉠)와(과) (㉡)와(과)의 혼합상태, 즉 가연성 혼합기가 연소(폭발)할 수 있는 범위를 말한다.

① ㉠ 가연성 액체, ㉡ 대기압
② ㉠ 혼합성 증기, ㉡ 공기
③ ㉠ 조연성 증기, ㉡ 대기압
④ ㉠ 가연성 증기, ㉡ 공기

해설

> ④ 연소(폭발)범위 : 가연성 증기와 공기와의 혼합된 물질이 연소할 수 있는 범위

정답 ④

Key Point

01 화재의 종류 교재 PP.78-79

종 류	적응물질	소화약제
일반화재(A급)	• 보통가연물(폴리에틸렌 등) • 종이 • 목재, 면화류, 석탄 • **재를 남김**	① 물 ② 수용액
유류화재(B급)	• 유류 • 알코올 • **재를 남기지 않음**	① 포(폼)
전기화재(C급)	• 변압기 • 배전반	① 이산화탄소 ② 분말소화약제 ③ 주수소화 금지
금속화재(D급)	• 가연성 금속류(나트륨 등)	① 금속화재용 분말소화약제 ② 건조사(마른 모래) 문어 보기①
주방화재(K급)	• 식용유 • 동·식물성 유지	① 강화액

＊ 일반화재 교재 P.78
물로 소화가 가능함

기출문제

★★★
01 금속화재의 소화방법으로 적당한 것은?

교재 P.79

① 건조사   ② 물
③ 이산화탄소   ④ 분말소화제

해설
① 금속화재 : 건조사

정답 ①

유사 기출문제

01★★★ 교재 P.79
K급 화재의 적응물질로 맞는 것은?

① 목재
② 유류
③ 금속류
④ 동식물성 유지

해설
④ K급 : 동식물성 유지(식용유)

정답 ④

Key Point

유사 기출문제

02★★★   교재 P.79

주방화재에 해당하는 것은?

① A급 화재
② B급 화재
③ C급 화재
④ K급 화재

해설
④ 주방화재 : K급

정답 ④

02 화재의 분류 및 종류에 대한 설명으로 옳은 것은?

교재 PP.78 -79

① A – 일반화재 – 폴리에티필렌
② B – 전기화재 – 석탄
③ C – 유류화재 – 목재
④ D – 금속화재 – 나트륨

해설
① A – 일반화재 – 폴리에틸렌
② B – 유류화재 – 알코올
③ C – 전기화재 – 변압기

정답 ④

03 다음에 제시한 화재시의 적절한 소화방법으로 옳은 것은?

교재 PP.78 -79 PP.84 -85

① 나트륨 : 대량의 물로 냉각소화
② 목재 : 이산화탄소소화약제
③ 유류 : 폼소화약제
④ 전기 : 포소화약제

해설
① 나트륨 : 마른모래
② 목재 : 물
③ 유류 : 폼소화약제(포소화약제)
④ 전기 : 이산화탄소소화약제, 분말소화약제

정답 ③

04 다음은 화재의 종류와 특징, 해당 화재에 적응성이 있는 소화방법에 대한 설명이다. 옳은 것은?

교재 PP.78 -79

① A급 화재는 일반화재이며 일반가연물이 타고 나서 재가 남는 화재이다. 다량의 물 또는 수용액으로 냉각소화가 적응성이 있다.
② B급 화재는 유류화재이며 물이 닿으면 폭발위험이 있다. 마른모래를 덮어 질식소화해야 한다.
③ C급 화재는 전기화재이며 감전의 위험이 있다. 포 등을 이용한 억제소화가 적응성이 있다.
④ D급 화재는 금속화재이며 연소 후 재가 남지 않는다. 이산화탄소소화약제에 적응성이 있다.

해설
② 마른모래를 덮어 → 포 등을 이용해
③ 포 등을 이용한 억제소화가 → 이산화탄소소화약제를 사용한 냉각소화가
④ 재가 남지 않는다. → 재가 남는다.,
  이산화탄소소화약제에 적응성이 있다. → 마른모래 등으로 덮어 질식
  소화를 한다.

정답 ①

★★★ 05 다음 중 화재의 종류와 소화방법이 올바른 것은?

교재 PP.78-79

① A급 화재 : 마른모래
② B급 화재 : 수계소화약제
③ C급 화재 : 이산화탄소소화약제
④ D급 화재 : 수계소화약제

해설
① 마른모래 → 수계소화약제
② 수계소화약제 → 불연성 포
④ 수계소화약제 → 금속화재용 특수분말이나 마른모래

정답 ③

02 열전달의 종류 교재 PP.79-80

종 류	설 명
전도 (Conduction)	• 하나의 물체가 다른 물체와 **직접 접촉**하여 전달되는 것 예 가늘고 긴 **금속막대**의 한쪽 끝을 불꽃으로 가열하면 불꽃이 닿지 않은 다른 부분에도 열이 전달되어 뜨거워지는 것
대류 (Convection)	• **유체**의 흐름에 의하여 열이 전달되는 것 예 ① **난로**에 의해 방 안의 공기가 더워지는 것 　② 위쪽에 있는 냉각부분의 **찬 공기**가 아래로 흘러들어 전체를 차게 하는 것
복사 (Radiation) 문06 보기③	• 화재시 열의 이동에 가장 크게 작용하는 열이동방식 • 화염의 **접촉 없이** 연소가 확산되는 현상 • 화재현장에서 **인접건물**을 **연소**시키는 주된 원인 예 **양지**바른 곳에서 따뜻한 것을 느끼는 것

* 전도 　교재 P.79
하나의 물체가 다른 물체와 직접 접촉하여 전달되는 것

* 유체 　교재 P.80
기체 또는 액체를 말한다.

* 복사 　교재 P.80
화재시 열의 이동에 가장 크게 작용하는 열이동방식

유사 기출문제

06★★★ 교재 P.80
양지바른 곳에서 따뜻한 것을 느끼는 것은 열전달의 3요소 중 어느 것에 해당되는가?
① 전도 ② 대류
③ 복사 ④ 비화

해설
③ 복사 : 양지바른 곳에서 따뜻함을 느낌

정답 ③

기출문제 ●

★★★
06 교재 P.80
화재에서 화염의 접촉없이 연소가 확산되는 현상으로 화재현장에서 인접건물을 연소시키는 주된 원인은 무엇인가?
① 전도 ② 대류
③ 복사 ④ 비화

해설
③ 복사 : 화염의 접촉없이 연소

정답 ③

---

03 **연소생성물**

1 연기의 이동속도 교재 P.81

구 분	이동속도
수평방향	0.5~1.0m/sec 문07 보기①
수직방향	2~3m/sec 문07 보기②
계단실 내의 수직이동속도	3~5m/sec 문07 보기③

 공하성 기억법 직23, 계35

기출문제 ●

★★★
07 교재 P.81
다음 중 화재발생시 연기에 대한 설명으로 틀린 것은?
① 수평방향으로 0.5~1m/sec의 속도로 이동한다.
② 수직방향으로 2~3m/sec의 속도로 이동한다.
③ 계단실 내의 수평이동속도는 3~5m/sec이다.
④ 패닉현상에 빠지게 되는 2차적 재해의 우려가 있다.

 해설
③ 수평이동속도 → 수직이동속도

정답 ③

＊ 연기가 인체에 미치는 영향 교재 P.81
패닉현상에 빠지게 되는 2차적 재해의 우려가 있다.

유사 기출문제

07★★★ 교재 P.81
다음 중 연기의 유동 및 확산속도에 대한 것으로 옳은 것은?
① 수평방향으로 0.5~1m/min의 속도로 이동한다.
② 수직방향으로 2~3m/sec의 속도로 이동한다.
③ 계단실 내의 수직이동속도는 3~5m/min로 이동한다.
④ 계단실 내의 수평이동속도는 4~5m/sec의 속도로 이동한다.

해설
① 0.5~1m/min → 0.5~1m/sec
③ 3~5m/min → 3~5m/sec
④ 수평이동속도는 4~5m/sec → 수직이동속도는 3~5m/sec

정답 ②

Key Point

★★★
08 다음 중 연기의 유동 및 확산속도를 옳게 설명한 것은?

교재
P.81

① 수평방향으로 1.5~2m/sec의 속도로 이동한다.
② 수평방향보다 수직방향일 때 더 빠르게 확산된다.
③ 수직방향으로 2~3m/min 속도로 이동한다.
④ 계단실 내의 수직이동시 0.3~0.5m/sec로 아주 느리게 이동한다.

> **해설**
>
> ① 1.5~2m/sec → 0.5~1m/sec
> ③ 2~3m/min → 2~3m/sec
> ④ 0.3~0.5m/sec → 3~5m/sec, 느리게 → 빠르게

정답 ②

2 주요 연소생성물 교재 P.82

구 분	설 명
일산화탄소(CO)	인체 내의 **헤**모글로빈과 결합하여 산소의 운반기능 약화 공하성 기억법 **일헤**(**일해**!)
이산화탄소(CO₂)	가스 자체의 독성은 거의 없으나 **다**량이 존재할 때 호흡속도를 증가시키고 혼합된 유해가스의 흡입을 증가시켜 위험을 가중시킴 공하성 기억법 **이다**(연예인 **이다**해)
암모니아(NH₃)	–
포스겐(COCl₂)	–
황화수소(H₂S)	–
이산화황(SO₂)	–
시안화수소(HCN)	–

* **일산화탄소** 교재 P.82
무색·무취·무미

* **이산화탄소** 교재 P.82
무색·무미

Key Point

★ 화재성상단계 [교재] P.83
초기 → 성장기 → 최성기
→ 감쇠기

04 건물화재성상

1 성장기 vs 최성기 [교재] P.83

성장기	최성기
• 실내 **전체**가 **화염**에 휩싸이는 **플래시오버** 상태 [문09 보기②]	• 내화구조 : 최성기까지 **20~30분** 소요, 실내온도 **800~1050℃**에 달함 [문09 보기④]
종합성 기억법 성전화플(화플!와플!)	• 목조건물 : 최성기까지 **10분** 소요, 실내온도 1100~1350℃에 달함 [문09 보기③]
	• 연소가 최고조에 달하는 단계

> 기출문제 ●

★★
09 다음 중 화재성상단계의 설명으로 틀린 것은?

[교재] P.83

① 초기는 실내온도가 아직 크게 상승하지 않는다.
② 성장기는 실내 전체가 화염에 휩싸이는 플래시오버 상태로 된다.
③ 목조건물에서 최성기의 실내온도는 1100~1350℃에 달한다.
④ 내화구조의 경우는 10분이 되면 최성기에 이른다.

해설
> ④ 10분 → 20~30분

정답 ④

★ 초기 [교재] P.83
실내온도가 아직 크게 상승하지 않는다. [문09 보기①]

2 실내화재의 진행과 온도변화 [교재] P.83

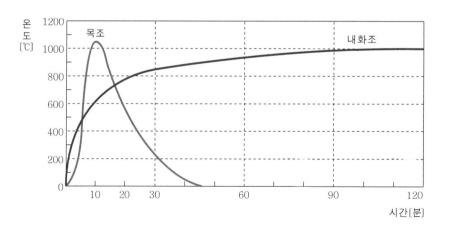

★ 내화조 온도특성 [교재] P.83

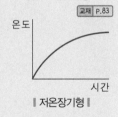

저온장기형

★ 목조 온도특성 [교재] P.83

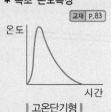

고온단기형

기출문제 ●

★★★

10 다음 중 화재성상단계에 대한 설명으로 틀린 것은?

교재 P.83

① 목조건축물은 고온장기형, 내화구조는 저온단기형이다.

② 성장기에는 플래시오버(Flash over) 상태로 된다.

③ 연소가 최고조에 달하는 단계는 최성기이다.

④ 초기 → 성장기 → 최성기 순으로 온도가 상승하고 감쇠기에 이르면 온도는 점차 내려가기 시작한다.

 해설

① 고온장기형 → 고온단기형, 저온단기형 → 저온장기형

정답 ①

❋ 감쇠기 교재 P.83
온도가 점차 내려가기 시작한다.

01 소화방법 `교재 PP.84-85`

제거소화	질식소화	냉각소화	억제소화
가연물 제거	산소공급원 차단 (산소농도 **15%** 이하)	**열**을 **뺏**음 (**착화온도** 낮춤)	연쇄반응 약화

산소공급 차단

∥ 질식소화 ∥

＊ 제거소화 `교재 P.84`
연소반응에 관계된 가연물이나 그 주위의 **가연물**을 **제거**함으로써 연소반응을 중지시켜 소화하는 방법

02 소화방법의 예 `교재 PP.84-85`

제거소화	질식소화	냉각소화	억제소화
• 가스밸브의 **폐쇄** • 가연물 직접 **제거** 및 **파괴** • **촛불**을 입으로 불어 가연성 증기를 순간적으로 날려 보내는 방법 • 산불화재시 진행방향의 나무 **제거**	• 불연성 기체로 연소물을 덮는 방법 • 불연성 포로 연소물을 덮는 방법 • 불연성 고체로 연소물을 덮는 방법	• 주수에 의한 냉각작용 • 이산화탄소소화약제에 의한 냉각작용	• 화학적 작용에 의한 소화방법 • 할론, 할로겐화합물 소화약제에 의한 억제(부촉매)작용 • 분말소화약제에 의한 억제(부촉매)작용

＊ 질식소화 `교재 PP.84-85`
산소공급원을 차단하여 소화하는 방법

03 소화약제의 종류별 소화효과 교재 P.85

소화약제의 종류	소화효과
• 물소화약제	① 냉각효과 ② 질식효과
• 포소화약제 • 이산화탄소소화약제	① 질식효과 ② 냉각효과
• 분말소화약제	① 질식효과 ② 부촉매효과
• 할론소화약제	① 부촉매효과 ② 질식효과 ③ 냉각효과 공하성 기억법 할부냉질

Key Point

＊ 분말소화약제의 소화효과
교재 P.81
질식·부촉매 효과

제**3**편

화기취급 감독 및 화재위험작업 허가·관리

칭찬 10계명

1. 칭찬할 일이 생겼을 때는 즉시 칭찬하라.

2. 잘한 점을 구체적으로 칭찬하라.

3. 가능한 한 공개적으로 칭찬하라.

4. 결과보다는 과정을 칭찬하라.

5. 사랑하는 사람을 대하듯 칭찬하라.

6. 거짓 없이 진실한 마음으로 칭찬하라.

7. 긍정적인 눈으로 보면 칭찬할 일이 보인다.

8. 일이 잘 풀리지 않을 때 더욱 격려하라.

9. 잘못된 일이 생기면 관심을 다른 방향으로 유도하라.

10. 가끔씩 자기 자신을 스스로 칭찬하라.

제 **1**장 화기취급작업 안전관리규정

01 가연성 물질이 있는 장소에서 화재위험작업을 하는 경우 준수사항

교재 P.93

(1) **작업준비** 및 **작업절차** 수립
(2) 작업장 내 위험물의 **사용·보관** 현황 파악
(3) 화기작업에 따른 인근 가연성 물질에 대한 방호조치 및 소화기구 비치
(4) 용접불티 **비산방지덮개**, **용접방화포** 등 불꽃, 불티 등 비산방지 조치
(5) 인화성 액체의 증기 및 인화성 가스가 남아있지 않도록 환기 등의 조치
(6) 작업근로자에 대한 **화재예방** 및 **피난교육** 등 비상조치

* 불꽃, 불티 등 비산방지
조치 교재 P.93
① 용접불티 비산방지덮개
② 용접방화포

기출문제 ●

01 가연성 물질이 있는 장소에서 화재위험작업을 하는 경우 준수사항으로 옳지 않은 것은?

교재
P.93

① 작업장 외 위험물의 사용·보관 현황 파악
② 화기작업에 따른 인근 가연성 물질에 대한 방호조치 및 소화기구 비치
③ 용접불티 비산방지덮개, 용접방화포 등 불꽃, 불티 등 비산방지 조치
④ 인화성 액체의 증기 및 인화성 가스가 남아있지 않도록 환기 등의 조치

해설 ① 작업장 외 → 작업장 내

정답 ①

Key Point

02 용접·용단작업시 화재감시자를 지정하여 용접·용단 작업장소에 배치 해야 하는 장소

교재 P.94

(1) 작업반경 **11m 이내**에 건물구조 자체나 내부(개구부 등으로 개방된 부분을 포함)에서 가연성 물질이 있는 장소

(2) 작업반경 **11m 이내**의 바닥 하부에 가연성 물질이 **11m 이상** 떨어져 있지만 불꽃에 의해 쉽게 발화될 우려가 있는 장소

(3) 가연성 물질이 금속으로 된 **칸막이·벽·천장** 또는 **지붕**의 반대쪽 면에 인접해 있어 **열전도**나 **열복사**에 의해 발화될 우려가 있는 장소

＊ 용접·용단작업시 작업반경
11m 이내

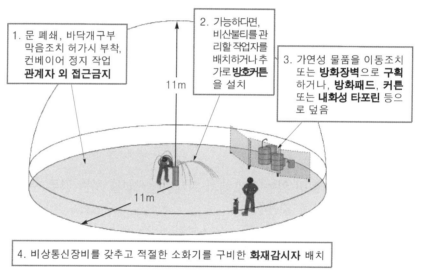

1. 문 폐쇄, 바닥개구부 막음조치 허가시 부착, 컨베이어 정지 작업 **관계자 외 접근금지**

2. 가능하다면, 비산불티를 관리할 작업자를 배치하거나 추가로 **방호커튼**을 설치

3. 가연성 물품을 이동조치 또는 **방화장벽**으로 **구획**하거나, **방화패드, 커튼** 또는 **내화성 타포린** 등으로 덮음

11m

11m

4. 비상통신장비를 갖추고 적절한 소화기를 구비한 **화재감시자** 배치

┃화재감시자 배치┃

기출문제

02 용접·용단작업시 화재감시자를 지정하여 용접·용단 작업장소에 배치하여야 하는데 그 장소로서 옳지 않은 것은?

교재 P.94

① 작업반경 11m 이내에 건물구조 자체에 가연성 물질이 있는 장소

② 작업반경 11m 이내에 내부(개구부 등으로 폐쇄된 부분 포함)에 가연성 물질이 있는 장소

③ 작업반경 11m 이내의 바닥 하부에 가연성 물질이 11m 이상 떨어져 있지만 불꽃에 의해 쉽게 발화될 우려가 있는 장소

④ 가연성 물질이 금속으로 된 칸막이·벽·천장 또는 지붕의 반대쪽 면에 인접해 있어 열전도나 열복사에 의해 발화될 우려가 있는 장소

해설

② 폐쇄 → 개방

정답 ②

03 용접(용단)작업시 비산불티의 특성 [교재 P.98]

(1) 용접(용단)작업시 **수천 개**의 비산된 불티 발생
(2) 비산된 불티는 풍향, 풍속 등에 의해 비산거리 상이
(3) 비산불티는 약 **1600℃** 이상의 고온체
(4) 발화원이 될 수 있는 비산불티의 크기의 직경은 약 **0.3~3mm**
(5) 비산불티는 짧게는 작업과 동시에부터 **수 분** 사이, 길게는 수 **시간** 이후에도 화재가능성이 있다.
(6) 용접(용단)작업시 **작업높이**, **철판두께**, **풍속** 등에 따른 불티의 비산거리는 조건 및 환경에 따라 상이

＊ 비산불티
① 온도 : 약 1600℃
② 직경 : 약 0.3~3mm

기출문제

03 용접(용단)작업시 비산불티의 특성으로 옳지 않은 것은?

[교재 P.98]

① 용접(용단)작업시 수만 개의 비산된 불티가 발생한다.
② 발화원이 될 수 있는 비산불티의 크기의 직경은 약 0.3~3mm이다.
③ 비산불티는 짧게는 작업과 동시에부터 수 분 사이, 길게는 수 시간 이후에도 화재 가능성이 있다.
④ 용접(용단)작업시 작업높이, 철판두께, 풍속 등에 따른 불티의 비산거리는 조건 및 환경에 따라 상이하다.

해설

① 수만 개 → 수천 개

정답 ①

화재위험작업 허가 · 관리

01 **화기취급작업의 일반적인 절차** 교재 P.100

화재예방을 위하여 화기취급작업을 사전에 허가하고 관련 법령에 근거하여 화재감시자가 입회하여 감독하는 등 안전관리 업무를 수행하여야 하며, 사전 허가, 안전조치 및 화기취급 작업 감독의 처리절차와 화기취급작업 신청서 작성, 화기취급작업 허가서 교부 및 안전수칙 등의 사전허가 절차 등을 준수 하여야 한다.

＊ 화기취급작업
용접, 용단, 연마, 땜 드릴 등 화염 또는 불꽃(스파크) 을 발생시키는 작업 또는 가연성 물질의 점화원이 될 수 있는 모든 기기를 사용 하는 작업

	처리절차	업무내용
사전허가	① 작업 허가	• 작업요청 • 승인검토 및 허가서 발급
안전조치	① 화재예방조치 ② 안전교육	• 가연물 이동 및 보호조치 • 소방시설 작동 확인 • 용접 · 용단장비 · 보호구 점검 • 화재안전교육
작업 · 감독	① 화재감시자 입회 및 감독 ② 최종작업 확인	• 화재감시자 입회 • 화기취급감독 • 현장상주 및 화재감시 • 작업 종료 확인

제**3**장 위험물안전관리

01 위험물안전관리법

1 지정수량 [교재] P.107

위험물의 종류별로 위험성을 고려하여 **대통령령**이 정하는 수량으로서 제조소 등의 설치허가 등에 있어서 **최저기준**이 되는 수량 문01 보기③

* 위험물 [교재] P.106
인화성 또는 **발화성** 등의 성질을 가지는 것으로서 **대통령령**이 정하는 물품

기출문제

01 위험물의 종류별로 위험성을 고려하여 대통령령이 정하는 수량으로서 제조소 등의 설치허가 등에 있어서 최저의 기준이 되는 수량을 무엇이라 하는가?

[교재 P.107]

① 허가수량 ② 유효수량
③ 지정수량 ④ 저장수량

해설

③ 지정수량 : 위험성을 고려하여 대통령령이 정하는 수량

정답 ③

2 위험물의 지정수량 [교재] P.107

위험물	지정수량
유 황	100kg
휘발유	**2**00L 문02 보기② **휘2**
질 산	300kg
알코올류	400L 문02 보기①
등유·경유	1000L 문02 보기③

Key Point

위험물	지정수량
중 유	2000L 문02 보기④
	공하성 기억법 중2(간부 중위)

기출문제

★★★
02 위험물과 지정수량의 연결이 잘못 연결된 것은?

교재 P.107

① 알코올류−400L   ② 휘발유−200L
③ 등유−1000L   ④ 중유−4000L

해설

④ 중유−2000L

정답 ④

3 선임신고 교재 P.30, P.107

14일 이내에 **소방본부장 · 소방서장**에게 신고
(1) 소방안전관리자
(2) 위험물안전관리자

* **30일 이내**
교재 P.30, P.107
① 소방안전관리자의 **재선임**(다시 선임)
② 위험물안전관리자의 **재선임**(다시 선임)

02 위험물류별 특성 교재 PP.107~109

* **제1류 위험물** 교재 P.107
산화성 고체

* **제2류 위험물** 교재 P.107
가연성 고체

유 별	성 질	설 명
제1류	**산**화성 **고**체 공하성 기억법 1산고(일산고)	① 강산화제로서 다량의 산소 함유 문03 보기① ② 가열, 충격, 마찰 등에 의해 분해, 산소 방출
제2류	**가**연성 **고**체 공하성 기억법 2가고(이가 고장)	① 저온착화하기 쉬운 가연성 물질 문03 보기② ② 연소시 유독가스 발생
제3류	자연**발**화성 물질 및 금수성 물질 공하성 기억법 3발(세발낙지)	① 물과 반응하거나 자연발화에 의해 발열 또는 가연성 가스 발생 문03 보기③ ② 용기 파손 또는 누출에 주의

유별	성질	설명
제4류	인화성 액체	① **인화**가 용이 ② 대부분 **물보다 가볍고**, 증기는 **공기보다 무거움** 문03 보기④ ③ **주수소화가 불가능**한 것이 대부분임 ④ 대부분 물에 녹지 않음 ⑤ 증기는 공기와 혼합되어 연소·폭발
제**5**류	<u>자기반응성 물질</u>	① 가연성으로 **산소**를 **함유**하여 **자기연소** ② **가열**, **충격**, **마찰** 등에 의해 착화, 폭발 ③ **연소속도**가 **매우 빨라서** 소화 곤란 ④ 자기반응성 물질 ⑤ 니트로글리세린(NG), 셀룰로이드, 트리니트로톨루엔(TNT) 교재 P.73 5산(오산지역)
제6류	**산**화성 **액**체 산액	① 조연성 액체 ② 산화제

03 다음 중 제1류 위험물의 특성으로 옳은 것은?

교재 P.107

① 강산화제로서 다량의 산소 함유
② 저온착화하기 쉬운 가연성 물질
③ 물과 반응하거나 자연발화에 의해 발열 또는 가연성 가스 발생
④ 대부분 물보다 가볍고, 증기는 공기보다 무거움

해설
① 제1류 위험물의 특성
② 제2류 위험물의 특성
③ 제3류 위험물의 특성
④ 제4류 위험물의 특성

정답 ①

* 제1류 위험물
산화성 고체(강산화제)

Key Point

04 다음 중 제2류 위험물의 특성으로 옳은 것은?

교재 P.107

① 저온착화하기 쉬운 가연성 물질
② 가열, 충격, 마찰 등에 의해 분해, 산소방출
③ 용기 파손 또는 누출에 주의
④ 연소속도가 매우 빨라서 소화곤란

해설

① 제2류 위험물의 특성
② 제1류 위험물의 특성
③ 제3류 위험물의 특성
④ 제5류 위험물의 특성

정답 ①

★ 제3류 위험물 교재 P.107
물과 반응하거나 자연발화에 의해 발열

05 물과 반응하거나 자연발화에 의해 발열 또는 가연성 가스가 발생하는 위험물은?

교재 P.107

① 제1류 위험물
② 제2류 위험물
③ 제3류 위험물
④ 제4류 위험물

해설

③ 제3류 위험물(자연발화성 물질 및 금수성 물질)

정답 ③

유사 기출문제

06★★★ 교재 P.73, P.108
다음은 어떤 위험물에 대한 설명인가?

• 가연성으로 산소를 함유하여 자기연소가 가능하다.
• 가열, 충격, 마찰 등에 의해 착화, 폭발할 수 있다.
• 연소속도가 매우 빨라서 소화가 곤란하다.
• 니트로글리세린(NG), 셀룰로이드, 트리니트로톨루엔(TNT) 등이 있다.

① 제2류 위험물
② 제3류 위험물
③ 제4류 위험물
④ 제5류 위험물

해설
④ 제5류 위험물 : 자기연소 가능

정답 ④

06 다음 중 제5류 위험물의 특성이 아닌 것은?

교재 P.108

① 가연성으로 산소를 함유하여 자기연소
② 가열, 충격, 마찰 등에 의해 착화, 폭발
③ 연소속도가 매우 빨라서 소화 곤란
④ 주수소화가 불가능한 것이 대부분임

해설

④ 제4류 위험물의 특성

정답 ④

07 다음 중 제4류 위험물에 대한 설명으로 옳은 것은?

교재 PP.108 -109

① 자기반응성 물질이다.

② 대부분 물보다 무겁고, 증기는 공기보다 가볍다.

③ 증기는 공기와 혼합되어 연소·폭발한다.

④ 트리니트로톨루엔(TNT), 니트로글리세린(NG) 등이 여기에 해당된다.

 해설

① 제5류 위험물
② 무겁고 → 가볍고, 가볍다. → 무겁다.
④ 제5류 위험물

정답 ③

 Key Point

✽ 제4류 위험물 교재 P.109
증기는 공기와 혼합되어 연소·폭발한다.

 08 다음 중 제1~6류 위험물에 대한 설명으로 옳지 않은 것은?

교재 PP.107 -109

① 제1류 위험물과 제6류 위험물은 산화제로 쓰일 수 있다.

② 제3류 위험물은 물에 반응하지 않으나, 자연발화에 의해 발열 또는 가연성 가스가 발생한다.

③ 제4류 위험물은 증기가 공기와 혼합되면 연소·폭발한다.

④ 제5류 위험물은 자기반응성 물질로 연소속도가 매우 빨라서 소화가 곤란하다.

 해설

② 반응하지 않으나 → 반응하거나

정답 ②

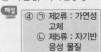 **유사 기출문제**

08★★★ 교재 PP.107-108
위험물류별 특성에 관한 다음 ( ) 안의 용어가 옳은 것은?

㉠ 제2류 위험물 : ( ) 고체
㉡ 제5류 위험물 : ( ) 물질

① 산화성, 가연성
② 가연성, 인화성
③ 자연발화성, 산화성
④ 가연성, 자기반응성

해설
④ ㉠ 제2류 : 가연성 고체
㉡ 제5류 : 자기반응성 물질

정답 ④

Key Point

* 승압 · 고압전류

전기화재의 주요 원인이라고 볼 수 없다.

공하성 기억법

전승고

유사 기출문제

01-1★★★　교재 P.110

전기안전관리상 주요 화재원인이 아닌 것은?

① 전선의 합선(단락)에 의한 발화
② 누전에 의한 발화
③ 과전류(과부하)에 의한 발화
④ 전기절연저항에 의한 발화

해설
④ 해당 없음

정답 ④

01-2★★　교재 P.110

전기화재의 주요 화재원인이 아닌 것은?

① 전선의 합선(단락)에 의한 발화
② 누전에 의한 발화
③ 과전류(과부하)에 의한 발화
④ 누전차단기 고장

해설
④ 주요 화재원인이 아님

정답 ④

01 　전기화재의 주요 화재원인　교재 P.110

(1) 전선의 **합선**(단락)에 의한 발화　문어 보기①
　　　　단선 ✕
(2) **누전**에 의한 발화　문어 보기②
(3) **과전류**(과부하)에 의한 발화　문어 보기③
(4) **규격 미달**의 전선 또는 전기기계기구 등의 과열, 배선 및 전기기계기구 등의 **절연불량** 또는 **정전기**로부터의 불꽃　문어 보기④

기출문제

★★
01 전기안전관리의 주요 화재원인이 아닌 것은?

교재
P.110

① 전선의 합선(단락)에 의한 발화
② 누전에 의한 발화
③ 과전류(과부하)에 의한 발화
④ 규격 이상의 전선 또는 전기기계기구 등의 과열, 배선 및 전기기계기구 등의 절연불량 또는 정전기로부터의 불꽃

해설
④ 규격 이상 → 규격 미달

정답 ④

02 　전기화재 예방요령　교재 PP.110-111

(1) 사용하지 않는 기구는 전원을 끄고 플러그를 뽑아둔다.　문02 보기㉠
(2) **과전류** **차단장치**를 설치한다.　문02 보기㉡

(3) 규격 퓨즈를 사용하고 끊어질 경우 그 원인을 조치한다. 문02 보기ⓒ
(4) 비닐장판이나 **양탄자 밑**으로는 전선이 지나지 **않도록** 한다. 문02 보기ⓔ
(5) 누전차단기를 설치하고 **월 1~2회** 동작 여부를 확인한다.
(6) 전선이 쇠붙이나 움직이는 물체와 접촉되지 않도록 한다.
(7) 전선은 묶거나 꼬이지 않도록 한다.

✽ 누전차단기 교재 P.111
월 1~2회 동작 여부를 확인

기출문제

 02 전기화재 예방요령으로 틀린 것을 모두 고른 것은?

교재 PP.110 -111

> ㉠ 사용하지 않는 기구는 전원을 끄고 플러그를 꽂아둔다.
> ㉡ 과전류 차단장치를 설치한다.
> ㉢ 퓨즈를 사용하고 끊어질 경우 그 원인을 조치한다.
> ㉣ 비닐장판 밑으로 전선이 보이지 않게 정리하여 넣어둔다.

① ㉠
② ㉠, ㉣
③ ㉡, ㉢
④ ㉡, ㉢, ㉣

해설

> ㉠ 꽂아둔다. → 뽑아둔다.
> ㉣ 비닐장판 밑으로 전선이 보이지 않게 정리하여 넣어둔다. → 비닐장판이나 양탄자 밑으로는 전선이 지나지 않도록 한다.

 정답 ②

 03 다음 중 전기화재 예방요령에 대한 설명으로 옳지 않은 것은?

교재 PP.110 -111

① 누전차단기를 설치하고 월 1~2회 동작 여부를 확인한다.
② 단선이 되면 화재발생위험이 높기 때문에 주의한다.
③ 과전류 차단장치를 설치한다.
④ 고열이 발생하는 기구에는 고무코드전선을 사용한다.

해설

> ② 단선 → 단락

 정답 ②

유사 기출문제

03★★★ 교재 P.111
누전차단기를 설치하고 동작 여부 확인은 어떻게 해야 하는가?
① 월 1~2회 동작 여부를 확인한다.
② 월 3~4회 동작 여부를 확인한다.
③ 연 1~2회 동작 여부를 확인한다.
④ 연 3~4회 동작 여부를 확인한다.

해설 누전차단기
월 1~2회 동작 여부를 확인한다.

정답 ①

✽ 단선 vs 단락

단선	단락
선이 끊어진 것	두 선이 붙은 것
안전	화재위험

가스안전관리

‖ LPG vs LNG ‖ 교재 P.112, P.114

구 분 ＼ 종 류	액화석유가스 (LPG)	액화천연가스 (LNG)
주성분	• **프**로판(C_3H_8) • **부**탄(C_4H_{10}) 공화성 기억법 P프부	• **메**탄(CH_4) 문어 보기① 공화성 기억법 N메
비 중	• 1.5∼2(누출시 낮은 곳 체류)	• 0.6(누출시 천장 쪽 체류)
폭발범위 (연소범위)	• 프로판 : 2.1∼9.5% • 부탄 : 1.8∼8.4%	• 5∼15%
용 도	• 가정용 • 공업용 • 자동차연료용	• 도시가스
증기비중	• 1보다 큰 가스	• 1보다 작은 가스
탐지기의 위치	• 탐지기의 **상단**은 **바닥면**의 상방 **30cm** 이내에 설치 탐지기 → □ 30cm 이내 바닥 ‖ LPG 탐지기 위치 ‖	• 탐지기의 **하단**은 **천장면**의 하방 **30cm** 이내에 설치 천장 탐지기 → □ 30cm 이내 ‖ LNG 탐지기 위치 ‖
가스누설경보기의 위치	• 연소기 또는 관통부로부터 수평거리 **4m** 이내에 설치	• 연소기로부터 수평거리 **8m** 이내에 설치
공기와 무게 비교	• 공기보다 무겁다.	• 공기보다 가볍다.

기출문제

★★★
01 액화천연가스(LNG)의 주성분으로 옳은 것은?

교재 P.112

① CH₄ 　　　　　　　　② C₂H₆
③ C₃H₈ 　　　　　　　　④ C₄H₁₀

해설
> ① CH₄ : 메탄

정답 ①

★★★
02 다음 중 LPG와 LNG에 대한 설명으로 옳은 것은?

교재 P.112, P.114

① LPG의 주성분은 메탄(CH₄)이다.
② LPG용 가스누설경보기 탐지기의 상단은 바닥면의 상방 30cm 이내의 위치에 설치한다.
③ LNG용 가스누설경보기 탐지기의 하단은 바닥면의 하방 30cm 이내의 위치에 설치한다.
④ LNG용 가스누설경보기는 연소기로부터 수평거리 4m 이내의 위치에 설치한다.

해설
> ① 메탄(CH₄) → 프로판(C₃H₈), 부탄(C₄H₁₀)
> ③ 바닥면 → 천장면
> ④ 4m 이내 → 8m 이내

정답 ②

★★★
03 LPG의 탐지기의 설치위치로 옳은 것은?

교재 P.114

① 하단은 천장면의 하방 30cm 이내에 위치
② 상단은 천장면의 하방 30cm 이내에 위치
③ 하단은 바닥면의 상방 30cm 이내에 위치
④ 상단은 바닥면의 상방 30cm 이내에 위치

해설
> ④ LPG 탐지기 : 상단 바닥면의 상방 30cm 이내

정답 ④

유사 기출문제

01★★★ 　교재 P.112
연료가스 중 부탄의 폭발범위로 옳은 것은?

① 1.5~2%
② 1.8~8.4%
③ 2.1~9.5%
④ 5~15%

해설
> ② 부탄 : 1.8~8.4%

정답 ②

02★★ 　교재 P.112, P.114
연료가스에 대한 설명으로 옳지 않은 것은?

① LNG의 주성분은 C₄H₁₀이다.
② LPG의 비중은 1.5~2이다.
③ LPG의 가스누설경보기는 연소기 또는 관통부로부터 수평거리 4m 이내의 위치에 설치한다.
④ 프로판의 폭발범위는 2.1~9.5%이다.

해설
> ① C₄H₁₀ → CH₄

정답 ①

03★★★ 　교재 P.112, P.114
다음은 액화석유가스(LPG)에 대한 다음 ( ) 안의 내용으로 옳은 것은?

> ㉠ 연소기로부터 수평거리 ( ) 이내 위치에 가스누설경보기 설치
> ㉡ 탐지기의 상단은 ( )의 상방 30cm 이내의 위치에 설치

① 4m, 천장면
② 8m, 바닥면
③ 4m, 바닥면
④ 8m, 천장면

해설 LPG
> ③ ㉠ 수평거리 4m 이내
> ㉡ 바닥면의 상방 30cm 이내

정답 ③

Key Point

유사 기출문제

04 ★★★ 교재 P.112, P.114
다음 중 연료가스의 종류와 특성으로 옳지 않은 것은?
① LNG의 비중은 0.6이다.
② LNG의 주성분은 메탄이다.
③ LPG는 가정용, 공업용 등으로 쓰인다.
④ LPG는 연소기로부터 수평거리 8m 이내의 위치에 가스누설경보기를 설치하여야 한다.

해설
④ 8m → 4m

정답 ④

04 다음 중 가스안전관리에 있어서 연료가스에 대한 설명으로 옳은 것은?

교재 P.112, P.114

① LPG는 가정용으로 사용하고, 비중은 1.5~2이며 가스누설경보기는 연소기 또는 관통부로부터 수평거리 4m 이내의 위치에 설치한다.
② LNG는 도시가스용으로 사용하고 비중이 0.6이며 가스누설경보기는 연소기로부터 수평거리 4m 이내의 위치에 설치한다.
③ LPG는 메탄이 주성분이며 가스누설경보기 탐지기의 하단은 천장면의 하방 30cm 이내의 위치에 설치한다.
④ LNG는 프로판과 부탄이 주성분이며 가스누설경보기 탐지기의 상단은 바닥면의 상방 30cm 이내의 위치에 설치한다.

해설
② 수평거리 4m → 수평거리 8m
③ 메탄 → 프로판·부탄, 하단은 천장면의 하방 30cm 이내 → 상단은 바닥면의 상방 30cm 이내
④ 프로판, 부탄 → 메탄, 상단은 바닥면의 상방 30cm 이내 → 하단은 천장면의 하방 30cm 이내

정답 ①

05 다음은 LNG와 LPG를 비교한 표이다. 표에서 잘못된 부분을 찾으시오.

교재 P.112, P.114

종류 구분	액화석유가스(LPG)	액화천연가스(LNG)
㉠ 주성분	• 프로판(C_3H_8) • 부탄(C_4H_{10})	• 메탄(CH_4)
㉡ 비중	• 누출시 낮은 곳 체류	• 누출시 천장 쪽 체류
㉢ 가스누설경보기의 설치위치	• 연소기로부터 수평거리 8m 이내에 설치	• 연소기 또는 관통부로부터 수평거리 4m 이내에 설치
㉣ 탐지기의 설치위치	• 탐지기의 **상단**은 바닥면의 **상방 30cm** 이내에 설치	• 탐지기의 **하단**은 **천장면**의 **하방 30cm** 이내에 설치

① ㉠ 주성분   ② ㉡ 비중
③ ㉢ 가스누설경보기의 설치위치 ④ ㉣ 탐지기의 설치위치

해설
㉢ LPG : 연소기 → 연소기 또는 관통부, 8m → 4m,
LNG : 연소기 또는 관통부 → 연소기, 4m → 8m

정답 ③

＊LPG vs LNG

교재 P.112, P.114

LPG	LNG
공기보다 무겁다.	공기보다 가볍다.

06 ★★★

교재 P.112, P.114

다음 LPG와 LNG에 대한 설명을 보고 (㉠), (㉡), (㉢), (㉣) 안에 들어갈 내용이 옳은 것은?

LPG	LNG
• 연소기 또는 관통부로부터 수평거리 (㉠) 이내의 위치에 가스누설경보기 설치 • 탐지기의 (㉡)단은 바닥면의 (㉡)방 30cm 이내의 위치에 설치	• 연소기로부터 수평거리 (㉢) 이내의 위치에 가스누설경보기 설치 • 탐지기의 (㉣)단은 천장면의 (㉣)방 30cm 이내의 위치에 설치

① ㉠ : 8m, ㉡ : 상, ㉢ : 4m, ㉣ : 하
② ㉠ : 8m, ㉡ : 하, ㉢ : 4m, ㉣ : 상
③ ㉠ : 4m, ㉡ : 상, ㉢ : 8m, ㉣ : 하
④ ㉠ : 4m, ㉡ : 하, ㉢ : 8m, ㉣ : 상

해설

③

LPG	LNG
㉠ 수평거리 **4m** 이내	㉢ 수평거리 **8m** 이내
㉡ **상단** 바닥면 **상방** 30cm 이내	㉣ **하단** 천장면 **하방** 30cm 이내

정답 ③

제**4**편

피난시설, 방화구획 및 방화시설의 유지·관리

인생에 있어서 가장 힘든 일은
아무것도 하지 않는 것이다.

제 1 장 방화구획

01 방화구획의 기준 교재 P.121

대상건축물	대상규모	층 및 구획방법		구획부분의 구조
주요 구조부가 내화구조 또는 불연재료로 된 건축물	연면적 1000m² 넘는 것	• 10층 이하	• 바닥면적 1000m² 이내마다(스프링클러×3배=3000m²)	• 내화구조로 된 바닥·벽 • 60분+방화문, 60분 방화문 • 자동방화셔터
		• 매 층마다	다만, 지하 1층에서 지상으로 직접 연결하는 경사로 부위는 제외	
		• 11층 이상	• 바닥면적 200m²(스프링클러×3배=600m²) 이내마다(실내마감을 불연재료로 한 경우 500m² 이내마다)(스프링클러×3배=1500m²) 문02 보기④	

- 스프링클러, 기타 이와 유사한 자동식 소화설비를 설치한 경우 바닥면적은 위의 **3배** 면적으로 산정한다.
- **필로티**나 그 밖의 비슷한 구조의 부분을 주차장으로 사용하는 경우 그 부분은 건축물의 다른 부분과 구획할 것

* Key Point

* 방화구획의 종류
① 면적별 구획
② 층별 구획
③ 용도별 구획

기출문제

01 건축물에 설치하는 방화구획의 기준에 관한 설명으로 옳지 않은 것은?

교재 P.121

① 스프링클러설비가 설치된 10층 이하의 층은 바닥면적 3000m² 이내마다 구획한다.
② 매 층마다 구획한다.
③ 11층 이상의 층은 바닥면적 600m² 이내마다 구획한다.
④ 벽 및 반자의 실내에 접하는 부분의 마감이 불연재료이고 스프링클러설비가 설치된 11층 이상의 층은 1500m² 이내마다 구획한다.

해설
③ 600m² 이내 → 200m² 이내

정답 ③

유사 기출문제

01★ 교재 P.121
건축물의 피난·방화구조 등의 기준에 관한 규칙상 방화구획의 설치기준 중 스프링클러를 설치한 10층 이하의 층은 바닥면적 몇 m² 이내마다 방화구획을 구획하여야 하는가?

① 1000   ② 1500
③ 2000   ④ 3000

해설
④ 스프링클러소화설비를 설치했으므로 1000m²×3배 =3000m²

정답 ④

02 방화구획 중점 확인사항 교재 PP.124-125

(1) 배관 등이 방화구획 되어 있는 벽 등을 관통하여 틈이 생긴 경우 **내화충진재**로 메워져 있는지 확인

(2) 공조설비와 제연설비의 풍도가 **내화구조**의 **벽**, **계단 부속실 벽** 등을 관통할 경우 **방화댐퍼** 설치 여부 확인

(3) 건축물 내부에서 피난계단의 계단실, 특별피난계단의 **노대** 및 부속실로 통하는 출입구에 방화문 설치 여부 확인

(4) 승강로비 부분을 포함한 승강기의 **승강로 1층** 부분이 건축물의 다른 부분과 방화구획으로 구획되었는지 여부 확인

* 노대
'발코니'를 의미함

 기출문제

02 방화구획 중점 확인사항으로 옳지 않은 것은?

교재 PP.124 -125

① 배관 등이 방화구획 되어 있는 벽 등을 관통하여 틈이 생긴 경우 내화충진재로 메워져 있는지 확인

② 공조설비와 제연설비의 풍도가 내화구조의 벽, 계단 부속실 벽 등을 관통할 경우 방화댐퍼 설치 여부 확인

③ 건축물 외부에서 피난계단의 계단실, 특별피난계단의 노대 및 부속실로 통하는 출입구에 방화문 설치 여부 확인

④ 승강로비 부분을 포함한 승강기의 승강로 1층 부분이 건축물의 다른 부분과 방화구획으로 구획되었는지 여부 확인

해설
③ 외부 → 내부

정답 ③

제 2 장 피난시설, 방화구획 및 방화시설의 유지·관리

Key Point

01 ▶ 피난·방화시설 등의 범위 [교재 P.126]

(1) 피난시설에는 **계단**, **복도**, **출입구**, 그 밖의 피난시설이 있다. [문어 보기①]

(2) 피난계단의 종류에는 **옥내피난계단**, **옥외피난계단**, **특별피난계단**이 있다. [문어 보기②]

(3) 방화시설에는 **방화구획**, **방화벽** 및 내화성능을 갖춘 **내부마감재** 등이 있다. [문어 보기③]

＊ 피난계단의 종류
① 옥내피난계단
② 옥외피난계단
③ 특별피난계단

기출문제 ●

01 피난·방화시설 등의 범위에 대한 설명으로 옳지 않은 것은?

교재 P.126

① 피난시설에는 계단, 복도, 출입구 등이 있다.

② 피난계단의 종류에는 옥내피난계단, 옥외피난계단, 특별피난계단이 있다.

③ 방화시설에는 방화구획, 방화벽 및 내화성능을 갖춘 내부마감재 등이 있다.

④ 피난시설, 방화구획 및 방화시설의 폐쇄행위 등을 하면 안 된다.

해설

> ④ 피난시설, 방화구획 및 방화시설 관련 금지행위(피난·방화시설 등의 범위가 아님)

●정답 ④

∥ 피난계단 ∥

Key Point

중요 **피난계단의 종류 및 피난시 이동경로** 교재 P.126

피난계단의 종류	피난시 이동경로
옥내피난계단	옥내 → 계단실 → 피난층
옥외피난계단	옥내 → 옥외계단 → 지상층
특별피난계단	옥내 → 부속실 → 계단실 → 피난층

* **특별피난계단** 교재 P.126
반드시 부속실이 있음

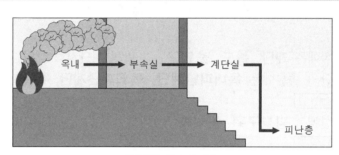

▍**특별피난계단**▍

기출문제

유사 기출문제

02★★★ 교재 P.126
다음 중 특별피난계단의 피난시 이동경로를 올바르게 연결한 것은?

㉠ 부속실
㉡ 계단실
㉢ 피난층
㉣ 옥내

① ㉣→㉠→㉡→㉢
② ㉠→㉡→㉢→㉣
③ ㉣→㉢→㉡→㉠
④ ㉠→㉢→㉡→㉣

해설 ① 특별피난계단 : 옥내→부속실→계단실→피난층

정답 ①

02 다음 조건을 참고하여 피난계단수 및 피난계단의 종류를 선정했을 때 옳은 것은?

교재 P.126

- 건물의 서측 및 동측에 계단이 하나씩 설치되어 있다.
- 피난시 이동경로는 옥내 → 부속실 → 계단실 → 피난층이다.

① 총 계단수 : 1개, 옥내피난계단
② 총 계단수 : 2개, 옥내피난계단
③ 총 계단수 : 1개, 특별피난계단
④ 총 계단수 : 2개, 특별피난계단

해설 계단은 서측과 동측 두 곳에 있으므로 피난계단의 수는 **2개**이고, 피난시 이동경로가 **옥내 → 부속실 → 계단실 → 피난층**이므로 **특별피난계단**을 선정

정답 ④

Key Point

03 다음 중 피난시 이동경로가 옥내 → 계단실 → 피난층의 순서로 되어 있는 피난계단의 종류는?

교재 P.126

① 직통계단
② 옥내피난계단
③ 옥외피난계단
④ 특별피난계단

해설

② 옥내피난계단 : 옥내 → 계단실 → 피난층

정답 ②

02 피난시설, 방화구획 및 방화시설의 훼손행위 [교재 P.127]

(1) 방화문을 철거(제거)하는 행위나 방화문에 **고임장치**(도어스톱) 등 설치
   또는 자동폐쇄장치를 <u>제거</u>하여 그 기능을 저해하는 행위
   설치 ×
(2) **배연설비**가 작동되지 아니하도록 기능에 지장을 주는 행위
(3) 기타 객관적인 판단하에 누구라도 피난·방화시설을 훼손하였다고 볼 수
   있는 행위(구조적인 시설을 물리력으로 가하여 훼손한 때)

* 배연설비 교재 P.127
실내의 연기를 외부로 배출
시켜 주는 설비

03 피난시설, 방화구획 및 방화시설의 변경행위 [교재 P.128]

(1) 임의 구획으로 **무창층**을 발생하게 하는 행위 문05 보기①
(2) 방화구획에 **개구부**를 **설치**하여 그 기능에 지장을 주는 행위 문05 보기② 문06 보기ⓔ
(3) **방화문**을 **철거**하고 목재, 유리문 등으로 변경하는 행위 문05 보기③ 문06 보기ⓒ
   목재·유리문 등은 철거 ×
(4) **객관적 판단**하에 누구라도 피난·방화시설을 변경하여 건축법령에 위
   반하였다고 볼 수 있는 행위 문05 보기④

* **피난시설** 교재 P.126
① 계단(직통계단 피난계단 등)
② 복도
③ 출입구(비상구 포함)
④ 옥상광장
⑤ 피난안전구역
⑥ 피난용 승강기
⑦ 승강장

 기출문제 ●

04 ★★

교재
PP.127
-128

다음 중 피난시설, 방화구획 및 방화시설의 훼손행위와 변경행위에 해당하는 것은?

① 방화문에 자동개폐장치를 설치하였다.
② 방화문에 고임장치를 설치하였다.
③ 배연설비가 작동되도록 하였다.
④ 방화구획에 개구부를 설치하지 않았다.

해설
② 방화문에 고임장치(도어스톱) 등을 설치하면 안됨

정답 ②

05 ★★

교재
P.128

다음 중 피난시설, 방화구획 및 방화시설의 변경행위에 해당되지 않는 것은 어느 것인가?

① 임의 구획으로 무창층을 발생하게 하는 행위
② 방화구획에 개구부를 설치하여 그 기능에 지장을 주는 행위
③ 목재, 유리문 등을 철거하고 방화문으로 변경하는 행위
④ 객관적 판단하에 누구라도 피난·방화시설을 변경하여 건축법령에 위반하였다고 볼 수 있는 행위

해설
③ 목재, 유리문 등을 철거하고 방화문으로 → 방화문을 철거하고 목재, 유리문 등으로

정답 ③

04 ▶ **피난시설, 방화구획 및 방화시설 관련 폐쇄행위** 교재 P.127

(1) 건축법령에 의거 설치한 피난·방화시설을 화재시 사용할 수 없도록 폐쇄하는 행위
(2) **계단**, **복도** 등에 **방범철책(창)** 등을 설치하여 화재시 피난할 수 없도록 하는 행위 [문06 보기⊙]
(3) 비상구 등에 잠금장치(고정식 잠금장치 등)를 설치하여 누구나 쉽게 열 수 없도록 하는 행위 [문06 보기⊙]

(4) 용접, 조적, 쇠창살, 석고보드 또는 합판 등으로 비상(탈출)구의 개방이 불가능하도록 하는 행위
(5) 기타 객관적인 판단하에 누구라도 폐쇄라고 볼 수 있는 행위

기출문제

06 다음 중 피난시설, 방화구획 및 방화시설 관련 금지행위를 모두 고른 것은?

教材 P.127

> ㉠ 계단에 방범창을 설치하였다.
> ㉡ 비상구에 잠금장치를 설치하지 않았다.
> ㉢ 방화문을 철거하고 목재, 유리문 등으로 변경하였다.
> ㉣ 방화구획에 개구부를 설치하지 않았다.

① ㉠, ㉢
② ㉠, ㉣
③ ㉡, ㉣
④ ㉠, ㉡, ㉣

해설
> ㉠ 계단에 방범창 설치금지
> ㉢ 방화문 → 목재, 유리문 변경금지

정답 ①

05 옥상광장 등의 설치 教材 P.129

(1) 옥상광장 또는 **2층** 이상의 층에 노대 등의 주위에는 높이 **1.2m** 이상의
  3층 이상 ✕
  난간 설치 문07 보기①②

(2) **5층 이상**의 층으로 옥상광장 설치대상
  ① 근린생활시설 중 **공연장·종교집회장·인터넷컴퓨터게임 시설제공업소**(**바닥면적** 합계가 각각 **300m² 이상**) 문07 보기③④
  ② 문화 및 집회시설(전시장 및 동식물원 **제외**)
  ③ 종교시설, 판매시설, 주점영업, 장례시설

유사 기출문제

06★★★ 教材 P.127
다음 중 피난시설, 방화구획 및 방화시설 관련 금지행위가 아닌 것을 모두 고른 것은?

> ㉠ 용접, 조직, 쇠창살, 석고보드 또는 합판 등으로 비상구의 개방이 불가능하도록 하였다.
> ㉡ 계단에 방범창을 설치하지 않았다.
> ㉢ 방화문에 고임장치 등을 설치하였다.

① ㉠   ② ㉠, ㉡
③ ㉡   ④ ㉡, ㉢

해설
> ㉡ 계단에 방범창 설치 ✕

정답 ③

＊노대 教材 P.129
'베란다' 또는 '발코니'를 말한다.

＊ 옥상광장
2층 이상의 노대 주위에 1.2m
이상의 난간 설치

07 다음 중 옥상광장 등의 설치에 관한 설명으로 옳지 않은 것은?

교재
P.129

① 옥상광장에 노대 등의 주위에는 높이 1.2m 이상의 난간을 설치하여야 한다.

② 3층 이상의 층에 노대 등의 주위에는 높이 1.2m 이상의 난간을 설치하여야 한다.

③ 5층 이상의 층이 근린생활시설 중 공연장의 용도로 쓰이는 경우에는 옥상광장 설치대상에 해당된다.

④ 5층 이상의 층이 근린생활시설 중 종교집회장의 용도로 쓰이는 경우에는 옥상광장 설치대상에 해당된다.

 해설

> ② 3층 이상 → 2층 이상

정답 ②

제5편

소방시설의 종류 및 기준, 구조·점검

성공을 위한 10가지 충고 I

1. 시간을 낭비하지 말라.

2. 포기하지 말라.

3. 열심히 하고 나태하지 말라.

4. 생활과 사고를 단순하게 하라.

5. 정진하라.

6. 무관심하지 말라.

7. 책임을 회피하지 말라.

8. 낭비하지 말라.

9. 조급하지 말라.

10. 연습을 쉬지 말라.

– 김형모의 「마음의 고통을 돕기 위한 10가지 충고」 중에서 –

제 1 장 소방시설의 종류 및 기준

01 간이소화용구 교재 P.133

(1) **에어로졸식** 소화용구 문어 보기 ㉠
(2) **투척용** 소화용구 문어 보기 ㉡
(3) 소공간용 소화용구 및 소화약제 외의 것(**팽창질석, 팽창진주암, 마른모래**)을 이용한 간이소화용구 문어 보기 ㉢㉣㉤

> **＊ 마른모래**
> 예전에는 '건조사'라고 불리었다.

기출문제

01 다음 중 간이소화용구를 모두 고른 것은?

교재 P.133

㉠ 에어로졸식 소화용구	㉡ 투척용 소화용구
㉢ 팽창질석	㉣ 팽창진주암
㉤ 마른모래(모래주머니)	

① ㉠, ㉡
② ㉠, ㉡, ㉣
③ ㉠, ㉡, ㉢, ㉤
④ ㉠, ㉡, ㉢, ㉣, ㉤

해설
④ 간이소화용구 : ㉠, ㉡, ㉢, ㉣, ㉤

정답 ④

02 피난구조설비 교재 P.134

> **＊ 피난구조설비** 교재 P.134
> ① 비상조명등
> ② 유도등

(1) **피난기구**
  ① **피**난사다리
  ② **구**조대
  ③ **완**강기

④ 간이완강기

⑤ 미끄럼대

⑥ 다수인 피난장비 ──┐

┌── 그 밖에 화재안전기준으로 정하는 것

⑦ 승강식 피난기 ──┘

기억법 피구완

＊ 인명구조기구 교재 P.134

(2) 인명구조기구

① **방열**복

② **방화**복(안전모, 보호장갑, 안전화 포함)

③ **공**기호흡기

④ **인**공소생기

① 방열복
② 방화복(안전모, 보호장 갑, 안전화 포함)
③ 공기호흡기
④ 인공소생기

기억법 방화열공인

(3) 유도등·유도표지

(4) 비상조명등·휴대용 비상조명등

(5) 피난유도선

03 소화활동설비 교재 P.135

(1) **연**결송수관설비

(2) **연**결살수설비

(3) **연**소방지설비

(4) **무**선통신보조설비

(5) **제**연설비 문02 보기③

(6) **비**상**콘**센트설비

기억법 3연무제비콘(3년에 한 번씩 제비가 콘도에 오지 않는다(무)!)

Key Point

* **소화활동설비** 교재 P.135
화재를 진압하거나 인명구
조활동을 위하여 사용하는
설비

* **물분무등소화설비**
교재 P.134
① 물분무소화설비
② **미**분무소화설비
③ **포**소화설비
④ **이**산화탄소소화설비
⑤ **할**론소화설비
⑥ **할**로겐화합물 및 불활성
   기체 소화설비
⑦ **분**말소화설비
⑧ **강**화액소화설비
⑨ **고**체에어로졸소화설비

종화생 기억법
분포할이 할강미고

기출문제 ●

★★★
02 다음 중 소화활동설비로 옳은 것은?

교재
P.135

① 단독경보형 감지기
② 물분무등소화설비
③ 제연설비
④ 통합감시시설

해설

① · ④ 경보설비
② 소화설비
③ 소화활동설비

정답 ③

제**2**장

소화설비

Key Point

01 소화기구

1 소화능력 단위기준 및 보행거리 문이 보기③ 교재 P.144, P.148

소화기 분류		능력단위	보행거리
소형소화기		**1단위** 이상	20m 이내
대형소화기	A급	**10단위** 이상	30m 이내
	B급	**20단위** 이상	

✱ 대형소화기 교재 P.144
① A급 : 10단위 이상
② B급 : 20단위 이상

공하성 **기억법** 보3대, 대2B(데이빗!)

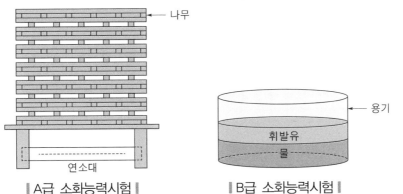

∥A급 소화능력시험∥   ∥B급 소화능력시험∥

기출문제 ●

★★★
01
교재
P.148

다음 중 특정소방대상물의 각 부분으로부터 1개의 소화기까지의 보행거리로 옳은 것은?

① 소형소화기 : 10m 이내, 대형소화기 : 20m 이내
② 소형소화기 : 15m 이내, 대형소화기 : 20m 이내
③ 소형소화기 : 20m 이내, 대형소화기 : 30m 이내
④ 소형소화기 : 20m 이내, 대형소화기 : 35m 이내

Key Point

해설 소화기의 설치기준

구 분	설 명
보행거리 **20m** 이내	소형소화기
보행거리 **30m** 이내	대형소화기

공하성 기억법 대3(대상을 받다.)

정답 ③

2 분말소화기 vs 이산화탄소소화기 [교재 PP.144-145]

(1) 분말소화기

① 소화약제 및 적응화재

적응화재	소화약제의 주성분	소화효과 [문02 보기②]
BC급	탄산수소나트륨($NaHCO_3$)	• 질식효과 • 부촉매(억제)효과
	탄산수소칼륨($KHCO_3$)	
ABC급 [문02 보기①]	제1인산암모늄($NH_4H_2PO_4$)	
BC급	탄산수소칼륨($KHCO_3$)+요소($(NH_2)_2CO$)	

② 구조

가압식 소화기 : 압력계 ×	축압식 소화기 : 압력계 ○
• 본체 용기 내부에 가압용 가스용기가 **별도**로 설치되어 있으며, 현재는 <u>생산 중단</u> [문02 보기③]	• 본체 용기 내에는 규정량의 소화약제와 **함께** 압력원인 **질소**가스가 충전되어 있음 [문02 보기④] • 용기 내 압력을 확인할 수 있도록 지시압력계가 부착되어 사용 가능한 범위가 **0.7~0.98MPa**로 **녹색**으로 되어 있음

‖ 가압식 소화기 ‖

‖ 축압식 소화기 ‖

Key Point 여백 내용:

＊ ABC급 [교재 P.144]
제1인산암모늄
($NH_4H_2PO_4$)

＊ 물질별 소화약제 [교재 P.144]

물 질	소화약제
나트륨	• 마른모래
목 재	• 물
유 류	• 폼소화약제 (포소화약제)
전 기	• 이산화탄소소화약제 • 할론소화약제

＊ 부촉매효과
① 분말소화기
② 할론소화기
③ 할로겐화합물소화기

＊ MPa
'메가파스칼'이라고 읽는다.

Key Point

기출문제

02 분말소화기에 대한 설명으로 틀린 것은?

교재 PP.144 -145

① ABC급의 적응화재의 주성분은 제1인산암모늄이다.
② 소화효과는 질식, 부촉매(억제)이다.
③ 가압식 소화기는 본체 용기 내부에 가압용 가스용기가 별도로 설치되어 있으며 현재도 생산이 계속되고 있다.
④ 축압식 소화기는 본체 용기 내에는 규정량의 소화약제와 함께 압력원인 질소가스가 충전되어 있다.

해설

③ 현재도 생산이 계속되고 있다. → 현재는 생산이 중단되었다.

정답 ③

03 ABC급 대형소화기에 관한 설명 중 틀린 것은?

교재 P.144

① 주성분은 제1인산암모늄이다.
② 능력단위가 B급 화재 30단위 이상, C급 화재는 적응성이 있는 것을 말한다.
③ 능력단위가 A급 화재 10단위 이상인 것을 말한다.
④ 소화효과는 질식, 부촉매(억제)이다.

해설

② 30단위 → 20단위

정답 ②

③ 내용연수 문04 보기④   교재 P.145

소화기의 내용연수를 **10년**으로 하고 내용연수가 지난 제품은 교체 또는 성능확인을 받을 것

내용연수 경과 후 10년 미만	내용연수 경과 후 10년 이상
3년	1년

유사 기출문제

02★★★   교재 PP.144-145

다음 분말소화기에 대한 설명 중 ( ) 안에 들어갈 내용으로 옳은 것은?

적응화재 및 주성분	ABC급	(㉠)	
종류 및 특징		(㉡)소화기	지시압력계 부착
		(㉢)소화기	현재는 생산 중단
지시압력계 사용가능 범위		(㉣)MPa~0.98MPa	

① ㉠ : 탄산수소나트륨
② ㉡ : 가압식
③ ㉢ : 축압식
④ ㉣ : 0.7

해설

① 탄산수소나트륨 → 제1인산암모늄
② 가압식 → 축압식
③ 축압식 → 가압식

정답 ④

* 대형소화기   교재 P.144

분류	능력단위
A급	10단위 이상
B급	20단위 이상
C급	적응성이 있는 것

기출문제

04 분말소화기의 내용연수로 알맞은 것은?

교재 P.145

① 3년 　　　　　　　② 5년
③ 8년 　　　　　　　④ 10년

해설

> ④ 분말소화기 내용연수 : 10년

정답 ④

05 다음 표를 참고하여 소화기에 대한 설명으로 옳은 것은?

교재 P.146, P.151

주성분	이산화탄소
총중량	5kg
능력단위	B2, C 적응
제조연월일	2022.3.15.

① 분말소화기이며 2032년 3월 14일까지 사용 가능하다.
② 유류화재의 소화능력단위는 2단위이다.
③ 혼이 파손되었지만 교체할 필요는 없다.
④ 일반화재에 사용이 가능하다.

해설

> ① 분말소화기 → 이산화탄소소화기, 이산화탄소소화기는 내용연수가 없음
> ② B2, C 적응
> 　　　└ 사용가능
> 　　└ 전기화재
> 　└ 2단위
> 　└ 유류화재
> ③ 파손되었지만 교체할 필요는 없다. → 파손되었으므로 교체해야 한다.
> ④ 일반화재 → 유류화재, 전기화재

정답 ②

(2) 이산화탄소소화기

주성분	적응화재
이산화탄소(CO_2)	BC급

Key Point

＊ **이산화탄소소화기**
혼 파손시 교체해야 한다.
문05 보기③

＊ **B2, C 의미**
① B급 2단위
② C급 사용가능

＊ **분말소화기 vs 이산화
탄소소화기** 문05 보기①

| 분말소화기 | 이산화탄소
소화기 |
|---|---|
| 10년 | 내용연수 없음 |

＊ **소화능력단위** 문05 보기②④
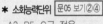
A3, B5, C급 적응

일반
화재
전기
화재
3단위
사용가능
유류
화재
5단위

3 할론소화기 교재 P.146

종 류	분자식
할론 1211	CF_2ClBr
할론 1301	CF_3Br
할론 2402	$C_2F_4Br_2$

● 숫자는 각각 원소의 개수!

1	2	1	1	1	3	0	1	2	4	0	2
↓	↓	↓	↓	↓	↓	↓	↓	↓	↓	↓	↓
C_1	F_2	Cl_1	Br_1	C_1	F_3	X	Br_1	C_2	F_4	X	Br_2

4 특정소방대상물별 소화기구의 능력단위기준 교재 P.148

특정소방대상물	소화기구의 능력단위	건축물의 주요구조부가 내화구조이고, 벽 및 반자의 실내에 면하는 부분이 불연재료·준불연재료 또는 난연재료로 된 특정소방대상물의 능력단위
● **위**락시설 공하성 기억법 위3(위상)	바닥면적 **30m²**마다 1단위 이상	바닥면적 **60m²**마다 1단위 이상
● **공연**장 ● **집**회장 ● **관람**장 ● **문**화재 ● **장**례식장 및 **의**료시설 공하성 기억법 5공연장 문의 집관람(손오공 연장 문의 집관람)	바닥면적 **50m²**마다 1단위 이상	바닥면적 **100m²**마다 1단위 이상
● **근**린생활시설 문06 보기② ● **판**매시설 ● 운수시설 ● **숙**박시설 ● **노**유자시설 ● **전**시장	바닥면적 **100m²**마다 1단위 이상	바닥면적 **200m²**마다 1단위 이상

Key Point

✱ **할론 분자식**

	C	F	Cl	Br
	↓	↓	↓	↓
Halon	1	2	1	1
	↓	↓	↓	↓
	C	F_2	Cl	Br

✱ **소화기구의 표시사항**
교재 P.148

① 소화기–소화기
② 투척용 소화용구–투척용 소화용구
③ 마른모래–소화용 모래
④ 팽창진주암 및 팽창질석 –소화질석

✱ **소화기의 설치기준**
교재 P.148

① 설치높이 : 바닥에서 1.5m 이하
② 설치면적 : 구획된 실 바닥면적 33m² 이상에 1개 설치

✱ **1.5m 이하**
교재 P.148, P.161

① 소화기구(자동확산소화기 제외)
② 옥내소화전 방수구

Key Point

* 소수점 발생시

교재 P.26, P.148

소화기구의 능력단위	소방안전관리 보조자수
소수점 올림	소수점 버림

특정소방대상물	소화기구의 능력단위	건축물의 주요구조부가 **내화구조**이고, 벽 및 반자의 실내에 면하는 부분이 **불연재료·준불연재료** 또는 **난연재료**로 된 특정소방대상물의 능력단위
• 공동**주**택(아파트 등) • **업**무시설(사무실 등) • **방**송통신시설 • 공장 • **창**고시설 • **항**공기 및 자동**차**관련시설, **관광**휴게시설 근판숙노전 주업방 차창 1항 관광(근판 숙노전 주업방차창 일본항 관광)	바닥면적 **100m²**마다 1단위 이상	바닥면적 **200m²**마다 1단위 이상
• 그 밖의 것	바닥면적 **200m²**마다 1단위 이상	바닥면적 **400m²**마다 1단위 이상

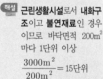
유사 기출문제

06★★★ 교재 P.148

다음 조건을 참고하여 2단위 분말소화기의 설치개수를 구하면 몇 개인가?

• 용도 : 근린생활시설
• 바닥면적 : 3000m²
• 구조 : 건축물의 주요구조부가 내화구조이고, 내장 마감재는 불연재료로 시공되었다.

① 8개   ② 15개
③ 20개   ④ 30개

해설 **근린생활시설**로서 **내화구조**이고 **불연재료**인 경우이므로 바닥면적 200m²마다 1단위 이상

$$\frac{3000m^2}{200m^2}=15단위$$

• 15단위를 15개라고 쓰면 틀린다. 특히 주의!

2단위 분말소화기를 설치하므로

소화기개수=$\frac{15단위}{2단위}$
= 7.5
≒ 8개(소수점 올림)

정답 ①

기출문제 ●

★★★
06 교재 P.148

바닥면적이 2000m²인 근린생활시설에 3단위 분말소화기를 비치하고자 한다. 소화기의 개수는 최소 몇 개가 필요한가? (단, 이 건물은 내화구조로서 벽 및 반자의 실내에 면하는 부분이 불연재료이다.)

① 3개   ② 4개
③ 5개   ④ 6개

해설 **근린생활시설**로서 **내화구조**이며, **불연재료**이므로 바닥면적 200m²마다 1단위 이상이다.

$$\frac{2000m^2}{200m^2}(소수점 올림)=10단위$$

$$\frac{10단위}{3단위}(소수점 올림)=3.3 ≒ 4개$$

정답 ②

07
교재 P.148

지하 1층을 판매시설의 용도로 사용하는 바닥면적이 3000m²일 경우 이 장소에 분말소화기 1개의 소화능력단위가 A급 기준으로 3단위의 소화기로 설치할 경우 본 판매시설에 필요한 분말소화기의 개수는 최소 몇 개인가?

① 10개 　　　　　　② 20개
③ 30개 　　　　　　④ 40개

 해설 판매시설로서 내화구조이고 불연재료·준불연재료·난연재료인 경우가 아니므로 바닥면적 100m²마다 1단위 이상이므로

$$\frac{3000m^2}{100m^2} = 30단위$$

● 30단위를 30개라고 쓰면 틀린다. 특히 주의!

3단위 소화기를 설치하므로

소화기개수 $= \dfrac{30단위}{3단위} = 10$ 개

정답 ①

 08
교재 P.148

소화능력단위가 3단위인 소화기를 설치할 경우 휴게실, 상담실을 포함한 사무실 전체 면적 1750m²에 필요한 소화기의 개수는 최소 몇 개인가? (단, 주요구조부가 내화구조이고 벽 및 반자의 실내는 난연재료로 되어 있다.)

① 2개 　　　　　　② 3개
③ 4개 　　　　　　④ 5개

해설 사무실은 업무시설로서 내화구조, 난연재료이므로 바닥면적 200m²마다 1단위 이상이다.

$$\frac{1750m^2}{200m^2} = 8.75 ≒ 9단위$$

Key Point

유사 기출문제

07★★★ 교재 P.148
다음 업무시설에 설치해야 하는 소화기의 능력단위는? (단, 주요구조부는 내화구조이고, 벽 및 반자의 실내에 면하는 부분은 가연재료이다.)

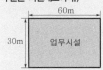

① 6 　② 7
③ 9 　④ 18

해설 업무시설로서 내화구조이지만 불연재료, 난연재료가 아닌 가연재료이므로 바닥면적 100cm²마다 1단위 이상이다. 업무시설 면적= 60m× 30m= 1800m²

$$\frac{1800m^2}{100m^2} = 18단위$$

정답 ④

✽ 별도로 구획된 실
교재 P.149
바닥면적 33m² 이상에만 소화기 1개 배치

유사 기출문제

08★★★ 교재 P.148
다음 사무실에서 소화능력단위가 2단위인 소화기는 최소 몇 개 설치해야 하는가? (단, 주요구조부가 내화구조이고, 벽 및 반자의 실내는 준불연재료로 되어 있다.)

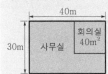

① 4개 　② 5개
③ 6개 　④ 7개

해설 사무실은 업무시설로서 내화구조, 준불연재료이므로 바닥면적 200m²마다 1단위 이상이다.
사무실 면적
= 40m × 30m
= 1200m²

119

● 1750m²−(25+50)m²=1675m²로 계산하는 것이 아니고 휴게실, 상담실을 포함한 사무실 전체 면적 1750m²으로 계산해야 함

3단위 소화기를 설치하므로
소화기개수= $\dfrac{9단위}{3단위}=3$개
바닥면적 33m² 이상의 구획된 실에 추가로 배치하므로 상담실에 추가로 1개, 33m² 미만인 휴게실은 설치를 제외한다.

● 바닥면적 33m² 이상의 구획된 실에 추가로 배치한다고 하여 상담실
= $\dfrac{50\text{m}^2}{33\text{m}^2}=1.51 ≒ 2$개가 아님을 주의!
● 추가로 배치하는 것은 바닥면적이 아무리 커도 소화기 1개만 배치

∴ 3개+1개=4개

정답 ③

09 다음을 보고 소화기 설치기준에 대한 설명으로 옳은 것을 고른 것은?

교재 P.144, P.148

㉠ 소화기는 각 층마다 설치하여야 한다.
㉡ 대형소화기의 소화능력단위는 A급 20단위 이상, B급 10단위 이상인 소화기이다.
㉢ 소화기는 바닥으로부터 높이 1.2m 이하의 곳에 비치한다.
㉣ 위락시설의 소화기의 능력단위기준 바닥면적은 30m²이다.

① ㉠, ㉣
② ㉡, ㉣
③ ㉡, ㉢
④ ㉠, ㉢, ㉣

㉡ A급 20단위 → A급 10단위, B급 10단위 → B급 20단위
㉢ 1.2m → 1.5m

정답 ①

5 소화기 점검 교재 P.151

(1) 호스·혼·노즐

‖호스 파손‖

‖호스 탈락‖

‖노즐 파손‖

‖혼 파손‖

기출문제

10 다음은 소화기점검 중 호스·혼·노즐에 대한 그림이다. 그림과 내용이 맞는 것은?

교재 P.151

‖그림 A‖

‖그림 B‖

‖그림 C‖

‖그림 D‖

Key Point

＊ 소화기점검
① 그림 A : 호스 파손
② 그림 B : 호스 탈락
③ 그림 C : 노즐 파손
④ 그림 D : 혼 파손

호스 탈락, 호스 파손, 노즐 파손, 혼 파손

① 호스 탈락-그림 A, 호스 파손-그림 B, 노즐 파손-그림 C, 혼 파손-그림 D
② 호스 탈락-그림 B, 호스 파손-그림 A, 노즐 파손-그림 C, 혼 파손-그림 D
③ 호스 탈락-그림 C, 호스 파손-그림 D, 노즐 파손-그림 A, 혼 파손-그림 B
④ 호스 탈락-그림 D, 호스 파손-그림 C, 노즐 파손-그림 A, 혼 파손-그림 B

해설 **소화기점검**
　(1) 호스 파손 : 호스가 찢어진 그림(그림 A)
　(2) 호스 탈락 : 호스가 용기와 분리된 그림(그림 B)
　(3) 노즐 파손 : 노즐이 깨진 그림(그림 C)
　(4) 혼 파손 : 나팔모양의 혼이 깨진 그림(그림 D)

정답 ②

＊ 지시압력계 교재 P.151
① 노란색(황색) : 압력부족
② 녹색 : 정상압력
③ 적색 : 정상압력 초과
　노란색
　(황색) 녹색 적색

‖소화기 지시압력계‖

(2) 지시압력계의 색표시에 따른 상태 : 0.7~0.98MPa 정상

노란색(황색)	녹 색	적 색
‖압력이 부족한 상태‖	‖정상압력 상태‖	‖정상압력보다 높은 상태‖

기출문제 ●

11 **축압식 소화기의 압력게이지가 다음 상태인 경우 판단으로 맞는 것은?**

교재 P.151

① 압력이 부족한 상태이다.
② 정상압력보다 높은 상태이다.
③ 정상압력을 가르키고 있다.
④ 소화약제를 정상적으로 방출하기 어려울 것으로 보인다.

해설 ② 지침이 오른쪽에 있으므로 정상압력보다 높은 상태

정답 ②

Key Point

12 다음 그림의 소화기를 점검하였다. 점검 결과에 대한 내용으로 옳은 것은?

교재 P.145, P.151

주의사항
1. 매월 1회 이상 지시압력계의 바늘이 정상위치에 있는가를 확인
2. 소화기 설치시에는 태양의 직사 고온다습의 장소를 피한다.
3. 사용시에는 바람을 등지고 방사하고 사용 후에는 내부약제를 완전 방출하여야 한다.
4. 사람을 향하여 방사하지 마십시오.
※ 소화약제 물질 안전자료 관련정보(MSDS정보)
1. 위험물질 정보(0.1% 초과시 목록) : 없음
2. 내용물의 5%를 초과하는 화학물질목록 : 제일 인산암모늄, 석분
3. 위험한 약제에 관한 정보 : 폐자극성 분진

제조연월	2008.06

번호	점검항목	점검결과
1-A-007	○ 지시압력계(녹색범위)의 적정 여부	㉠
1-A-008	○ 수동식 분말소화기 내용연수(10년) 적정 여부	㉡

설비명	점검항목	불량내용
소화설비	1-A-007	㉢
	1-A-008	

① ㉠ ×, ㉡ ○, ㉢ 약제량 부족
② ㉠ ○, ㉡ ○, ㉢ 없음
③ ㉠ ×, ㉡ ×, ㉢ 약제량 부족, 내용연수 초과
④ ㉠ ○, ㉡ ×, ㉢ 내용연수 초과

해설

㉠ 지시압력계가 녹색범위를 가리키고 있으므로 적정여부는 ○

┃지시압력계의 색표시에 따른 상태┃

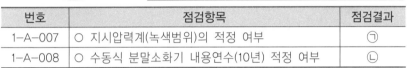

노란색(황색)	녹 색	적 색
┃압력이 부족한 상태┃	┃정상압력 상태┃	┃정상압력보다 높은 상태┃

● 용기 내 압력을 확인할 수 있도록 지시압력계가 부착되어 사용가능한 범위가 **0.7~0.98MPa**로 녹색으로 되어있음

㉡ 제조연월 : 2008.6이고 내용연수가 10년이므로 2018.6까지가 유효기간이다. 따라서 내용연수가 초과되었으므로 ×

＊ 지시압력계

노란색 (황색)	녹색	적색
압력부족	압력정상	압력높음

Key Point

* 내용연수

10년 미만	10년 이상
3년	1년

ⓒ 불량내용은 내용연수 초과이다.

- 소화기의 내용연수를 10년으로 하고 내용연수가 지난 제품은 교체 또는 성능확인을 받을 것

┃내용연수┃

내용연수 경과 후 10년 미만	내용연수 경과 후 10년 이상
3년	1년

참고 ▶ 지시압력계

① 노란색(황색) : 압력부족
② 녹색 : 정상압력
③ 적색 : 정상압력초과

┃소화기 지시압력계┃

정답 ④

★★ 13 다음 소화기 점검 후 아래 점검 결과표의 작성(㉠~ⓒ)순으로 가장 적합한 것은?

교재
PP.150
-151

소화기 점검사항

번호	점검항목	점검결과
1-A-006	○ 소화기의 변형손상 또는 부식 등 외관의 이상 여부	㉠
1-A-007	○ 지시압력계(녹색범위)의 적정 여부	㉡

설비명	점검항목	불량내용
소화설비	1-A-007	㉢
	1-A-008	

① ㉠ ○, ㉡ ×, ㉢ 약제량 부족
② ㉠ ○, ㉡ ×, ㉢ 외관부식, 호스파손
③ ㉠ ×, ㉡ ○, ㉢ 외관부식, 호스파손
④ ㉠ ×, ㉡ ○, ㉢ 약제량 부족

해설

> ⓐ 호스가 파손되었고 소화기가 부식되었으므로 외관의 이상이 있기 때문에 ×
> ⓑ 지시압력계가 녹색범위를 가리키고 있으므로 적정여부는 ○
> ⓒ 불량내용은 외관부식과 호스파손이다.
> ※ 양호 ○, 불량 ×로 표시하면 됨

정답 ③

6 주거용 주방자동소화장치 교재 P.154

주거용 주방에 설치된 열발생 조리기구의 사용으로 인한 화재발생시 열원(**전기** 또는 **가스**)을 자동으로 차단하며, 소화약제를 방출하는 소화장치

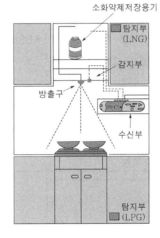

* **주거용 주방자동소화장치**
교재 P.154
① 열원자동차단
② 소화약제방출

* **방출구**
약제가 나오는 곳

기출문제

14 자동소화장치의 구조를 나타낸 다음 그림에서 ⓐ의 명칭으로 옳은 것은?

교재 P.154

① 감지부
② 가스누설차단밸브
③ 솔레노이드밸브
④ 수동조작밸브

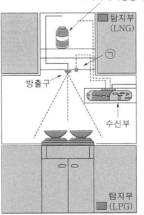

해설 ① 감지부 : 화재시 발생하는 열을 감지하는 부분

정답 ①

02 옥내소화전설비

▌옥내소화전설비 vs 옥외소화전설비 ▌   교재 P.158, PP.161-162, PP.174-175

교재 P.158, PP.161-162, PP.174-175

구 분	옥내소화전설비	옥외소화전설비
방수량	• 130L/min 이상 문15 보기②	• 350L/min 이상
방수압	• 0.17~0.7MPa 이하 문15 보기①	• 0.25~0.7MPa 이하
호스구경	• 40mm(호스릴 25mm) 종합성 기억법 내호25, 내4(내사 종결)	• 65mm
최소방출시간	• 20분 : 29층 이하 • 40분 : 30~49층 이하 • 60분 : 50층 이상	• 20분
설치거리	수평거리 25m 이하	수평거리 40m 이하
표시등	적색등	적색등

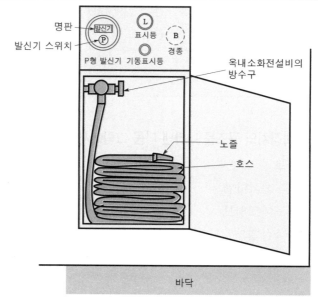

▌옥내소화전설비 ▌

Key Point

* 옥내소화전설비
  교재 P.158

① 방수량 : 130L/min 이상
② 최소방수압 : 0.17MPa

* 소화기
0.7~0.98MPa

소형소화기	대형소화기
보행거리 20m	보행거리 30m

기출문제 ●--

15 옥내소화전설비에 대한 설명으로 옳은 것은?

교재 P.158

① 방수압은 0.17MPa 이상 0.7MPa 이하를 갖추어야 한다.
② 방수량은 350L/min 이상이어야 한다.
③ 50층 이상 건축물은 고층건물이다.
④ 유효수량은 타소화설비와 수원이 겸용인 경우 각각의 소화설비 유효수량 중 큰 것을 기준으로 한다.

해설
> ② 350L/min → 130L/min
> ③ 50층 → 30층
> ④ 각각의 소화설비 유효수량 중 큰 것을 기준으로 한다. → 각각의 소화설비 유효수량을 가산한 양 이상으로 한다.

❋ **옥내소화전설비 유효 수량** 교재 P.158
타소화설비와 수원이 겸용인 경우 각각의 소화설비 유효수량을 가산한 양 이상으로 한다. 문15 보기④

정답 ①

16 고층건축물의 기준으로 옳은 것은?

교재 P.158

① 높이가 30m 이상인 건축물
② 높이가 31m 이상인 건축물
③ 높이가 50m 이상인 건축물
④ 높이가 120m 이상인 건축물

해설
> ④ 고층건축물 : **30층** 이상이거나 **120m** 이상인 건축물

정답 ④

(1) 옥내소화전 방수압력 측정   교재 P.164

① 측정장치 : 방수압력측정계(피토게이지)

②

방수량	방수압력 문20 보기③
130L/min	0.17~0.7MPa 이하

❋ **방수압력측정계**
'피토게이지'라고도 불린다.

③ 방수시간 **3분** 및 방사거리 **8m** 이상으로 정상범위인지 측정한다.

④ 방수압력 측정방법 : 방수구에 호스를 결속한 상태로 노즐의 선단에 방수압력측정계(피토게이지)를 근접$\left(\dfrac{D}{2}\right)$시켜서 측정하고 방수압력측 정계의 압력계상의 눈금을 확인한다.

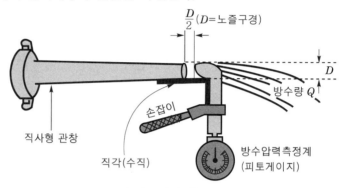

$\dfrac{D}{2}$ (D=노즐구경)

D

방수량 Q

직사형 관창

손잡이

직각(수직)

방수압력측정계 (피토게이지)

▮방수압력 측정▮

(2) 옥내소화전설비 수원저수량 문17 보기①

$$Q = 2.6\,N(30층\ 미만)$$
$$Q = 5.2N(30\sim49층\ 이하)$$
$$Q = 7.8N(50층\ 이상)$$

여기서, Q : 수원의 저수량[m³]

N : 가장 많은 층의 소화전개수(**30층 미만 : 최대 2개, 30층 이상 : 최대 5개**)

* 옥내소화전설비 수원저 수량

$Q = 2.6\,N$(30층 미만)
$Q = 5.2N$(30~49층 이하)
$Q = 7.8N$(50층 이상)

여기서, Q : 수원의 저수량 [m³]
N : 가장 많은 층의 소화전 개수
(30층 미만 : 최대 2개,
30층 이상 : 최대 5개)

 기출문제 ●

★★★
17

교재
P.158

어떤 건물에 옥내소화전이 1층에 4개, 2층에 2개 설치되어 있다. 이때 옥내소화전의 저수량은 몇 m³인가? (단, 건물은 10층이다.)

① 5.2
② 7.8
③ 10.4
④ 13

해설 옥내소화전수원의 **저수량** Q는
$$Q = 2.6N = 2.6 \times 2 = 5.2 \text{m}^3$$

정답 ①

★★★

18 옥내소화전 방수압력시험에 필요한 장비로 옳은 것은?

교재
P.164

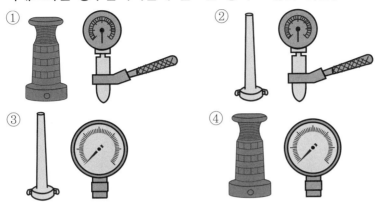

① ② ③ ④

해설 **옥내소화전 방수압력 측정**

(1) 측정장치 : 방수압력측정계(피토게이지)

(2)

방수량	방수압력
130L/min	0.17~0.7MPa 이하

(3) 방수압력 측정방법 : 방수구에 호스를 결속한 상태로 노즐의 선단에 방수압력측정계(피토게이지)를 근접$\left(\dfrac{D}{2}\right)$시켜서 측정하고 방수압력측정계의 압력계상의 눈금을 확인한다.

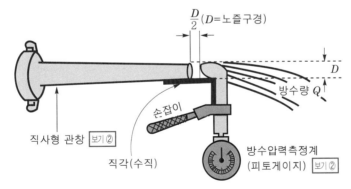

$\dfrac{D}{2}$(D=노즐구경)

D

방수량 Q

직사형 관창 보기②

직각(수직)

손잡이

방수압력측정계
(피토게이지) 보기②

▮방수압력 측정▮

정답 ②

Key Point

★★
19 방수압력시험 장비를 사용하여 방수압력시험시 장비의 측정 모습으로 옳은 것은?

교재 P.164

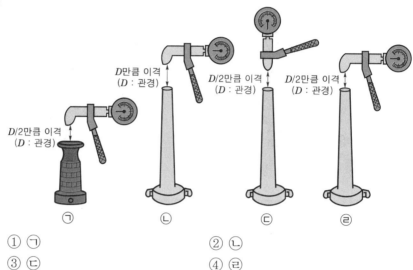

D/2만큼 이격 (D : 관경)
D만큼 이격 (D : 관경)
D/2만큼 이격 (D : 관경)
D/2만큼 이격 (D : 관경)

㉠   ㉡   ㉢   ㉣

① ㉠   ② ㉡
③ ㉢   ④ ㉣

해설 옥내소화전 방수압력 측정

(1) 측정장치 방수압력측정계(피토게이지)

(2)

방수량	방수압력
130L/min	0.17~0.7MPa 이하

(3) 방수압력 측정방법 : 방수구에 호스를 결속한 상태로 노즐의 선단에 방수압력측정계(피토게이지)를 근접 $\left(\dfrac{D}{2}\right)$ 시켜서 측정하고 방수압력측정계의 압력계상의 눈금을 확인한다. 보기㉣

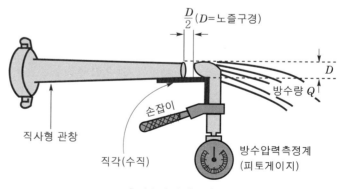

$\dfrac{D}{2}$ (D=노즐구경)

D
방수량 Q
손잡이
직사형 관창
직각(수직)
방수압력측정계 (피토게이지)

▌방수압력 측정▐

정답 ④

* **옥내소화전**
① 방수량 : 130L/min
② 방수압력 : 0.17~0.7MPa 이하

Key Point

* 방수압력측정
교재 PP.164-165
① 직사형 관창 이용
문20 보기①
② 최상층 소화전 개방시 소방펌프 자동기동 및 기동 표시등 확인 문20 보기②

20 다음 중 옥내소화전의 방수압력측정방법으로 옳은 것은?

교재 PP.164 -165

① 반드시 방사형 관창을 이용하여 측정하여야 한다.
② 최하층 소화전 개방시 소화펌프 자동기동 및 기동표시등을 확인한다.
③ 방수압력 측정시 0.17MPa 이상이어야 한다.
④ 방수압력측정계는 봉상주수 상태에서 직각으로 완전히 밀접시켜 측정하여야 한다.

 해설

① 방사형 관창 → 직사형 관창
② 최하층 → 최상층
④ 완전히 밀접시켜 → $\frac{D}{2}$ 근접시켜서

정답 ③

(3) 가압송수장치의 종류 교재 PP.158-159

종 류	특 징
펌프방식	기동용 수압개폐장치 설치 문21 보기④
고가수조방식	자연낙차압 이용 문21 보기③
압력수조방식	압력수조 내 공기 충전 문21 보기①
가압수조방식	별도 압력탱크 문21 보기②

* 압력수조방식 vs 가압수조방식

압력수조방식	가압수조방식
별도 공기압력 탱크 없음	별노 공기압력 탱크 있음

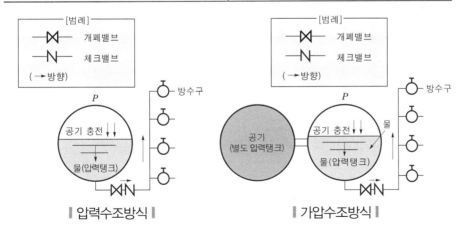

∥ 압력수조방식 ∥　　　　∥ 가압수조방식 ∥

Key Point

기출문제 ●

21 다음 중 옥내소화전 가압송수장치의 각 종류별 설명으로 옳은 것은?

교재
PP.158
-159

① 펌프방식 : 압력수조 내 물을 압입하고 압축된 공기를 충전하여 송수하는 방식
② 압력수조방식 : 별도의 압력탱크에 가압원인 압축공기 또는 불연성 고압기체에 의해 소방용수를 가압하여 송수하는 방식
③ 고가수조방식 : 고가수조로부터 자연낙차압을 이용하는 방식
④ 가압수조방식 : 기동용 수압개폐장치를 설치하여 소화전의 개폐밸브 개방시 배관 내 압력저하에 의하여 압력스위치가 작동함으로써 펌프를 기동하는 방식

해설
① 펌프방식 → 압력수조방식
② 압력수조방식 → 가압수조방식
④ 가압수조방식 → 펌프방식

정답 ③

(4) 순환배관과 릴리프밸브 문22 보기①③④   교재 PP.159-160

* 릴리프밸브 교재 P.159
수온이 상승할 때 과압 방출
문22 보기②

순환배관	릴리프밸브
펌프의 **체절운전**시 수온이 상승하여 펌프에 무리가 발생하므로 순환배관상의 수온상승 방지	과압 방출

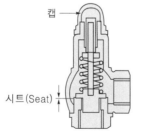

‖릴리프밸브 동작 전‖

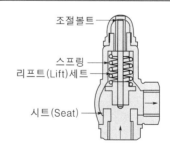

‖릴리프밸브 동작 후‖

기출문제

22 그림은 (㉠) 배관에 사용되는 (㉡) 밸브의 단면을 나타낸 그림을 보고 옳지 않은 것은?

교재 P.160

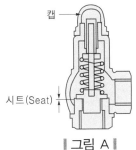

|| 그림 A ||

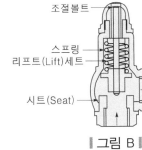

|| 그림 B ||

① ㉠은 순환배관이며 ㉡은 릴리프밸브이다.
② 수온이 하강할 때 ㉡ 밸브를 통하여 과압을 방출한다.
③ 그림 A는 동작 전, 그림 B는 동작 후의 단면이다.
④ 펌프의 체절운전시 사용된다.

해설
② 하강 → 상승

정답 ②

23 다음 중 옥내소화전에 대한 설명으로 옳은 것은?

교재 PP.157 -162

① 옥내소화전을 사용할 때 가장 먼저 해야 할 일은 밸브를 돌리는 것이다.
② 가압송수장치의 종류는 펌프방식, 고가수조방식, 압력수조방식의 3가지가 있다.
③ 방수구까지의 수평거리는 25m 이하가 되도록 하고, 방수구는 바닥으로부터 높이가 1.5m 이하의 위치에 설치해야 한다.
④ 방수량은 350L/min 이상이어야 한다.

해설
① 밸브를 돌리는 → 문을 여는
② 가압수조방식을 추가하여 4가지가 있다.
④ 350L/min → 130L/min

정답 ③

＊옥내소화전 사용방법 교재 P.157

① 문을 연다.
② 호스를 빼고 노즐을 잡는다.
③ 밸브를 돌린다.
④ 불을 향해 쏜다.

＊옥내소화전 방수구 설치높이 교재 P.161
1.5m 이하

★ 옥내소화전 방수구
수평거리 25m 이하

★ 옥외소화전 방수구
수평거리 40m 이하

(5) **옥내소화전함 등의 설치기준** 교재 PP.161-162

① 방수구 : 층마다 설치하되 소방대상물의 각 부분으로부터 1개의 옥내 소화전 방수구까지의 **수평거리 25m 이하**가 되도록 할 것(호스릴 옥내소화전설비 포함). 단, 복층형 구조의 공동주택의 경우에는 세대 의 출입구가 설치된 층에만 설치 문24 보기②

② 호스 : 구경 **40mm**(호스릴 옥내소화전설비의 경우에는 **25mm**) **이상** 의 것으로 물이 유효하게 뿌려질 수 있는 길이로 설치 문24 보기②

 기출문제

24 옥내소화전함 등의 설치기준이다. 빈칸에 알맞은 것은?

교재 PP.161 -162

• 층마다 설치하되 소방대상물의 각 부분으로부터 1개의 옥내소화전 방수구까지 의 (㉠)가 되도록 할 것
• 호스는 구경 (㉡)의 것으로 물이 유효하게 뿌려질 수 있는 길이로 설치

① ㉠ 수평거리 20m 이하, ㉡ 구경 40mm 이상
② ㉠ 수평거리 25m 이하, ㉡ 구경 40mm 이상
③ ㉠ 수평거리 20m 이하, ㉡ 구경 65mm 이상
④ ㉠ 수평거리 25m 이하, ㉡ 구경 65mm 이상

해설

② 옥내소화전함 : 방수구 수평거리 25m 이하, 호스구경 40mm 이상

정답 ②

 중요 옥내소화전함 표시등 설치위치

위치표시등	펌프기동표시등 설치위치 문25 보기②
옥내소화전함의 **상부**	옥내소화전함의 **상부** 또는 그 **직근(적색등)**

Key Point

25 옥내소화전함 펌프기동표시등의 색으로 옳은 것은?

교재 P.161

① 녹색   ② 적색

③ 황색   ④ 백색

해설

② 펌프기동표시등 : 적색

정답 ②

(6) 옥내소화전설비 유효수량의 기준

일반배관과 소화배관 사이의 유량을 말한다.

* 유효수량
일반배관(일반급수관)과 소화배관(옥내소화전) 사이의 유량

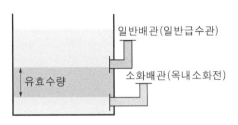

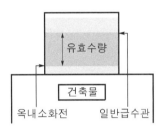

∥유효수량∥

기출문제 ●

26 옥내소화전설비 수원의 점검 중 저수조의 유효수량은?

교재 P.164

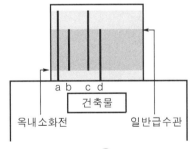

① a   ② b

③ c   ④ d

해설

② b : 옥내소화전과 일반급수관 사이의 유량(유효수량)

정답 ②

Key Point

✱ 100L 이상
① 기동용 수압개폐장치(압력챔버)
② 물올림탱크

(7) 옥내소화전 기동용 수압개폐장치(압력챔버) 〔교재 PP.160-161〕

역 할	용 적
① 배관 내 설정압력 유지 ② 완충작용	100L 이상

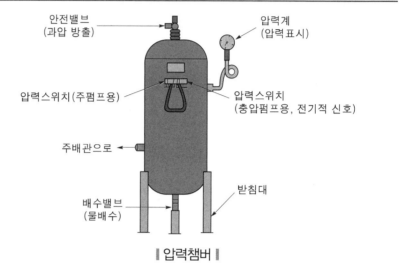

▌압력챔버▐

(8) 제어반 스위치·표시등 〔교재 PP.162-163, P.170〕

동력제어반, 감시제어반, 주펌프·충압펌프 모두 '**자동**'위치 〔문27 보기①②③④〕

▌동력제어반 스위치▐

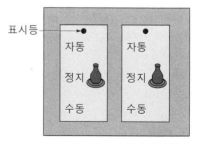

(a) 주펌프 운전선택스위치　(b) 충압펌프 운전선택스위치

▌감시제어반 스위치▐

기출문제

27 다음 그림을 보고 정상적인 제어반의 스위치의 상태로 옳은 것은?

교재
PP.170
-171

＊ 정상적인 제어반 스위치

주펌프 운전선택스위치	충압펌프 운전선택스위치
자동	자동

■ 동력제어반 스위치 ■

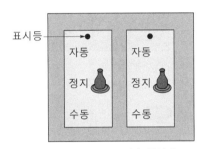

(a) 주펌프 운전선택스위치　(b) 충압펌프 운전선택스위치

■ 감시제어반 스위치 ■

① 동력제어반 주펌프 운전선택스위치는 자동위치에 있어야 한다.
② 동력제어반 충압펌프 운전선택스위치는 수동위치에 있어야 한다.
③ 감시제어반 소화전 주펌프 운전선택스위치는 수동위치에 있어야 한다.
④ 감시제어반 소화전 충압펌프 운전선택스위치는 정지위치에 있어야 한다.

해설
② 수동 → 자동
③ 수동 → 자동
④ 정지 → 자동

정답 ①

Key Point

28 그림은 옥내소화전 감시제어반 중 펌프제어를 위한 스위치의 예시를
나타낸 것이다. 평상시 및 펌프 점검시 스위치 위치에 대한 설명으로
옳은 것만 보기에서 있는 대로 고른 것은? (단, 설비는 정상상태이며
제시된 조건을 제외하고 나머지 조건은 무시한다.)

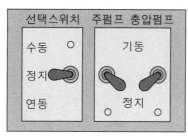

ⓐ 평상시 펌프 선택스위치는 '정지'
위치에 있어야 한다.
ⓑ 평상시 주펌프스위치는 '기동' 위
치에 있어야 한다.
ⓒ 펌프 수동기동시 펌프 선택스위
치는 '수동' 위치에 있어야 한다.

① ⓐ   ② ⓒ
③ ⓐ, ⓑ   ④ ⓐ, ⓑ, ⓒ

* 연동과 같은 의미
자동

해설

| ⓐ '정지' 위치 → '연동' 위치 |
| ⓑ '기동' 위치 → '정지' 위치 |

* 감시제어반 정상상태
① 선택스위치 : 연동
② 주펌프 : 정지
③ 충압펌프 : 정지

자동	수동	
		기동
선택스위치 주펌프 충압펌프 수동 ● 정지 연동(자동) 정지 ● 선택스위치 : 연동(자동) ● 주펌프 : 정지 ● 충압펌프 : 정지	선택스위치 주펌프 충압펌프 수동 ○ 기동 정지 연동(자동) 정지 ● ● 선택스위치 : 수동 ● 주펌프 : 기동 ● 충압펌프 : 기동	
		정지
	선택스위치 주펌프 충압펌프 수동 ○ 기동 정지 연동(자동) 정지 ● 선택스위치 : 수동 ● 주펌프 : 정지 ● 충압펌프 : 정지	

정답 ②

138

29

교재 P.170

옥내소화전 감시제어반의 스위치 상태가 아래와 같을 때, 보기의 동력 제어반(㉠~㉣)에서 점등되는 표시등을 있는대로 고른 것은? (단, 설비 는 정상상태이며 제시된 조건을 제외하고 나머지 조건은 무시한다.)

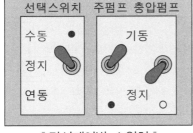

∥감시제어반 스위치∥

∥동력제어반 스위치∥

① ㉠, ㉡, ㉢ ② ㉠, ㉡, ㉣
③ ㉠, ㉣ ④ ㉡, ㉣

해설 점등램프

선택스위치 : **수동**, 주펌프 : **기동**	선택스위치 : **수동**, 충압펌프 : **기동**
① POWER램프	① POWER램프
② 주펌프 기동램프	② 충압펌프 기동램프
③ 주펌프 펌프기동램프	③ 충압펌프 펌프기동램프

정답 ②

＊ 기동 vs 펌프기동
기동과 펌프기동은 같이 점등되고 같이 소등됨

＊ 선택스위치 : 수동, 주펌프 : 기동
① POWER : 점등
② 주펌프기동 : 점등
③ 주펌프 펌프기동 : 점등

Key Point

30 종합점검 중 주펌프성능시험을 위하여 주펌프만 수동으로 기동하려
고 한다. 감시제어반의 스위치 상태로 옳은 것은?

교재
P.170

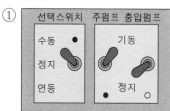

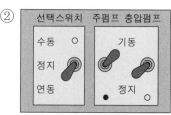

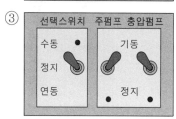

해설 점등램프

주펌프만 수동으로 기동	① 선택스위치 : 수동 보기①
	② 주펌프 : 기동 보기①
	③ 충압펌프 : 정지 보기①
충압펌프만 수동으로 기동	① 선택스위치 : 수동
	② 주펌프 : 정지
	③ 충압펌프 : 기동
주펌프 · 충압펌프 수동으로 기동	① 선택스위치 : 수동
	② 주펌프 : 기동
	③ 충압펌프 : 기동

정답 ①

* 주펌프만 수동으로 기동
① 선택스위치 : 수동
② 주펌프 : 기동
③ 충압펌프 : 정지

★★★
31 옥내소화전의 동력제어반과 감시제어반을 나타낸 것이다. 다음 그림
에 대한 설명으로 옳지 않은 것은? (단, 현재 동력제어반은 정지표시
등만 점등상태)

교재
P.170

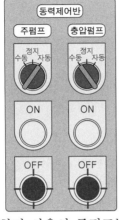
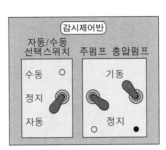

① 옥내소화전 사용시 주펌프는 기동한다.
② 옥내소화전 사용시 충압펌프는 기동하지 않는다.
③ 현재 충압펌프는 기동 중이다.
④ 현재 주펌프는 정지상태이다.

＊ 충압펌프
'보조펌프'라고도 부른다.

해설
① 감시제어반 **선택스위치**가 **자동**에 있으므로 옥내소화전 사용시(옥
내소화전 앵글밸브를 열면) **주펌프**는 당연히 **기동**한다.
② 동력제어반 충압펌프 **선택스위치**가 **수동**으로 되어 있으므로 옥내
소화전 사용시(옥내소화전 앵글밸브를 열면) 충압펌프는 기동하지
않는다. 동력제어반 충압펌프 선택스위치가 **자동**으로 되어 있을
때만 옥내소화전 사용시 **충압펌프**가 **기동**한다.

‖동력제어반·충압펌프 선택스위치‖

수동	자동
옥내소화전 사용시 충압펌프 미기동	옥내소화전 사용시 충압펌프 기동

③ 기동 중 → 정지상태
단서에 따라 동력제어반 주펌프·충압펌프의 정지표시등만 점등되
어 있으므로 현재 **충압펌프**는 **정지**상태이다.

④ 단서에 따라 동력제어반 주펌프·충압펌프의 정지표시등만 점등되
어 있으므로 현재 **주펌프**는 **정지**상태이다.

정답 ③

교재
P.170

32 옥내소화전설비의 동력제어반과 감시제어반을 나타낸 것이다. 옳지 않은 것은?

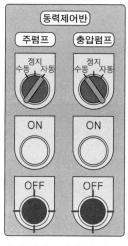

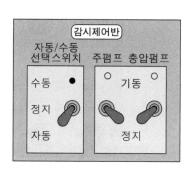

① 감시제어반은 정상상태로 유지·관리되고 있다.
② 동력제어반에서 주펌프 ON버튼을 누르면 주펌프는 기동하지 않는다.
③ 감시제어반에서 주펌프 스위치를 기동위치로 올리면 주펌프는 기동한다.
④ 동력제어반에서 충압펌프를 자동위치로 돌리면 모든 제어반은 정상상태가 된다.

해설

① 감시제어반 선택스위치 : 자동, 주펌프 : 정지, 충압펌프 : 정지 상태이므로 감시제어반은 정상상태로 유지·관리되고 있다.
② 동력제어반에서 주펌프 선택스위치가 자동이므로 ON버튼을 눌러도 주펌프는 기동하지 않으므로 옳다.
③ 기동한다. → 기동하지 않는다.
감시제어반에서 주펌프 스위치만 기동으로 올리면 주펌프는 기동하지 않는다. 감시제어반 선택스위치 수동으로 올리고 주펌프 스위치를 기동으로 올려야 주펌프는 기동한다.
④ 동력제어반에서 충압펌프 스위치를 자동위치로 돌리면 모든 제어반은 정상상태가 되므로 옳다.

＊ 평상시 상태
(1) 동력제어반
  ① 주펌프 : 자동
  ② 충압펌프 : 자동
(2) 감시제어반
  ① 선택스위치 : 사동
  ② 주펌프 : 정지
  ③ 충압펌프 : 정지

┃ 정상상태 ┃

동력제어반	감시제어반
주펌프 선택스위치 : 자동 • 주펌프 ON 램프 : 소등 • 주펌프 OFF 램프 : 점등 충압펌프 선택스위치 : 자동 • 충압펌프 ON 램프 : 소등 • 충압펌프 OFF 램프 : 점등	선택스위치 : 자동 • 주펌프 : 정지 • 충압펌프 : 정지

 정답 ③

03 옥외소화전 및 옥외소화전함 교재 PP.174-175

소방대상물의 각 부분으로부터 호스접결구까지의 **수평거리**가 **40m 이하**가 되도록 설치하여야 하며, 호스구경은 **65mm**의 것으로 하여야 한다. 문33 보기④

설치거리	호스구경
5m 이내	65mm

＊옥외소화전 호스구경
교재 P.175

65mm

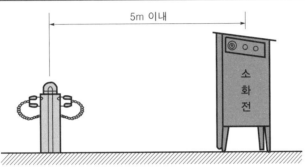

‖ 옥외소화전함의 설치거리 ‖

✔ 중요

구 분	옥내소화전	옥외소화전
방수압력	0.17~0.7MPa 문34 보기④	0.25~0.7MPa
방수량	130L/min	350L/min 문34 보기④
호스구경	40mm(호스릴 25mm)	65mm 문34 보기④
수평거리	25m 이하	40m 이하

기출문제 ●

33 옥외소화전은 소방대상물의 각 부분으로부터 호스접결구까지의 수평거리가 몇 m 이하가 되도록 설치하여야 하며, 호스구경은 몇 mm 의 것으로 하여야 하는가?

교재 P.174

① 30m, 40mm
② 30m, 65mm
③ 40m, 40mm
④ 40m, 65mm

해설 ④ 옥외소화전 : 수평거리 40m 이하, 호수구경 65mm

정답 ④

＊옥외소화전
교재 P.174

① 수평거리 : 40m 이하
② 호스구경 : 65mm

* **옥내소화전**

교재 PP.161-162

① 수평거리 : 25m 이하
② 호스구경 : 40mm

34 다음 빈칸 (㉠), (㉡), (㉢)에 들어갈 알맞은 것은?

교재 P.158, P.162, PP.174 -175

구 분	옥내소화전	옥외소화전
방수압력	(㉠)~0.7MPa	0.25~0.7MPa
방수량	130L/min	(㉡)L/min
호스구경	40mm(호스릴 25mm)	(㉢)mm

① ㉠ 0.12, ㉡ 450, ㉢ 65   ② ㉠ 0.12, ㉡ 350, ㉢ 65
③ ㉠ 0.17, ㉡ 450, ㉢ 65   ④ ㉠ 0.17, ㉡ 350, ㉢ 65

해설

④ ㉠ 옥내소화전 0.17MPa
  ㉡ 옥외소화전 350L/min
  ㉢ 옥외소화전 65mm

정답 ④

04 스프링클러설비

1 스프링클러설비의 종류 교재 PP.176-185

```
                    ┌ 폐쇄형 스프링클러헤드 방식 ┬ 습식
                    │                          ├ 건식
스프링클러설비 ──────┤                          ├ 준비작동식
                    │                          └ 부압식
                    └ 개방형 스프링클러헤드 방식 ── 일제살수식
```

공하성 기억법 폐습건준부, 일개

* **일제살수식** 교재 P.183
개방형 헤드

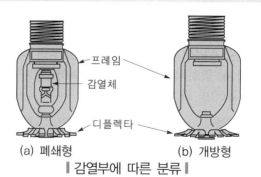

(a) 폐쇄형   (b) 개방형

‖ 감열부에 따른 분류 ‖

2 스프링클러설비의 비교 교재 PP.176-185

구 분	1차측 배관	2차측 배관	밸브 종류	헤드 종류
습 식	소화수	소화수	자동경보밸브	폐쇄형 헤드
건 식	소화수	압축공기	건식 밸브	폐쇄형 헤드
준비작동식	소화수	대기압	준비작동밸브	폐쇄형 헤드 (헤드 개방시 살수)
부압식	소화수	부압	준비작동밸브	폐쇄형 헤드 (헤드 개방시 살수)
일제살수식	소화수	대기압	일제개방밸브	개방형 헤드 (모든 헤드에 살수)

3 스프링클러설비의 종류 교재 P.185

구 분		장 점	단 점
폐쇄형 헤드 사용	습 식	• **구조**가 **간단**하고 **공사비 저렴** • 소화가 신속 • 타방식에 비해 유지·관리 용이	• **동결** 우려 장소 사용**제한** 문35 보기① • 헤드 오동작시 수손피해 및 배관부식 촉진
	건 식	• 동결 우려 장소 및 옥외 사용 가능 곤란 ×	• 살수 개시 시간지연 및 복잡한 구조 • 화재 초기 **압축공기**에 의한 화재 촉진 우려 • 일반헤드인 경우 **상향형**으로 시공하여야 함
	준비 작동식	• 동결 우려 장소 사용가능 • 헤드 오동작(개방)시 수손피해 우려 없음 • 헤드 개방 전 경보로 조기대처 용이	• 감지장치로 감지기 별도 시공 필요 • 구조 복잡, 시공비 고가 • 2차측 배관 부실시공 우려
	부압식	• 배관파손 또는 오동작시 **수손피해 방지**	• 동결 우려 장소 사용제한 • 구조가 다소 복잡
개방형 헤드 사용	일제 살수식	• **초기화재**에 신속대처 용이 • 층고가 높은 장소에서도 소화 가능	• 대량살수로 수손피해 우려 • 화재감지장치 별도 필요

Key Point

* 비화재시 알람밸브의 경보로 인한 혼선방지를 위한 장치 교재 P.187
① **리**타딩챔버
② **압**력스위치 내부의 지연회로

공하성 기억법
압비리(압력을 행사해서 **비리**를 저지르게 한다.)

Key Point

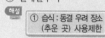

유사 기출문제

35★★ | 교재 P.185

동파 위험이 있는 스프링클러설비는?

① 습식
② 건식
③ 준비작동식
④ 일제살수식

해설
① 습식 : 동결 우려 장소 (추운 곳) 사용제한

정답 ①

기출문제

35★★

추운 곳에 설치하기 곤란한 스프링클러설비는?

교재 P.185

① 습식
② 건식
③ 준비작동식
④ 일제살수식

해설
① 습식 : 동결 우려 장소(추운 곳) 사용제한

정답 ①

36★★

다음 표를 보고 스프링클러설비 종류별 장단점 중 옳은 것을 모두 고른 것은?

교재 P.185

구 분	습 식	건 식	준비작동식	일제살수식
장점	타방식에 비해 유지·관리 용이	장소제한이 없다.	ⓛ 초기화재에 신속대처 용이	ⓒ 구조가 간단하고 공사비 저렴
단점	동결 우려 장소 사용제한	㉠ 화재 초기 압축공기에 의한 화재 촉진 우려	구조 복잡	㉣ 수손피해 우려

① ㉠, ⓛ
② ⓒ, ㉣
③ ㉠, ⓒ
④ ㉠, ㉣

해설
ⓛ 준비작동식 → 일제살수식
ⓒ 일제살수식 → 습식

정답 ④

4 헤드의 기준 개수 교재 P.178

✱ 11층 이상 폐쇄형 헤드의
기준 개수 문38 보기③
30개

✱ 스프링클러헤드

10개	20개
•8m 미만 •아파트	8m 이상

✱ 아파트 등
5층 이상의 주택

특정소방대상물		폐쇄형 헤드의 기준 개수
지하가 · 지하역사		30
11층 이상 문37 보기ⓜ		
10층 이하	공장(특수가연물) 문37 보기㉠	
	판매시설(슈퍼마켓, 백화점 등), 복합건축물(판매시설이 설치된 것) 문37 보기ⓛ	
	근린생활시설 · 운수시설	20
	8m 이상 문37 보기ⓒㄹ	
	8m 미만	10
공동주택(아파트 등)		10(각 동이 주차장으로 연결된 주차장 30)

기출문제

37 다음 중 스프링클러설비 헤드의 기준 개수로 30개가 적용되는 장소를 모두 고른 것은? (단, ㉠~㉣은 지하층을 제외한 10층 이하인 소방대상물이다.)

교재 P.178

> ㉠ 특수가연물을 저장·취급하는 공장
> ㉡ 판매시설, 복합건축물
> ㉢ 헤드 부착높이가 8m 이상인 종교시설
> ㉣ 헤드 부착높이가 8m 이상인 교육연구시설
> ㉤ 지하층을 제외한 11층 이상인 소방대상물

① ㉠, ㉡, ㉢   ② ㉠, ㉢, ㉣
③ ㉠, ㉡, ㉤   ④ ㉠, ㉤

해설

③ ㉢ : 20개, ㉣ : 20개

정답 ③

5 각 설비의 주요사항   교재 P.158, P.162, P.175, P.178

구 분	스프링클러설비	옥내소화전설비	옥외소화전설비
방수압	0.1~1.2MPa 이하 문38 보기②	0.17~0.7MPa 이하	0.25~0.7MPa 이하
방수량	80L/min 이상 문38 보기①	130L/min 이상 (30층 미만 : 최대 2개, 30층 이상 : 최대 5개)	350L/min 이상 (최대 2개)
방수구경	—	40mm	65mm

* 방수압

옥내소화전 설비	옥외소화전 설비
0.17~0.7MPa 이하	0.25~0.7MPa 이하

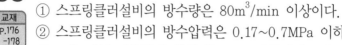

기출문제 ●

★★★
38 다음 중 스프링클러설비에 대한 설명으로 옳은 것은?

교재
P.176
-178

① 스프링클러설비의 방수량은 80m³/min 이상이다.

② 스프링클러설비의 방수압력은 0.17~0.7MPa 이하이다.

③ 11층 이상 건축물에 설치하는 스프링클러헤드의 기준 개수는 30개이다.

④ 스프링클러헤드의 방수구에서 유출되는 물을 세분시키는 작용을 하는 것을 프레임(Frame)이라 한다.

* 디플렉타(Deflector)
　＝반사판
스프링클러헤드의 방수구에서 유출되는 물을 세분시키는 작용을 하는 것 문38 보기④

해설
① 80m³/min → 80L/min
② 0.17~0.7MPa → 0.1~1.2MPa 이하
④ 프레임(Frame) → 디플렉타(Deflector)

●정답 ③

★★
39 다음 압력스위치 그림에서 기동점 셋팅값으로 옳은 것은?

실무교재
P.85

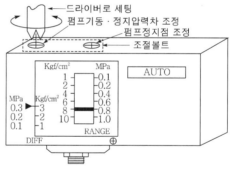

① 0.1MPa　　　　　　　　② 0.3MPa
③ 0.5MPa　　　　　　　　④ 0.8MPa

해설 **스프링클러설비의 기동점, 정지점**

기동점(기동압력)	정지점(양정, 정지압력)
기동점＝RANGE−DIFF 　　　＝자연낙차압+0.15MPa	정지점＝RANGE

기동점＝RANGE−DIFF
　　　＝0.8MPa−0.3MPa
　　　＝0.5MPa

‖ 압력스위치 ‖

DIFF(Difference)	RANGE
펌프의 작동정지점에서 기동점과의 **압력차이**	펌프의 **작동정지점**

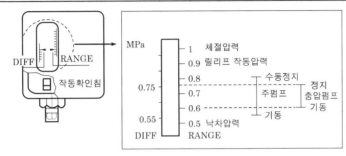

(a) 압력스위치   (b) DIFF, RANGE의 설정 예

정답 ③

✓ 중요 **충압펌프 기동점**

충압펌프 기동점＝주펌프 기동점+0.05MPa

★★★
40 다음 조건을 기준으로 스프링클러설비의 주펌프 압력스위치의 설정
실무교재 값으로 옳은 것은? (단, 압력스위치의 단자는 고정되어 있으며, 옥상
P.85 수조는 없다.)

- 조건1 : 펌프양정 70m
- 조건2 : 가장 높이 설치된 헤드로부터 펌프 중심점까지의 낙차를 압력으로 환산한 값＝0.3MPa

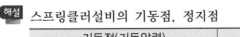

① RANGE : 0.7MPa, DIFF : 0.3MPa
② RANGE : 0.3MPa, DIFF : 0.7MPa
③ RANGE : 0.7MPa, DIFF : 0.25MPa
④ RANGE : 0.7MPa, DIFF : 0.2MPa

해설 **스프링클러설비의 기동점, 정지점**

기동점(기동압력)	정지점(양정, 정지압력)
기동점＝RANGE−DIFF ＝자연낙차압+0.15MPa	정지점＝RANGE

정지점(양정)＝RANGE＝70m＝0.7MPa

Key Point

* 스프링클러설비 기동점
  공식
기동점＝RANGE−DIFF
　　＝자연낙차압
　　　+0.15MPa

* 스프링클러설비 정지점
  공식
정지점＝RANGE

기동점=자연낙차압+0.15MPa=0.3MPa+0.15MPa=0.45MPa
=RANGE-DIFF

DIFF=RANGE-기동점=0.7MPa-0.45MPa=0.25MPa

정답 ③

☑ 중요 ▶ 충압펌프 기동점

충압펌프 기동점=주펌프 기동점+0.05MPa

* 충압펌프 기동점
충압펌프 기동점
=주펌프 기동점+0.05MPa

★★★
41 다음 그림에 대한 설명으로 옳은 것은?

실무교재
P.85

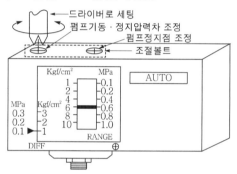

① 펌프의 정지점은 0.6MPa이다.
② 펌프의 기동점은 0.1MPa이다.
③ 펌프의 정지점은 0.1MPa이다.
④ 펌프의 기동점은 0.6MPa이다.

해설 스프링클러설비의 기동점, 정지점

기동점(기동압력)	정지점(양정, 정지압력)
기동점=RANGE-DIFF =자연낙차압+0.15MPa	정지점=RANGE

①, ③ 정지점=RANGE=0.6MPa
②, ④ 기동점=RANGE-DIFF=0.6MPa-0.1MPa=0.5MPa

정답 ①

☑ 중요 ▶ 충압펌프 기동점

충압펌프 기동점=주펌프 기동점+0.05MPa

6 습식 스프링클러설비의 작동순서 교재 P.180

(1) 화재발생 문42 보기⊙
(2) 헤드 개방 및 방수 문42 보기ⓒ
(3) 2차측 배관압력 저하 문42 보기ⓒ
(4) 1차측 압력에 의해 습식 유수검지장치의 클래퍼 개방 문42 보기ⓔ
(5) 습식 유수검지장치의 압력스위치 작동 → **사이렌 경보**, **감시제어반**의 **화재표시등**, **밸브개방표시등** 점등 문42 보기ⓜ
(6) 배관 내 압력저하로 기동용 수압개폐장치의 압력스위치 작동 → 펌프기동 문42 보기ⓗ

* 습식 스프링클러설비의 작동 교재 P.180
알람밸브 2차측 압력이 저하되어 클래퍼가 개방(작동)되면 압력수 유입으로 압력스위치가 동작

기출문제

★★★
42 다음 보기를 참고하여 습식 스프링클러설비의 작동순서를 올바르게 나열한 것은 어느 것인가?
교재 P.180

⊙ 화재발생
ⓒ 2차측 배관압력 저하
ⓒ 헤드 개방 및 방수
ⓔ 1차측 압력에 의해 습식 유수검지장치의 클래퍼 개방
ⓜ 습식 유수검지장치의 압력스위치 작동 → 사이렌 경보, 감시제어반의 화재표시등, 밸브개방표시등 점등
ⓗ 배관 내 압력저하로 기동용 수압개폐장치의 압력스위치 작동 → 펌프기동

① ⊙ → ⓒ → ⓒ → ⓔ → ⓜ → ⓗ
② ⊙ → ⓒ → ⓒ → ⓔ → ⓜ → ⓗ
③ ⊙ → ⓔ → ⓜ → ⓒ → ⓒ → ⓗ
④ ⊙ → ⓜ → ⓒ → ⓒ → ⓔ → ⓗ

해설
② ⊙ → ⓒ → ⓒ → ⓔ → ⓜ → ⓗ

 정답 ②

☑ 중요 **펌프성능시험** 교재 PP.165-169

(1) 펌프성능시험 준비 : 펌프토출측 밸브 **폐쇄**
(2) 체절운전＝정격토출압력×**140%(1.4)**
(3) 유량측정시 기포가 통과하는 원인
  ① 흡입배관의 이음부로 공기가 유입될 때
  ② 후드밸브와 수면 사이가 너무 가까울 때
  ③ 펌프에 공동현상이 발생할 때

* 개폐표시형 개폐밸브 교재 P.165
유체의 흐름을 완전히 차단 또는 조정하는 밸브

* 유량조절밸브 교재 P.165
유량조절을 목적으로 사용하는 밸브로서 유량계 후단에 설치

* **알람밸브**
'자동경보밸브'라고도 부른다.

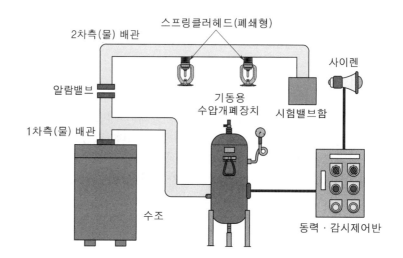

7 **습식 유수검지장치의 작동과정** 문43 보기④ 　교재 PP.179-180

(1) 클래퍼 개방
(2) **시트링홀**로 물이 들어감
(3) 압력스위치를 동작시켜 제어반에 **사이렌**, **화재표시등**, **밸브개방표시등**의 신호를 전달
(4) **펌프기동**

기출문제 ●

★★
43 다음은 습식 유수검지장치 작동과정이다. (　) 안에 들어갈 말로 알맞은 것은?

교재
PP.179
-180

> 클래퍼 개방 →(㉠)로 물이 들어감 →(㉡)를 동작시켜 제어반에 사이렌, 화재표시등, (㉢)에 신호 전달 → 펌프기동

① ㉠ 프리액션밸브, ㉡ 릴리프밸브, ㉢ 방출표시등
② ㉠ 프리액션밸브, ㉡ 압력스위치, ㉢ 밸브개방등
③ ㉠ 시트링홀, ㉡ 릴리프밸브, ㉢ 방출표시등
④ ㉠ 시트링홀, ㉡ 압력스위치, ㉢ 밸브개방표시등

해설
④ ㉠ 시트링홀 ㉡ 압력스위치 ㉢ 밸브개방표시등

정답 ④

Key Point

8 준비작동식 스프링클러설비 작동순서 [교재 P.182]

(1) 작동순서

① 화재발생

② 교차회로방식의 A 또는 B 감지기 작동(경종 또는 사이렌 경보, 화재표시등 점등)

③ 감지기 <u>A와 B 감지기</u> 작동 또는 수동기동장치(SVP) 작동 [문44 보기③]
　　　　 or ×

④ 준비작동식 유수검지장치 작동

　㉠ 전자밸브(솔레노이드밸브) 작동

　㉡ 중간챔버 감압

　㉢ 밸브개방

　㉣ 압력스위치 작동 → 사이렌 경보, 밸브개방표시등 점등

⑤ 2차측으로 급수

⑥ 헤드개방, 방수

⑦ 배관 내 압력저하로 기동용 수압개폐장치의 압력스위치 작동 → 펌프기동

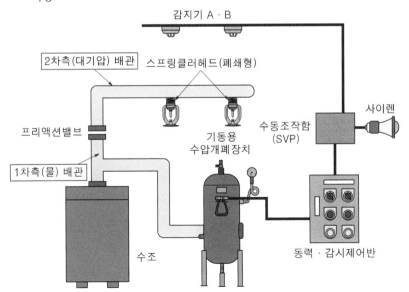

✱ **준비작동식 스프링클러 설비** [교재 P.182]
준비작동식 유수검지장치(프리액션밸브)를 중심으로 1차측은 가압수로, 2차측은 대기압 상태로 유지되어 있다가 화재발생시 감지기의 작동으로 2차측 배관에 소화수가 충수된 후 화재시 열에 의한 헤드 개방으로 배관 내의 유수가 발생하여 소화하는 방식이다.

(2) 준비작동식 유수검지장치(프리액션밸브) 교재 P.183

A·B 감지기가 모두 동작하면 중간챔버와 연결된 전자밸브(솔레노이드밸브)가 개방되면서 중간챔버의 물이 배수되어 클래퍼가 밀려 1차측 배관의 물이 2차측으로 유수된다.

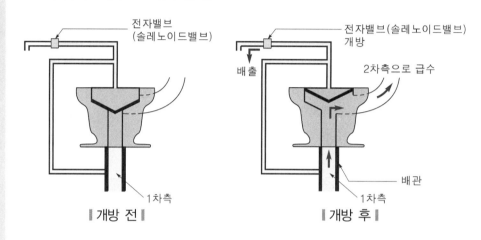

┃개방 전┃   ┃개방 후┃

기출문제 •

44 ★★ 다음 스프링클러설비에 대한 설명으로 옳은 것은?

교재 PP.179 -183, P.189

① 습식 스프링클러설비의 클래퍼가 개방되면 사이렌이 울린다.
② 건식 스프링클러설비는 동파위험이 있는 장소에 설치가 곤란하다.
③ 준비작동식 스프링클러설비의 감지기 A 또는 B 둘 중 하나만 작동해도 펌프가 기동한다.
④ 일제살수식 스프링클러설비는 초기화재에 신속대처가 용이하지 않다.

해설
② 곤란하다. → 가능하다.
③ 감지기 A 또는 B 둘 중 하나만 작동해도 → 감지기 A와 B 모두 작동해야
④ 용이하지 않다. → 용이하다.

정답 ①

* 습식 스프링클러설비의 클래퍼 개방시

교재 P.180

① 사이렌 경보 문44 보기①
② 화재표시등 점등
③ 밸브개방표시등 점등

* 준비작동식 밸브
'프리액션밸브'라고도 부른다.

9 습식 스프링클러설비의 점검 교재 PP.186-187

알람밸브 2차측 압력이 저하되어 **클래퍼**가 **개방**되면 클래퍼 개방에 따른 **압력수 유입**으로 **압력스위치**가 **동작**된다. 문45 보기①

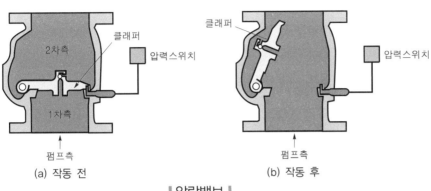

2차측 클래퍼 압력스위치

1차측

펌프측

(a) 작동 전

클래퍼 압력스위치

펌프측

(b) 작동 후

‖ 알람밸브 ‖

Key Point

★ 공동주택 거실 교재 P.184
거실에는 **조기반응형** 스프링
클러헤드 설치

★ 창고시설 교재 P.184
① **습식** 스프링클러설비
② 라지드롭형 헤드(최대 **30개**)
③ 수원저수량 : **3.2m³**(랙식
창고 **9.6m³**)

 기출문제

45 습식 스프링클러설비에서 알람밸브 2차측 압력이 저하되어 클래퍼
가 개방(작동)되면 가장 먼저 어떤 상황이 발생되는가?

교재
PP.186
-187

① 압력수 유입으로 압력스위치가 작동된다.
② 다량의 물 유입으로 클래퍼 개방이 가속화된다.
③ 지연장치에 의해 설정시간 지연 후 압력스위치가 작동된다.
④ 말단시험밸브를 개방하여 가압수를 배출시킨다.

 해설

① 클래퍼가 개방되면 압력스위치 작동

정답 ①

★ 클래퍼 개방
압력수 유입으로 압력스위
치 작동

46 그림의 밸브를 작동시켰을 때 확인해야 할 사항으로 옳지 않은 것은?

교재
PP.186
-187

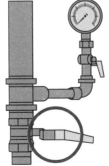

① 펌프 작동상태
③ 음향장치 작동
② 감시제어반 밸브개방표시등
④ 방출표시등 점등

★ 시험밸브함이 필요한 곳
① 습식 스프링클러설비
② 건식 스프링클러설비

★ 방출표시등이 필요한 설비
① 이산화탄소소화설비
② 할론소화설비

155

Key Point

* **시험밸브함의 구성**
① 압력계
② 압력계 콕밸브
③ 개폐밸브

해설

④ 방출표시등은 이산화탄소소화설비, 할론소화설비에 해당하는 것으로서 스프링클러설비와는 관련없음

시험밸브 개방시 작동 또는 점등되어야 할 것
(1) 펌프작동
(2) 감시제어반 밸브개방표시등(습식 : 알람밸브표시등) 점등
(3) 음향장치(사이렌) 작동
(4) 화재표시등 점등

‖ 시험밸브함 ‖

정답 ④

47 습식 스프링클러설비 점검을 위하여 시험밸브함을 열었을 때 유지·관리 상태(평상시)모습으로 옳은 것은?

교재 PP.186 ~187

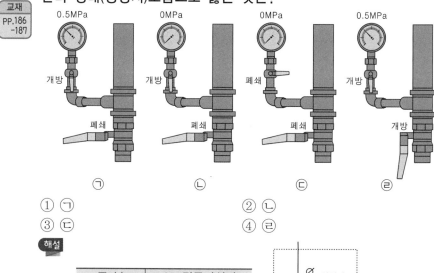

① ㉠
② ㉡
③ ㉢
④ ㉣

해설

구 분	스프링클러설비
방수압	0.1~1.2MPa 이하
방수량	80L/min 이상

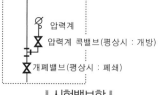

‖ 시험밸브함 ‖

㉠ 스프링클러설비의 방수압이 0.1~1.2MPa 이하이므로 0.5MPa은 옳음

정답 ①

Key Point

48

습식 스프링클러설비 시험밸브 개방시 감시제어반의 표시등이 점등되어야 할 것으로 올바르게 짝지어 진 것은? (단, 설비는 정상상태이며, 주어지지 않은 조건은 무시한다.)

교재
PP.186
-187

① ㉠, ㉫
② ㉡, ㉢
③ ㉢, ㉣
④ ㉣, ㉤

* 습식 vs 준비작동식

습 식	준비작동식
알람밸브	프리액션밸브
감지기 X	감지기 O

해설 **시험밸브 개방시 작동 또는 점등되어야 할 것**
(1) 펌프작동
(2) 감시제어반 밸브개방표시등(습식 : 알람밸브표시등) 점등
(3) 음향장치(사이렌) 작동
(4) 화재표시등 점등

* 시험밸브함 개방시 점등되는 램프
① 밸브개방표시등
② 화재표시등

정답 ①

49

다음은 습식 스프링클러설비의 유수검지장치 및 압력스위치의 모습이다. 그림과 같이 압력스위치가 작동했을 때 작동하지 않는 기기는 무엇인가?

교재
P.186

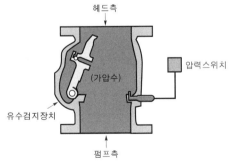

① 화재감지기 점등
② 밸브개방표시등 점등
③ 사이렌 동작
④ 화재표시등 점등

해설
① 습식 스프링클러설비는 감지기를 사용하지 않음

157

감지기 사용유무

습식 · 건식 스프링클러설비	준비작동식 · 일제살수식 스프링클러설비
감지기 ×	감지기 ○

압력스위치 작동시의 상황
(1) 펌프작동
(2) 감시제어반 밸브개방표시등(습식 : 알람밸브표시등) 점등
(3) 음향장치(사이렌) 작동
(4) 화재표시등 점등

정답 ①

50 습식 스프링클러설비 점검 그림이다. 점검시 제어반의 모습으로 옳지 않은 것은? (단, 설비는 정상상태이며, 나머지 조건은 무시한다.)

교재
PP.186
-187

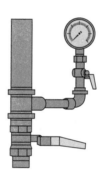

┃3층 말단시험밸브 모습┃

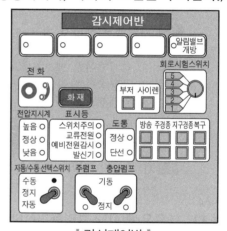

┃감시제어반┃

① 감지기 동작
② 알람밸브 동작
③ 주, 충압펌프 동작
④ 사이렌 동작

해설
① 습식 스프링클러설비는 감지기를 사용하지 않음

감지기 사용유무

습식 · 건식 스프링클러설비	준비작동식 · 일제살수식 스프링클러설비
감지기 ×	감지기 ○

시험밸브 개방시 작동 또는 점등되어야 할 것
(1) 펌프작동
(2) 감시제어반 밸브개방표시등(습식 : 알람밸브표시등) 점등
(3) 음향장치(사이렌) 작동
(4) 화재표시등 점등

정답 ①

10 준비작동식, 일제살수식 확인사항 교재 P.189

A or B 감지기 작동시	A and B 감지기 작동시
① 화재표시등, A 감지기 or B 감지기 지구표시등 점등 ② 경종 또는 사이렌 경보	① 전자밸브(솔레노이드밸브) 작동 ② 준비작동식밸브 개방으로 배수밸브로 배수 ③ 밸브개방표시등 점등 ④ 사이렌 경보 ⑤ 펌프 자동기동

Key Point

＊ 준비작동식 · 일제살수식 교재 P.189
① A or B 감지기 작동시 사이렌만 경보
② A and B 감지기 작동시 펌프 자동기동 문51 보기④

기출문제 ●--------------------------------

51 다음 중 스프링클러설비의 종류에 대한 설명으로 옳지 않은 것은?

교재 PP.179 -183, P.189

① 습식은 클래퍼 개방에 따른 압력수 유입으로 압력스위치가 동작한다.
② 건식은 평상시 2차측 배관이 압축공기 또는 축압된 가스상태로 유지되어 있다.
③ 준비작동식은 해당 방호구역의 감지기 2개 회로가 작동될 때 유수검지장치가 작동된다.
④ 일제살수식은 A or B 감지기 작동시 펌프가 자동기동된다.

해설
④ A or B 감지기 → A and B 감지기

정답 ④

52 준비작동식 스프링클러설비 감시제어반에서 감지기 A의 지구표시등은 점등되고, 감지기 B의 지구표시등은 소등되어 있다면 가장 적합한 상황은 무엇인가?

교재 P.189

① 전자밸브가 작동한다. ② 화재표시등은 소등된다.
③ 사이렌은 울리지 않는다. ④ 밸브개방표시등은 소등된다.

해설
① 작동한다. → 작동하지 않는다.
② 소등된다. → 점등된다.
③ 울리지 않는다. → 울린다.

정답 ④

＊ 준비작동식 감시제어반 감지기 A 또는 B 작동시 교재 P.189
① 전자밸브는 작동하지 않는다. 문52 보기①
② 화재표시등은 점등된다. 문52 보기②
③ 사이렌은 울린다. 문52 보기③
④ 밸브개방표시등은 소등된다. 문52 보기④

Key Point

(1) 해당 방호구역의 감지기 2개 회로 작동 문53 보기①
(2) SVP(수동조작함)의 수동조작스위치 작동 문53 보기②
(3) 밸브 자체에 부착된 수동기동밸브 개방 문53 보기④
(4) 감시제어반(수신기)측의 준비작동식 유수검지장치 수동기동스위치 작동
(5) 감시제어반(수신기)에서 동작시험 스위치 및 회로선택 스위치로 작동(2회로 작동)

★ 말단시험밸브(시험밸브함)가 있는 것
교재 PP.180~181
① 습식
② 건식

53 다음 중 준비작동식 스프링클러설비의 유수검지장치를 작동시키는 방법에 대한 설명으로 틀린 것은?

교재 P.188

① 해당 방호구역의 감지기 2개의 회로를 작동시킨다.
② 수동조작함(SVP)에서 수동조작스위치를 작동시킨다.
③ 말단시험밸브를 개방하여 클래퍼가 개방되는지 확인한다.
④ 밸브 자체에 부착된 수동기동밸브를 개방시킨다.

해설
③ 습식 스프링클러설비 방식

정답 ③

54 다음 그림의 밸브가 개방(작동)되는 조건으로 옳지 않은 것은?

교재 PP.188 ~189

‖ 프리액션밸브 ‖

① 방화문 감지기동작
② SVP(수동조작함) 수동조작 버튼 기동
③ 감시제어반에서 동작시험
④ 감시제어반에서 수동조작

해설

① 프리액션밸브는 방화문 감지기와는 무관함

프리액션밸브 개방조건

(1) SVP(수동조작함) 수동조작 버튼 기동 [문54 보기②]
(2) 감시제어반에서 동작시험 [문54 보기③]
(3) 감시제어반에서 수동조작 [문54 보기④]
(4) 해당 방호구역의 감지기 2개 회로작동
(5) 밸브 자체에 부착된 수동기동밸브 개방

정답 ①

＊ 프리액션밸브
'준비작동식 밸브' 또는 '준비작동밸브'라고도 부른다.

55 그림과 같이 준비작동식 스프링클러설비의 수동조작함을 작동시켰을 때, 확인해야 할 사항으로 옳지 않은 것은?

교재
PP.188
-189

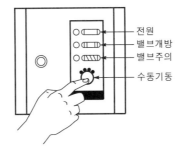

① 감지기 A 작동
② 감시제어반 밸브개방표시등 점등
③ 사이렌 또는 경종 동작
④ 펌프동작

＊ 감지기
자동 기동

해설

① 감지기는 **자동**으로 화재를 감지하는 기기이므로 수동으로 수동조작함을 작동시키는 방식과는 무관함

준비작동식 스프링클러설비

수동기동	자동기동
수동조작함 조작	감지기 A, B 작동

수동조작함 작동시 확인해야 할 사항

(1) 펌프작동 [문55 보기④]
(2) 감시제어반 밸브개방표시등 점등 [문55 보기②]
(3) 음향장치(사이렌) 작동 [문55 보기③]
(4) 화재표시등 점등

정답 ①

Key Point

* 스프링클러설비 밸브개방시험 전 상태
① 1차측 밸브 : 개방
② 2차측 밸브 : 폐쇄

★★★ 56

교재
PP.188
-189

준비작동식 스프링클러설비 밸브개방시험 전 유수검지장치실에서 안전조치를 하려고 한다. 보기 중 안전조치 사항으로 옳은 것은?

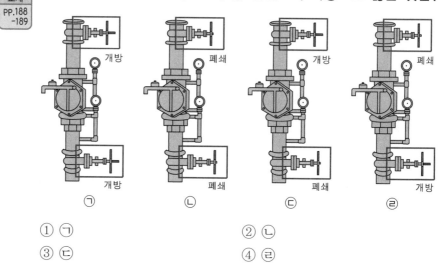

① ㉠

② ㉡

③ ㉢

④ ㉣

해설 준비작동식 스프링클러설비 밸브개방시험 전에는 1차측은 개방, 2차측은 폐쇄되어 있어야 스프링클러헤드를 통해 물이 방사되지 않아서 안전하다.

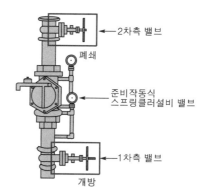

정답 ④

Key Point

* 스프링클러설비 수동조
작함
'SVP(슈퍼비조리판넬, Super
Visory Panel)'라고도 부른다.

* ⓒ 가스방출
① 이산화탄소소화설비
② 할론소화설비

* ②, ⑩ 감지기 A, B
수동조작함과 무관

57 준비작동식 스프링클러설비 수동조작함(SVP) 스위치를 누를 경우
다음 감시제어반의 표시등이 점등되어야 할 것으로 올바르게 짝지
어 진 것으로 옳은 것은? (단, 주어지지 않은 조건은 무시한다.)

교재
PP.188
-189

① ②, ⑪   ② ⓛ, ⓒ
③ ⓛ, ⑪   ④ ㉠, ⑪

 해설

㉠ 알람밸브는 습식에 사용되므로 해당 없음
ⓒ 가스방출스위치는 이산화탄소소화설비, 할론소화설비에 작용되므로
  해당 없음

‖ 미점등 ‖

②, ⑩ 감지기 A, B에 의해 자동으로 준비작동식을 작동시키는 것이
  므로 수동조작함을 누르는 수동작동방식과는 무관함

‖ 미점등 ‖

준비작동식 수동조작함 스위치를 누른 경우
(1) 펌프작동
(2) 감시제어반 밸브개방표시등 점등
(3) 음향장치(사이렌) 작동
(4) 화재표시등 점등

정답 ③

★★★
58

교재
P.188

다음은 준비작동식 스프링클러설비가 설치되어 있는 감시제어반이다. 그림과 같이 감시제어반에서 충압펌프를 수동기동했을 경우 옳은 것은?

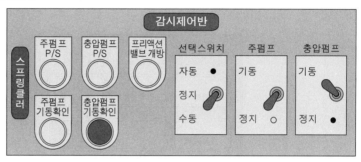

① 스프링클러헤드는 개방되었다.
② 현재 충압펌프는 자동으로 작동하고 있는 중이다.
③ 프리액션밸브는 개방되었다.
④ 주펌프는 기동하지 않는다.

★ 충압펌프 수동기동
① 선택스위치 : 수동
② 주펌프 : 정지
③ 충압펌프 : 기동

해설

① 개방되었다. → 개방여부는 알 수 없다.
   충압펌프를 수동기동했지만 스프링클러헤드 개방여부는 알 수 없다.
② 자동 → 수동
   감시제어반 선택스위치 : 수동, 충압펌프 : 기동이므로 충압펌프는 수동으로 작동 중이다.
③ 개방되었다. → 개방되지 않았다.
   프리액션밸브 개방 램프가 소등되어 있으므로 개방되지 않았다.

④ 감시제어반 주펌프 : 정지이므로 주펌프는 기동하지 않는다.

정답 ④

★★★
59 다음 그림은 준비작동식 스프링클러 점검시 유수검지장치를 작동시키는 방법과 감시제어반에서 확인해야 할 사항이다. 다음 중 옳은 것을 모두 고르시오.

교재
PP.188
-189

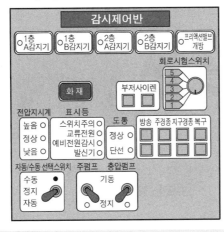

1. 프리액션밸브 유수검지장치를 작동시키는 방법
 ㉠ 화재동작시험을 통한 A, B 감지기 작동
 ㉡ 해당 구역 감지기(A, B) 2개 회로 작동
 ㉢ 말단시험밸브 개방
2. 감시제어반 확인사항
 ㉣ 해당 구역 감지기 A, B, 지구표시등 점등
 ㉤ 프리액션밸브 개방표시등 점등
 ㉥ 도통시험회로 단선여부 확인
 ㉦ 발신기표시등 점등 확인

① ㉠, ㉡, ㉣, ㉥
② ㉠, ㉢, ㉣, ㉤
③ ㉠, ㉡, ㉣, ㉤
④ ㉠, ㉢, ㉥, ㉦

 해설

㉢ 말단시험밸브는 습식·건식 스프링클러설비에만 있으므로 프리액션밸브(준비작동식)은 해당 없음
㉥ 도통시험회로 단선여부는 유수검지장치 작동과 무관함
㉦ 발신기표시등은 자동화재탐지설비에 적용되므로 준비작동식에는 관계없음

말단시험밸브 여부

습식·건식 스프링클러설비	준비작동식·일제살수식 스프링클러설비
말단시험밸브 ○	말단시험밸브 ×

정답 ③

Key Point

* **기동용 수압개폐장치(압력챔버)의 구성요소**
① 안전밸브
② 압력계
③ 압력스위치
④ 배수밸브

11 펌프성능시험 교재 PP.165~169

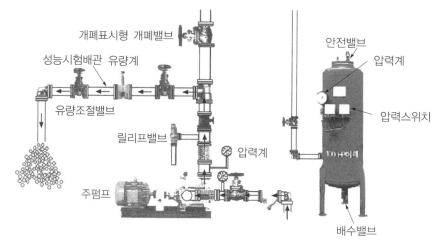

개폐표시형 개폐밸브

성능시험배관 유량계

유량조절밸브

릴리프밸브

압력계

주펌프

안전밸브

압력계

압력스위치

배수밸브

┃ 기동용 수압개폐장치(압력챔버) ┃

(1) 제어반에서 주·충압펌프 정지

감시제어반	동력제어반
선택스위치 **정지**위치	선택스위치 **수동**위치

(2) 펌프토출측 밸브(개폐표시형 개폐밸브) 폐쇄

(3) 설치된 펌프의 현황을 파악하여 펌프성능시험을 위한 표 작성

(4) 유량계에 **100%**, **150%** 유량 표시

기출문제 ●

★
60

교재
PP.160
-161

다음 그림은 기동용 수압개폐장치이다. ㉠, ㉡, ㉢, ㉣의 명칭으로
알맞은 것은?

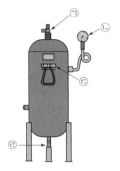

① ㉠ 안전밸브, ㉡ 압력계, ㉢ 압력스위치, ㉣ 배수밸브
② ㉠ 배수밸브, ㉡ 압력계, ㉢ 압력스위치, ㉣ 안전밸브
③ ㉠ 안전밸브, ㉡ 충압계, ㉢ 변동스위치, ㉣ 배수밸브
④ ㉠ 배수밸브, ㉡ 충압계, ㉢ 변동스위치, ㉣ 안전밸브

 ① ㉠ 안전밸브 ㉡ 압력계 ㉢ 압력스위치 ㉣ 배수밸브

정답 ①

---

12 개폐표시형 개폐밸브 vs 유량조절밸브 [문62 보기③] 교재 P.165

개폐표시형 개폐밸브	유량조절밸브
유체의 흐름을 완전히 차단 또는 조정하는 밸브	유량조절을 목적으로 사용하는 밸브

☑ 중요 ▶ 펌프성능시험·체절운전 교재 PP.165-169

구 분	설 명
펌프성능시험 준비	• 제어반에서 주·충압펌프 정지 [문63 보기①] • 펌프토출측 밸브 **폐쇄** [문63 보기②] 　　　　개방 × • 유량계에 100%, 150% 유량 표시 [문63 보기④] • 펌프성능시험표 작성 [문63 보기③]
체절운전	• 정격토출압력×140%(1.4)
유량측정시 기포가 통과하는 원인	• 흡입배관의 이음부로 공기가 유입될 때 • 후드밸브와 수면 사이가 너무 가까울 때 • 펌프에 공동현상이 발생할 때

＊ 기동용 수압개폐장치
교재 P.160

안전밸브
압력계
압력스위치
배수밸브

＊ 펌프성능시험시 [문64 보기①]
유량계에 작은 기포가 통과
하여서는 안 된다.

＊ 체절운전
펌프의 토출측 밸브를 잠근
상태, 즉 토출량이 0인 상
태에서 운전하는 것

Key Point

* 유량계에 **기**포가 생기
  는 원인 　교재 P.169
① 흡입배관 공기유입
② 후드밸브와 수면이 가까
  울 때
③ **공**동현상

공하성 기억법
공기

기출문제 ●

★★★
61
교재 P.169

펌프성능시험시 유량계에 작은 기포가 통과해서는 안 된다. 이는 유량측정시 기포가 통과할 경우 정확한 유량측정이 곤란하기 때문인데, 다음 중 기포가 통과하는 원인으로 옳지 않은 것은?

① 흡입배관의 이음부로 공기가 유입될 때
② 후드밸브와 수면 사이가 너무 가까울 때
③ 펌프에 공동현상이 발생할 때
④ 펌프에 맥동현상이 발생할 때

해설
④ 해당 없음

● 정답 ④

13 **가압수가 나오지 않는 경우** 　교재 P.165

(1) **개폐표시형 개폐밸브**가 폐쇄된 경우
(2) **체크밸브**가 막힌 경우

기출문제 ●

[62-63] 다음 그림을 보고 물음에 답하시오.

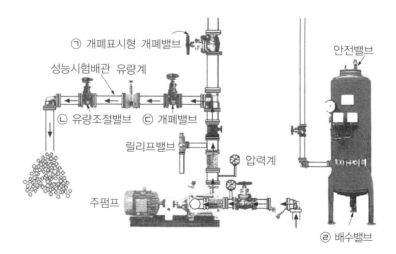

62 위 그림에서 ㉠과 ㉡의 역할은?

교재
P.167

① ㉠-유체의 흐름방향을 90°로 변환하는 밸브
　　㉡-유량조절을 목적으로 사용하는 밸브
② ㉠-유량조절을 목적으로 사용하는 밸브
　　㉡-유체의 흐름방향을 90°로 변환하는 밸브
③ ㉠-유체의 흐름을 완전히 차단 또는 조정하는 밸브
　　㉡-유량조절을 목적으로 사용하는 밸브
④ ㉠-유체의 흐름을 완전히 차단 또는 조정하는 밸브
　　㉡-배관 내의 이물질을 제거하는 기능

해설

③ ㉠ 개폐표시형 개폐밸브 : 유체의 흐름 차단·조정
　 ㉡ 유량조절밸브 : 유량조절

정답 ③

* **개폐표시형 개폐밸브**
교재 P.167
유체의 흐름을 완전히 차단
또는 조정하는 밸브

* **유량조절밸브** 교재 P.167
유량조절을 목적으로 사용
하는 밸브

63 위 그림에서 펌프성능시험을 하고자 할 때 준비사항으로 옳지 않은 것은?

교재
PP.165
-166

① 제어반에서 주·충압펌프 정지
② 펌프토출측 밸브(㉠) 개방
③ 설치된 펌프의 현황을 파악하여 펌프성능시험을 위한 표 작성
④ 유량계에 100%, 150% 유량 표시

해설

② 개방 → 폐쇄

정답 ②

14 체절운전 · 정격부하운전 · 최대운전　교재 PP.166-167

구 분	운전방법	확인사항
체절운전 (무부하시험, No Flow Condition)	① **펌프토출측 개폐밸브** 폐쇄 ② **성능시험배관 개폐밸브**, 유량조절밸브 폐쇄 ③ 펌프 **기동**	① 체절압력이 **정격토출압력**의 **140%** 이하인지 확인 문64 보기② ② 체절운전시 체절압력 미만에서 릴리프밸브가 작동하는지 확인
정격부하운전 (정격부하시험, Rated Load, 100% 유량운전)	① 펌프 **기동** ② 유량조절밸브를 개방	유량계의 유량이 정격유량상태(100%)일 때 정격토출압 이상이 되는지 확인 문64 보기③

유사 기출문제

63★★★　교재 P.165
위 그림(p.62-63 그림)과 같
은 펌프를 기동하여 소화를
하려고 하는데 가압수가 나
오지 않는 경우는 어떤 경우
인가?
① ㉠ 개폐표시형 개폐밸
브를 폐쇄하였을 때
② ㉡ 유량조절밸브를 폐
쇄하였을 때
③ ㉢ 개폐밸브를 폐쇄하
였을 때
④ ㉣ 배수밸브를 폐쇄하
였을 때

해설 ① 펌프토출측에 있는
개폐표시형 개폐밸브를 폐쇄하면
배관이 막히게 되
어 가압수가 나오지
않아 소화를 할 수
없게 된다.

정답 ①

* 최대운전(150% 유량 운전)
① 토출량=정격토출량× 1.5
② 토출압=정격양정×0.65

구 분	운전방법	확인사항
최대운전 (피크부하시험, Peak Load, 150% 유량운전)	유량조절밸브를 더욱 개방	유량계의 유량이 정격토출량의 150%가 되었을 때 정격토출압의 65% 이상이 되는지 확인

(1) 정격토출량=토출량[L/min]×1.0(100%)

(2) 체절운전=토출압력(양정)×1.4(140%)

(3) 150% 유량운전 토출량=토출량[L/min]×1.5(150%)

(4) 150% 유량운전 토출압=정격양정[m]×0.65(65%)

 기출문제

* 펌프성능시험

체절운전	최대운전
토출압 140% 이하	① 토출량 150% ② 토출압 65% 이상

64 다음 중 펌프성능시험에 대한 설명으로 옳은 것은?

교재 PP.165 -169

① 펌프성능시험시 유량계에 작은 기포가 통과하여서는 안 된다.
② 체절운전은 체절압력을 확인하여 정격토출압력의 140% 이상인지 확인하는 시험이다.
③ 정격부하운전은 유량계의 유량이 100%일 때 압력의 최대치가 되는지를 확인하는 시험이다.
④ 최대운전은 유량계의 유량이 정격토출량의 140%가 되었을 때 정격토출압의 65% 이상이 되는지를 확인하는 시험이다.

 해설

② 이상 → 이하
③ 압력의 최대치를 → 정격토출압 이상이 되는지를
④ 140% → 150%

 정답 ①

65 수원이 펌프보다 낮게 설치되어 있고, 토출량이 500L/min이고 양정이 100m인 펌프의 경우 펌프성능시험 결과표가 옳은 것은?

교재 PP.165 -169

① 정격운전시 토출량의 이론치는 400L/min이다.
② 정격유량의 150% 운전시 토출량의 이론치는 500L/min이다.
③ 체절운전시 토출압의 이론치는 1.4MPa이다.
④ 정격유량의 150% 운전시 토출압의 이론치는 1MPa이다.

해설

① 400L/min → 500L/min
② 500L/min → 750L/min
④ 1MPa → 0.65MPa

펌프성능시험

(1) 정격토출량＝토출량〔L/min〕×1.0(100%)
    　　　　＝500L/min×1.0(100%)
    　　　　＝500L/min

(2) 150% 유량운전 토출량＝토출량〔L/min〕×1.5(150%)
    　　　　　　　＝500L/min×1.5(150%)
    　　　　　　　＝750L/min

(3) 체절운전＝토출압력(양정)×1.4(140%)
    　　　　＝100m×1.4(140%)
    　　　　＝140m
    　　　　＝1.4MPa

● 100m=1MPa

(4) 150% 유량운전 토출압＝정격양정〔m〕×0.65(65%)
    　　　　　　　＝100m×0.65(65%)
    　　　　　　　＝65m
    　　　　　　　＝0.65MPa

정답 ③

★ 펌프성능시험 공식

구 분	공 식
정격토출량	토출량×1
150% 유량 운전토출량	토출량×1.5
체절운전	토출압력(양정)×1.4
150% 유량 운전 토출량	정격양정× 0.65

15 펌프성능곡선   교재 PP.165-169

체절운전은 체절압력이 정격토출압력의 **140%** 이하인지 확인하는 것이고, 최대운전은 유량계의 유량이 정격토출량의 **150%**가 되었을 때, 압력계의 압력이 정격양정의 **65%** 이상이 되는지 확인

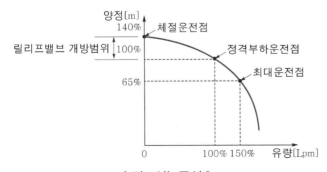

┃펌프성능곡선┃

171

Key Point

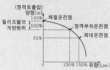

66 ★★★ 〔교재 PP.167-169〕

수원이 펌프보다 낮게 설치되어 있고, 토출량이 500L/min이고 양정이 100m인 펌프의 경우 펌프성능곡선이 옳지 않은 것은?

① 정격운전시 토출량의 이론치는 500L/min이다.
② 정격유량의 150% 운전시 토출량의 이론치는 750L/min이다.
③ 체절운전시 토출압의 이론치는 1.4MPa이다.
④ 정격운전시 토출압의 이론치는 0.65MPa이다.

해설 ④ 0.65MPa → 1.0MPa

펌프성능시험
(1) 정격토출량(L/min)×1.0(100%)
= 500L/min×1.0(100%)
= 500L/min
(2) 150% 유량운전 토출량(L/min)×1.5(150%)
= 500L/min×1.5(150%)
= 750L/min
(3) 체절운전 토출압력(양정)×1.4(140%)
= 100m×1.4(140%)
= 140m
= 1.4MPa
(4) 정격운전 토출압(MPa)×1.0(100%)
= 100m×1.0(100%)
= 100m
= 1.0MPa

• 100m = 1MPa
• 체절운전 토출압력= 체절운전 토출압

정답 ④

* 이산화탄소소화설비의 단점 〔교재 P.191〕
방사시 소음이 크다.

---

66 ★★★ 〔교재 P.168〕

펌프의 성능곡선에 관한 다음 (   ) 안에 올바른 명칭은?

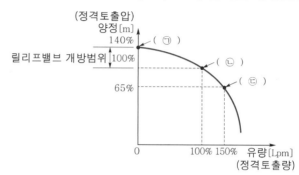

① ㉠ 정격부하운전점, ㉡ 체절운전점, ㉢ 최대운전점
② ㉠ 체절운전점, ㉡ 정격부하운전점, ㉢ 최대운전점
③ ㉠ 최대운전점, ㉡ 정격부하운전점, ㉢ 체절운전점
④ ㉠ 체절운전점, ㉡ 최대운전점, ㉢ 정격부하운전점

해설
② ㉠ 체절운전점
   ㉡ 정격부하운전점
   ㉢ 최대운전점

정답 ②

---

05 물분무등소화설비

1 이산화탄소소화설비의 장단점 〔교재 P.191〕

장 점	단 점
• **심부화재**에 적합하다. 문67 보기②	• 사람에게 질식의 우려가 있다.
• 화재진화 후 깨끗하다.	• 방사시 동상의 우려와 **소음**이 **크다**. 문67 보기①
• 피연소물에 피해가 적다.	
• 비전도성이므로 **전기화재**에 좋다. 문67 보기③	• 설비가 고압으로 특별한 주의와 관리가 필요하다. 문67 보기④

Key Point

기출문제

67 다음 중 이산화탄소소화설비에 대한 설명으로 틀린 것은 무엇인가?

교재 P.191

① 소음이 작다.
② 가연물 내부에서 연소하는 심부화재에 적합하다.
③ 전기화재(C급)에 좋다.
④ 설비가 고압으로 특별한 주의와 관리가 필요하다.

해설

① 작다. → 크다.

정답 ①

✽ 이산화탄소소화설비
BC급

2 가스계 소화설비의 방출방식 교재 P.192

전역방출방식 문68 보기②	**국**소방출방식	**호**스릴방식
고정식 소화약제 공급장치에 배관 및 분사헤드를 고정 설치하여 **밀폐 방호구역** 내에 소화약제를 방출하는 설비 공하성 기억법 **밀전**	고정식 소화약제 공급장치에 배관 및 분사헤드를 설치하여 직접 화점에 소화약제를 방출하는 설비로 **화재발생 부분**에만 **집중적**으로 소화약제를 방출하도록 설치하는 방식 공하성 기억법 **국화집**	분사헤드가 배관에 고정되어 있지 않고 소화약제 저장용기에 호스를 연결하여 사람이 직접 화점에 소화약제를 방출하는 **이동식 소**화설비 공하성 기억법 **호이(호일)**
 ‖ 전역방출방식 ‖	‖ 국소방출방식 ‖	‖ 호스릴방식 ‖

공하성 기억법 **가전국호**

✽ 가스계 소화설비의 방출방식 교재 P.192
① **전**역방출방식
② **국**소방출방식
③ **호**스릴방식
공하성 기억법
가전국호

Key Point

기출문제

★★
68 가스계 소화설비의 방출방식 중 다음 그림은 어떤 방식인가?

교재
P.192

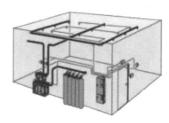

① 국소방출방식　　　　　② 전역방출방식
③ 호스릴방식　　　　　　④ 확산방출방식

해설

② 전역방출방식 그림이다.

정답 ②

* **전역방출방식** 교재 P.192
고정식 소화약제 공급장치에 배관 및 분사헤드를 고정 설치하여 밀폐방호구역 내에 소화약제를 방출하는 설비

❸ 가스계 소화설비의 주요구성 교재 PP.193~196

(1) 저장용기
(2) 기동용 가스용기
(3) 솔레노이드밸브
(4) 압력스위치
(5) 선택밸브
(6) 수동조작함(수동식 기동장치)
(7) 방출표시등
(8) 방출헤드

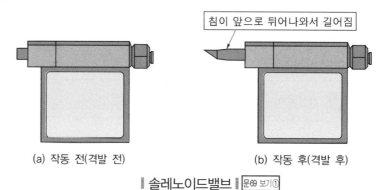

침이 앞으로 튀어나와서 길어짐

(a) 작동 전(격발 전)　　　　　(b) 작동 후(격발 후)

┃ 솔레노이드밸브 문69 보기①

Key Point

4 가스계 소화설비 점검 전 안전조치 교재 P.198

단 계	내 용
1단계	① 기동용기에서 선택밸브에 연결된 조작동관 분리 ② 기동용기에서 저장용기에 연결된 개방용 동관 분리
2단계	③ 제어반의 솔레노이드밸브 연동정지 문69 보기② 정지 연동 가스계 ‖P형 수신기 예‖
3단계	④ 솔레노이드밸브 안전클립(안전핀) 체결 후 분리, 안전클립 제거 후 격발 준비 안전핀 사용방법　솔레노이드밸브 ‖솔레노이드밸브‖

* 가스계 소화설비 점검 전 안전조치사항
제어반의 솔레노이드밸브 연동정지

5 기동용기 솔레노이드밸브 격발시험방법 교재 P.199

격발시험방법	세부사항
수동조작버튼 작동 (즉시 격발) 문69 보기③	연동전환 후 기동용기 솔레노이드밸브에 부착되어 있는 수동조작버튼을 안전클립 제거 후 누름
수동조작함 작동	연동전환 후 수동조작함의 기동스위치를 누름
교차회로감지기 동작	연동전환 후 방호구역 내 교차회로(A, B) 감지기 동작
제어반 수동조작스위치 동작 문69 보기④	솔레노이드밸브 선택스위치를 수동위치로 전환 후 정지에서 기동위치로 전환하여 동작시킴

Key Point

 기출문제

69 _{교재
P.199} 다음 가스계 소화설비의 주요구성 중 기동용 솔레노이드밸브에 대한 설명으로 옳은 것은?

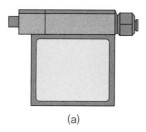
(a)

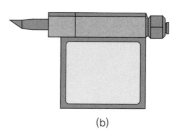
(b)

① (a)는 솔레노이드밸브 격발 후, (b)는 솔레노이드밸브 격발 전 모습이다.

② 가스계 소화설비 점검 전 안전조치를 위해 제어반의 솔레노이드밸브는 연동상태로 둔다.

③ 솔레노이드밸브에 부착되어 있는 수동조작버튼을 안전클립 제거 후 누르면 즉시 격발되어야 한다.

④ 격발시험을 하기 위해서는 솔레노이드밸브 선택스위치를 수동위치로 전환 후 기동에서 정지위치로 전환하여 동작시킨다.

해설

① 격발 후 → 격발 전, 격발 전 → 격발 후
② 연동 → 연동정지
④ 기동에서 정지 → 정지에서 기동

정답 ③

70 _{교재
P.198} 가스계 소화설비 기동용기함의 솔레노이드밸브 점검 전 상태를 참고하여 안전조치의 순서로 옳은 것은?

 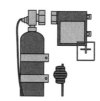 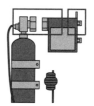 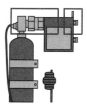

안전핀

┃솔레노이드밸브 점검 선┃ ㉠ 안전핀 제거 ㉡ 솔레노이드 분리 ㉢ 안전핀 체결

① ㉡-㉢-㉠   ② ㉢-㉡-㉠

③ ㉢-㉠-㉡   ④ ㉡-㉠-㉢

해설 기동용기함의 솔레노이드밸브의 점검 전 안전조치 순서
ⓒ 안전핀 체결 → ⓛ 솔레노이드 분리 → ⓙ 안전핀 제거

정답 ②

★★★
71 보기(ⓙ~ⓔ)를 보고 가스계 소화설비의 점검 전 안전조치를 순서대로 나열한 것으로 옳은 것은?

교재 P.198

> ⓙ 솔레노이드밸브 분리
> ⓛ 연결된 조작동관 분리
> ⓒ 감시제어반 연동 정지
> ⓔ 솔레노이드밸브 안전핀 제거

① ⓛ－ⓒ－ⓔ－ⓙ   ② ⓛ－ⓒ－ⓙ－ⓔ
③ ⓛ－ⓙ－ⓒ－ⓔ   ④ ⓒ－ⓛ－ⓔ－ⓙ

해설 가스계 소화설비의 점검 전 안전조치
ⓛ 연결된 조작동관 분리 → ⓒ 감시제어반 연동 정지 → ⓙ 솔레노이드밸브 분리 → ⓔ 솔레노이드밸브 안전핀 제거

정답 ②

★★★
72 가스계 소화설비 중 기동용기함의 각 구성요소를 나타낸 것이다. 가스계 소화설비 작동점검 전 가장 우선해야 하는 안전조치로 옳은 것은?

교재 P.198

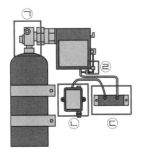

① ⓙ의 연결부분을 분리한다.
② ⓛ의 압력스위치를 당긴다.
③ ⓒ의 단자에 배선을 연결한다.
④ ⓔ 안전핀을 체결한다.

＊가스계 소화설비의 점검 전 안전조치
① 안전핀 체결
② 솔레노이드 분리
③ 안전핀 제거

해설 **가스계 소화설비의 작동점검 전 안전 조치**
(1) 안전핀 체결
(2) 솔레노이드 분리
(3) 안전핀 제거

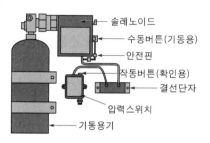

솔레노이드
수동버튼(기동용)
안전핀
작동버튼(확인용)
결선단자
압력스위치
기동용기

정답 ④

★ 가스계 소화설비
① 이산화탄소소화설비
② 할론소화설비

73
교재
P.199

가스계 소화설비의 점검을 위해 기동용기와 솔레노이드 밸브를 분리
하였다. 다음 그림과 같이 감지기를 동작시킨 경우 확인되는 사항으
로 옳지 않은 것은? [단, 감지기(교차회로) 2개를 작동시켰다.]

감지기

감지기 시험기

① 제어반 화재표시   ② 솔레노이드밸브 파괴침 동작
③ 사이렌 또는 경종 동작   ④ 방출표시등 점등

해설

④ 기동용기와 솔레노이드밸브를 분리했으므로 방출표시등은 점등되
지 않는다.

감지기를 동작시킨 경우 확인사항
(1) 제어반 화재표시
(2) 솔레노이드밸브 파괴침 동작
(3) 사이렌 또는 경종 동작

★ 감지기를 동작시킨 경
우 확인사항 교재 P.198
① 제어판 화재표시
② 솔레노이드밸브 파괴침
동작
③ 사이렌 또는 경종 동작

정답 ④

01 자동화재탐지설비

1 경계구역의 설정 기준 교재 P.208

* 경계구역 교재 P.208
자동화재탐지설비의 1회선 (회로)이 화재의 발생을 유 효하고 효율적으로 감지할 수 있도록 적당한 범위를 정한 구역

(1) 1경계구역이 2개 이상의 **건축물**에 미치지 않을 것

┃ 하나의 경계구역으로 설정불가 ┃

(2) 1경계구역이 2개 이상의 **층**에 미치지 않을 것(단, **500m²** 이하는 2개층을 1경계구역으로 할 수 있다.)

(3) 1경계구역의 면적은 **600m²** 이하로 하고, 1변의 길이는 **50m** 이하로 할 것(단, 내부 전체가 보이면 한변의 길이가 50m의 범위 내에서 **1000m²** 이하로 할 수 있다.) 문01 보기③

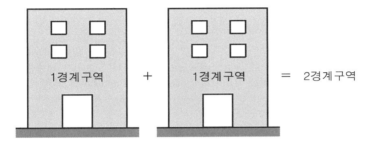

┃ 내부 전체가 보이면 1경계구역 면적 1000m² 이하, 1변의 길이 50m 이하 ┃

Key Point

유사 기출문제

01★★★ 　교재 P.208

다음 중 경계구역에 대한 설명으로 옳은 것은?

① 600m² 이하의 범위 안에서는 2개의 층을 하나의 경계구역으로 할 수 있다.
② 해당 소방대상물의 주된 출입구에서 그 내부 전체가 보이는 것에 있어서는 한 변의 길이가 100m의 범위 내에서 1000m² 이하로 할 수 있다.
③ 하나의 경계구역이 2개 이상의 건축물에 미치지 아니하도록 한다.
④ 하나의 경계구역이 2개 이상의 용도에 미치지 아니하도록 한다.

해설

① 600m² → 500m²
② 100m → 50m
④ 용도 → 층

정답 ③

02★★★ 　교재 P.208

어떤 건축물의 바닥면적이 각각 1층 900m², 2층 500m², 3층 400m², 4층 250m², 5층 200m²이다. 이 건축물의 최소 경계구역수는?

① 3개
② 4개
③ 5개
④ 6개

해설 경계구역수

```
5층 : 200m²    ┐1개
4층 : 250m²    ┘
3층 : 400m²    1개
2층 : 500m²    ┐1개
1층 : 450m²  450m²  2개
```

(1) 1경계구역의 면적 : **600m²** 이하

① 1층 : $\dfrac{바닥면적}{600m^2}$
$= \dfrac{900m^2}{600m^2}$
$= 1.5 ≒ 2개$

② 2층 : $\dfrac{바닥면적}{600m^2}$
$= \dfrac{500m^2}{600m^2}$
$= 0.8 ≒ 1개$

③ 3층 : $\dfrac{바닥면적}{600m^2}$
$= \dfrac{400m^2}{600m^2}$
$= 0.6 ≒ 1개$

기출문제 ●

01★★★ 　교재 P.208

해당 소방대상물의 주된 출입구에서 그 내부 전체가 보이는 건축물의 자동화재탐지설비 경계구역 설정방법 기준으로 옳은 것은?

① 하나의 경계구역의 면적은 500m² 이하로, 한 변의 길이는 60m 이하로 할 것
② 하나의 경계구역의 면적은 600m² 이하로, 한 변의 길이는 50m 이하로 할 것
③ 하나의 경계구역의 면적은 1000m² 이하로, 한 변의 길이는 50m 이하로 할 것
④ 하나의 경계구역의 면적은 1000m² 이하로, 한 변의 길이는 60m 이하로 할 것

해설

③ 내부 전체가 보이면 1000m² 이하, 50m 이하
● ②번도 답이 되지 않느냐라고 말하는 사람이 있다. 하지만, 문제에서 "기준"으로 질문하였으므로 내부 전체가 보이는 건축물의 면적은 반드시 1000m² 이하여야 한다. 그러므로, ②번은 틀린 답이다.

정답 ③

02★★★ 　교재 P.208

어떤 건축물의 바닥면적이 각각 1층 700m², 2층 600m², 3층 300m², 4층 200m²이다. 이 건축물의 최소 경계구역수는?

① 3개
② 4개
③ 5개
④ 6개

해설 경계구역수

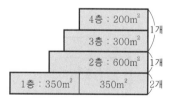

(1) 1경계구역의 면적 : **600m²** 이하로 하여야 하므로 바닥면적을 **600m²**로 나누어주면 된다.

$$경계구역수(1개층) = \dfrac{바닥면적}{600m^2} (소수섬 올림)$$

$$경계구역수(2개층) = \dfrac{2개층\ 바닥면적}{600m^2} (소수점 올림)$$

① 1층 : $\dfrac{\text{바닥면적}}{600\text{m}^2} = \dfrac{700\text{m}^2}{600\text{m}^2} = 1.1 ≒ 2$개(절상)

② 2층 : $\dfrac{\text{바닥면적}}{600\text{m}^2} = \dfrac{600\text{m}^2}{600\text{m}^2} = 1$개

(2) 500m^2 이하는 2개층을 1경계구역으로 할 수 있으므로 2개층의 합이 500m^2 이하일 때는 **500m^2**로 나누어주면 된다.

3~4층 : $\dfrac{\text{2개층 바닥면적}}{500\text{m}^2} = \dfrac{(300+200)\text{m}^2}{500\text{m}^2} = 1$개

∴ 2개＋1개＋1개＝4개

⊙정답 ②

2 수신기

(1) 수신기의 구분 [교재 P.208]
　① P형 수신기
　② R형 수신기

(2) 수신기의 설치기준 [교재 P.209]
　① 수신기가 설치된 장소에는 **경계구역 일람도**를 비치할 것
　② 수신기의 조작스위치 높이 : 바닥으로부터의 높이가 **0.8~1.5m** 이하
　③ **수위실** 등 상시 사람이 근무하고 있는 장소에 설치

3 발신기 누름스위치 [교재 P.210]

(1) **0.8~1.5m**의 높이에 설치한다.

(2) 발신기 누름스위치를 누르고 수신기가 동작하면 수신기의 화재표시등이 점등된다. [문09 보기②]

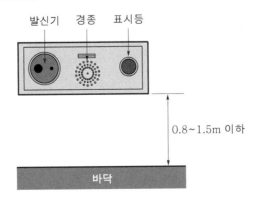

Key Point

(2) 2개층 1경계구역 : 500m² 이하

4~5층 : $\dfrac{\text{2개층 바닥면적}}{500\text{m}^2}$

$= \dfrac{(250+200)\text{m}^2}{500\text{m}^2}$

$= 0.9 ≒ 1$개

∴ 2개＋1개＋1개＋1개＝5개
정답 ③

＊ **자동화재탐지설비의 수신기** [교재 PP.208-209]
① 종류로는 P형 수신기, R형 수신기가 있다.
② 조작스위치는 바닥으로부터 **0.8~1.5m** 이하의 높이에 설치할 것
[문09 보기③]
③ 수위실 등 상시 사람이 근무하고 있는 장소에 설치할 것

4 감지기

(1) 감지기의 특징 교재 P.211

감지기 종별	설 명
차동식 스포트형 감지기	주위 온도가 **일정상승률** 이상이 되는 경우에 작동하는 것
정온식 스포트형 감지기	주위 온도가 **일정온도** 이상이 되었을 때 작동하는 것
이온화식 스포트형 감지기	주위의 공기가 **일정농도** 이상의 **연기**를 포함하게 되는 경우에 작동하는 것
광전식 스포트형 감지기	연기에 포함된 미립자가 **광원**에서 방사되는 광속에 의해 산란반사를 일으키는 것을 이용

★ 이온화식 스포트형 감지기 교재 P.211
주위의 공기가 **일정농도**의 **연기**를 포함하게 되는 경우에 작동하는 것

작동표시램프(감지기 작동시 점등)

┃차동식 스포트형 감지기┃ ┃정온식 스포트형 감지기┃ ┃광전식 스포트형 감지기┃

(2) 감지기의 구조 교재 PP.211~212

정온식 스포트형 감지기 문03 보기②	차동식 스포트형 감지기
① **바이메탈, 감열판, 접점** 등으로 구성 ② 보일러실, 주방 설치 ③ 주위 온도가 **일정온도** 이상이 되었을 때 작동 **공하성 기억법** 바정(봐줘)	① **감열실, 다이어프램, 리크구멍, 접점** 등으로 구성 ② 거실, 사무실 설치 ③ 주위 온도가 **일정상승률** 이상이 되었을 때 작동 **공하성 기억법** 차감

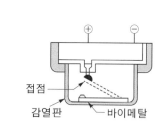

접점
감열판 ── 바이메탈

┃정온식 스포트형 감지기┃

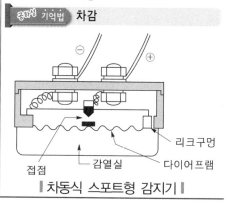

리크구멍
접점 감열실 다이어프램

┃차동식 스포트형 감지기┃

Key Point

기출문제

03 다음 중 바이메탈, 감열판 및 접점 등으로 구성된 감지기는?

교재
P.212

① 차동식 스포트형   ② 정온식 스포트형

③ 차동식 분포형   ④ 정온식 감지선형

해설

② 정온식 스포트형 : 바이메탈, 감열판, 접점

정답 ②

 중요 감지기 설치유효면적   교재 P.212

(단위 : m²)

부착높이 및 소방대상물의 구분		감지기의 종류				
		차동식 · 보상식 스포트형		정온식 스포트형		
		1종	2종	특 종	1종	2종
4m 미만	내화구조	90	70	70	60	20
	기타구조	50	40	40	30	15
4m 이상 8m 미만	내화구조	45	35	35	30	–
	기타구조	30	25	25	15	–

공하성 기억법

차	보		정		
9	7		7	6	2
5	4		4	3	①
④	③		③	3	×
3	②		②	①	×

※ 동그라미(○) 친 부분은 뒤에 5가 붙음

04 다음 중 차동식 스포트형 감지기에 대한 설명으로 옳은 것은?

교재
PP.211
-212

① 주요구조부를 내화구조로 한 소방대상물로서 감지기 부착높이가 4m인 곳의 차동식 스포트형 2종 감지기 1개의 설치유효면적은 35m²이다.

② 바이메탈이 있는 구조이다.

③ 주위 온도에 영향을 받지 않는다.

④ 보일러실, 주방 등에 설치한다.

★ 정온식 스포트형 감지기의 구성   교재 P.211
① **바**이메탈
② 감열판
③ 접점

공하성 기억법
바정(봐줘)

★ 차동식 스포트형 감지기
교재 P.211
① 거실, 사무실에 설치
문04 보기④
② 감열실, 다이어프램, 리크구멍, 접점
③ 주위 온도에 영향을 받음
문04 보기③

183

해설

② 바이메탈 → 다이어프램

③ 받지 않는다. → 받는다. 차동식 스포트형 감지기, 정온식 스포트형 감지기 모두 주위 온도에 영향을 받는다.

④ 보일러실, 주방 등 → 거실, 사무실 등

부착높이 및 소방대상물의 구분		감지기의 종류				
		차동식·보상식 스포트형		정온식 스포트형		
		1종	2종	특종	1종	2종
4m 이상 8m 미만	내화구조	45	35	35	30	−
	기타구조	30	25	25	15	−

정답 ①

* **차**동식 스포트형 감지기의 구성
① **감**열실
② 다이어프램
③ 리크구멍
④ 접점

공하성 기억법
차감

05 다음 그림을 보고 감지기의 특징으로 옳은 것은?

교재
PP.211
-212

① 정온식 스포트형 감지기이다.

② 보일러실, 주방 등에 설치한다.

③ 감열실, 다이어프램 등으로 구성되어 있다.

④ 주요구조부가 내화구조이고 부착높이 4m 미만인 2종의 감지기 설치 유효면적은 50m²이다.

해설

① 정온식 스포트형 → 차동식 스포트형

② 보일러실, 주방 → 거실, 사무실

④ 50m² → 70m²

정답 ③

06 ★★★
교재 P.212

다음은 자동화재탐지설비의 감지기 설치유효면적에 관한 표이다. ( ) 안에 알맞은 것은?

(단위 : m²)

부착높이 및 소방대상물의 구분		감지기의 종류						
		차동식 스포트형		보상식 스포트형		정온식 스포트형		
		1종	2종	1종	2종	특종	1종	2종
4m 미만	주요구조부를 내화구조로 한 소방대상물 또는 그 부분	(㉠)	70	90	(㉡)	70	60	20
	기타구조의 소방대상물 또는 그 부분	50	40	50	40	40	30	15
4m 이상 8m 미만	주요구조부를 내화구조로 한 소방대상물 또는 그 부분	45	35	(㉢)	35	35	30	–
	기타구조의 소방대상물 또는 그 부분	30	25	30	25	25	15	–

① ㉠ 45, ㉡ 70, ㉢ 90
② ㉠ 70, ㉡ 45, ㉢ 90
③ ㉠ 90, ㉡ 45, ㉢ 70
④ ㉠ 90, ㉡ 70, ㉢ 45

해설
④ ㉠ 90 ㉡ 70 ㉢ 45

정답 ④

07 ★★★
교재 P.212

다음의 그림을 보고 정온식 스포트형 감지기 1종의 최소 설치개수로 옳은 것은? (단, 주요구조부가 내화구조이며, 감지기 부착높이는 3.5m이다.)

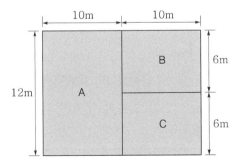

① 2개
② 3개
③ 4개
④ 5개

Key Point

06 ★★★ 교재 P.212

그림과 같은 주요구조부가 내화구조로 된 어느 건축물에 차동식 스포트형 1종 감지기를 설치하고자 한다. 감지기의 최소 설치개수는? (단, 감지기의 부착높이는 3.5m이다.)

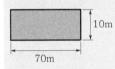

① 8개
② 9개
③ 10개
④ 11개

해설 감지기의 설치개수
(단위 : m²)

부착높이 및 소방대상물의 구분		감지기의 종류	
		차동식·보상식 스포트형	
		1종	2종
4m 미만	내화구조	90	70
	기타구조	50	40

내화구조이고 부착높이가 **3.5m**, **차동식 스포트형 1종** 감지기이므로 감지기 1개가 담당하는 바닥면적은 **90m²**가 된다.
차동식 스포트형 1종 감지기

$$= \frac{70m \times 10m}{90m^2}$$

$$= \frac{700m^2}{90m^2}$$

$$= 7.7 ≒ 8개 \text{(소수점 올림)}$$

정답 ①

07 ★★★ 교재 P.212

주요구조부가 내화구조인 어느 건축물에 정온식 스포트형 감지기 특종을 설치하려고 한다. 감지기의 최소 설치 개수는? (단, 감지기 부착높이는 4m이다.)

① 5개
② 6개
③ 7개
④ 8개

해설 감지기 설치유효면적

부착높이 및 소방대상물의 구분		감지기의 종류				
		차동식·보상식 스포트형		정온식 스포트형		
		1종	2종	특 종	1종	2종
4m 미만	내화구조	90	70	70	60	20
	기타구조	50	40	40	30	15

A : 정온식 스포트형 1종 감지기 $= \dfrac{10\mathrm{m} \times 12\mathrm{m}}{60\mathrm{m}^2} = 2$개

B : 정온식 스포트형 1종 감지기 $= \dfrac{10\mathrm{m} \times 6\mathrm{m}}{60\mathrm{m}^2} = 1$개

C : 정온식 스포트형 1종 감지기 $= \dfrac{10\mathrm{m} \times 6\mathrm{m}}{60\mathrm{m}^2} = 1$개

∴ A + B + C = 2 + 1 + 1 = 4개

정답 ③

5 음향장치

(1) 음향장치의 설치기준 교재 P.213

① **층**마다 설치한다.

② 음량크기는 **1m** 떨어진 곳에서 **90dB** 이상이 되도록 한다. 문09 보기④

┃ 음향장치의 음량측정 ┃

③ 수평거리 **25m** 이하가 되도록 설치한다.

(2) 음향장치의 종류

* 음향장치 수평거리
교재 P.213
수평거리 **25m** 이하

주음향장치	지구음향장치
수신기 내부 또는 **직근**에 설치	각 **경계구역**에 설치

(3) 음향장치의 경보방식 　교재　P.213

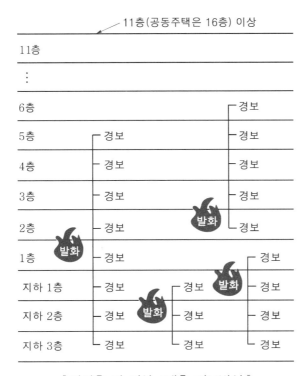

‖ 발화층 및 직상 4개층 경보방식 ‖

‖ 자동화재탐지설비 음향장치의 경보 ‖ 　문08 보기①　　교재　P.213

발화층	경보층	
	11층(공동주택 16층) 미만	11층(공동주택 16층) 이상
2층 이상 발화	전층 일제경보	● 발화층 ● 직상 4개층
1층 발화		● 발화층 ● 직상 4개층 ● 지하층
지하층 발화		● 발화층 ● 직상층 ● 기타의 지하층

Key Point

* 자동화재탐지설비 발화층 및 직상 4개층 경보 적용대상물
11층(공동주택 16층) 이상의 특정소방대상물의 경보

187

Key Point

유사 기출문제

08★★ [교재 P.213]

건축 연면적이 5000m²이고 지하 4층, 지상 11층인 특정소방대상물에 자동화재탐지설비를 설치하였다. 지하 1층에서 화재가 발생한 경우 우선적으로 경보를 하여야 하는 층은?

① 건물 내 모든 층에 동시 경보
② 지하 1·2·3·4층, 지상 1층
③ 지하 1층, 지상 1층
④ 지하 1·2층

해설
② 지하 1층 발화이므로 발화층(지하 1층), 직상층(지상 1층), 기타의 지하층(지하 2·3·4층) 우선경보

정답 ②

기출문제 ●

08★★ [교재 P.213] 11층 이상인 다음 건물의 경보상황을 보고 유추할 수 있는 사항은?

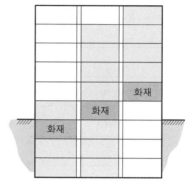

① 발화층 및 직상 4개층 경보   ② 일제경보
③ 구분경보   ④ 직하발화 우선경보

 해설
① 발화층 및 직상 4개층 경보방식

정답 ①

09★★ [교재 PP.206-213]

자동화재탐지설비의 설치기준에 대한 설명으로 옳지 않은 것은?

① 수위실 등 상시 사람이 근무하고 있는 장소에 설치하여야 한다.
② 음향장치의 음량 크기는 1m 떨어진 곳에서 90dB 이하이어야 한다.
③ 수신기의 조작스위치 높이는 0.8m 이상 1.5m 이하이어야 한다.
④ 발신기는 하나의 발신기까지의 수평거리가 25m 이하가 되도록 설치하여야 한다.

해설
② 90dB 이하 → 90dB 이상

정답 ②

09★★ [교재 PP.206-213] 다음 중 자동화재탐지설비 주요구성요소에 대한 설명으로 틀린 것은?

① 감지기는 자동적으로 화재신호를 수신기에 전달하는 역할을 하지만, 발신기는 화재발견자가 수동으로 누름버튼을 눌러 수신기에 신호를 보내는 것이다.
② 발신기 누름스위치를 누르고 수신기가 동작하면 발신기의 화재표시등이 점등된다.
③ 수신기 조작스위치의 높이는 0.8m 이상 1.5m 이하이어야 한다.
④ 음향장치의 음량크기는 1m 떨어진 곳에서 90dB 이상이어야 한다.

해설
② 발신기의 화재표시등 → 수신기의 화재표시등

정답 ②

6 청각장애인용 시각경보장치

(1) 청각장애인용 시각경보장치의 설치기준 [교재 P.213]

① **복도·통로·청각장애인용 객실** 및 공용으로 사용하는 **거실**에 설치하며, 각 부분으로부터 유효하게 경보를 발할 수 있는 위치에 설치

Key Point

② **공연장·집회장·관람장** 또는 이와 유사한 장소에 설치하는 경우
　 에는 시선이 집중되는 **무대부 부분** 등에 설치

③ 바닥으로부터 **2~2.5m** 이하의 장소에 설치(단, 천장높이가 **2m 이하**
　 인 경우는 천장으로부터 **0.15m** 이내의 장소에 설치한다.)

(2) 설치높이　교재 P.213

기타기기	시각경보장치
0.8~1.5m 이하	**2~2.5m** 이하 (천장높이 2m 이하는 천장으로부터 **0.15m** 이내)

공하성 기억법 　시25(CEO)

7　송배선식　교재 P.214

도통시험(선로의 정상연결 유무 확인)을 원활히 하기 위한 배선방식

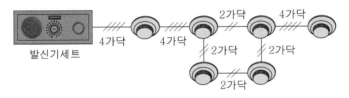

┃ 송배선식 ┃

8　감지기 작동 점검(단계별 절차)　교재 P.220

(1) 1단계 : 감지기 동작시험 실시
　　　　　→ **감지기 시험기, 연기스프레이 등 이용**

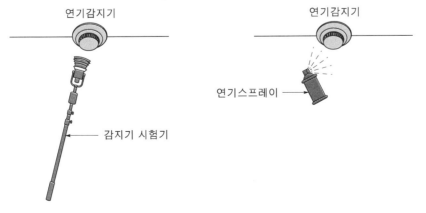

✻ 송배선식 　교재 P.214
감지기 사이의 회로배선에
사용

189

Key Point

(2) **2단계** : LED 미점등 시 감지기 회로 전압 확인

① **정격전압**의 **80%** 이상이면, **감지기**가 **불량**이므로 감지기를 교체한다. 문10 보기②

② 전압이 **0V**이면 회로가 **단선**이므로 회로를 보수한다.

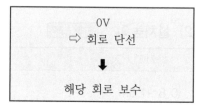

정격전압의 80% 이상 ⇨ 감지기 불량	0V ⇨ 회로 단선
↓	↓
감지기 교체	해당 회로 보수

(3) **3단계** : 감지기 동작시험 재실시

기출문제 ●

* 장마철 공기 중 습도 증가에 의한 감지기 오동작 교재 P.230
① 복구스위치 누름 문10 보기①
② 동작된 감지기 복구

* 송배선식 문10 보기③
감지기 사이의 회로배선

* 발신기 vs 감지기 문10 보기④
발신기 누름버튼과 감지기 동작은 별개

발신기	감지기
수동으로 화재신호 알림	자동으로 화재신호 알림

★★
10 다음 중 감지기에 대한 설명으로 옳은 것은?

교재
P.214,
P.220,
P.230

① 장마철 공기 중 습도 증가에 의한 감지기 오동작은 복구스위치를 누르면 된다.
② 감지기단자를 측정한 결과 정격전압의 80% 이상이면 감지기가 정상이다.
③ 감지기 사이의 회로배선은 병렬식 배선으로 한다.
④ 발신기 누름버튼을 누르면 감지기도 함께 동작한다.

 해설

② 정상 → 불량
③ 병렬식 배선 → 송배선식
④ 감지기도 함께 동작한다. → 감지기는 함께 동작하지 않는다.

정답 ①

★★★
11 연면적 5000m²인 11층 건물을 사무실 용도로 시공하고자 한다. 고려해야 할 사항으로 옳은 것은?

교재
P.139,
PP.208
-209,
P.213,
P.233

① 자동화재탐지설비를 설치하여야 한다.
② 관리의 권원이 분리된 소방안전관리자를 선임하여야 한다.
③ 발화층 및 직상발화 경보방식으로 음향장치를 설치하여야 한다.
④ 발신기와 전화통화가 가능한 수신기를 설치하여야 한다.

해설
① 6층 이상이므로 자동화재탐지설비 설치대상
② 관리의 권원이 분리된 소방안전관리자 선임대상 아님
③ 발화층 및 직상발화 경보방식 → 발화층 및 직상 4개층 경보방식
④ 전화통화 가능한 수신기 필요없음

정답 ①

12 연기스프레이를 이용해 감지기 동작시험을 실시할 때 수신기에 점등되어야 하는 것을 모두 고른 것은?

교재 P.220

㉠ 화재표시등	㉡ 지구표시등
㉢ 예비전원감시등	㉣ 스위치주의등

① ㉠, ㉡
② ㉠, ㉡, ㉢
③ ㉠, ㉡, ㉣
④ ㉠, ㉡, ㉢, ㉣

해설 감지기 동작시험(감지기 시험기, 연기스프레이 등 이용)
(1) 화재표시등 점등
(2) 지구표시등 점등

정답 ①

* 감지기 동작시험시 수신기에 점등되어야 하는 것 문12 보기①
① 화재표시등
② 지구표시등

9 발신기 작동 점검(단계별 절차) 교재 P.221

(1) **1단계** : 발신기 누름버튼 누름
(2) **2단계** : 수신기에서 발신기등 및 발신기 응답램프 점등 확인

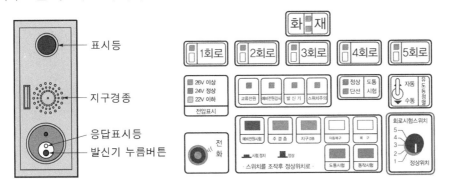

표시등
지구경종
응답표시등
발신기 누름버튼

* 발신기 누름버튼을 누를 때 상황
① 수신기의 화재표시등 점등 문13 보기①
② 수신기의 발신기등 점등 문13 보기②
③ 수신기의 주경종 경보 문13 보기③

Key Point

＊ 스위치주의등 점등
교재 P.221
수신기의 각 조작스위치가
정상위치에 있지 않을 때
문13 보기④

기출문제

★★★
13 다음 발신기 누름버튼을 누를 때의 상황으로 틀린 것은?

교재
P.221

① 수신기의 화재표시등 점등   ② 수신기의 발신기등 점등
③ 수신기의 주경종 경보   ④ 수신기의 스위치주의등 점등

해설

④ 점등 → 소등
발신기 누름버튼은 수신기의 조작스위치가 아니므로 눌러도 스위치
주의등은 점등되지 않음

정답 ④

★★★
14 다음 그림을 보고 5회로에 연결된 감지기가 화재를 감지했을 때 수신
기에서 점등되어야 할 표시등을 모두 고른 것은?

교재
PP.221
-223

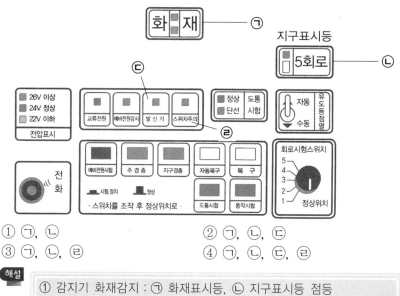

① ㉠, ㉡   ② ㉠, ㉡, ㉢
③ ㉠, ㉡, ㉣   ④ ㉠, ㉡, ㉢, ㉣

해설

① 감지기 화재감지 : ㉠ 화재표시등, ㉡ 지구표시등 점등

정답 ①

＊ 동작시험 복구순서
교재 PP.223-224
① 회로시험스위치 돌림
② 동작시험스위치 누름
③ 자동복구스위치 누름

10 회로도통시험   교재 PP.225-226

수신기에서 감지기 사이 회로의 단선 유무와 기기 등의 접속상황을 확인
하기 위한 시험

▎회로도통시험 적부판정▎

구 분	정 상	단 선
전압계가 있는 경우	4~8V 문15 보기①	0V 문15 보기②
도통시험확인등이 있는 경우	정상확인등 점등(녹색) 문15 보기③	단선확인등 점등(적색) 문15 보기④

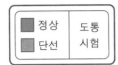

▎단선인 경우(적색등 점등)▎

 기출문제

★★★ 15

자동화재탐지설비의 회로도통시험 적부판정방법으로 틀린 것은?

교재 PP.225 -226

① 전압계가 있는 경우 정상은 24V를 가리킨다.
② 전압계가 있는 경우 단선은 0V를 가리킨다.
③ 도통시험확인등이 있는 경우 정상은 정상확인등이 녹색으로 점등된다.
④ 도통시험확인등이 있는 경우 단선은 단선확인등이 적색으로 점등된다.

해설

> ① 24V → 4~8V

정답 ①

 02 자동화재탐지설비(P형 수신기)의 점검방법

1 P형 수신기의 동작시험(로터리방식) 교재 PP.222-224

동작시험 순서	동작시험 복구순서
① 동작시험스위치 누름	① 회로시험스위치 돌림
② 자동복구스위치 누름	② 동작시험스위치 누름
③ 회로시험스위치 돌림	③ 자동복구스위치 누름

유사 기출문제

15-1 ★★ 교재 PP.225-226
자동화재탐지설비에서 P형 수신기의 회로도통시험시 회로선택스위치가 로터리방식으로 전압계가 있는 경우 정상은 몇 V를 가리키는가?
① 0V   ② 4~8V
③ 20~24V ④ 40~48V

해설 회로도통시험

정 상	단 선
4~8V	0V

정답 ②

15-2 ★★★ 교재 PP.225-226
자동화재탐지설비에서 P형 수신기의 회로도통시험시 회로시험스위치가 로터리방식으로 전압계가 있는 경우 정상과 단선은 몇 V를 가리키는가?
① 정상 : 4~8V,
  단선 : 0V
② 정상 : 20~24V,
  단선 : 1V
③ 정상 : 40~48V,
  단선 : 0V
④ 정상 : 48~54V,
  단선 : 1V

해설 회로도통시험

정 상	단 선
4~8V	0V

정답 ①

Key Point

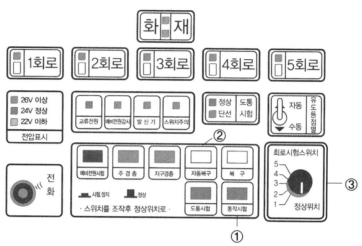

┃P형 수신기 동작시험 순서┃

기출문제

* 동작시험 복구순서
① 회로시험스위치
② 동작시험스위치
  문16 보기④
③ 자동복구스위치

16 다음은 자동화재탐지설비 P형 수신기의 그림이다. 동작시험을 한 후 복구를 하려고 한다. 동작시험 복구순서로서 다음 중 회로시험스위치를 돌린 후 눌러야 할 버튼은?

교재
P.223

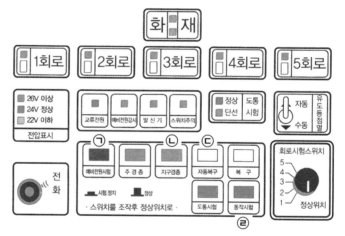

① ㉠ 예비전원시험   ② ㉡ 지구경종
③ ㉢ 자동복구   ④ ㉣ 동작시험

해설

④ 동작시험 복구 : 회로시험스위치 → 동작시험스위치 → 자동복구스위치

정답 ④

2 동작시험 vs 회로도통시험

동작시험 순서 교재 P.222	회로도통시험 순서 문17 보기① 교재 P.225
동작(화재)시험스위치 및 자동복구스위치를 누름 → 각 회로(경계구역) 버튼 누름	도통시험스위치를 누름 → 회로시험스위치를 각 경계구역별로 차례로 회전 (각 경계구역 동작버튼을 차례로 누름)

★★★
17 자동화재탐지설비의 점검 중 회로도통시험의 작동순서로 알맞은 것은?

교재 P.225

① 도통시험스위치를 누른다. → 회로시험스위치를 각 경계구역별로 차례로 회전한다.
② 도통시험스위치를 누른다. → 자동복구스위치를 누른다. → 회로시험스위치를 각 경계구역별로 차례로 회전한다.
③ 회로시험스위치를 각 경계구역별로 차례로 회전한다. → 도통시험스위치를 누른다.
④ 회로시험스위치를 각 경계구역별로 차례로 회전한다. → 자동복구스위치를 누른다. → 도통시험스위치를 누른다.

해설
> ① 회로도통시험 : 도통시험스위치를 누름 → 회로시험스위치를 각 경계구역별로 차례로 회전(각 경계구역 동작버튼을 차례로 누름)

정답 ①

3 회로도통시험 vs 예비전원시험

회로도통시험 순서 문18 보기③ 교재 P.225	예비전원시험 순서 교재 PP.227~228
도통시험스위치 누름 → 회로시험스위치 돌림	예비전원시험스위치 누름 → 예비전원 결과 확인

✱ 회로도통시험 교재 P.225
수신기에서 감지기 사이 회로의 단선 유무와 기기 등의 접속상황을 확인하기 위한 시험

유사 기출문제

18★★ 　　교재 P.226

다음 수신기 점검 중 회로도통시험에 대한 설명으로 옳은 것은?

① 수신기에 화재신호를 수동으로 입력하여 수신기가 정상적으로 동작되는지를 확인하기 위한 시험이다.
② 축적·비축적 선택스위치를 비축적 위치에 놓고 시험하여야 한다.
③ 전압계로 측정시 19~29V가 나오면 정상이다.
④ 로터리방식과 버튼방식이 있다.

해설
①·② 동작시험
③ 19~29V → 4~8V

정답 ④

기출문제 ●

18 ★★
교재 P.226

그림과 같이 자동화재탐지설비 P형 수신기에 회로도통시험을 하려고 한다. 가장 처음으로 눌러야 하는 스위치는?

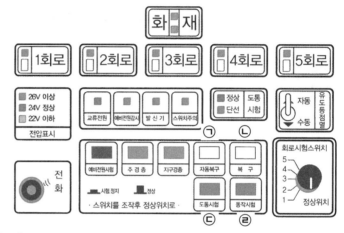

① ㉠ 자동복구　　　　　② ㉡ 복구
③ ㉢ 도통시험　　　　　④ ㉣ 동작시험

해설 ③ 회로도통시험 : 도통시험스위치 누름 → 회로시험스위치 돌림

정답 ③

4 평상시 점등상태를 유지하여야 하는 표시등 문19 보기① 　교재 P.224

실무교재 P.75

① 교류전원
② 전압지시(정상)

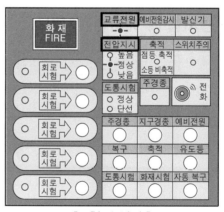

∥P형 수신기∥

Key Point

기출문제

19 P형 수신기가 정상이라면, 평상시 점등상태를 유지하여야 하는 표시등은 몇 개소이고 어디인가?

교재
P.224

실무교재
P.75

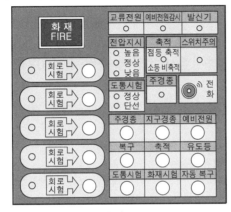

① 2개소 : 교류전원, 전압지시(정상)
② 2개소 : 교류전원, 축적
③ 3개소 : 교류전원, 전압지시(정상), 축적
④ 3개소 : 교류전원, 전압지시(정상), 스위치주의

해설

> ① 평상시 점등 2개소 : 교류전원, 전압지시(정상)

정답 ①

* 평상시 점등상태 유지 표시등
① 교류전원
② 전압지시(정상)

5 예비전원시험 교재 P.227

전압계인 경우 정상	램프방식인 경우 정상 문21 보기③
19~29V	녹색

적색 ━ 26V 이상
녹색 ━ 24V 정상
황색 ━ 22V 이하
문20 보기④ 전압표시

교류전원

전
화

예비전원시험

┃ 예비전원시험 ┃

Key Point

★ 수신기 동작시험기준
① 1회선마다 복구하면서 모든 회선을 시험
문20 보기②
② 축적·비축적 선택스위치를 비축적 위치로 놓고 시험 문20 보기①

 기출문제 ●

 20 다음 수신기의 점검에 대한 설명으로 틀린 것은?

교재
PP.222
-228

① 동작시험을 위해 축적·비축적 선택스위치를 비축적 위치로 놓고 시험한다.

② 동작시험의 경우 모든 회선을 동시에 작동시키면서 시험한다.

③ 회로도통시험시 전압계 측정 결과 0V를 지시하면 단선을 의미한다.

④ 예비전원시험 결과 황색이 점등되면 전압이 22V 이하이다.

해설

② 모든 회선을 동시에 작동시키면서 → 1회선마다 복구하면서 모든 회선을

정답 ②

 21 다음 수신기의 점검방식으로 옳은 것은?

교재
PP.222
-228

① 동작시험을 하기 전에 축적·비축적 스위치를 비축적 위치에 놓고 시험한다.

② 회로도통시험 결과 19~29V의 값이 표시되면 정상이다.

③ 예비전원시험 결과 적색이 표시되면 정상이다.

④ 예비전원감시등이 소등된 경우는 예비전원 연결 소켓이 분리되었거나 예비전원이 원인이다.

★ 예비전원감시등이 점등된 경우 문21 보기④
교재 p.228
① 예비전원 연결 소켓이 분리
② 예비전원 원인

해설

② 19~29V → 4~8V
③ 적색 → 녹색
④ 소등 → 점등

정답 ①

6 비화재보의 원인과 대책 교재 PP.230-231

주요 원인	대 책 문22 보기③
주방에 '비적응성 감지기'가 설치된 경우	적응성 감지기(정온식 감지기 등)로 교체
'천장형 온풍기'에 밀접하게 설치된 경우	기류흐름 방향 외 이격설치
담배연기로 인한 연기감지기 동작	흡연구역에 환풍기 등 설치

기출문제

22 다음은 비화재보의 주요 원인과 대책을 나타낸 표이다. 빈칸에 들어갈 말로 옳은 것은?

교재
PP.230
-231

주요 원인	대 책
주방에 비적응성 감지기가 설치된 경우	적응성 감지기[(㉠)식 감지기 등]로 교체
천장형 온풍기에 밀접하게 설치된 경우	기류흐름 방향 외 (㉡) 설치
(㉢)로 인한 연기감지기 동작	흡연구역에 환풍기 등 설치

① ㉠ 차동, ㉡ 이격, ㉢ 담배연기
② ㉠ 차동, ㉡ 근접, ㉢ 습기
③ ㉠ 정온, ㉡ 이격, ㉢ 담배연기
④ ㉠ 정온, ㉡ 근접, ㉢ 습기

해설

③ 주방 : 정온식 감지기, 천장형 온풍기 : 이격설치, 담배연기 : 환풍기 설치

정답 ③

Key Point

＊ 주방
정온식 감지기 설치

＊ 천장형 온풍기
감지기 이격 설치

Key Point

7 자동화재탐지설비의 비화재보시 조치방법 교재 P.232

단 계	대처법
1단계	수신기 확인(화재표시등, 지구표시등 확인)
2단계	실제 화재 여부 확인
3단계	음향장치 정지
4단계	비화재보 원인 제거
5단계	수신기 복구
6단계	음향장치 복구
7단계	스위치주의등 확인

기출문제 ●

유사 기출문제

23★ 교재 P.232
보기의 비화재보시 대처방법을 순서대로 나열한 것은?

1. 수신기에서 화재표시등, 지구표시등을 확인한다.
2. 해당 구역(지구표시등 점등구역)으로 이동하며 실제 화재 여부를 확인하고 비화재보인 경우

── 보 기 ──
3. 복구스위치를 눌러 수신기를 정상으로 복구
4. 음향장치 정지
5. 음향장치 복구
6. 비화재보 원인 제거
7. 스위치주의등 소등 확인

① 3 - 4 - 5 - 6
② 4 - 6 - 3 - 5
③ 3 - 6 - 4 - 5
④ 6 - 4 - 3 - 5

해설 비화재보 대처방법
(1) 수신기 확인(화재표시등, 지구표시등 확인)
(2) 실제 화재 여부 확인
(3) 음향장치 정지
(4) 비화재보 원인 제거
(5) 수신기 복구
(6) 음향장치 복구
(7) 스위치주의등 확인
정답 ②

23 ★ 다음 중 자동화재탐지설비의 비화재보시 조치방법으로 옳은 것은?

교재 P.232

① 1단계 수신기 확인 − 2단계 실제 화재 여부 확인 − 3단계 음향장치 정지 − 4단계 비화재보 원인 제거
② 1단계 실제 화재 여부 확인 − 2단계 수신기 확인 − 3단계 음향장치 정지 − 4단계 비화재보 원인 제거
③ 1단계 음향장치 정지 − 2단계 실제 화재 여부 확인 − 3단계 수신기 확인 − 4단계 비화재보 원인 제거
④ 1단계 음향장치 정지 − 2단계 수신기 확인 − 3단계 실제 화재 여부 확인 − 4단계 비화재보 원인 제거

해설
① 비화재보 조치방법 : 1단계 수신기 확인 − 2단계 실제 화재 여부 확인 − 3단계 음향장치 정지 − 4단계 비화재보 원인 제거

정답 ①

8 발신기 작동시 점등되어야 하는 것 교재 P.210

(1) 화재표시등
(2) 지구표시등(해당 회로)
(3) 발신기표시등
(4) 응답표시등

기출문제 ●

★★★
24

교재
P.210

건물의 5층(5회로)에서 발신기를 작동시켰을 때 수신기에서 정상적으로 화재신호를 수신하였다면 점등되어야 하는 것을 모두 고른 것은?

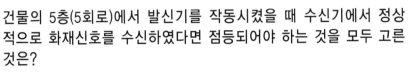
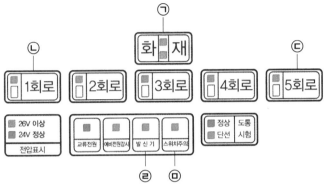

① ㉠, ㉡
② ㉠, ㉡, ㉢
③ ㉠, ㉢, ㉣
④ ㉠, ㉡, ㉢, ㉣, ㉤

해설

③ ㉠ 화재표시등
㉢ 지구표시등(5회로)
㉣ 발신기표시등

정답 ③

＊ 발신기 작동시 점등램프
① 화재표시등
② 지구표시등
③ 발신기표시등

Key Point

* 경종이 울리지 않는 경우
① 주경종 정지스위치 :
  ON
② 지구경종 정지스위치 :
  ON

★★★
25 수신기 점검시 1F 발신기를 눌렀을 때 건물 어디에서도 경종(음향장치)이 울리지 않았다. 이때 수신기의 스위치 상태로 옳은 것은?

교재
P.223

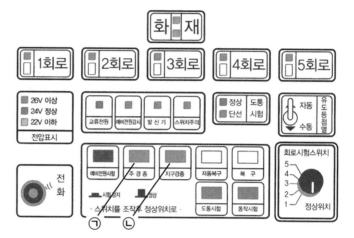

┃P형 수신기┃

① ㉠ 스위치가 눌러져 있다.
② ㉡ 스위치가 눌러져 있다.
③ ㉠, ㉡ 스위치가 눌러져 있다.
④ 스위치가 눌러져 있지 않다.

해설

③ ㉠ 주경종 정지스위치, ㉡ 지구경종 정지스위치를 누르면 경종(음향장치)이 울리지 않는다.

정답 ③

26 그림의 수신기가 비화재보인 경우 화재를 복구하는 순서로 옳은 것은?

교재 P.232

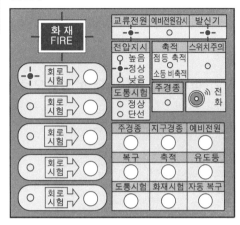

㉠ 수신기 확인
㉡ 수신반 복구
㉢ 음향장치 정지
㉣ 실제 화재 여부 확인
㉤ 발신기 복구
㉥ 음향장치 복구

① ㉠ – ㉣ – ㉢ – ㉤ – ㉥ – ㉡
② ㉠ – ㉣ – ㉢ – ㉤ – ㉡ – ㉥
③ ㉣ – ㉠ – ㉤ – ㉢ – ㉡ – ㉥
④ ㉣ – ㉠ – ㉢ – ㉤ – ㉡ – ㉥

해설 비화재보 복구순서
㉠ 수신기 확인 – ㉣ 실제 화재 여부 확인 – ㉢ 음향장치 정지 – ㉤ 발신기 복구 – ㉡ 수신반 복구 – ㉥ 음향장치 복구 – 스위치주의등 확인

정답 ②

27 그림과 같이 감지기 점검시 점등되는 표시등으로 옳은 것은?

교재 PP.222 -224

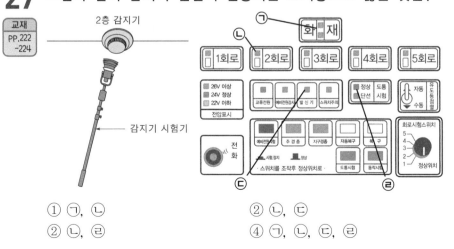

① ㉠, ㉡
② ㉡, ㉣
② ㉡, ㉢
④ ㉠, ㉡, ㉢, ㉣

Key Point

> 해설
> 왼쪽그림은 2층 감지기 동작시험을 하는 그림임
> 2층 감지기가 동작되면 ㉠ 화재표시등, ㉡ 2층 지구표시등이 점등된다.

정답 ①

＊ 화재신호기기 : 감지기
① 화재표시등 점등
② 지구표시등 점등

＊ 화재신호기기 : 발신기
① 화재표시등 점등
② 지구표시등 점등
③ 발신기표시등 점등

★★★
28 그림은 화재발생시 수신기 상태이다. 이에 대한 설명으로 옳지 않은 것은?

교재
P.224

① 2층에서 화재가 발생하였다.　② 경종이 울리고 있다.
③ 화재 신호기기는 발신기이다.　④ 화재 신호기기는 감지기이다.

> 해설
> ③ 발신기램프가 점등되어 있지 않으므로 화재신호기기는 발신기가 아니라
> 감지기로 추정할 수 있다.

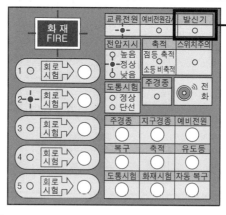

발신기 램프가 점등되어
있지 않음

정답 ③

Key Point

 29

교재 P.224

건물 내 2F에서 발신기 오작동이 발생하였다. 수신기의 상태로 볼 수 있는 것으로 옳은 것은? (단, 건물은 직상 4개층 경보방식이다.)

* 화재신호기기 : 발신기
① 화재표시등 점등
② 지구표시등 점등
③ 발신기표시등 점등

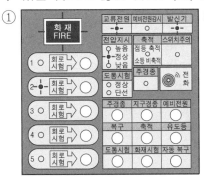

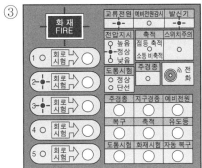

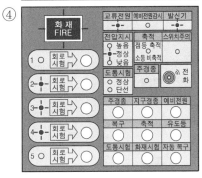

해설

2F(2층)에서 발신기 오동작이 발생하였으므로 2층이 발화층이 되어 지구표시등은 2층에만 점등된다. 경보층은 발화층(2층), 직상 4개층(3~6층)이므로 경종은 2~6층이 울린다.

자동화재탐지설비의 직상 4개층 우선경보방식 적용대상물
11층(공동주택 16층) 이상의 특정소방대상물의 경보

‖ 자동화재탐지설비 직상 4개층 우선경보방식 ‖

발화층	경보층	
	11층(공동주택 16층) 미만	11층(공동주택 16층) 이상
2층 이상 발화	→	• 발화층 • 직상 4개층
1층 발화	전층 일제경보	• 발화층 • 직상 4개층 • 지하층
지하층 발화		• 발화층 • 직상층 • 기타의 지하층

정답 ①

205

＊ 연기감지기 동작시험
기기
① 감지기 시험기
② 연기스프레이

★★★
30 다음은 감지기 시험장비를 활용한 경보설비 점검 사진이다. 그림의
내용 중 옳지 않은 것은?

교재
P.220

감지기

감지기 시험기

① 감지기 작동상태 확인이 가능하다.
② 감지기 작동 확인은 수신기에서 불가능하다.
③ 수신기에서 해당 경계구역 확인이 가능하다.
④ 감지기 동작시 지구경종 확인이 가능하다.

해설

② 불가능하다. → 가능하다.
감지기 시험장비를 사용하여 감지기 동작시험을 하는 사진으로 감지기
작동 확인은 수신기에서 반드시 가능해야 한다.

정답 ②

★★★
31 (a)와 (b)에 대한 설명으로 옳지 않은 것은?

교재
P.220

2F 연기감지기

LED

SMOKE
CHECK

(a)

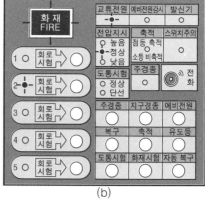

(b)

① (a)의 감지기는 할로겐열시험기로 작동시킬 수 없다.
② (a)의 감지기는 2층에 설치되어 있다.
③ 2층에 화재가 발생했기 때문에 (b)의 발신기 표시등에도 램프가 점
등되어야 한다.
④ (a)의 상태에서 (b)의 상태는 정상이다.

해설
③ 점등되어야 한다. → 점등되지 않아야 한다.
   (a)가 연기감지기 시험기이므로 감지기가 작동되기 때문에 발신기 램프
   는 점등되지 않아야 한다.
① 연기감지기 시험기 이므로 열감지기시험기로 작동시킬수 없다. (O)
② (a)에서 2F(2층)이라고 했으므로 옳다. (O)
④ (a)에서 2F(2층) 연기감지기 시험이므로 (b)에서 2층 램프가 점등되었으
   므로 정상이다. (O)

2층   연기감지기 시험기

2층 지구표시등

정답 ③

★★★
32 화재감지기가 (a), (b)와 같은 방식의 배선으로 설치되어 있다. (a),
(b)에 대한 설명으로 옳지 않은 것은?

교재
P.214

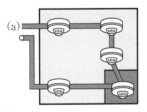

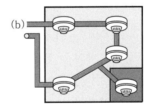

① (a)방식으로 설치된 선로를 도통시험할 경우 정상인지 단선인지 알
  수 있다.
② (a)방식의 배선방식 목적은 독립된 실에 설치하는 감지기 사이의
  단선 여부를 확인하기 위함이다.
③ (b)방식의 배선방식은 독립된 실내감지기 선로단선시 도통시험을
  통하여 감지기 단선여부를 확인할 수 없다.
④ (b)방식의 배선방식을 송배선방식이라 한다.

＊ 도통시험
수신기에서 감지기 사이 회
로의 단선 유무와 기기 등
의 접속상황을 확인하기 위
한 시험

해설
④ (a)방식 : 송배선식 (O), (b)방식 : 송배선식 (×)
① 송배선식이므로 도통시험으로 정상인지 단선인지 알 수 있다. (O)
② 송배선식이므로 감지기 사이의 단선여부를 확인할 수 있다. (O)
③ 송배선식이 아니므로 감지기 단선여부를 확인할 수 없다. (O)

정답 ④

Key Point

* 도통시험
'회로도통시험'이 정식 명칭
이다.

용어 송배선식 교재 P.214

도통시험(선로의 정상연결 유무확인)을 원활히 하기 위한 배선방식

★★★
33 다음은 수신기의 일부분이다. 그림과 관련된 설명 중 옳은 것은?

교재
PP.224
-228

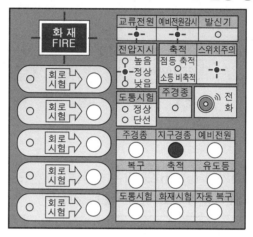

① 수신기 스위치 상태는 정상이다.
② 예비전원을 확인하여 교체한다.
③ 수신기 교류전원에 문제가 발생했다.
④ 예비전원이 정상상태임을 표시한다.

해설

① 정상 → 비정상
스위치주의등이 점멸하고 있으므로 수신기 스위치 상태는 비정상
이다.

② 예비전원감시램프가 점등되어 있으므로 예비전원을 확인하여 교체
한다.

③ 교류전원램프가 점등되어 있고 전압지시 정상램프가 점등되어 있
으므로 수신기 교류전원에 문제가 없다.

④ 예비전원감시램프가 점등되어 있으므로 예비전원이 정상상태가 아.
니다.

정답 ②

34 수신기의 예비전원시험을 진행한 결과 다음과 같이 수신기의 표시
등이 점등되었을 때 조치사항으로 옳은 것은?

교재
P.228

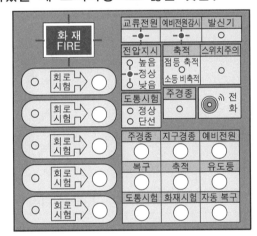

① 축적스위치를 누름
② 복구스위치를 누름
③ 예비전원 시험스위치 불량여부 확인
④ 예비전원 불량여부 확인

해설

④ 예비전원감시램프가 점등되어있으므로 예비전원 불량여부를 확인해
야 한다.

정답 ④

Key Point

* 예비전원감시램프 점등
예비전원 불량여부를 확인
한다.

제 **4** 장

피난구조설비

01 피난기구

1 피난기구의 종류   교재 PP.235-238

구 분	설 명
피난사다리 문02 보기②	건축물화재시 안전한 장소로 피난하기 위해서 건축물의 개구부에 설치하는 기구로서 고정식 사다리, 올림식 사다리, 내림식 사다리로 분류된다. 문01 보기③ ∥ 피난사다리 ∥
완강기 문02 보기③	사용자의 몸무게에 의하여 자동적으로 내려올 수 있는 기구 중 사용자가 교대하여 **연속적**으로 **사용할 수 있는 것** 속도조절기 로프 ── ── 연결금속구 벨트 ∥ 완강기 ∥

＊ 피난기구의 종류
　교재 PP.235-238

① 피난사다리
② 완강기
③ 간이완강기
④ 구조대
⑤ 공기안전매트
⑥ 피난교
⑦ 미끄럼대
⑧ 다수인 피난장비
⑨ 기타 피난기구(피난용 트랩, 승강식 피난기 등)

＊ 완강기 구성요소
　교재 P.235

① 속도**조**절기
② **로**프
③ **벨**트
④ **연**결금속구

공하성 기억법
조로벨연

210

Key Point

구 분	설 명
간이완강기	사용자의 몸무게에 의하여 자동적으로 내려올 수 있는 기구 중 사용자가 **연속적**으로 **사용할 수 없는 것** 문01 보기④
구조대 문02 보기①	화재시 건물의 창, 발코니 등에서 지상까지 **포**대를 사용하여 그 포대 속을 활강하는 피난기구 공하성 기억법 **구포**(부산에 있는 **구포**) 포대 ‖ 구조대 ‖
공기안전매트	화재발생시 사람이 건축물 내에서 외부로 긴급히 뛰어내릴 때 충격을 흡수하여 안전하게 지상에 도달할 수 있도록 포지에 공기 등을 주입하는 구조로 되어 있는 것 ‖ 공기안전매트 ‖
피난교 문02 보기④	건축물의 옥상층 또는 그 이하의 층에서 화재발생시 옆 건축물로 피난하기 위해 설치하는 피난기구 피난교 ‖ 피난교 ‖

＊ 구조대
포대 사용

구 분	설 명
미끄럼대	화재발생시 신속하게 지상으로 피난할 수 있도록 제조된 피난기구로서 **장애인복지시설**, **노약자수용시설** 및 **병원** 등에 적합 문어 보기② ‖ 미끄럼대 ‖
다수인 피난장비	화재시 **2인 이상**의 피난자가 동시에 해당층에서 지상 또는 피난층으로 하강하는 피난기구 다수인 피난장비 ‖ 다수인 피난장비 ‖
기타 피난기구	피난용 트랩, 승강식 피난기 등 ‖ 승강식 피난기 ‖

✳ 다수인 피난장비
2인 이상 동시 사용 가능

기출문제 ●

01 다음 중 피난구조설비에 대한 설명으로 옳은 것은?

교재
PP.235
-236

① 화재시 발생하는 열과 연기로부터 인명의 안전한 피난을 위한 기구이다.
② 미끄럼대는 장애인 복지시설, 노약자 수용시설 및 병원 등에 적합하다.
③ 다수인 피난장비는 고정식, 올림식, 내림식으로 분류된다.
④ 간이완강기는 사용자가 연속적으로 사용할 수 있는 것을 말한다.

해설

① 인명구조기구에 대한 설명
③ 다수인 피난장비 → 피난사다리
④ 사용할 수 있는 것을 → 사용할 수 없는 일회용의 것을

정답 ②

02 피난기구의 종류 중 구조대에 대한 설명으로 옳은 것은?

교재
PP.235
-237

① 화재시 건물의 창, 발코니 등에서 지상까지 포대를 사용하여 그 포대 속을 활강하는 피난기구이다.
② 건축물화재시 안전한 장소로 피난하기 위해서 건축물의 개구부에 설치하는 기구이다.
③ 사용자의 몸무게에 의하여 자동적으로 내려올 수 있는 기구 중 사용자가 교대하여 연속적으로 사용할 수 있는 것이다.
④ 건축물의 옥상층 또는 그 이하의 층에서 화재발생시 옆 건축물로 피난하기 위해 설치하는 피난기구이다.

해설

① 구조대에 대한 설명
② 피난사다리에 대한 설명
③ 완강기에 대한 설명
④ 피난교에 대한 설명

정답 ①

2 완강기 구성 요소

(1) 속도**조**절기 문03 보기⊙
(2) **로**프 문03 보기ⓒ

213

(3) **벨**트 문03 보기ㄹ

(4) **연**결금속구 문03 보기ㅂ

공하성 기억법 조로벨연

기출문제 ●

★★★
03 다음 보기에서 완강기의 구성 요소를 모두 고른 것은?

교재 P.235

ㄱ 속도조절기	ㄴ 사다리
ㄷ 로프	ㄹ 벨트
ㅁ 안전모	ㅂ 연결금속구

① ㄱ, ㄴ, ㄹ   ② ㄴ, ㄷ, ㅁ

③ ㄱ, ㄷ, ㄹ, ㅂ   ④ ㄴ, ㄹ, ㅁ

해설
③ ㄱ 속도조절기, ㄷ 로프, ㄹ 벨트, ㅂ 연결금속구

정답 ③

3 피난기구의 적응성 교재 P.237

층별 설치 장소별 구분	1층	2층	3층	4층 이상 10층 이하
노유자시설	● 미끄럼대 ● 구조대 ● 피난교 ● 다수인 피난장비 ● 승강식 피난기	● 미끄럼대 ● 구조대 ● 피난교 ● 다수인 피난장비 ● 승강식 피난기	● 미끄럼대 문04 보기① ● 구조대 ● 피난교 ● 다수인 피난장비 ● 승강식 피난기	● 구조대[1] ● 피난교 ● 다수인 피난장비 ● 승강식 피난기
의료시설ㆍ 입원실이 있는 의원ㆍ접골 원ㆍ조산원	–	–	● 미끄럼대 ● 구조대 문04 보기④ ● 피난교 문04 보기② ● 피난용 트랩 ● 다수인 피난장비 ● 승강식 피난기	● 구조대 ● 피난교 ● 피난용 트랩 ● 다수인 피난장비 ● 승강식 피난기

* 노유자시설 교재 P.237
간이완강기는 부적합하다.

*** 간이완강기 vs 공기안
전매트** 교재 P.237

간이완강기	공기안전매트
숙박시설의 3층 이상에 있는 객실	공동주택

층별 / 설치 장소별 구분	1층	2층	3층	4층 이상 10층 이하
영업장의 위치가 4층 이하인 다중이용업소	-	• 미끄럼대 • 피난사다리 • 구조대 • 완강기 • 다수인 피난장비 • 승강식 피난기	• 미끄럼대 • 피난사다리 • 구조대 • 완강기 • 다수인 피난장비 • 승강식 피난기	• 미끄럼대 • 피난사다리 • 구조대 • 완강기 • 다수인 피난장비 • 승강식 피난기
그 밖의 것	-	-	• 미끄럼대 • 피난사다리 • 구조대 • 완강기 • 피난교 • 피난용 트랩 • 간이완강기[2)] • 공기안전매트[2)] • 다수인 피난장비 • 승강식 피난기	• 피난사다리 • 구조대 • 완강기 • 피난교 • 간이완강기[2)] • 공기안전매트[2)] • 다수인 피난장비 • 승강식 피난기

1) **구조대**의 적응성은 장애인관련시설로서 주된 사용자 중 스스로 피난이 불가한 자가 있는 경우 추가로 설치하는 경우에 한한다.
2) 간이완강기의 적응성은 **숙박시설**의 **3층 이상**에 있는 객실에, **공기안전매트**의 적응성은 **공동주택**에 추가로 설치하는 경우에 한한다.

기출문제

04 소방대상물의 설치장소별 피난기구의 적응성으로 옳지 않은 것은?

교재 P.237

① 노유자시설 3층에 미끄럼대를 설치하였다.
② 근린생활시설 중 조산원의 3층에 피난교를 설치하였다.
③ 「다중이용업소의 안전관리에 관한 특별법 시행령」제2조에 따른 다중이용업소로서 영업장의 위치 3층에 피난용 트랩을 설치하였다.
④ 의료시설의 3층에 구조대를 설치하였다.

해설
• ③ 피난용 트랩은 해당 없음
• 4층 이하 다중이용업소 3층 : 미끄럼대, 피난사다리, 구조대, 완강기, 다수인 피난장비, 승강식 피난기

정답 ③

Key Point

* **공동주택 피난기구** 교재 P.238
① 각 세대마다 설치
② 의무관리대상 공동주택 : 공기안전매트 1개 이상 추가 설치

유사 기출문제

04-1 ★★★ 교재 P.237
노유자시설의 5층에 피난기구를 설치하고자 한다. 소방대상물의 설치장소별 피난기구의 적응성으로 틀린 것은?

① 피난교
② 다수인 피난장비
③ 승강식 피난기
④ 피난용 트랩

해설
④ 피난용 트랩은 해당 없음

정답 ④

04-2 ★★★ 교재 P.237
의료시설의 4, 5, 6층 건물에 피난기구를 설치하고자 한다. 적응성이 없는 것은?

① 피난교
② 다수인 피난장비
③ 승강식 피난기
④ 미끄럼대

해설
④ 미끄럼대는 해당 없음

정답 ④

04-3 ★ 교재 P.237
소방대상물의 설치장소별 피난기구의 적응성으로 틀린 것은?

① 노유자시설 3층에 간이완강기 설치
② 공동주택에 공기안전매트 설치
③ 다중이용업소 4층 이하인 건물의 2층에 미끄럼대 설치
④ 의료시설의 3층에 미끄럼대 설치

해설
① 간이완강기는 그 밖의 것에만 해당

정답 ①

Key Point

유사 기출문제

05 ★★★ 　　　교재 P.237

다음 중 소방대상물의 설치장소별 피난기구의 적응성에 대한 설명으로 옳은 것은?

① 다중이용업소 2층에는 피난용 트랩이 적응성이 있다.
② 입원실이 있는 의원의 3층에서 피난교는 적응성이 없다.
③ 4층 이하의 다중이용업소의 3층에는 완강기가 적응성이 있다.
④ 노유자시설의 1층에는 피난사다리가 적응성이 있다.

① 있다. → 없다.
② 없다. → 있다.
④ 있다. → 없다.

정답 ③

* 공기안전매트의 적응성
문05 보기④
공동주택

05 ★★
교재 P.237

다음 중 소방대상물의 설치장소별 피난기구의 적응성으로 옳은 것은?

① 의료시설의 3층에 간이완강기는 적응성이 있다.
② 구조대는 의료시설의 2층에 적응성이 있다.
③ 4층 이하의 다중이용업소에 피난용 트랩은 적응성이 없다.
④ 공동주택과 다중이용업소에는 공기안전매트가 적응성이 있다.

해설
① 있다. → 없다.
② 있다. → 없다.
④ 다중이용업소는 공기안전매트의 적응성이 없다.

정답 ③

06 ★★★
교재 P.237

다음 중 피난구조설비 설치기준에 따라 소방대상물의 설치장소별 피난기구의 적응성에 대한 설명으로 옳은 것은?

① 공동주택에 공기안전매트는 적응성이 없다.
② 4층에 위치한 다중이용업소에는 피난교가 적응성이 있다.
③ 2층 이상 4층 이하의 다중이용업소에는 피난사다리와 다수인 피난장비가 적응성이 있다.
④ 피난용 트랩은 조산원의 3층에서 적응성이 없다.

해설
① 없다. → 있다.
② 있다. → 없다.
④ 없다. → 있다.

정답 ③

4 완강기 사용방법　교재 P.239

(1) 완강기 후크를 고리에 걸고 지지대와 연결 후 나사를 조인다. 문07 보기③
(2) 창밖으로 릴을 놓는다(로프의 길이가 해당층의 건축물 높이에 맞는지 확인).
(3) 벨트를 머리에서부터 뒤집어 쓰고 뒤틀림이 없도록 겨드랑이 밑에 건다.
(4) 고정링을 조절해 벨트를 가슴에 확실히 조인다.
(5) 지지대를 창밖으로 향하게 한다.
(6) 두 손으로 조절기 바로 밑의 로프 2개를 잡고 발부터 창밖으로 내민다.

Key Point

(7) 몸이 벽에 부딪치지 않도록 벽을 가깝게 손으로 밀면서 내려온다.

(8) **사용시 주의사항**

   ① 두 팔을 위로 들지 말 것 → 벨트가 빠져 추락 위험 문07 보기①

   ② 사용 전 지지대를 흔들어 볼 것 → **앵커볼트**가 아닌 일반볼트로 고정한 곳도 있으므로, 사용 전에 지지대를 흔들어 보아서 흔들린다면 절대 사용하지 말 것 문07 보기④

기출문제

07 다음 중 완강기 사용시 주의사항으로 옳지 않은 것은?

교재 P.239

   ① 벨트가 빠져 추락의 위험이 있으므로 두 팔을 위로 들지 말아야 한다.

   ② 벨트를 다리에서부터 위로 올려 뒤틀림이 없도록 겨드랑이 밑에 건다.

   ③ 완강기 후크를 고리에 걸고 지지대와 연결 후 나사를 조인다.

   ④ 앵커볼트가 아닌 일반볼트로 고정한 곳도 있으므로 사용 전 반드시 지지대를 흔들어 보아서 흔들린다면 절대 사용하지 말아야 한다.

> **해설**
> ② 다리에서부터 위로 올려 → 머리에서부터 뒤집어 쓰고

정답 ②

* **완강기 벨트 착용법**
  문07 보기②
  머리에서부터 뒤집어 씀

---

02 **인명구조기구** 교재 P.240

(1) **방열**복 문08 보기①

(2) 방**화**복(안전모, 보호장갑, 안전화 포함) 문08 보기③

(3) **공**기호흡기

(4) **인**공소생기 문08 보기②

> **공하성 기억법** 방열화공인

Key Point

기출문제 ●

08 인명구조기구로 옳지 않은 것은?

교재
P.240

① 방열복
③ 방화복

② 인공소생기
④ AED(자동제세동기)

해설

④ AED : 인명구조기구 아님

정답 ④

03 비상조명등

1 비상조명등의 조도 [교재 P.241]

각 부분의 바닥에서 **1 lx** 이상

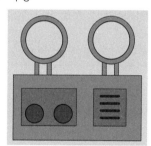

┃ 비상조명등 ┃

* 비상조명등의 유효작동
시간 [교재 PP.241-242]
20분 이상

* 휴대용 비상조명등
[교재 PP.241-242]
상시 충전되는 구조일 것

2 유효작동시간 [교재 PP.241-242]

비상**조**명등	휴대용 비상**조**명등
20분 이상	**2**0분 이상

공하성 기억법 조2(Joy)

Key Point

04 유도등 및 유도표시

1 비상전원의 용량 교재 P.243

구 분	용 량
유도등	**20분** 이상
유도등(지하상가 및 11층 이상)	**60분** 이상

2 특정소방대상물별 유도등의 종류 교재 P.243

설치장소	유도등의 종류
• **공**연장 문09 보기① · **집**회장 문09 보기② · **관**람장 · **운**동시설 문09 보기④ • **유**흥주점 영업시설(카바레, 나이트클럽) 공하성 기억법 **공집관운유**	• **대**형피난구유도등 • **통**로유도등 • **객**석유도등 공하성 기억법 **대통객**
• 위락시설	• 대형피난구유도등 • 통로유도등
• 오피스텔 • 지하층 · 무창층 · 11층 이상 문10 보기③	• 중형피난구유도등 • 통로유도등
• 교정 및 군사시설, 복합건축물	• 소형피난구유도등 • 통로유도등

* 유도등의 종류
교재 PP.243~245
① **피**난구유도등
② **통**로유도등
③ **객**석유도등
공하성 기억법
피통객

기출문제 •

09 다음 중 대형피난구유도등을 설치하지 않아도 되는 장소는?
교재 P.243

① 공연장   ② 집회장
③ 오피스텔   ④ 운동시설

해설
③ 중형피난구유도등 설치장소

정답 ③

Key Point

★ 지하층·무창층·11층
  이상 설치대상
① 중형피난구유도등
② 통로유도등

★★
10 지하층·무창층 또는 층수가 11층 이상인 특정소방대상물에 설치해야
교재 하는 유도등 및 유도표지 종류로 옳은 것은?
P.243
① 대형피난구유도등, 통로유도등, 객석유도등
② 대형피난구유도등, 통로유도등
③ 중형피난구유도등, 통로유도등
④ 소형피난구유도등, 통로유도등

해설
③ 지하층·무창층·11층 이상 : 중형피난구유도등, 통로유도등

정답 ③

3 객석유도등의 설치장소 교재 P.243

(1) **공**연장 문11 보기①
(2) **집**회장(종교집회장 포함)
(3) **관**람장 문11 보기②
(4) **운**동시설 문11 보기③

‖객석유도등‖

공하성 기억법 **공집관운객**

기출문제

★ 계단통로유도등
  교재 P.244
① 각 층의 경사로참 또는
  계단참(1개층에 경사로
  참 또는 계단참이 2 이상
  있는 경우 2개의 계단
  참마다)마다 설치할 것
② 바닥으로부터 높이 1m
  이하의 위치에 설치할 것

★ 피난구유도등의 설치
  장소 교재 P.244
① 옥내로부터 직접 지상
  으로 통하는 출입구 및
  그 부속실의 출입구
② 직통계단·직통계단의
  계단실 및 그 부속실의
  출입구
③ 출입구에 이르는 복도 또
  는 통로로 통하는 출입구
④ 안전구획된 거실로 통
  하는 출입구

★★★
11 객석유도등의 설치장소로 틀린 곳은?
교재
P.243
① 공연장   ② 관람장
③ 운동시설   ④ 위락시설

해설
④ 위락시설 : 피난구유도표지, 통로유도표지 설치

정답 ④

4 유도등의 설치높이 교재 P.244

복도통로유도등, 계단통로유도등	피난구유도등, 거실통로유도등
바닥으로부터 높이 **1m** 이하	피난구의 바닥으로부터 높이 **1.5m 이상** 문12 보기③
공하성 기억법 **1복**(일복 터졌다.)	공하성 기억법 **피유15상**

12 다음 중 유도등에 대한 설명으로 옳은 것은?

교재
PP.243
-244

① 오피스텔에는 중형피난구유도등, 통로유도등을 설치한다.
② 복도통로유도등은 바닥으로부터 높이 1.5m 이하에 설치한다.
③ 거실통로유도등은 거실, 주차장 등의 거실통로에 설치하며 바닥으로부터 높이 1m 이상의 위치에 설치한다.
④ 다중이용업소에는 대형피난구유도등을 설치한다.

해설

② 1.5m → 1m
③ 1m → 1.5m
④ 대형피난구유도등 → 소형피난구유도등, 통로유도등

정답 ①

5 객석유도등 산정식 교재 P.245

$$객석유도등\ 설치개수 = \frac{객석통로의\ 직선부분의\ 길이(m)}{4} - 1(소수점\ 올림)$$

공하성 기억법 객4

기출문제

13 객석통로의 직선부분의 길이가 30m일 때, 객석유도등의 최소 설치개수는?

교재
P.245

① 4개
② 6개
③ 7개
④ 10개

해설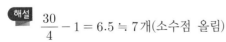
$$\frac{30}{4} - 1 = 6.5 ≒ 7개(소수점\ 올림)$$

정답 ③

Key Point

유사 기출문제

13 ★★★ 교재 P.245
객석통로의 직선부분의 길이가 13m일 때, 객석유도등의 최소 설치개수는?

① 2개   ② 3개
③ 5개   ④ 6개

해설 $\frac{13}{4} - 1 = 2.25 ≒ 3개$
(소수점 올림)

정답 ②

Key Point

6 객석유도등의 설치장소 교재 P.245

객석의 **통로**, **바닥**, **벽**

 기억법 통바벽

기출문제 ●------

★★★
14 다음 중 객석유도등의 설치장소로서 옳지 않은 것은?

교재
P.245

① 객석의 통로
② 객석의 바닥
③ 객석의 천장
④ 객석의 벽

 해설

③ 해당 없음

정답 ③

★
15 유도등에 관한 설명으로 옳은 것은?

교재
PP.243
-244

① 운동시설에는 중형피난구유도등을 설치한다.
② 피난구유도등은 바닥으로부터 높이 1.5m 이상에 설치한다.
③ 복도통로유도등은 바닥으로부터 높이 1.5m 이하에 설치한다.
④ 계단통로유도등은 바닥으로부터 높이 1m 이상에 설치한다.

해설

① 중형피난구유도등 → 대형피난구유도등
③ 1.5m 이하 → 1m 이하
④ 1m 이상 → 1m 이하

정답 ②

Key Point

16

교재 PP.243 -245

다음은 관람장의 시설 규모를 나타낸다. (㉠)에 들어갈 유도등의 종류와 객석유도등의 설치개수로 옳은 것은?

규 모	유도등 및 유도표지의 종류
• 연면적 50000m² • 객석통로의 직선길이 77m	• (㉠)피난구유도등 • 통로유도등 • 객석유도등

① ㉠ 중형, 객석유도등 설치 개수 : 18개
② ㉠ 중형, 객석유도등 설치 개수 : 19개
③ ㉠ 대형, 객석유도등 설치 개수 : 18개
④ ㉠ 대형, 객석유도등 설치 개수 : 19개

해설

④ ㉠ 대형피난구유도등, $\dfrac{77}{4} - 1 = 18.2$(소수점 올림) ≒ 19개

정답 ④

★ 관람장의 유도등 종류
① 대형피난구유도등
② 통로유도등
③ 객석유도등

17

교재 PP.243 -245

다음 중 유도등 및 유도표지에 관한 설명으로 틀린 것은?
① 객석유도등은 주차장, 도서관 등에 설치한다.
② 피난구유도등과 거실통로유도등의 설치높이는 동일하다.
③ 복합건축물에는 소형피난구유도등과 통로유도등을 설치한다.
④ 유흥주점 영업시설에는 객석유도등도 설치하여야 한다.

해설

① 주차장, 도서관 등 → 공연장, 극장 등

정답 ①

★ 객석유도등 설치장소
문17 보기①
① 공연장
② 극장

7 유도등의 3선식 배선시 자동점등되는 경우   교재 P.246

(1) **자동화재탐지설비**의 감지기 또는 발신기가 작동되는 때
  자동화재속보설비 ✕
(2) **비상경보설비**의 발신기가 작동되는 때
(3) **상**용전원이 정전되거나 전원선이 단선되는 때
(4) **방**재업무를 통제하는 곳 또는 전기실의 배전반에서 **수**동적으로 점등하는 때
(5) **자동소화설비**가 작동되는 때

공하성 기억법 3탐경상 방수자

Key Point

8 유도등 3선식 배선에 따라 상시 **충전**되는 구조가 가능한 경우 교재 P.246

(1) **외부광**에 따라 피난구 또는 피난방향을 쉽게 식별할 수 있는 장소 문18 보기①
(2) **공연장, 암실** 등으로서 어두워야 할 필요가 있는 장소 문18 보기②
(3) 특정소방대상물의 **관계인** 또는 **종사원**이 주로 사용하는 장소 문18 보기③

 기억법 충외공관

 기출문제 •┄┄┄┄┄┄┄┄┄┄┄┄┄┄┄┄┄┄┄┄┄

18 교재 P.246

유도등은 항상 점등상태를 유지하는 2선식 배선을 하는 것이 원칙이다. 다만, 어떤 장소에는 3선식 배선으로도 가능하다. 다음 중 상시 충전되는 3선식 배선으로 가능한 장소에 해당되지 않는 것은?
① 외부광에 따라 피난구 또는 피난방향을 쉽게 식별할 수 있는 장소
② 공연장, 암실 등으로서 어두워야 할 필요가 있는 장소
③ 특정소방대상물의 관계인 또는 종사원이 주로 사용하는 장소
④ 방재업무를 통제하는 곳 또는 전기실의 배전반에서 수동으로 점등하는 장소

해설 ④ 유도등의 3선식 배선시 점등되는 경우

정답 ④

중요 3선식 유도등 점검 교재 P.247

수신기에서 수동으로 점등스위치를 **ON**하고 건물 내의 점등이 **안 되는** 유도등을 확인한다.

수 동	자 동
유도등 절환스위치 수동전환 → 유도등 점등 확인	유도등 절환스위치 자동전환 → 감지기, 발신기 동작 → 유도등 점등 확인

기출문제

19 다음 중 3선식 유도등의 점검내용으로 올바른 것을 모두 고른 것은?

교재
P.247

> ⊙ 유도등 절환스위치 수동전환 → 유도등 점등 확인
> ⓒ 유도등 절환스위치 자동전환 → 유도등 점등 확인
> ⓒ 유도등 절환스위치 수동전환 → 감지기, 발신기 동작 → 유도등 점등 확인
> ⓔ 유도등 절환스위치 자동전환 → 감지기, 발신기 동작 → 유도등 점등 확인

① ⊙
② ⊙, ⓒ
③ ⊙, ⓔ
④ ⓒ, ⓒ

 해설

> ③ ⊙ 유도등 절환스위치 수동전환 → 유도등 점등 확인
> ⓔ 유도등 절환스위치 자동전환 → 감지기, 발신기 동작 → 유도등 점등 확인

정답 ③

⑨ 예비전원(배터리)점검 문20 보기① 교재 P.247

외부에 있는 **점검스위치**(배터리상태 점검스위치)를 **당겨보는 방법** 또는 **점검버튼**을 눌러서 점등상태 확인

‖ 예비전원 점검스위치 ‖

‖ 예비전원 점검버튼 ‖

Key Point

기출문제 ●

★★
20 다음 사진은 유도등의 점검내용 중 어떤 점검에 해당되는가?

교재
P.247

① 예비전원(배터리)점검　　② 3선식 유도등점검
③ 2선식 유도등점검　　　④ 상용전원점검

해설
① 예비전원(배터리)점검 : 당기거나 눌러서 점검

정답 ①

* **예비전원(배터리)점검**
교재 P.247
① 점검스위치를 당기는
　방법
② 점검버튼을 누르는 방법

---

10 **2선식 유도등점검** 교재 P.247

유도등이 **평상시 점등**되어 있는지 확인

▎평상시 점등이면 정상▎　　　▎평상시 소등이면 비정상▎

11 **유도등의 점검내용**

(1) **3선식**은 유도등 절환스위치를 **수동**으로 전환하고 **유도등**의 **점등**을 확인
한다. 또한 수신기에서 수동으로 점등스위치를 <u>ON</u>하고 건물 내의 점등
OFF ×
이 <u>안</u> 되는 유도등을 확인한다. 문21 보기①
되는 ×
(2) **3선식**은 유도등 절환스위치를 **자동**으로 전환하고 **감지기, 발신기** 동작
후 **유도등 점등**을 확인한다. 문21 보기②
(3) **2선식**은 유도등이 **평상시 점등**되어 있는지 확인한다. 문21 보기③
(4) **예비전원**은 **상시 충전**되어 있어야 한다. 문21 보기④

Key Point

기출문제

21 유도등의 점검내용으로 틀린 것은?

① 3선식은 유도등 절환스위치를 수동으로 전환하고 유도등의 점등을 확인한다. 또한 수신기에서 수동으로 점등스위치를 OFF하고 건물 내의 점등이 되는 유도등을 확인한다.

② 3선식은 유도등 절환스위치를 자동으로 전환하고 감지기, 발신기 동작 후 유도등 점등을 확인한다.

③ 2선식은 유도등이 평상시 점등되어 있는지 확인한다.

④ 예비전원은 상시 충전되어 있어야 한다.

교재 P.247

해설
① OFF → ON, 되는 → 안 되는

정답 ①

 중요

* 3선식 유도등 교재 P.247

수 동	자 동
점등스위치 ON 후 점등 안 되는 유도등 확인	감지기, 발신기 동작 후 유도등 점등 확인

(1) 공동주택 유도등 교재 P.248

① 소형 피난구유도등 설치(단, 세대 내 설치제외)
② 중형·대형 피난구유도등 설치

중형 피난구유도등	대형 피난구유도등
주차장	비상문 자동개폐장치가 설치된 옥상 출입문

(2) 창고시설 유도등 교재 P.248

대형 유도등	피난유도선(연면적 15000m² 이상인 창고시설의 지하층·무창층)
① 피난구유도등 ② 거실통로유도등	① 광원점등방식으로 바닥으로부터 **1m 이하**의 높이에 설치 ② 각 층 직통계단 출입구로부터 건물 내부 벽면으로 **10m 이상** 설치 ③ 화재시 점등되며 비상전원 **30분 이상** 확보

소방계획 수립

이제 고지가 얼마 남지 않았다.

제**6**편

소방계획 수립

Key Point

01 소방안전관리대상물의 소방계획의 주요 내용 교재 P.254

(1) 소방안전관리대상물의 위치·구조·연면적·용도 및 수용인원 등 일반 현황
(2) 소방안전관리대상물에 설치한 소방시설·방화시설·전기시설·가스시설 및 위험물시설의 현황
(3) 화재예방을 위한 **자체점검계획** 및 **대응대책** 문이 보기①
(4) **소방시설**·피난시설 및 방화시설의 **점검·정비계획**
(5) 피난층 및 피난시설의 위치와 피난경로의 설정, 화재안전취약자의 피난 계획 등을 포함한 피난계획
(6) **방화구획**, 제연구획, 건축물의 내부 마감재료 및 방염물품의 사용현황 과 그 밖의 방화구조 및 설비의 유지·관리계획
(7) **소방훈련** 및 **교육**에 관한 계획 문이 보기②
(8) 소방안전관리대상물의 근무자 및 거주자의 **자위소방대** 조직과 대원의 임무(화재안전취약자의 피난보조임무를 포함)에 관한 사항
(9) **화기취급작업**에 대한 사전 안전조치 및 감독 등 공사 중 소방안전관리 에 관한 사항
(10) 관리의 권원이 분리된 소방안전관리에 관한 사항
(11) **소화**와 **연소 방지**에 관한 사항
(12) 위험물의 저장·취급에 관한 사항 문이 보기④
(13) 소방안전관리에 대한 업무수행기록 및 유지에 관한 사항
(14) 화재발생시 화재경보, 초기소화 및 피난유도 등 초기대응에 관한 사항
(15) 그 밖에 소방안전관리를 위하여 **소방본부장** 또는 **소방서장**이 소방안전 관리대상물의 위치·구조·설비 또는 관리상황 등을 고려하여 소방안전 관리에 필요하여 요청하는 사항

기출문제

01 소방계획의 주요 내용이 아닌 것은?
교재 P.254
① 화재예방을 위한 자체점검계획 및 대응대책
② 소방훈련 및 교육에 관한 계획
③ 화재안전조사에 관한 사항
④ 위험물의 저장·취급에 관한 사항

* 소방계획의 개념
  교재 P.253
① 화재로 인한 재난발생 사전예방·대비
② 화재시 신속하고 효율 적인 대응·복구
③ 인명·재산 피해 최소화

해설
③ 화재안전조사는 소방계획과 관계없음

정답 ③

---

* 소방계획의 수립절차 중 2단계(위험환경분석) 교재 P.256
위험환경식별 → 위험환경 분석·평가 → 위험경감대책 수립

02 소방계획의 주요 원리 교재 PP.254-255

(1) **종**합적 안전관리
(2) **통**합적 안전관리
(3) **지**속적 발전모델

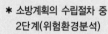 기억법 계종 통지(개종하도록 통지)

종합적 안전관리	통합적 안전관리	지속적 발전모델 문02 보기④

종합적 안전관리
- 모든 형태의 위험을 포괄 문02 보기②
- 재난의 전주기적(예방·대비 → 대응 → 복구) 단계의 위험성 평가 문02 보기①

통합적 안전관리

내 부	외 부
협력 및 파트너십 구축, 전원 참여	거버넌스(정부–대상처–전문기관) 및 안전관리 네트워크 구축 문02 보기③

지속적 발전모델
- PDCA Cycle(계획 : Plan, 이행/운영 : Do, 모니터링 Check, 개선 : Act)

기출문제 •

02 다음 소방계획의 주요 원리 및 설명으로 틀린 것은?
교재 PP.254 -255
① 종합적 안전관리 : 예방·대비, 대응, 복구 단계의 위험성 평가
② 포괄적 안전관리 : 모든 형태의 위험을 포괄
③ 통합적 안전관리 : 정부와 대상처, 전문기관 및 안전관리 네트워크 구축
④ 지속적 발전모델 : 계획, 이행/운영, 모니터링, 개선 4단계의 PDCA Cycle

해설
② 포괄적 안전관리 → 종합적 안전관리

정답 ②

03 소방계획의 작성원칙 교재 P.255

작성원칙	설 명
실현가능한 계획	① 소방계획의 작성에서 가장 핵심적인 측면은 위험관리 ② 소방계획은 대상물의 위험요인을 체계적으로 관리하기 위한 일련의 활동 ③ 위험요인의 관리는 반드시 **실현가능한 계획**으로 **구성**되어야 한다. 문03 보기①
관계인의 참여	소방계획의 수립 및 시행과정에 소방안전관리대상물의 관계인, 재실자 및 방문자 등 **전원**이 **참여**하도록 수립 문03 보기④
계획수립의 구조화	체계적이고 전략적인 계획의 수립을 위해 **작성-검토-승인**의 3단계의 구조화된 절차를 거쳐야 한다. 문03 보기③
실행 우선	① 소방계획의 궁극적 목적은 비상상황 발생시 신속하고 효율적인 대응 및 복구로 피해를 최소화하는 것 ② 문서로 작성된 계획만으로는 소방계획이 완료되었다고 보기 힘듦 문03 보기② ③ **교육 훈련** 및 **평가** 등 **이행**의 과정이 있어야 함

기출문제

03 다음 중 소방계획의 작성원칙으로 옳은 것은?

교재 P.255

① 위험요인의 관리는 실현가능한 계획만을 구성하면 안 된다.
② 문서로 작성된 계획만으로 소방계획이 완료되었다고 볼 수 있다.
③ 체계적이고 전략적인 계획의 수립을 위해 작성-검토-승인 3단계의 구조화된 절차를 거쳐야 한다.
④ 소방계획의 수립 및 시행과정에 소방안전관리대상물의 관계인만 참여하도록 수립하여야 한다.

 해설

> ① 실현가능한 계획만은 구성하면 안 된다 → 반드시 실현가능한 계획으로 구성되어야 한다.
> ② 볼 수 있다 → 보기 어렵다.
> ④ 소방안전관리대상물의 관계인만 → 소방안전관리 대상물의 관계인, 재실자 및 방문자 등 전원이

정답 ③

Key Point

유사 기출문제

03★★★ 교재 P.255
다음은 소방계획의 작성원칙에 관한 사항이다. ( )에 들어갈 말로 옳은 것은?

- 실현가능한 계획이어야 한다.
- (㉠) 우선이어야 한다.
- 작성-(㉡)-승인의 3단계의 구조화된 절차를 거쳐야 한다.
- 소방계획의 수립 및 시행과정에 소방안전관리대상물의 (㉢), 재실자 및 방문자 등 전원이 참여하도록 수립하여야 한다.

① ㉠ : 계획, ㉡ : 회의, ㉢ : 관계인
② ㉠ : 계획, ㉡ : 검토, ㉢ : 관계인
③ ㉠ : 실행, ㉡ : 회의, ㉢ : 관계인
④ ㉠ : 실행, ㉡ : 검토, ㉢ : 관계인

 해설
> ④ ㉠ 실행
> ㉡ 검토 ㉢ 관계인

정답 ④

04 소방계획의 수립절차 교재 P.256

1 소방계획의 수립절차 및 내용 교재 P.256

수립절차	내 용
사전기획(1단계) 문04 보기①	소방계획 수립을 위한 **임시조직**을 구성하거나 위원회 등을 개최하여 법적 요구사항은 물론 **이해관계자**의 의견을 수렴하고 세부 작성계획 수립
위험환경분석(2단계) 문04 보기②	대상물 내 물리적 및 인적 위험요인 등에 대한 **위험요인**을 식별하고, 이에 대한 분석 및 평가를 정성적·정량적으로 실시한 후 이에 대한 대책 수립
설계 및 개발(3단계) 문04 보기③	대상물의 **환경** 등을 바탕으로 소방계획 수립의 목표와 전략을 수립하고 세부 실행계획 수립
시행 및 유지관리(4단계) 문04 보기④	**구체적인** 소방계획을 수립하고 **이해관계자**의 소방서장 ✕ **검토**를 거쳐 최종 승인을 받은 후 소방계획을 이행하고 지속적인 개선 실시

* 소방계획의 수립절차 4단계(시행-유지관리)
이해관계자의 검토

2 소방계획의 수립절차 요약 교재 P.256

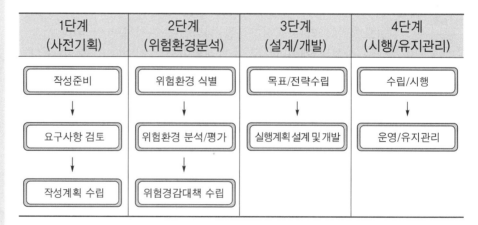

Key Point

기출문제

04 소방계획의 절차에 대한 설명 중 틀린 것은?

교재 P.256

① 사전기획 : 소방계획 수립을 위한 임시조직을 구성하거나 위원회 등을 개최하여 의견수렴
② 위험환경분석 : 위험요인을 식별하고 이에 대한 분석 및 평가 실시 후 대책 수립
③ 설계 및 개발 : 환경을 바탕으로 소방계획 수립의 목표와 전략을 수립하고 세부 실행계획 수립
④ 시행 및 유지관리 : 구체적인 소방계획을 수립하고 소방서장의 최종 승인을 받은 후 소방계획을 이행하고 지속적인 개선 실시

 해설

④ 소방서장의 → 이해관계자의 검토를 거쳐

정답 ④

유사 기출문제

04★★   교재 P.256

소방계획의 수립절차에 관한 사항 중 2단계 위험환경 분석의 순서로 옳은 것은?

① 위험환경 식별 → 위험환경 분석·평가 → 위험경감대책 수립
② 위험환경 분석·평가 → 위험환경 식별 → 위험경감대책 수립
③ 위험환경 식별 → 위험경감대책 수립 → 위험환경 분석·평가
④ 위험경감대책 수립 → 위험환경 분석·평가 → 위험환경 식별

해설 ① 2단계 : 위험환경 식별 → 위험환경 분석·평가 → 위험경감대책 수립

정답 ①

05 골든타임   교재 P.258

CPR(심폐소생술)	화재시 문05 보기③
4~6분 이내	5분

공하성 기억법   C4(가수 씨스타), 5골화(오골계만 그리는 화가)

* 화재시의 골든타임
교재 P.258

5분

기출문제

05 일반적으로 화재시의 골든타임은 몇 분 정도인가?

교재 P.258

① 1분   ② 3분
③ 5분   ④ 10분

 해설

③ 화재시 골든타임 : 5분

정답 ③

Key Point

06 자위소방대 교재 PP.259-266

구 분	설 명
편 성	소방안전관리대상물의 규모·용도 등의 특성을 고려하여 비상연락 초기소화, 피난유도 및 응급구조, 방호안전기능 편성 문06 보기①
소방교육·훈련	연 1회 이상 문06 보기②
주요 업무	화재발생시간에 따라 필요한 기능적 특성을 포괄적으로 제시 문06 보기④

 기출문제

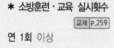

✱ 소방훈련·교육 실시횟수
교재 P.259

연 1회 이상

★★★
06 다음 자위소방대에 대한 설명으로 옳은 것은?

교재 PP.259 -266

① 소방안전관리대상물의 규모·용도 등의 특성을 고려하여 비상연락, 초기소화, 피난유도 및 응급구조, 방호안전기능을 편성할 수 있다.
② 소방 교육·훈련은 최소 연 2회 이상 실시해야 한다.
③ 소방교육 실시결과를 기록부에 작성하고 3년간 보관토록 해야 한다.
④ 자위소방활동의 주요 업무는 화재진화시간에 따라 필요한 기능적 특성을 포괄적으로 제시하고 있다.

해설

② 연 2회 → 연 1회
③ 3년 → 2년
④ 화재진화시간 → 화재발생시간

 정답 ①

07 자위소방대 초기대응체계의 인원편성 교재 P.263

(1) 소방안전관리보조자, 경비(보안)근무자 또는 대상물관리인 등 **상시근무자**를 **중심**으로 구성한다. 문07 보기①

▌자위소방대 인력편성 ▌

자위소방 대장	자위소방 부대장
① 소방안전관리대상물의 소유주 ② 법인의 대표 ③ 관리기관의 책임자	소방안전관리자

(2) 소방안전관리대상물의 근무자의 **근무위치**, **근무인원** 등을 고려하여 편성한다. 이 경우 소방안전관리보조자(보조자가 없는 대상처는 선임대원)를 운영책임자로 지정한다. 문07 보기②

(3) 초기대응체계 편성시 **1명** 이상은 수신반(또는 종합방재실)에 근무해야 하며 화재상황에 대한 모니터링 또는 지휘통제가 가능해야 한다.

(4) **휴일** 및 **야간**에 **무인경비시스템**을 통해 감시하는 경우에는 무인경비회사와 비상연락체계를 구축할 수 있다. 문07 보기③

기출문제 ●

 07 자위소방대의 초기대응체계의 인력편성에 관한 사항으로 틀린 것은?

교재 P.263

① 근무자 또는 대상물관리인 등 상시근무자를 중심으로 구성한다.
② 근무자의 근무위치, 근무인원 등을 고려하여 편성한다.
③ 휴일 및 야간에 무인경비시스템을 통해 감시하는 경우에는 무인경비회사와 비상연락체계를 구축할 수 있다.
④ 소방안전관리자를 중심으로 지휘체계를 명확히 한다.

해설
④ 해당 없음

정답 ④

* **자위소방대 인력편성**
소방안전관리자를 부대장으로 지정

 08 훈련종류 교재 P.265

(1) **기**본훈련
(2) **피**난훈련
(3) **종**합훈련
(4) **합**동훈련

종하성 기억법 종합훈기피(종합훈련 기피)

235

09 피 난

1 화재시 일반적 피난행동 『교재』 PP.268-269

(1) 엘리베이터는 절대 이용하지 않도록 하며 계단을 이용해 옥외로 대피한다.

(2) 아래층으로 대피가 불가능한 때에는 옥상으로 대피한다.

(3) 아파트의 경우 세대 밖으로 나가기 어려울 경우 **세대 사이**에 설치된 **경량칸막이**를 통해 옆세대로 대피하거나 **세대 내 대피공간**으로 대피
대피공간 ×
한다. 문08 보기③

(4) 유도등, 유도표지를 따라 대피한다. 문08 보기①

(5) 연기 발생시 최대한 **낮은 자세**로 이동하고, 코와 입을 **젖은 수건** 등으로 막아 연기를 마시지 않도록 한다.

(6) 출입문을 열기 전 문손잡이가 뜨거우면 문을 열지 말고 다른 길을 찾는다. 문08 보기②

(7) 옷에 불이 붙었을 때에는 눈과 입을 가리고 바닥에서 뒹군다.

(8) 탈출한 경우에는 절대로 다시 화재건물로 들어가지 않는다. 문08 보기④

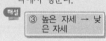

유사 기출문제

08★ 『교재』 PP.268-269
화재시 일반적 피난행동으로 틀린 것은?

① 아래층으로 대피가 불가능할 때에는 옥상으로 대피한다.
② 엘리베이터는 절대 이용하지 않도록 하며 계단을 이용해 옥외로 대피한다.
③ 연기 발생시 최대한 높은 자세로 이동한다.
④ 옷에 불이 붙었을 때에는 눈과 입을 가리고 바닥에서 뒹군다.

해설
③ 높은 자세 → 낮은 자세

정답 ③

기출문제 ●

08 화재시 일반적 피난행동으로 옳지 않은 것은?

『교재』 PP.268 -269

① 유도등, 유도표지를 따라 대피한다.
② 출입문을 열기 전 손잡이가 뜨거우면 문을 열지 말고 다른 길을 찾는다.
③ 아파트의 경우 세대 밖으로 나가기 어려울 경우 세대 사이에 설치된 대피공간을 통해 옆세대로 대피한다.
④ 탈출한 경우에는 절대로 다시 화재건물로 들어가지 않는다.

해설
③ 대피공간 → 경량칸막이

● 정답 ③

② 휠체어사용자 　교재 P.273

평지보다 계단에서 주의가 필요하며, 많은 사람들이 보조할수록 상대적으로 쉬운 대피가 가능하다. 문09 보기①

기출문제 ●

★★★
09 화재안전취약자의 장애유형별 피난보조 예시에 관한 사항으로 옳지 않은 것은?

　교재 P.273

① 휠체어 사용자는 평지보다 계단에서 주의가 필요하며, 많은 사람들이 보조하면 피난에 정체현상이 발생하므로 한 명이 보조한다.
② 청각장애인은 표정이나 제스처를 사용한다.
③ 시각장애인은 서로 손을 잡고 질서있게 피난한다.
④ 노약자는 장애인에 준하여 피난보조를 실시한다.

 해설

① 많은 사람들이 보조하면 피난에 정체현상이 발생하므로 한 명이 보조한다. → 많은 사람들이 보조할수록 상대적으로 쉬운 대피가 가능하다.

일반휠체어 사용자	전동휠체어 사용자
뒤쪽으로 기울여 손잡이를 잡고 뒷바퀴보다 한 계단 아래에서 무게 중심을 잡고 이동한다. 2인이 보조시 다른 1인은 장애인을 마주 보며 손잡이를 잡고 동일한 방법으로 이동	전동휠체어에 탑승한 상태에서 계단 이동시는 일반휠체어와 동일한 요령으로 보조할 수도 있으나 무거워 많은 인원과 공간이 필요하므로 전원을 끈 후 업거나 안아서 피난을 보조하는 것이 가장 효과적

정답 ①

＊청각장애인 vs 시각장애인 문09 보기②③

　교재 P.273

청각장애인	시각장애인
표정이나 제스처 사용	서로 손을 잡고 질서있게 피난

＊노약자 　교재 P.273
장애인에 준하여 피난보조 실시 문09 보기④

10 다음 소방계획서의 건축물 일반현황을 참고할 때 옳은 것은?

교재 P.285

구 분	건축물 일반현황	
명칭	ABCD 빌딩	
도로명 주소	서울시 영등포구 여의도로 17	
연락처	□ 관리주체 : ABC 관리 □ 연락처 : 2671-0001	□ 책임자 : 홍길동
규모/구조	□ 건축면적 : 846m²	□ 연면적 : 5628m²
	□ 층수 : 지상 6층/지하 1층	□ 높이 : 30m
	□ 구조 : 철근콘크리트조	□ 지붕 : 슬리브
	□ 용도 : 업무시설	□ 사용승인 : 2010/05/11
계단	□ 구분　　　　　□구역	□ 비고
	피난계단　　　A구역	B1-5F(제연설비 □ 유 ☑ 무)
	피난계단　　　B구역	B1-5F(제연설비 □ 유 ☑ 무)
승강기	□ 승용 5대	□ 비상용 2대
인원현황	□ 거주인원 : 9명	□ 근무인원 : 50명
	□ 고령자 : 0명 □ 어린이 : 0명 □ 장애인(아동, 시각, 청각, 언어) : 1명(이동장애) □ 임산부 : 0명	□ 영유아 : 10명(어린이집)

① ABCD 빌딩은 2급 소방안전관리대상물이다.
② 초기 대응체계의 인원편성은 상시거주자를 중심으로 구성한다.
③ 피난약자의 피난계획을 수립하지 않아도 된다.
④ 상시 근무하는 인원이 10명을 초과하므로 소방훈련·교육을 실시하여야 한다.

＊연면적 15000m² 미만
2급 소방안전관리대상물

 해설

> ① 연면적 5628m²으로서 15000m² 미만이므로 2급 소방안전관리대상물이다. 교재 P.25
> ② 상시거주자 → 상시근무자 교재 P.263
> ③ 장애인이 있으므로 피난약자의 피난계획을 수립하여야 한다. 교재 PP.272-273
> ④ 해당 없음

정답 ①

10 소방계획서 작성목차 교재 PP.283-284

＊ 소방계획서 작성목차
교재 PP.283-284

① 소방안전관리계획
② 자위소방대운영계획
③ 피난계획

소방안전관리계획 문11 보기②	자위소방대 운영계획 문11 보기③	피난계획 문11 보기④
• 건축물 **일반현황** • 건축물 **세부현황** • 건축물 위치·운영현황 및 소방차 세부진입계획 • 소방시설현황 • 피난·방화시설 및 제연, 방염관련현황 • 기타시설현황 • 소방안전관리(보조)자 등 일반현황 • 업무대행현황 • 공동소방안전관리협의회 구성현황 • 소방안전관리자 자체점검 및 업무수행 • **소방훈련** 및 **교육** • 화기취급감독 • 소방시설공사/정비 기록 • 화재예방 및 홍보 • **피해복구**	• 자위소방대 및 초기대응체계 일반현황 • 자위소방대 및 초기대응체계 편성표 • 자위소방대 및 초기대응체계 조직도 및 임무 • 자위소방대 및 초기대응체계 개별임무카드 • **지휘통제팀** • 비상연락팀(지휘반) • 외부기관 비상연락체계 • 비상상황별 연락방법 및 안내문구 • 초기소화팀(진압반) • 피난유도팀(대피유도반) • 응급구조팀(구조구급반) • **방호안전팀** • **초기대응체계** • 자위소방대 교육·훈련 실시 결과 기록부	• 피난시설 및 기타시설 일반현황 • 피난시설 및 기타시설 세부현황 • 피난인원현황 • 피난유도절차 및 피난경로(집결지) 설정 • 피난약자현황 및 피난계획 • 피난약자유형별 피난방법 • 피난관련기구 및 피난유도장비 등 세부현황 • 피난보조자 비상연락망

 기출문제

★★ 11 소방계획서 작성목차 중 소방안전관리계획에 포함되지 않는 사항은?

교재 PP.283 -284

① 건축물 일반현황
② 건축물 세부현황
③ 피난시설 및 기타시설 일반현황
④ 피난·방화시설 및 제연, 방염관련현황

해설
③ 피난시설 및 기타시설 일반현황은 **피난계획**

정답 ③

11 화기취급 작업절차 교재 P.104

화재예방 조치	화재감시자 입회 및 감독
① 가연물 이동 및 보호조치 문12 보기①	① 화재감시자 지정 및 입회
② 소화설비(소화·경보) 작동 확인 문12 보기②	② 개인보호장구 착용 문12 보기④
③ 용접·용단장비·보호구 점검 문12 보기③	③ 소화기 및 비상통신장비 비치

Key Point

기출문제 ●

12 다음 중 화기취급 작업절차 중 화재예방 조치사항의 업무내용이 아닌 것은?

교재
P.104

① 가연물 이동 및 보호조치
② 소화설비(소화·경보) 작동 확인
③ 용접·용단장비·보호구 점검
④ 개인보호장구 착용

해설

④ 화재감시자 입회 및 감독 사항

정답 ④

12 소방안전관리자 현황표 기입사항   교재 P.29-31, P.300

(1) 소방안전관리자 현황표의 대상명 문13 보기①
(2) 소방안전관리자의 이름
(3) 소방안전관리자의 연락처
(4) 소방안전관리자의 <u>선임일자</u> 문13 보기②
　　　　　　　수료일자 ×
(5) 소방안전관리대상물의 등급 문13 보기③

유사 기출문제

13★   교재 P.300
다음 소방안전관리 현황표에 포함해야 하는 내용으로 옳지 않은 것은?

① 소방안전관리자의 이름, 연락처
② 소방안전관리자의 수료일자, 등급
③ 소방안전관리자 현황표의 대상명
④ 소방안전관리대상물의 등급

해설

② 수료일자 → 선임일자

정답 ②

기출문제 ●

13 다음 중 소방안전관리자 현황표에 기입하지 않아도 되는 사항은?

교재
P.300

① 소방안전관리자 현황표의 대상명
② 소방안전관리자의 선임일자
③ 소방안전관리대상물의 등급
④ 관계인의 인적사항

해설

④ 해당 없음

정답 ④

제 **7** 편

응급처치

브레슬로 박사가 제안한 7가지 건강습관

1. 하루 7~8시간 충분한 수면

2. 금연

3. 적정한 체중 유지

4. 과음을 삼간다.

5. 주 3회 이상 운동

6. 아침 식사를 거르지 않는다.

7. 간식을 먹지 않는다.

응급처치

＊ 응급처치
가정, 직장 등에서 부상이나 질병으로 인해 위급한 상황에 놓인 환자에게 의사의 치료가 시행되기 전에 즉각적이며 임시적으로 제공하는 처치

01 응급처치의 중요성 〔교재 P.359〕

(1) 긴급한 환자의 생명 유지 〔문어 보기②〕
(2) 환자의 고통 경감 〔문어 보기③〕
(3) 위급한 부상부위의 응급처치로 치료기간 단축
(4) 현장처치의 원활화로 의료비 절감 〔문어 보기④〕

기출문제 ●

유사 기출문제

01★ 〔교재 P.359〕
다음 중 응급처치의 중요성에 해당하지 않는 것은?
① 긴급한 환자의 생명 유지
② 환자의 고통 경감
③ 위급한 부상부위의 응급처치로 치료기간 단축
④ 구조자의 처치실력 향상
해설
④ 해당 없음
정답 ④

01 응급처치의 중요성에 관한 설명으로 틀린 것은?
〔교재 P.359〕
① 환자의 건강체크와 사전예방
② 긴급한 환자의 생명 유지
③ 환자의 고통 경감
④ 현장처치의 원활화로 의료비 절감
해설
① 응급처치는 사전예방 불가능
정답 ①

02 응급처치요령(기도확보) 〔교재 P.359〕

(1) 환자의 입 내에 이물질이 있을 경우 기침을 유도한다. 〔문02 보기①〕
(2) 환자의 입 내에 눈에 보이는 이물질이라 하여 <u>함부로 제거하려 해서는 안 된다.</u>
　　　　　　　　　　　　　　　　　　　　　손을 넣어 제거한다. ×
〔문02 보기②〕

＊ 하임리히법
기침을 할 수 없는 경우 실시

(3) 이물질이 제거된 후 머리를 <u>뒤</u>로 젖히고, 턱을 <u>위</u>로 들어 올려 기도가 개방되도록 한다. 〔문02 보기③〕　옆으로 ×　　　아래로 내려 ×
(4) 환자가 기침을 할 수 없는 경우 **하임리히법**을 실시한다. 〔문02 보기④〕

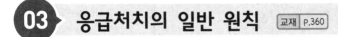

03 **응급처치의 일반 원칙** 교재 P.360

(1) 구조자는 자신의 안전을 최우선시 한다. 문03 보기①
(2) 응급처치시 사전에 보호자 또는 당사자의 이해와 동의를 얻어 실시하는 것을 원칙으로 한다.
(3) 불확실한 처치는 하지 않는다.
(4) 119구급차를 이용시 전국 어느 곳에서나 이송거리, 환자 수 등과 관계없이 어떠한 경우에도 무료이나 사설단체 또는 병원에서 운영하고 있는 앰뷸런스는 일정요금을 징수한다.

기출문제 ●

02 **다음 중 응급처치요령으로 옳지 않은 것은?**

교재
PP.359
-360

① 환자의 입 내에 이물질이 있을 경우 기침을 유도한다.
② 환자의 입 내에 이물질이 눈으로 보일 경우 손을 넣어 제거한다.
③ 이물질이 제거된 후 머리를 뒤로 젖히고, 턱을 위로 들어 올려 기도가 개방되도록 한다.
④ 환자가 기침을 할 수 없는 경우 하임리히법을 실시한다.

해설
② 손을 넣어 제거한다. → 함부로 제거하려 해서는 안 된다.

정답 ②

03 **다음 응급처치에 대한 설명으로 틀린 것은?**

교재
PP.359
-360

① 구조자는 자신의 안전을 최우선한다.
② 현장처치의 원활화로 의료비 절감도 응급처치의 중요성에 해당한다.
③ 눈에 보이는 이물질이라 하여 함부로 제거하려 해서는 안 된다.
④ 기도를 개방할 때는 머리를 옆으로 젖히고, 턱을 아래로 내린다.

해설
④ 옆으로 → 뒤로, 아래로 내린다. → 위로 들어 올린다.

정답 ④

Key Point

유사 기출문제

03★ 교재 PP.359-360
다음 중 응급처치의 일반적인 원칙으로 틀린 것은?
① 구조대상자의 안전을 최우선한다.
② 불확실한 처치는 하지 않는다.
③ 응급처치시 사전에 보호자 또는 당사자의 이해와 동의를 얻어 실시하는 것을 원칙으로 한다.
④ 119 구급차를 이용시 어떠한 경우에도 무료이나 사설단체 또는 병원에서 운영하고 있는 앰뷸런스는 일정요금이 징수된다.

해설
① 구조대상자 → 구조자

정답 ①

Key Point

04 ▶ 출혈의 증상 교재 P.362

(1) 호흡과 맥박이 <u>빠르고</u> **약하고 불규칙**하다. 문04 보기①
　　　　　　느리고 ✕
(2) 반사작용이 <u>둔</u>해진다. 문04 보기②
　　　　민감해진다 ✕
(3) 체온이 떨어지고 **호흡곤란**도 나타난다. 문04 보기③
(4) 혈압이 점차 저하되며, 피부가 **창백**해진다. 문04 보기④
(5) **구토**가 발생한다.
(6) **탈수현상**이 나타나며 갈증을 호소한다.

🏳 **기출문제** ●

유사 기출문제

04★　　　교재 P.362
다음 중 출혈시 증상이 아닌 것은?
① 호흡과 맥박이 느리고 약하고 불규칙하다.
② 체온이 떨어지고 호흡곤란도 나타난다.
③ 탈수현상이 나타나며 갈증이 심해진다.
④ 구토가 발생한다.
해설 ① 느리고 → 빠르고
정답 ①

★★
04 응급처치요령 중 출혈의 증상으로 틀린 것은?
교재 P.362
① 호흡과 맥박이 빠르고 약하고 불규칙하다.
② 반사작용이 민감해진다.
③ 체온이 떨어지고 호흡곤란도 나타난다.
④ 혈압이 점차 저하되며, 피부가 창백해진다.

해설
② 민감해진다. → 둔해진다.

정답 ②

＊ 출혈시의 응급처치방법
교재 PP.362-363
① 직접압박법
② 지혈대 사용법

05 ▶ 출혈시 응급처치 교재 PP.362-363

지혈방법	설 명
직접 압박법	① 출혈 상처부위를 **직접 압박**하는 방법이다. 문05 보기①② ② 출혈부위를 심장보다 높여준다. ③ 소독거즈로 출혈부위를 덮은 후 4~6인치 <u>압박붕대</u>로 탄력붕대 ✕ 　 출혈부위가 압박되게 감아준다.

지혈방법	설 명
지혈대 사용법	① 절단과 같은 **심한 출혈**이 있을 때나 지혈법으로도 출혈을 막지 못할 경우 최후의 수단으로 사용하는 방법 문05 보기③④ ② **5cm** 이상의 띠 사용 3cm ×

 기출문제 ●

05 응급처치요령 중 출혈시 응급처치방법으로 옳은 것은?
교재 PP.362-363
① 직접 압박법을 행한다.
② 지혈대 사용법은 출혈 상처부위를 직접 압박하는 방법이다.
③ 직접 압박법은 절단과 같은 심한 출혈이 있을 때에 사용하는 방법이다.
④ 직접 압박법은 지혈법으로도 출혈을 막지 못할 경우 최후의 수단으로 사용한다.

 해설
② 지혈대 사용법 → 직접 압박법
③ 직접 압박법 → 지혈대 사용법
④ 직접 압박법 → 지혈대 사용법

정답 ①

06 다음 중 출혈시 처치 방법으로 옳은 것은?
교재 PP.362-363
① 지혈대를 오랜 시간 장착, 방치하면 혈액으로부터 공급받던 산소의 부족으로 조직괴사가 유발되니 3cm 이상의 띠를 사용하여야 한다.
② 직접 압박법을 시행할 때 출혈부위를 심장보다 높여준다.
③ 직접 압박법은 소독거즈로 출혈부위를 덮은 후 4~6인치 탄력붕대로 출혈부위가 압박되게 감아준다.
④ 절단과 같은 심한 출혈이 있을 때는 직접 압박법을 사용한다.

Key Point

유사 기출문제

05★★ 교재 PP.362-363
출혈시 응급처치방법으로 옳은 것은?
① 직접 압박법을 한다.
② 기침이 나오지 않을 경우 하임리히법을 사용한다.
③ 구토 발생시 자동심장충격기를 사용한다.
④ 지혈대 사용법은 3cm 이상의 띠를 사용한다.

 해설
② 하임리히법 : 이물질이 목에 걸렸을 때 처치법
③ 자동심장충격기 : 심정지환자에게 사용
④ 3cm 이상 → 5cm 이상

정답 ①

Key Point

* 화상의 분류 [교재 P.364]
① 표피화상
② 부분층화상
③ 전층화상

* 화상환자 이동 전 조치
  사항 [교재 PP.364~365]
① 옷을 잘라내지 말고 수
  건 등으로 닦거나 접촉
  되는 일이 없도록 한다.
② 화상부분의 오염 우려
  시는 소독거즈가 있을
  경우 화상부위를 덮어
  주면 좋다.
③ 화상부위의 화기를 빼기
  위해 실온의 물로 씻어
  낸다.
④ 물집이 생기면 상처가
  남을 수 있으므로 터트
  리지 않는다.

 해설

① 3cm → 5cm
③ 탄력붕대 → 압력붕대
④ 직접 압박법 → 지혈대

정답 ②

06 화상의 분류 [교재 P.364]

종 별	설 명
표피화상(**1**도 화상)	• 표피 바깥층의 화상 • 약간의 부종과 **홍반**이 나타남 • 통증을 느끼나 흉터없이 치료됨 **공하성 기억법** 표1홍
부분층화상(**2**도 화상)	• 피부의 두 번째 층까지 화상으로 손상 문07 보기① • **심한 통증**과 발적, 수포 발생 문07 보기① • **물집**이 터져 **진물**이 나고 **감염위험** 문07 보기③ • 표피가 얼룩얼룩하게 되고 **진피**의 **모세혈관**이 손상 문07 보기② **공하성 기억법** 부2진물
전층화상(**3**도 화상)	• 피부 **전층** 손상 • 피하지방과 근육층까지 손상 • 화상부위가 **건조**하며 통증이 없음 문07 보기④ **공하성 기억법** 전3건

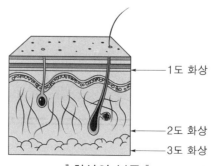

┃ 화상의 분류 ┃

기출문제

07 화상의 분류 중 부분층화상(2도 화상)에 대한 설명으로 옳지 않은 것은?

교재 P.364

① 피부의 두 번째 층까지 화상으로 손상되어 심한 통증과 발적이 생긴다.

② 수포가 발생하므로 표피가 얼룩얼룩하게 되고 진피의 모세혈관이 손상된다.

③ 물집이 터져 진물이 나고 감염의 위험이 있다.

④ 피부에 체액이 통하지 않아 화상부위는 건조하며 통증이 없다.

해설

① · ② · ③ 부분층화상(2도 화상)
④ 전층화상(3도 화상)

정답 ④

08 다음 중 화상에 대한 설명으로 옳은 것은?

교재 PP.364 -365

① 피부 바깥층의 화상을 말하며 약간의 부종과 홍반이 나타나며 부어오르는 통증을 느끼나 치료시 흉터없이 치료되는 화상은 표피화상이다.

② 심한 통증과 발적, 수포가 발생하므로 표피가 얼룩얼룩하게 되고 진피의 모세혈관이 손상되며 물집이 터져 진물이 나고 감염의 위험이 있는 화상은 전층화상이다.

③ 부분층화상은 피하지방과 근육층까지 손상을 입는 것이다.

④ 진피의 모세혈관이 손상되는 화상에서는 통증을 느끼지 못한다.

해설

② 전층화상 → 부분층화상
③ 부분층화상 → 전층화상
④ 통증을 느끼지 못한다. → 심한 통증을 느낀다(부분층 화상에 대한 설명).

정답 ①

Key Point

유사 기출문제

07★★★ 교재 P.364

다음 중 부분층화상에 대한 설명으로 틀린 것은?

① 발적, 수포가 발생하므로 표피가 얼룩얼룩하게 된다.

② 피부에 체액이 통하지 않아 화상부위는 건조하며 통증이 없다.

③ 2도 화상이라고 한다.

④ 진피의 모세혈관이 손상된다.

해설

② 전층화상에 대한 설명

정답 ②

07 화상환자 이동 전 조치 교재 PP.364~365

(1) 화상환자가 착용한 옷가지가 피부조직에 붙어 있을 때에는 <u>옷을 잘라내지</u>
   잘라낸다. ×
   말고 수건 등으로 닦거나 접촉되는 일이 없도록 한다. 문09 보기①

(2) 통증 호소 또는 피부의 변화에 동요되어 **간장**, **된장**, **식용기름**을 바르
   는 일이 없도록 하여야 한다.

(3) **1·2도 화상**은 화상부위를 흐르는 물에 식혀준다. 이때 물의 온도는
   실온, 수압은 약하게 하여 화상부위보다 위에서 아래로 흘러내리도록 한다.
   같은 온도 ×
   (화기를 빼기 위해 실온의 물로 씻어냄) 문09 보기②

(4) **3도 화상**은 물에 적신 천을 대어 열기가 심부로 전달되는 것을 막아주
   고 통증을 줄여준다.

(5) 화상부분의 오염 우려시는 소독거즈가 있을 경우 화상부위를 덮어주면 좋
   다. 그러나 골절환자일 경우 무리하게 압박하여 드레싱하는 것은 금한다.
   문09 보기④

(6) 화상환자가 부분층화상일 경우 **수포(물집)**상태의 감염 우려가 있으니
   터트리지 말아야 한다. 문09 보기③

＊ 1~3도 화상

1·2도 화상	3도 화상
물에 식혀줌	물에 적신 천을 대어줌

유사 기출문제

09★★★ 교재 PP.364~365

다음 중 화상환자 이동 전 조치사항에 대한 ( ) 안의 내용이 올바르게 된 것은?

- 화상환자가 착용한 옷가지가 피부조직에 붙어 있을 때에는 옷을 (㉠) 수건 등으로 닦거나 접촉되는 일이 없도록 한다.
- (㉡) 화상은 물에 적신 천을 대어 열기가 심부로 전달되는 것을 막아주고 통증을 줄여준다.
- 화상환자가 부분층화상일 경우 수포(물집)상태의 감염 우려가 있으니 (㉢) 한다.

① ㉠ : 잘라내지 말고,
   ㉡ : 1도, ㉢ : 터트리지
   말아야
② ㉠ : 잘라내고, ㉡ : 2도,
   ㉢ : 터트려야
③ ㉠ : 잘라내지 말고,
   ㉡ : 3도, ㉢ : 터트리지
   말아야
④ ㉠ : 잘라내고, ㉡ : 3도,
   ㉢ : 터트려야

해설
㉠ : 잘라내지 말고
㉡ : 3도
㉢ : 터트리지 말아야

정답 ③

기출문제

09★★★ 화상의 응급처치사항으로 옳은 것은?

교재 PP.364-365

① 화상환자가 착용한 옷가지가 피부조직에 붙어 있을 때에는 통풍이 잘되게 옷을 잘라낸다.
② 화상부위의 화기를 빼지 말고 같은 온도의 물로 씻어낸다.
③ 물집이 생기면 상처가 남을 수 있으므로 터트려야 한다.
④ 화상부분의 오염 우려시는 소독거즈가 있을 경우 화상부위를 덮어주면 좋다.

해설
① 옷을 잘라낸다. → 옷을 잘라내지 말고 수건 등으로 닦는다.
② 화기를 빼지 말고 같은 온도의 물로 → 화기를 빼기 위해 실온의 물로
③ 터트려야 한다. → 터트리지 않는다.

정답 ④

10 _{교재} PP.364 -365

화상의 응급처치방법 중 화상환자 이동 전 조치사항으로 틀린 것은?

① 화상환자가 착용한 옷가지가 피부조직에 붙어 있을 때에는 옷가지를 떼어낸다.

② 통증 호소 또는 피부의 변화에 동요되어 간장, 된장, 식용기름을 바르는 일이 없도록 하여야 한다.

③ 1·2도 화상은 화상부위를 흐르는 물에 식혀준다.

④ 화상부분의 오염 우려시는 소독거즈가 있을 경우 화상부위를 덮어주면 좋다.

 해설

① 옷가지를 떼어낸다. → 옷을 잘라내지 말고 수건 등으로 닦거나 접촉되는 일이 없도록 한다.

정답 ①

유사 기출문제

10★ 교재 PP.364-365

화상의 응급처치방법 중 화상환자 이동 전 조치사항으로 옳지 않은 것은?

① 화상환자가 착용한 옷가지가 피부조직에 붙어 있을 때에는 옷가지를 잘라내야 한다.

② 통증 호소 또는 피부의 변화에 동요되어 간장, 된장, 식용기름을 바르는 일이 없도록 하여야 한다.

③ 3도 화상은 물에 적신 천을 대어 열기가 심부로 전달되는 것을 막아주고 통증을 줄여준다.

④ 화상부분의 오염 우려시는 소독거즈가 있을 경우 화상부위를 덮어주면 좋다.

해설
① 옷가지를 잘라내야 한다. → 옷을 잘라내지 말고 수건 등으로 닦거나 접촉되는 일이 없도록 한다.

정답 ①

08 심폐소생술 교재 PP.366-371

심폐소생술 실시	심폐소생술 기본순서 _{문11 보기①}
호흡과 심장이 멎고 **4~6분**이 경과하면 산소 부족으로 뇌가 손상되어 원상회복되지 않으므로 호흡이 없으면 즉시 심폐소생술을 실시해야 한다.	**가슴압박 → 기도유지 → 인공호흡** 공하성 기억법 **가기인**

기출문제

 11 교재 P.366

다음 중 심폐소생술 순서로 맞는 것은?

① 가슴압박 → 기도유지 → 인공호흡
② 기도유지 → 인공호흡 → 가슴압박
③ 인공호흡 → 기도유지 → 가슴압박
④ 가슴압박 → 인공호흡 → 기도유지

 해설
① 가슴압박 → 기도유지 → 인공호흡

정답 ①

09 성인의 가슴압박 교재 PP.366-368

(1) 환자의 어깨를 두드린다.

(2) 쓰러진 환자의 얼굴과 가슴을 <u>10초 이내</u>로 관찰하여 호흡이 있는지를
확인한다. 문12 보기④
　　　　　　　　　　10초 이상 ×

(3) 구조자의 체중을 이용하여 압박 문12 보기①

(4) 인공호흡에 자신이 없으면 가슴압박만 시행 문12 보기②

구 분	설 명 문12 보기③
속 도	분당 100~120회
깊 이	약 5cm(소아 4~5cm)

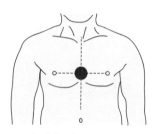

‖ 가슴압박 위치 ‖

기출문제

★★★
12 다음 중 심폐소생술에 대한 설명으로 옳은 것은?

교재
PP.366
-368

① 구조자의 체중을 이용하여 압박하면 안 된다.

② 인공호흡에 자신이 없으면 가슴압박만 시행한다.

③ 가슴압박은 분당 100~120회 5cm 깊이로 깊고 강하게 누르고 압박
대 이완의 시간비율이 30 대 2로 되게 한다.

④ 쓰러진 환자의 얼굴과 가슴을 10초 이상 관찰하여 호흡이 있는지를
확인한다.

해설

① 압박하면 안 된다. → 압박해야 한다.
③ 30 대 2 → 50 대 50
④ 10초 이상 → 10초 이내

 정답 ②

* **심폐소생술**
교재 PP.366-368
호흡과 심장이 멎고 **4~6분**
이 경과하면 산소부족으로
뇌가 손상되므로 즉시 **심폐
소생술** 실시
① 가슴압박 **30회** 시행
② 인공호흡 **2회** 시행
③ 가슴압박과 인공호흡의
반복

10 심폐소생술의 진행과 자동심장충격기

1 심폐소생술의 진행 교재 PP.366-368

구 분	시행횟수
가슴압박	30회
인공호흡	**2**회

공하성 기억법 인2(인위적)

2 자동심장충격기(AED) 사용방법 교재 PP.369-370

(1) 자동심장충격기를 심폐소생술에 방해가 되지 않는 위치에 놓은 뒤 전원 버튼을 누른다. 문14 보기④

(2) 환자의 상체를 노출시킨 다음 패드 포장을 열고 2개의 패드를 환자의 가슴에 붙인다. 문13 보기④

(3) 패드는 **왼쪽 젖꼭지 아래의 중간겨드랑선**에 설치하고 **오른쪽 빗장뼈**(쇄골) 바로 **아래**에 붙인다. 문13 보기①

‖ 패드의 부착위치 ‖

패드 1	패드 2
오른쪽 빗장뼈(쇄골) 바로 아래	왼쪽 젖꼭지 아래의 중간겨드랑선

패드 1　　쇄골

패드 2

‖ 패드 위치 ‖

(4) 심장충격이 필요한 환자인 경우에만 제세동버튼이 깜박이기 시작하며, 깜박일 때 심장충격버튼을 눌러 심장충격을 시행한다.

(5) 심장충격버튼을 <u>누르기 전</u>에는 반드시 주변사람 및 구조자가 환자에게서
　　　　　누른 후에는 ✕
떨어져 있는지 다시 한 번 확인한 후에 실시하도록 한다. 문13 보기③

Key Point

(6) 심장충격이 필요 없거나 심장충격을 실시한 이후에는 즉시 **심폐소생술**을 다시 시작한다. 문13 보기②

(7) **2분**마다 심장리듬을 분석한 후 반복 시행한다.

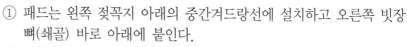

기출문제 ●

★★★
13 교재 PP.369 -370

자동심장충격기(AED) 사용방법으로 틀린 것은?

① 패드는 왼쪽 젖꼭지 아래의 중간겨드랑선에 설치하고 오른쪽 빗장뼈(쇄골) 바로 아래에 붙인다.
② 심장충격이 필요 없거나 심장충격을 실시한 이후에는 즉시 심폐소생술을 다시 시작한다.
③ 심장충격버튼을 누른 후에는 반드시 주변사람 및 구조자가 환자에게 떨어져 있는지 다시 한 번 확인한다.
④ 환자의 상체를 노출시킨 다음 패드 포장을 열고 2개의 패드를 환자의 가슴에 붙인다.

 해설
③ 누른 후에는 → 누르기 전에는

정답 ③

★★
14 교재 PP.369 -370

자동심장충격기(AED) 사용방법으로 틀린 것은?

① 패드는 오른쪽 젖꼭지 아래의 중간겨드랑선에 설치하고 왼쪽 빗장뼈(쇄골) 바로 아래에 붙인다.
② 심장충격이 필요 없거나 심장충격을 실시한 이후에는 즉시 심폐소생술을 다시 시작한다.
③ 심장충격이 필요한 환자인 경우에만 제세동버튼이 깜박이기 시작하며, 깜박일 때 심장충격버튼을 눌러 심장충격을 시행한다.
④ 자동심장충격기를 심폐소생술에 방해가 되지 않는 위치에 놓은 뒤 전원버튼을 누른다.

해설
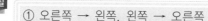
① 오른쪽 → 왼쪽, 왼쪽 → 오른쪽

정답 ①

15 다음 그림 중 심폐소생술(CPR) 순서로 옳은 것은?

교재
PP.366
-368

①

②

③

④

＊CPR
'Cardio Pulmonary Resusci-
tation'의 약자

해설 심폐소생술(CPR) 순서

(1) 반응의 확인　(2) 119신고　(3) 가슴압박　(4) 인공호흡
　　　　　　　　　　　　　　　　　　30회 시행　　2회 시행

정답 ④

중요 올바른 심폐소생술 시행방법

반응의 확인 → 119신고 → 호흡확인 → 가슴압박 30회 시행 → 인공호흡 2회
시행 → 가슴압박과 인공호흡의 반복 → 회복자세

★★★
16 다음 빈칸의 내용으로 옳은 것은?

교재
P.366

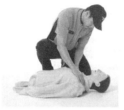

환자의 (㉠)를 두드리면서 "괜찮으세요?"라고 소리쳐서 반응을 확인한다.
쓰러진 환자의 얼굴과 가슴을 (㉡) 이내로 관찰하여 호흡이 있는 지를 확인한다.

┃반응 및 호흡 확인┃

① ㉠ : 어깨, ㉡ : 1초   ② ㉠ : 손바닥, ㉡ : 5초
③ ㉠ : 어깨, ㉡ : 10초   ④ ㉠ : 손바닥, ㉡ : 10초

해설 성인의 가슴압박
(1) 환자의 **어깨**를 두드린다. 보기㉠
(2) 쓰러진 환자의 얼굴과 가슴을 <u>10초 이내</u>로 관찰하여 호흡이 있는지를
   확인한다. 보기㉡   10초 이상 ×
(3) 구조자의 체중을 이용하여 압박
(4) 인공호흡에 자신이 없으면 가슴압박만 시행

구 분	설 명
속 도	분당 100~120회
깊 이	약 5cm(소아 4~5cm)

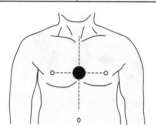

┃가슴압박 위치┃

정답 ③

＊가슴압박
① 속도 : 100~120회/분
② 깊이 : 약 5cm(소아 4
   ~5cm)

17 다음은 인공호흡에 관한 내용이다. 보기 중 옳은 것을 있는 대로 고른 것은?

교재
P.368

┃인공호흡┃

㉠ 턱을 목 아래쪽으로 내려 공기가 잘 들어가도록 해준다.
㉡ 머리를 젖혔던 손의 엄지와 검지로 환자의 코를 잡아서 막고, 입을 크게 벌려 환자의 입을 완전히 막은 후 가슴이 올라올 정도로 1초에 걸쳐서 숨을 불어 넣는다.
㉢ 숨을 불어 넣을 때에는 환자의 가슴이 부풀어 오르는지 눈으로 확인하고 공기가 배출되도록 해야 한다.
㉣ 인공호흡이 꺼려지는 경우에는 가슴압박만 시행할 수 있다.

① ㉠   ② ㉡
③ ㉡, ㉣   ④ ㉠, ㉢

해설

㉠ 턱을 목 아래쪽으로→ 턱을 들어올려
㉢ 공기가 배출되도록 해야 한다. → 숨을 불어넣은 후에는 입을 떼고 코도 놓아주어서 공기가 배출되도록 한다.

정답 ③

* 심폐소생술
① 가슴압박 : 30회
② 인공호흡 : 2회

Key Point

＊ 패드의 부착위치

패드 1	패드 2
오른쪽 빗장뼈(쇄골) 바로 아래	왼쪽 젖꼭지 아래의 중간겨드랑선

★★★
18 다음 중 그림에 대한 설명으로 옳지 않은 것은?

교재
PP.366
-368

(a)

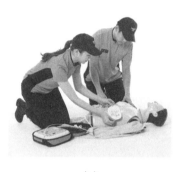

(b)

① 철수 : (a) 절차에는 분당 100~120회의 속도로 약 5cm 깊이로 강하고 빠르게 시행해야 해.

② 영희 : 그림에서 보여지는 모습은 심폐소생술 관련 동작이야. 그리고 기본순서로는 가슴압박＞기도유지＞인공호흡으로 알고 있어.

③ 민수 : 환자 발견 즉시 (a)의 모습대로 30회의 가슴압박과 5회의 인공호흡을 119구급대원이 도착할 때까지 반복해서 시행해야 해.

④ 지영 : (b)의 응급처치 기기를 사용시 2개의 패드를 각각 오른쪽 빗장뼈 아래와 왼쪽 젖꼭지 아래의 중간겨드랑선에 부착해야 해.

 해설

③ 5회 → 2회

정답 ③

제**8**편

소방안전교육 및 훈련

당신의 변화를 위한 10가지 조언

1. 남과 경쟁하지 말고 자기 자신과 경쟁하라.
2. 자기 자신을 깔보지 말고 격려하라.
3. 당신에게는 장점과 단점이 있음은 알라(단점은 인정하고 고쳐 나가라).
4. 과거의 잘못은 관대히 용서하라.
5. 자신의 외모, 가정, 성격 등을 포용하도록 노력하라.
6. 자신을 끊임없이 개선시켜라.
7. 당신은 지금 매우 중대한 어떤 계획에 참여하고 있다고 생각하라(그 책임의식은 당신을 변화시킨다).
8. 당신은 꼭 성공한다고 믿으라.
9. 끊임없이 정직하라.
10. 주위에 내 도움이 필요한 이들을 돕도록 하라(자신의 중요성을 다시 느끼게 할 것이다).

– 김형모의 「마음의 고통을 돕기 위한 10가지 충고」 중에서 –

제**8**편

소방안전교육 및 훈련

Key Point

✱ 소방교육 및 훈련의 원칙
교재 PP.377-378

① **현**실의 원칙
② **학**습자 중심의 원칙
③ **동**기부여의 원칙
④ **목**적의 원칙
⑤ **실**습의 원칙
⑥ **경**험의 원칙
⑦ **관**련성의 원칙

공하성 기억법
현학동 목실경관교

✱ 학습자 중심의 원칙
교재 P.377

① **한** 번에 한 가지씩 습득 가능한 분량을 교육·훈련시킬 것
② 쉬운 것에서 어려운 것으로 교육을 실시하되 기능적 이해에 비중을 둘 것

공하성 기억법
학한

┃소방**교**육 및 훈련의 원칙┃ 교재 PP.377-378

원 칙	설 명
현실의 원칙	• **학**습자의 **능력**을 고려하지 않은 훈련은 비현실적이고 불완전하다.
학습자 중심의 원칙 교육자 중심 ✕ 원칙	• **한** 번에 **한** 가지씩 습득 가능한 분량을 교육 및 훈련시킨다. 문02 보기④ • 쉬운 것에서 어려운 것으로 교육을 실시하되 기능적 이해에 비중을 둔다. • 학습자에게 감동이 있는 교육이 되어야 한다. 공하성 기억법 **학한**
동기부여의 원칙	• **교육**의 **중요성**을 전달해야 한다. 문02 보기① • 학습을 위해 적절한 **스케줄**을 적절히 배정해야 한다. • 교육은 **시기적절**하게 이루어져야 한다. • 핵심사항에 **교육**의 포커스를 맞추어야 한다. • 학습에 대한 **보상**을 제공해야 한다. • 교육에 **재미**를 부여해야 한다. 문02 보기③ • 교육에 있어 **다양성**을 활용해야 한다. • 사회적 **상호작용**을 제공해야 한다. 문02 보기② • **전문성**을 공유해야 한다. • **초기성공**에 대해 격려해야 한다.
목적의 원칙	• 어떠한 **기술**을 어느 정도까지 익혀야 하는가를 명확하게 제시한다. • 습득하여야 할 **기술**이 활동 전체에서 어느 위치에 있는가를 인식하도록 한다.
실습의 원칙	• **실습**을 통해 지식을 습득한다. • **목적**을 생각하고, 적절한 **방법**으로 정확하게 하도록 한다.
경험의 원칙	• **경험**했던 사례를 들어 현실감 있게 하도록 한다.
관련성의 원칙	• 모든 교육 및 훈련 내용은 **실무적**인 **접목**과 **현장성**이 있어야 한다.

공하성 기억법 현학동 목실경관교

01 다음 중 소방교육 및 훈련의 원칙에 해당되지 않는 것은?

교재 PP.377 -378

① 목적의 원칙
② 교육자 중심의 원칙
③ 현실의 원칙
④ 관련성의 원칙

해설

② 교육자 중심 → 학습자 중심

정답 ②

02 소방교육 및 훈련의 원칙 중 동기부여의 원칙에 해당되지 않는 것은?

교재 PP.377 -378

① 교육의 중요성을 전달해야 한다.
② 사회적 상호작용을 제공해야 한다.
③ 교육에 재미를 부여해야 한다.
④ 한 번에 한 가지씩 습득 가능한 분량을 교육해야 한다.

해설

④ 학습자 중심의 원칙

정답 ④

유사 기출문제

01 ★ 교재 PP.377-378

다음 설명 중 잘못된 것은?

① 동기부여원칙 : 교육의 중요성을 전달
② 교육자 중심의 원칙 : 쉬운 것부터 어려운 것으로 교육
③ 실습의 원칙 : 실습을 통해 지식을 습득
④ 경험의 원칙 : 경험을 했던 사례를 들어 현실감 있게 하도록 함

해설

② 교육자 중심 → 학습자 중심

정답 ②

259

제 9 편

작동점검표 작성 및 실습

성공을 위한 10가지 충고 Ⅱ

1. 도전하라. 그리고 또 도전하라.

2. 감동할 줄 알라.

3. 걱정·근심으로 자신을 억누르지 말라.

4. 신념으로 곤란을 이겨라.

5. 성공에는 방법이 있다. 그 방법을 배워라.

6. 곁눈질하지 말고 묵묵히 전진하라.

7. 의지하지 말고 스스로 일어서라.

8. 찬스를 붙잡으라.

9. 오늘 실패했으면 내일은 성공하라.

10. 게으름에 빠지지 말라.

– 김형모의 「마음의 고통을 돕기 위한 10가지 충고」 중에서 –

01 작동점검 전 준비 및 현황확인 사항 교재 P.391

점검 전 준비사항	현황확인
① 협의나 협조 받을 건물 **관계인** 등 연락처를 사전확보 ② 점검의 목적과 필요성에 대하여 건물 관계인에게 사전 안내 ③ 음향장치 및 각 실별 방문점검을 미리 공지	① **건축물대장**을 이용하여 건물개요 확인 ② 도면 등을 이용하여 설비의 개요 및 설치위치 등을 파악 ③ 점검사항을 토대로 점검순서를 계획하고 점검장비 및 공구를 준비 ④ 기존의 점검자료 및 조치결과가 있다면 점검 전 참고 ⑤ 점검과 관련된 각종 법규 및 기준을 준비하고 숙지

* 작동점검
소방시설 등을 인위적으로 조작하여 정상적으로 작동하는지를 점검하는 것

기출문제 ●

01 작동점검표 작성 시 점검 전 준비사항에 해당되지 않는 것은?

교재 P.391

① 협의나 협조 받을 건물 관계인 등 연락처를 사전확보
② 점검의 목적과 필요성에 대하여 건물 관계인에게 사전 안내
③ 음향장치 및 각 실별 방문점검을 미리 공지
④ 도면 등을 이용하여 설비의 개요 및 설치위치 등을 파악

해설

④ 점검 전 준비사항이 아니고 현황확인 사항

정답 ④

Key Point

02 작동점검표 작성을 위한 준비물 교재 PP.391-392

(1) 소방시설등 자체점검 실시결과보고서
(2) 소방시설등[작동, 종합(최초점검, 그 밖의 점검)]점검표
(3) **건축물대장**
(4) 소방도면 및 소방시설 현황
(5) **소방계획서** 등

 기출문제

02 다음 중 작동점검표 작성을 위한 준비물이 아닌 것은?

교재
PP.391
-392

① 소방시설등 자체점검 실시결과보고서
② 소방시설등[작동, 종합(최초점검, 그 밖의 점검)]점검표
③ 토지대장
④ 소방도면 및 소방시설 현황

해설

③ 토지대장 → 건축물대장

 정답 ③

03 소화기구 및 자동소화장치 작동점검표 점검항목 교재 P.400

(1) 소화기의 변형·손상 또는 부식 등 외관의 이상 여부
(2) 지시압력계(녹색범위)의 적정여부
(3) 수동식 분말소화기 내용연수(10년) 적정 여부

* 지시압력계 압력범위
0.7~0.98MPa

262

기출문제

03 소화기구 및 자동소화장치의 작동점검표의 점검항목에 해당되지 않는 것은?

교재 P.400

① 소화기의 변형·손상 또는 부식 등 외관의 이상 여부
② 소화기 설치높이(1.5m 이하) 적정여부
③ 지시압력계(녹색범위)의 적정여부
④ 수동식 분말소화기 내용연수(10년) 적정 여부

해설
② 해당 없음

정답 ②

* 분말소화기 내용연수
10년

내용연수 경과 후 10년 미만	내용연수 경과 후 10년 이상
3년	1년

" 힘들다고 포기하거나 주저하지 마십시오. 당신은 반드시 해낼 수 있습니다.
                                                    - H. S. Kong - "

2024~2020년
기출문제

이 기출문제는 수험생의 기억에 의한 문제를 편집하였으므로 실제 문제와 차이가 있을 수 있습니다.

우리에겐 무한한 가능성이 있습니다.

제 **1** 과목

01 실무교육을 받지 아니한 소방안전관리자 및 소방안전관리보조자의 벌칙은?

① 500만원 이하의 과태료   ② 300만원 이하의 과태료
③ 200만원 이하의 과태료   ④ 100만원 이하의 과태료

해설 **100만원 이하의 과태료**
실무교육을 받지 아니한 소방안전관리자 및 소방안전관리보조자 보기 ④

정답 ④

02 할론소화기의 소화방법으로 틀린 것은?

| ㉠ 제거소화 | ㉡ 질식소화 |
| ㉢ 냉각소화 | ㉣ 억제소화 |

① ㉠   ② ㉡, ㉢
③ ㉢, ㉣   ④ ㉣

해설

① ㉠ 제거소화는 해당 없음

소화약제의 종류별 소화효과

소화약제의 종류	소화효과
• 물소화약제	① 냉각효과 ② 질식효과
• 포소화약제 • 이산화탄소소화약제	① 질식효과 ② 냉각효과
• 분말소화약제 문제 16	① 질식효과 ② 부촉매효과(억제효과)
• **할론소화약제** 문제 02	① **부촉매효과(억제소화)** 보기 ㉣ ② **질식효과(질식소화)** 보기 ㉡ ③ **냉각효과(냉각소화)** 보기 ㉢ 공하성 기억법 **할부냉질**

정답 ①

03 전기화재 예방요령으로 틀린 것을 모두 고른 것은?

교재 PP.110 -111

㉠ 사용하지 않는 기구는 전원을 끄고 플러그를 꽂아둔다.
㉡ 과전류 차단장치를 설치한다.
㉢ 퓨즈를 사용하고 끊어질 경우 그 원인을 조치한다.
㉣ 비닐장판 밑으로 전선이 보이지 않게 정리하여 넣어둔다.

① ㉠
② ㉠, ㉣
③ ㉡, ㉢
④ ㉡, ㉢, ㉣

 해설

㉠ 꽂아둔다. → 뽑아둔다.
㉣ 비닐장판 밑으로 전선이 보이지 않게 정리하여 넣어둔다. → 비닐장판이나 양탄자 밑으로는 전선이 지나지 않도록 한다.

전기화재 예방요령

(1) 사용하지 않는 기구는 전원을 끄고 플러그를 뽑아둔다. 보기 ㉠
(2) **과전류 차단장치**를 설치한다. 보기 ㉡
(3) 퓨즈를 사용하고 끊어질 경우 그 원인을 조치한다. 보기 ㉢
(4) 비닐장판이나 양탄자 밑으로는 전선이 지나지 않도록 한다. 보기 ㉣
(5) 누전차단기를 설치하고 **월 1~2회** 동작 여부를 확인한다.
(6) 전선이 쇠붙이나 움직이는 물체와 접촉되지 않도록 한다.
(7) 전선은 묶거나 꼬이지 않도록 한다.

정답 ②

04 방염의 필요성에 대한 설명으로 틀린 것은?

교재 P.41

① 연소확대 방지와 지연
② 피난시간 확보
③ 실의 구획화
④ 인명 및 재산피해 감소

 해설 **방염의 필요성**

(1) **연소확대 방지**와 **지연** 보기 ①
(2) **피난시간** 확보 보기 ②
(3) **인명** 및 **재산피해 감소** 보기 ④

정답 ③

05 그림과 같은 주요구조부가 내화구조로 된 어느 건축물에 차동식 스포트형 1종 감지기를 설치하고자 한다. 감지기의 최소 설치개수는? (단, 감지기의 부착높이는 6m이다.)

유사문제
21년 문08
20년 문01

출제연도
문제

교재
P.212

유사문제부터
풀어보세요.
실력이 팍!팍!
올라갑니다.

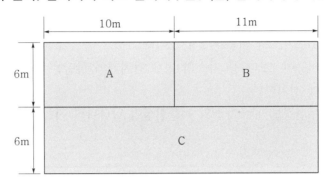

① 5
② 6
③ 7
④ 8

해설 감지기의 바닥면적

(단위 : m^2)

부착높이 및 소방대상물의 구분		감지기의 종류				
		차동식·보상식 스포트형		정온식 스포트형		
		1종	2종	특 종	1종	2종
4m 미만	내화구조	90	70	70	60	20
	기타구조	50	40	40	30	15
4m 이상 8m 미만	내화구조 →	45	35	35	30	–
	기타구조	30	25	25	15	–

공하성 **기억법**

차	보		정		
9	7	7	6	2	
5	4	4	3	①	
④	③	③	3	×	
3	②	②	①	×	

※ 동그라미(○) 친 부분은 뒤에 5가 붙음

• 기타구조=비내화구조

실	산출내역	개 수
A	$\dfrac{10m \times 6m}{45m^2} = 1.3 = 2$개(소수점 올림)	2개
B	$\dfrac{11m \times 6m}{45m^2} = 1.4 = 2$개(소수점 올림)	2개
C	$\dfrac{(10+11)m \times 6m}{45m^2} = 2.8 = 3$개	3개
합 계	2+2+3=7개	7개

정답 ③

★★★
06 연료가스의 종류와 특성에 대한 설명으로 옳지 않은 것은?

유사문제
23년 문11
22년 문08
21년 문02
21년 문12
21년 문16

교재
P.112,
P.114

① 액화석유가스는 연소기 또는 관통부로부터 수평거리 4m 이내의 위치에 가스 누설경보기를 설치한다.
② 액화천연가스의 비중은 1.5~2이다.
③ 증기비중이 1보다 큰 가스의 경우 탐지기의 상단은 바닥면의 상방 30cm 이내의 위치에 설치한다.
④ 가스누설경보기는 가스의 누출현상이 나타나면 자동적으로 경보를 발한다.

> 해설
> ② 1.5~2 → 0.6

LPG vs LNG

구 분	LPG(액화석유가스)	LNG(액화천연가스)
용 도	가정용	도시가스용
증기비중	1보다 큰 가스	1보다 작은 가스
비 중	1.5~2	0.6 보기 ②
탐지기의 설치위치	탐지기의 **상단**은 **바닥면**의 상방 **30cm** 이내에 설치 보기 ③	탐지기의 **하단**은 **천장면**의 하방 **30cm** 이내에 설치
가스누설경보기의 설치위치	연소기 또는 관통부로부터 수평거리 **4m** 이내의 위치에 설치 보기 ①	연소기로부터 수평거리 **8m** 이내의 위치에 설치

> 용어 가스누설경보기
> 가스의 누출현상이 나타나면 자동적으로 경보를 발하는 기기

> 정답 ②

★★
07 다음 중 이산화탄소소화설비의 장점이 아닌 것은?

교재
P.191

① 가연물 외부에서 연소하는 표면화재에 적합하다.
② 화재진화 후 깨끗하다.
③ 피연소물에 피해가 적다.
④ 비전도성이므로 전기화재에 좋다.

> 해설
> ① 외부 → 내부, 표면화재 → 심부화재

이산화탄소소화설비의 장단점

장 점	단 점
• 가연물 **내부**에서 연소하는 **심부화재**에 적합하다. 보기 ① • 화재진화 후 **깨끗**하다. 보기 ② • **피연소물**에 피해가 적다. 보기 ③ • **비전도성**이므로 **전기화재**에 좋다. 보기 ④	• 사람에게 **질식**의 우려가 있다. • 방사시 **동사**의 우려와 **소음**이 크다. • 설비가 **고압**으로 특별한 주의와 관리가 필요

정답 ①

08 방염성능기준 이상의 실내장식물을 설치해야 할 장소를 모두 고른 것은?

유사문제
21년 문17

교재
P.41

㉠ 한방병원   ㉢ 교육연구시설 중 합숙소
㉡ 근린생활시설 중 의원   ㉣ 노유자시설
㉤ 문화 및 집회시설

① ㉠, ㉡   ② ㉠, ㉡, ㉢
③ ㉠, ㉡, ㉣, ㉤   ④ ㉠, ㉡, ㉢, ㉣, ㉤

해설 방염성능기준 이상의 실내장식물 등을 설치하여야 할 장소
(1) **11층** 이상의 층(**아파트** 제외)
(2) **체**력단련장, 공연장 및 종교집회장
(3) 문화 및 집회시설(옥내에 있는 시설) 보기 ㉤
(4) 운동시설(**수영장** 제외)
(5) **숙**박시설·**노**유자시설 보기 ㉣
(6) 의원, 조산원, 산후조리원 보기 ㉡
(7) 의료시설(종합병원, 한방병원, 정신의료기관) 보기 ㉠
(8) 수련시설(**숙**박시설이 있는 것)
(9) **방**송국·촬영소
(10) 다중이용업소(단란주점영업, 유흥주점영업, 노래연습장의 영업장 등)
(11) 종교시설
(12) 합숙소 보기 ㉢

공하성 기억법 **방숙체노**

‖ 의료시설 ‖

구 분	종 류	
병원	• 종합병원 • 치과병원 • 요양병원	• 병원 • 한방병원
격리병원	• 전염병원	• 마약진료소
정신의료기관	−	
장애인의료재활시설	−	

정답 ④

09 ⭐⭐

정전기에 의한 재해를 방지하기 위한 예방대책으로 틀린 것은?

교재 P.74

① 정전기의 발생이 우려되는 장소에 접지시설을 한다.
② 실내의 공기를 이온화하여 정전기의 발생을 예방한다.
③ 정전기는 습도가 높거나 압력이 낮을 때 많이 발생하므로 습도를 70% 이상으로 한다.
④ 전기저항이 큰 물질은 대전이 용이하므로 전도체 물질을 사용한다.

해설

③ 높거나 → 낮거나, 낮을 때 → 높을 때

정전기에 의한 재해 방지 예방대책

(1) 정전기의 발생이 우려되는 장소에 **접지시설**을 한다. 보기 ①
(2) 실내의 **공기**를 **이온화**하여 정전기의 발생을 예방한다. 보기 ②
(3) 정전기는 **습도**가 **낮거나 압력**이 **높을 때** 많이 발생하므로 습도를 **70% 이상**으로 한다. 보기 ③
(4) **전기저항**이 **큰 물질**은 대전이 용이하므로 **전도체 물질**을 사용한다. 보기 ④

정답 ③

10 ⭐⭐⭐

물과 반응하여 강한 수소를 발생시키기 때문에 화재시 건조사 등을 사용해야 하는 화재는?

유사문제
23년 문07
22년 문11
21년 문01
21년 문27

① A급 화재
② B급 화재
③ C급 화재
④ D급 화재

해설 화재의 종류

교재 PP.78-79

종 류	적응물질	소화약제
일반화재(A급)	• 보통가연물(폴리에틸렌 등) • 종이 • 목재, 면화류, 석탄 • **재를 남김**	① 물 ② 수용액
유류화재(B급)	• 유류 • 알코올 • **재를 남기지 않음**	① 포(폼)
전기화재(C급)	• 변압기 • 배전반	① 이산화탄소 ② 분말소화약제 ③ 주수소화 금지
금속화재(D급) 보기 ④	• 가연성 금속류(나트륨 등)	① 금속화재용 분말소화약제 ② 건조사(마른모래)
주방화재(K급)	• 식용유 • 동·식물성 유지	① 강화액

정답 ④

11 소방안전관리자의 선임 및 벌칙에 대한 설명으로 옳지 않은 것은?

① 소방안전관리자 또는 소방안전관리보조자를 선임하지 아니한 자는 300만원 이하의 벌금에 처한다.

② 선임된 날로부터 6개월 이내, 그 이후 2년마다 1회의 실무교육을 받아야 한다.

③ 소방안전관리자 선임신고를 하지 아니한 자는 300만원 이하의 과태료 부과대상이다.

④ 소방안전관리자가 실무교육을 받지 아니한 때 1년 이하의 기간을 정하여 자격을 정지시킬 수 있다.

③ 300만원 이하의 과태료 → 200만원 이하의 과태료

✓ 중요

(1) **300만원 이하의 벌금** 교재 P.37, P.49
  ① **화재안전조사**를 정당한 사유 없이 **거부·방해·기피**한 자
  ② 화재예방조치 조치명령을 정당한 사유 없이 따르지 아니하거나 방해한 자
  ③ **소방안전관리자, 총괄소방안전관리자, 소방안전관리보조자**를 선임하지 아니한 자 보기 ①
  ④ **소방시설·피난시설·방화시설** 및 **방화구획** 등이 법령에 위반된 것을 발견하였음에도 필요한 조치를 할 것을 요구하지 아니한 소방안전관리자
  ⑤ **소방안전관리자**에게 **불이익**한 처우를 한 관계인
  ⑥ 자체점검 결과 소화펌프 고장 등 중대위반사항이 발견된 경우 필요한 조치를 하지 않은 관계인 또는 관계인에게 중대위반사항을 알리지 아니한 관리업자 등

(2) **소방안전관리자** 교재 P.36
  ① 선임된 날로부터 **6개월** 이내, 그 이후 **2년**마다 **1회**의 **실무교육**을 받아야 한다. 보기 ②
  ② 소방안전관리자가 실무교육을 받지 아니한 때 1년 이하의 기간을 정하여 자격을 정지시킬 수 있다. 보기 ④

(3) **200만원 이하의 과태료** 교재 P.17, P.38
  ① 소방자동차의 **출동**에 **지장**을 준 자
  ② 기간 내에 소방안전관리자 **선임신고**를 하지 아니한 자 또는 소방안전관리자의 성명 등을 게시하지 아니한 자 보기 ③
  ③ 기간 내에 **소방훈련** 및 **교육결과**를 제출하지 아니한 자

공하성 기억법 **과2(과외)**

정답 ③

★★★
12 다음 중 소화용수설비의 설명으로 옳은 것은?

교재 P.39

① 화재발생 사실을 통보하는 기계 · 기구 또는 설비
② 화재가 발생할 경우 피난하기 위하여 사용하는 기구 또는 설비
③ 화재를 진압하는 데 필요한 물을 공급하거나 저장하는 설비
④ 화재를 진압하거나 인명구조 활동을 위하여 사용하는 설비

해설

> ① 경보설비
> ② 피난구조설비
> ④ 소화활동설비

소방시설

소방시설	정 의
경보설비 [보기 ①]	화재발생 사실을 통보하는 기계 · 기구 또는 설비
피난구조설비 [보기 ②]	화재가 발생할 경우 피난하기 위하여 사용하는 기구 또는 설비
소화용수설비 [보기 ③]	화재를 진압하는 데 필요한 물을 공급하거나 저장하는 설비
소화활동설비 [보기 ④]	화재를 진압하거나 인명구조 활동을 위하여 사용하는 설비

정답 ③

★★
13 화재에서 화염의 접촉 없이 연소가 확산되는 현상으로 화재현장에서 인접건물을 연소시키는 주된 원인은 무엇인가?

유사문제 23년 문08

교재 PP.79 -80

① 전도
② 대류
③ 비화
④ 복사

해설 열전달

종 류	설 명
전도(conduction)	• 하나의 물체가 다른 물체와 **직접 접촉**하여 전달되는 것
대류(convection)	• **유체**의 흐름에 의하여 열이 전달되는 것
복사(radiation)	• 화재시 열의 이동에 **가장 크게 작용**하는 열이동방식 • **화염**의 **접촉 없이** 연소가 확산되는 현상 [보기 ④] • 화재현장에서 **인접건물**을 **연소**시키는 주된 원인

정답 ④

14 산소를 함유하거나 산소를 발생시키는 위험물을 모두 고른 것은?

교재 P.73

- ㉠ 제1류 위험물
- ㉡ 제2류 위험물
- ㉢ 제3류 위험물
- ㉣ 제4류 위험물
- ㉤ 제5류 위험물
- ㉥ 제6류 위험물

① ㉠, ㉡, ㉤ ② ㉠, ㉣, ㉥
③ ㉠, ㉤, ㉥ ④ ㉡, ㉣, ㉤

해설 위험물
산소를 함유하거나 발생시키는 위험물
(1) 제**1**류 위험물 [보기 ㉠]
(2) 제**5**류 위험물 [보기 ㉤]
(3) 제**6**류 위험물 [보기 ㉥]

공하성 기억법 156

정답 ③

15 화재안전조사 결과에 따른 조치명령 사항이 아닌 것은?

유사문제 21년 문15

① 재축명령 ② 개수명령
③ 제거명령 ④ 이전명령

교재 P.21

해설 화재안전조사 결과에 따른 조치명령
(1) 명령권자 : **소방관서장(소방청장·소방본부장·소방서장)**
(2) 명령사항
① **개수**명령 [보기 ②]
② **이전**명령 [보기 ④]
③ **제거**명령 [보기 ③]
④ **사용**의 **금지** 또는 제한명령, 사용폐쇄
⑤ **공사**의 **정지** 또는 중지명령

공하성 기억법 장본서

정답 ①

16 분말소화약제의 효과는?

유사문제
23년 문15
23년 문45
22년 문29
21년 문40
20년 문34

① 냉각효과, 질식효과 ② 질식효과, 억제(부촉매)효과
③ 냉각효과, 억제(부촉매)효과 ④ 질식효과, 제거효과

해설
② 분말소화약제 : 질식효과, 억제(부촉매)효과

교재 P.85

문제 02 참조

정답 ②

★★★
17 판매시설의 용도로 사용하는 바닥면적이 2000m²이고, 내화구조로 되어 있고 벽 및 반자는 난연재료로 되어 있다. 소화기의 능력단위가 B2일 때 판매시설에 필요한 분말소화기의 개수는 최소 몇 개인가?

유사문제
23년 문16
21년 문34
20년 문17

교재
P.148

① 5개 ② 10개
③ 15개 ④ 20개

해설 특정소방대상물별 소화기구의 능력단위기준

특정소방대상물	소화기구의 능력단위	건축물의 주요구조부가 **내화구조**이고, 벽 및 반자의 실내에 면하는 부분이 **불연재료·준불연재료** 또는 **난연재료**로 된 특정소방 대상물의 능력단위
• **위**락시설 공하성 기억법 위3(위상)	바닥면적 **30m²**마다 1단위 이상	바닥면적 **60m²**마다 1단위 이상
• **공연**장 • **집**회장 • **관람**장 • **문**화재 • 장례식장 및 **의료**시설 공하성 기억법 5공연장 문의 집관람 (손오공 연장 문의 집관람)	바닥면적 **50m²**마다 1단위 이상	바닥면적 **100m²**마다 1단위 이상
• **근**린생활시설 • **판**매시설 ⟶ • 운**수**시설 • **숙**박시설 • **노**유자시설 • **전**시장 • 공동**주**택(아파트 등) • **업**무시설(사무실 등) • **방**송통신시설 • 공장·**창**고시설 • **항**공기 및 자동**차**관련시설 및 **관광**휴게시설 공하성 기억법 근판숙노전 주업방차창 1항 관광(근판숙노전 주업방차창 일본항 관광)	바닥면적 **100m²**마다 1단위 이상	바닥면적 **200m²**마다 1단위 이상
• 그 밖의 것	바닥면적 200m²마다 1단위 이상	바닥면적 400m²마다 1단위 이상

판매시설로서 **내화구조**, **난연재료**로 된 경우로 바닥면적 200m²마다 1단위 이상이므로

$$\frac{2000\text{m}^2}{200\text{m}^2} = 10단위$$

2단위 소화기를 설치하므로

$$소화기개수 = \frac{10단위}{2단위} = 5개$$

> • 10단위를 10개라고 쓰면 틀린다. 특히 주의!

 정답 ①

18 다음 중 건식 스프링클러설비의 구성요소가 아닌 것은?

교재 P.181

① 가속기
② 공기배출기
③ 압력스위치
④ 리타딩챔버

해설 스프링클러설비의 구성요소

습 식	건 식	부압식	준비작동식	일제살수식
① 자동경보밸브 (Alarm check valve) ② 압력스위치 ③ 템퍼스위치 ④ 리타딩챔버	① **건**식 밸브(Dry valve) ② **가**속기(Accelerator) 보기 ① ③ **공**기배출기(Exhauster) 보기 ② ④ 공기압축기(Air compressor) ⑤ **압**력스위치 보기 ③ ⑥ **템**퍼스위치 공하성 기억법 건가공 압템	① 준비작동식 설비 구성요소 ② 진공펌프 ③ 진공밸브 ④ 부압제어부 ⑤ 템퍼스위치	① 준비작동밸브 (Pre-action valve) ② 수동조작함 (Supervisory panel) ③ 압력스위치 ④ 화재감지기 ⑤ 수동기동장치 (긴급해제밸브)	① 일제개방밸브 (Deluge valve) ② 화재감지기 ③ 수동기동장치 ④ 템퍼스위치

정답 ④

19 물분무등소화설비가 아닌 것은?

교재 P.134

① 미분무소화설비
② 포소화설비
③ 분말소화설비
④ 옥외소화전설비

해설 물분무등소화설비

(1) 물분무소화설비
(2) **분**말소화설비 [보기 ③]
(3) **포**소화설비 [보기 ②]
(4) **할**론소화설비
(5) **이**산화탄소소화설비
(6) **할**로겐화합물 및 불활성 기체 소화설비
(7) **강**화액소화설비
(8) **미**분무소화설비 [보기 ①]
(9) **고**체에어로졸소화설비

공하성 기억법 분포할이 할강미고

정답 ④

★★
20 다음 보기는 준비작동식 스프링클러설비의 작동순서를 나타낸다. 작동순서로 옳은 것은?

유사문제
23년 문28

교재
P.182

ㄱ 화재발생
ㄴ 감지기 A and B 감지기 작동 또는 수동기동장치(SVP) 작동
ㄷ 준비작동식 유수검지장치 작동
ㄹ 교차회로방식의 A or B 감지기 작동(경종 또는 사이렌 경보, 화재표시등 점등)
ㅁ 배관 내 압력저하로 기동용 수압개폐장치의 압력스위치 작동 → 펌프 기동
ㅂ 2차측으로 급수
ㅅ 헤드 개방, 방수

① ㄱ → ㄹ → ㄴ → ㄷ → ㅂ → ㅅ → ㅁ
② ㄱ → ㄹ → ㅂ → ㅁ → ㄴ → ㄷ → ㅅ
③ ㄱ → ㄴ → ㄷ → ㅂ → ㄹ → ㅅ → ㅁ
④ ㄱ → ㄴ → ㄷ → ㅂ → ㄹ → ㅁ → ㅅ

해설 **준**비작동식 스프링클러설비의 작동순서

(1) ㄱ **화**재발생
(2) ㄹ **교**차회로방식의 A or B 감지기 작동(경종 또는 사이렌 경보, 화재표시등 점등)
(3) ㄴ **감**지기 A and B 감지기 작동 또는 수동기동장치(SVP) 작동
(4) ㄷ **준**비작동식 유수검지장치 작동
(5) ㅂ **2**차측으로 급수
(6) ㅅ **헤**드 개방, 방수
(7) ㅁ **배**관 내 압력저하로 기동용 수압개폐장치의 압력스위치 작동 → 펌프 기동

공하성 기억법 화교감 준2헤배

비교 습식 스프링클러설비의 작동순서 **교재 P.180**
1. **화**재발생
2. **헤**드 개방 및 방수
3. **2**차측 배관 압력저하
4. **1**차측 압력에 의해 습식 유수검지장치의 클래퍼 개방
5. **습**식 유수검지장치의 압력스위치 작동 → 사이렌 경보, 감시제어반의 화재표시등 점등 및 밸브개방표시등 점등
6. **배**관 내 압력저하로 기동용 수압개폐장치의 압력스위치 작동 → 펌프 기동

공하성 기억법 화헤 21습배

정답 ①

★★★
21 스프링클러설비의 종류 중 화재감지기가 별도로 필요한 것은?

교재 PP.182 -183

① 습식 스프링클러설비, 건식 스프링클러설비
② 건식 스프링클러설비, 준비작동식 스프링클러설비
③ 습식 스프링클러설비, 일제살수식 스프링클러설비
④ 준비작동식 스프링클러설비, 일제살수식 스프링클러설비

해설 화재감지기가 필요한 스프링클러설비
(1) **부**압식 스프링클러설비
(2) **준**비작동식 스프링클러설비 보기 ④
(3) **일**제살수식 스프링클러설비 보기 ④

공하성 기억법 부준일

정답 ④

★★
22 다음 중 층수가 17층인 오피스텔의 소방안전관리대상물과 기준이 다른 것은?

유사문제 22년 문24

교재 PP.23 -25

① 30층 이상(지하층 포함)인 아파트
② 지상으로부터 높이가 120m 이상인 아파트
③ 연면적 15000m^2 이상인 특정소방대상물(아파트 제외)
④ 가연성 가스를 1000톤 이상 저장·취급하는 시설

해설
① 지하층 포함 → 지하층 제외

● 17층으로서 11층 이상(아파트 제외)이므로 1급 소방안전관리대상물

소방안전관리자 및 소방안전관리보조자를 선임하는 특정소방대상물

소방안전관리대상물	특정소방대상물
특급 소방안전관리대상물 (동식물원, 철강 등 불연성 물품 저장·취급창고, 지하구, 위험물제조소 등 제외)	• **50층** 이상(지하층 제외) 또는 지상 **200m** 이상 **아파트** • **30층** 이상(지하층 포함) 또는 지상 **120m** 이상(아파트 제외) • 연면적 **10만m²** 이상(아파트 제외)
1급 소방안전관리대상물 (동식물원, 철강 등 불연성 물품 저장·취급창고, 지하구, 위험물제조소 등 제외)	• **30층** 이상(지하층 제외) 또는 지상 **120m** 이상 **아파트** 보기 ①② • 연면적 **15000m²** 이상인 것(아파트 및 연립주택 제외) 보기 ③ • **11층** 이상(아파트 제외) • 가연성 가스를 **1000톤** 이상 저장·취급하는 시설 보기 ④
2급 소방안전관리대상물	• 지하구 • 가스제조설비를 갖추고 도시가스사업 허가를 받아야 하는 시설 또는 가연성 가스를 **100톤 이상 1000톤** 미만 저장·취급하는 시설 • 옥내소화전설비·**스프링클러설비** 설치대상물 • **물분무등소화설비**(호스릴방식만을 설치한 경우 제외) 설치대상물 • 공동주택 • 목조건축물(국보·보물)
3급 소방안전관리대상물	• **자동화재탐지설비** 설치대상물 • 간이스프링클러설비 설치대상물

정답 ①

23 유도등의 3선식 배선시 자동으로 점등되는 경우가 아닌 것은?

교재 P.246

① 자동화재탐지설비의 감지기 또는 발신기가 작동되는 때
② 비상경보설비의 발신기가 작동되는 때
③ 상용전원이 정전되거나 전원선이 단락되는 때
④ 자동소화설비가 작동되는 때

해설

> ③ 단락 → 단선

유도등의 3선식 배선시 자동으로 점등되는 경우
(1) 자동화재**탐**지설비의 **감지기** 또는 **발신기**가 작동되는 때 보기 ①
(2) 비상**경**보설비의 **발신기**가 작동되는 때 보기 ②
(3) **상**용전원이 **정전**되거나 **전원선**이 **단선**되는 때 보기 ③
(4) **방**재업무를 통제하는 곳 또는 전기실의 배전반에서 **수동**으로 점등하는 때
(5) **자**동소화설비가 작동되는 때 보기 ④

 경탑 상방자

비교 **단선 vs 단락**

단 선	단 락
선이 끊어진 것	두 선이 붙은 것

정답 ③

★★★
24 5년 이하의 징역 또는 5천만원 이하의 벌금으로 옳지 않은 것은?

유사문제
22년 문19
22년 문21
20년 문12
20년 문20

① 위력을 사용하여 출동한 소방대의 화재진압·인명구조 또는 구급활동을 방해하는 행위

교재
P.16,
P.49

② 화재가 발생하거나 불이 번질 우려가 있는 소방대상물의 강제처분을 방해한 자

③ 출동한 소방대원에게 폭행 또는 협박을 행사하여 화재진압·인명구조 또는 구급활동을 방해하는 행위

④ 출동한 소방대의 소방장비를 파손하거나 그 효용을 해하여 화재진압·인명구조 또는 구급활동을 방해하는 행위

해설

② 3년 이하의 징역 또는 3천만원 이하의 벌금

5년 이하의 징역 또는 5000만원 이하의 벌금
(1) **위력**을 사용하여 출동한 소방대의 화재진압·인명구조 또는 구급활동을 **방해**하는 행위 보기 ①
(2) 소방대가 화재진압·인명구조 또는 구급활동을 위하여 **현장**에 **출동**하거나 현장에 출입하는 것을 고의로 **방해**하는 행위
(3) 출동한 소방대원에게 폭행 또는 협박을 행사하여 화재진압·인명구조 또는 구급활동을 **방해**하는 행위 보기 ③
(4) 출동한 소방대의 **소방장비**를 **파손**하거나 그 효용을 해하여 화재진압·인명구조 또는 구급활동을 **방해**하는 행위 보기 ④
(5) 소방자동차의 **출동**을 **방해**한 사람
(6) 사람을 **구출**하는 일 또는 불을 끄거나 불이 번지지 아니하도록 하는 일을 **방해**한 사람
(7) 정당한 사유 없이 소방용수시설 또는 비상소화장치를 사용하거나 소방용수시설 또는 비상소화장치의 효용을 해하거나 그 정당한 사용을 **방해**한 사람
(8) 소방시설의 폐쇄·차단

 기억법 5방5000

정답 ②

★★★

25 다음 중 객석유도등 설치대상이 아닌 것은?

교재
P.243

① 카바레
② 나이트클럽
③ 종교시설
④ 지하역사

해설

④ 공기호흡기 등 설치대상

객석유도등 설치대상
(1) **유**흥주점영업(카바레, 나이트클럽 등) 보기 ①②
(2) **문**화 및 집회시설
(3) **종**교시설 보기 ③
(4) **운**동시설

공하성 **기억법** 유문종 운(유문종 운전해)

정답 ④

제 **2** 과목

★★★

26 다음 옥내소화전 감시제어반 스위치 상태를 보고 옳은 것을 고르시오.

유사문제
24년 문31
24년 문33
24년 문44
24년 문48
23년 문40
23년 문46
23년 문49
22년 문30
22년 문36
22년 문42
21년 문41
20년 문28
20년 문35
20년 문36
20년 문41

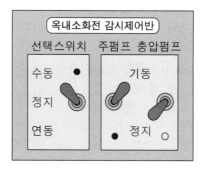

교재
P.170

① 충압펌프를 수동으로 기동 중이다.
② 주펌프를 수동으로 기동 중이다.
③ 충압펌프를 자동으로 기동 중이다.
④ 주펌프는 자동으로 기동 중이다.

2024

 해설

> ② 선택스위치 : **수동**, 주펌프 : **기동**이므로 주펌프를 **수동**으로 기동 중임

감시제어반

평상시 상태	수동기동 상태	점검시 상태
① 선택스위치 : **연동**	① 선택스위치 : **수동**	① 선택스위치 : **정지**
② 주펌프 : **정지**	② 주펌프 : **기동**	② 주펌프 : **정지**
③ 충압펌프 : **정지**	③ 충압펌프 : **기동**	③ 충압펌프 : **정지**

정답 ②

★★★
27 수신기의 예비전원시험을 진행한 결과 다음과 같이 수신기의 표시등이 점등되었을 때, 조치사항으로 옳은 것은?

유사문제
24년 문30
23년 문27
23년 문38
21년 문33
20년 문26
20년 문33
20년 문44
20년 문49

교재
PP.227
-228

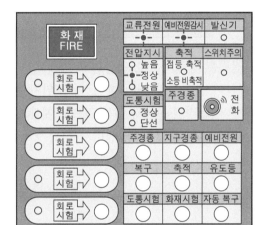

① 축적스위치를 누름
② 복구스위치를 누름
③ 예비전원 시험스위치 불량여부 확인
④ 예비전원 불량여부 확인

 해설

> ④ 예비전원감시램프가 점등되어 있으므로 예비전원 불량여부를 확인해야 한다.
>
>

정답 ④

★★★
28 그림의 수신기에 대하여 올바르게 이해하고 있는 사람은?

유사문제
24년 문42
22년 문46
21년 문33
20년 문26

교재
PP.227
-228

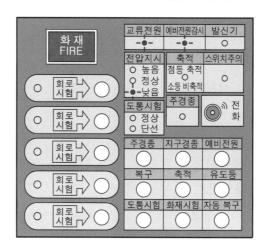

① 김씨 : 현재 전력은 안정적으로 공급되고 있네요.
② 이씨 : 전력공급이 불안정할 때는 예비전원스위치를 눌러서 전원을 공급해야 해.
③ 박씨 : 예비전원 배터리에 문제가 있을 것으로 예상되므로 예비전원을 교체해야 해.
④ 최씨 : 정전, 화재 등 비상시 소방설비가 정상적으로 작동될거야.

해설

① 안정 → 불안정
전압지시가 **낮음**으로 표시되어 있으므로 전력이 **불안정**

② 예비전원스위치는 예비전원 이상 유무를 확인하는 버튼으로 전원을 공급하지는 않는다.
③ 예비전원감시램프가 점등되어 있으므로 예비전원배터리가 문제있다는 뜻임

④ 예비전원감시 : **점등**되어 있으므로 예비전원이 불량이자 소방설비가 작동되지 않을 가능성이 높다.

정답 ③

29

유사문제
23년 문23

교재
p.165

그림과 같은 펌프를 기동하여 소화를 하려고 하는데 가압수가 나오지 않는 경우는 어떤 경우인가?

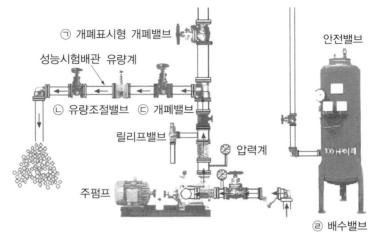

① ㉠ 개폐표시형 개폐밸브를 폐쇄하였을 때
② ㉡ 유량조절밸브를 폐쇄하였을 때
③ ㉢ 개폐밸브를 폐쇄하였을 때
④ ㉣ 배수밸브를 폐쇄하였을 때

해설

① 펌프토출측에 있는 ㉠ **개폐표시형 개폐밸브**를 **폐쇄**하면 배관이 막히게 되어 가압수가 나오지 않아 소화를 할 수 없게 된다.

가압수가 나오지 않는 경우
(1) **개폐표시형 개폐밸브**가 폐쇄된 경우 보기 ①
(2) **체크밸브**가 막힌 경우

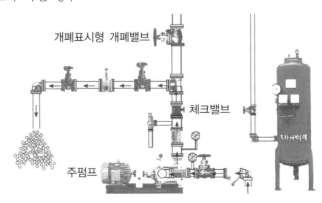

정답 ①

기출문제 2024

★★
30 건물 내 2F에서 발신기 오작동이 발생하였다. 수신기의 상태로 볼 수 있는 것으로 옳은 것은? (단, 건물은 직상 4개층 경보방식이다.)

유사문제
24년 문27
23년 문27
23년 문38
21년 문33
20년 문13
20년 문26
20년 문33
20년 문44
20년 문49

교재
P.224

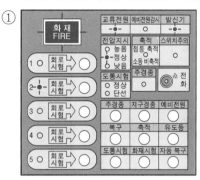

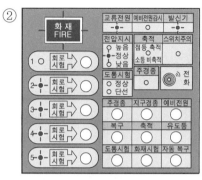

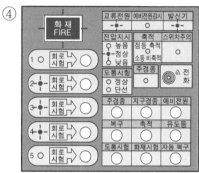

해설

2F(2층)에서 발신기 오작동이 발생하였으므로 2층이 발화층이 되어 **지구표시등**은 **2층**에만 점등된다. 경보층은 발화층 (2층), 직상 4개층(3~6층)이므로 경종은 2~6층이 울린다.

자동화재탐지설비의 직상 4개층 우선경보방식 적용대상물
11층(공동주택 16층) 이상의 특정소방대상물의 경보

‖ 자동화재탐지설비 직상 4개층 우선경보방식 ‖

발화층	경보층	
	11층(공동주택 16층) 미만	11층(공동주택 16층) 이상
2층 이상 발화		• 발화층 • 직상 4개층
1층 발화	전층 일제경보	• 발화층 • 직상 4개층 • 지하층
지하층 발화		• 발화층 • 직상층 • 기타의 지하층

정답 ①

31

펌프성능시험을 위해 그림과 같이 펌프를 작동하였다. 다음 그림에 대한 설명으로 옳지 않은 것은? (단, 설비는 정상상태이며 제시된 조건을 제외한 나머지 조건은 무시한다.)

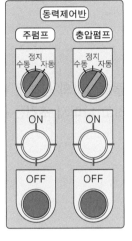
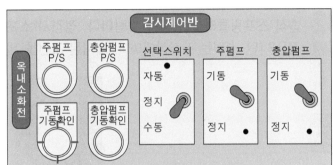

① 기동용 수압개폐장치(압력챔버) 주펌프 압력스위치는 미작동 상태이다.
② 감시제어반의 주펌프 스위치를 정지위치로 내리면 주펌프는 정지한다.
③ 현재 주펌프는 자동으로, 충압펌프는 수동으로 작동하고 있다.
④ 감시제어반 충압펌프 기동확인등이 소등되어 있으므로 불량이다.

해설

① **주펌프 기동확인**램프가 **점등**되어 있지만, **주펌프 P/S**(압력스위치)는 **소등**되어 있으므로 주펌프 압력스위치는 미작동 상태이다. 그러므로 옳다.

② 감시제어반 선택스위치 : **수동**, 주펌프 : **기동**으로 되어있으므로 주펌프는 기동하고 있다. 이 상태에서 주펌프 : **정지**로 내리면 주펌프는 정지하므로 옳다.
③ 자동으로 → 수동으로
감시제어반 선택스위치 : **수동**, 주펌프 : **기동**, 충압펌프 : **기동**으로 되어있으므로 현재 주펌프, 충압펌프 모두 **수동**으로 작동하고 있다.

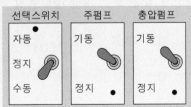

④ 기동확인등은 펌프가 기동될 때 점등되므로 감시제어반 선택스위치 : **수동**, 충압펌 프 : **기동**으로 되어있으므로 충압펌프 기동확인램프가 점등되어야 한다. 소등되어 있다면 불량이 맞다.

정답 ③

32

유사문제
24년 문45
23년 문35
22년 문43
20년 문42

교재
PP.186
-187

습식 스프링클러설비 점검 그림이다. 점검시 스프링클러설비의 상태로 옳지 않은 것은? (단, 설비는 정상상태이며, 제시된 조건을 제외하고 나머지 조건은 무시한다.)

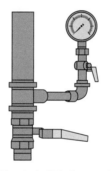

∥ 3층 말단시험밸브 모습 ∥

① 감지기 동작
② 알람밸브 동작
③ 주, 충압펌프 동작
④ 사이렌 동작

해설

① 습식 스프링클러설비는 감지기를 사용하지 않음으로 감지기 동작과는 무관

감지기 사용유무

습식 · 건식 스프링클러설비	준비작동식 · 일제살수식 스프링클러설비
감지기 ×	감지기 ○

시험밸브 개방시 작동 또는 점등되어야 할 것

(1) 펌프작동
(2) 감시제어반 밸브개방표시등(습식 : 알람밸브표시등) 점등
(3) 음향장치(사이렌)작동
(4) 화재표시등 점등

정답 ①

★★
33

교재
P.170

다음 옥내소화전(감시 또는 동력)제어반에서 주펌프를 수동으로 기동시키기 위하여 보기에서 조작해야 할 스위치로 옳은 것은? (단, 설비는 정상상태이며 제시된 조건을 제외한 나머지 조건은 무시한다.)

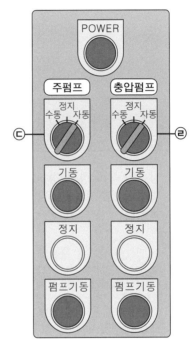

‖ 동력제어반 ‖

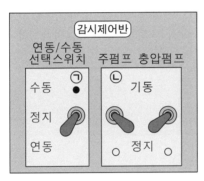

‖ 감시제어반 ‖

① ㉠만 수동으로 조작
② ㉠은 연동에 두고 ㉡을 기동으로 조작
③ ㉢을 수동으로 두고 기동버튼 누름
④ ㉣을 수동으로 두고 기동버튼 누름

해설

‖ 주펌프 수동기동방법 ‖

감시제어반	동력제어반
① 선택스위치 : **수동** 보기 ㉠ ② 주펌프 : **기동** 보기 ㉡	① 주펌프 선택스위치 : **수동** 보기 ㉢ ② 주펌프기동버튼(기동스위치) : **누름** 보기 ㉢

‖ 충압펌프 수동기동방법 ‖

감시제어반	동력제어반
① 선택스위치 : **수동** ② 충압펌프 : **기동**	① 충압펌프 선택스위치 : **수동** 보기 ㉣ ② 충압펌프기동버튼(기동스위치) : **누름** 보기 ㉣

정답 ③

34 다음 중 옥내소화전설비의 방수압력 측정조건 및 방법으로 옳은 것은?

유사문제
24년 문36
23년 문34
22년 문47
21년 문47
20년 문29
20년 문45

교재
P.158,
P.164

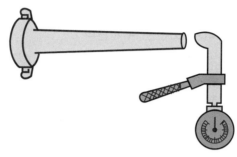

① 반드시 방사형 관창을 이용하여 측정해야 한다.

② 방수압력측정계는 노즐의 선단에서 근접$\left(\text{노즐구경의 } \dfrac{1}{2}\right)$하여 측정한다.

③ 방수압력 측정시 정상압력은 0.15MPa 이하로 측정되어야 한다.

④ 방수압력측정계로 측정할 경우 물이 나가는 방향과 방수압력측정계의 각도는 상관없다.

해설

① 방사형 → 직사형
③ 0.15MPa 이하 → 0.17~0.7MPa 이하
④ 상관없다. → 수직방향으로 해야 한다.

옥내소화전 방수압력 측정

(1) 측정장치 : 방수압력측정계(피토게이지)

(2)

방수량	방수압력
130L/min	0.17~0.7MPa 이하 보기 ③

(3) 방수압력 측정방법 : 방수구에 호스를 결속한 상태로 노즐의 선단에 방수압력측정계(피토게이지)를 근접$\left(\dfrac{D}{2}\right)$시켜서 측정하고 방수압력측정계의 압력계상의 눈금을 확인한다. 보기 ②

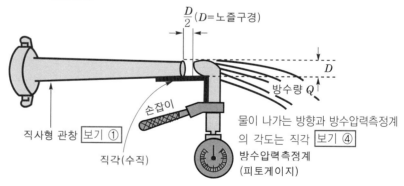

∥방수압력 측정∥

정답 ②

35 다음 중 심폐소생술(CPR)과 자동심장충격기(AED) 사용 순서로 옳은 것은?

유사문제
24년 문40
22년 문27
21년 문49

교재
PP.366
-370

①

반응 확인　　119 신고　　심장리듬 분석　　인공호흡

②

119 신고　　인공호흡　　심장리듬 분석　　가슴압박

③

119 신고　　가슴압박　　반응 확인　　심장리듬 분석

④

반응 확인　　119 신고　　가슴압박　　심장리듬 분석

해설
④ 보기를 볼 때 심폐소생술(CPR) 실시 후 자동심장충격기(AED)를 사용하는 경우이므로 보기 ④ 정답

심폐소생술(CPR) 순서	자동심장충격기(AED) 사용 순서
① 반응 확인 순서 ① ② 119 신고 순서 ② ③ 호흡 확인 ④ 가슴압박 30회 시행 순서 ③ ⑤ 인공호흡 2회 시행 ⑥ 가슴압박과 인공호흡의 반복 ⑦ 회복 자세	① 전원 켜기 ② 두 개의 패드 부착 ③ 심장리듬 분석 순서 ④ ④ 심장충격 실시 ⑤ 심폐소생술 실시

정답 ④

★★★
36 옥내소화전 방수압력시험에 필요한 장비로 옳은 것은?

유사문제
24년 문34
23년 문34
22년 문47
21년 문47
20년 문29
20년 문45

교재
P.164

①

②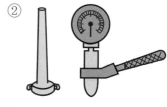

③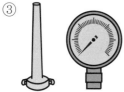

④

해설 옥내소화전 방수압력 측정

(1) 측정장치 : 방수압력측정계(피토게이지)

(2)

방수량	방수압력
130L/min	0.17~0.7MPa 이하

(3) 방수압력 측정방법 : 방수구에 호스를 결속한 상태로 노즐의 선단에 방수압력측정계(피토게이지)를 근접$\left(\dfrac{D}{2}\right)$시켜서 측정하고 방수압력측정계의 압력계상의 눈금을 확인한다.

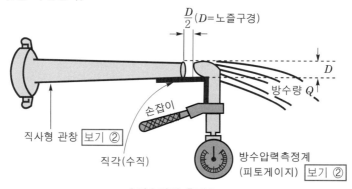

$\dfrac{D}{2}$ (D=노즐구경)

D

방수량 Q

직사형 관창 [보기 ②]

손잡이

직각(수직)

방수압력측정계
(피토게이지) [보기 ②]

‖ 방수압력 측정 ‖

정답 ②

★★★
37 동력제어반 상태를 확인하여 감시제어반의 예상되는 모습으로 옳은 것은? (단, 현재 감시제어반에서 펌프를 수동 조작하고 있음)

유사문제
23년 문49
22년 문30
22년 문36

교재
PP.170
-171

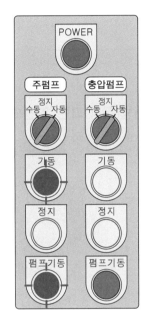

①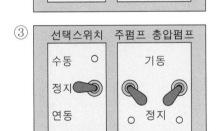

②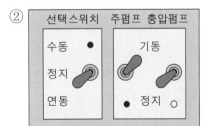

③

④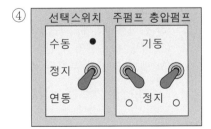

해설

동력제어반에 주펌프의 **기동표시등**과 **펌프기동표시등**이 **점등**되어 있으므로 **감시제어반**에서 펌프를 **수동**조작하고 있는 것으로 판단된다. 그러므로 **선택스위치 : 수동, 주펌프 : 기동, 충압펌프 : 정지**

감시제어반	동력제어반
① 선택스위치 : **수동** ② 주펌프 : **기동** ③ 충압펌프 : **정지**	① POWER 램프 : **점등** ② 주펌프 선택스위치 : 어느 위치든 관계 없음 ③ 주펌프 기동램프 : **점등** ④ 주펌프 정지램프 : **소등** ⑤ 주펌프 펌프기동램프 : **점등**

정답 ①

★★
38 다음 그림의 밸브가 개방(작동)되는 조건으로 옳지 않은 것은?

교재
PP.188
-189

┃ 프리액션밸브 ┃

① 방화문 감지기 동작
② SVP(수동조작함) 수동조작 버튼 기동
③ 감시제어반에서 동작시험
④ 감시제어반에서 수동조작

해설 **프리액션밸브 개방조건**

(1) SVP(수동조작함) 수동조작 버튼 기동 보기 ②
(2) 감시제어반에서 동작시험 보기 ③
(3) 감시제어반에서 수동조작 보기 ④
(4) 해당 방호구역의 감지기 **2개회로** 작동
(5) 밸브 자체에 부착된 **수동기동밸브** 개방

> ① 프리액션밸브는 방화문 감지기와는 무관함

정답 ①

39 그림은 자동화재탐지설비 수신기의 작동 상태를 나타낸 것이다. 보기 중 옳은 것을 있는 대로 고른 것은?

유사문제
24년 문28
24년 문42
22년 문46
21년 문33
20년 문26

교재
P.223

⊙ 도통시험을 실시하고 있으며 좌측 구역은 단선이다.
ⓒ 화재통보기기는 발신기이다.
ⓒ 스위치주의등이 점멸되지 않는 것은 조작스위치가 눌러져 작동된 상태를 나타낸다.
ⓔ 수신기의 전원상태는 이상이 없다.

① ⊙, ⓒ   ② ⓒ, ⓒ
③ ⓒ, ⓔ   ④ ⓒ, ⓔ

해설

⊙ 도통시험버튼이 눌러져 있지 않으므로 도통시험을 실시하는 것이 아님

도통시험
◯

ⓒ 발신기램프가 점등되어 있으므로 화재통보기기는 발신기이다.

발신기
-◉-

ⓒ 점멸되지 않는 것은 → 점멸되는 것은

스위치주의
◦

ⓔ 전압지시 정상램프가 점등되어 있으므로 수신기의 전원상태는 이상이 없다.

전압지시
  높음
-◉-정상
  낮음

정답 ④

40 다음 그림 중 심폐소생술(CPR) 순서로 옳은 것은?

유사문제
24년 문35

교재
PP.366
-368

①

②

③

④

해설 심폐소생술(CPR) 순서

(1) 반응의 확인   (2) 119 신고   (3) 가슴압박   (4) 인공호흡
                                    30회 시행   2회 시행

✅ 중요 **올바른 심폐소생술 시행방법** 보기 ④

반응의 확인 → 119 신고 → 호흡확인 → 가슴압박 30회 시행 → 인공호흡 2회 시행
→ 가슴압박과 인공호흡의 반복 → 회복자세

🔵 정답 ④

★★★
41 다음 자동화재탐지설비 점검시 5층의 선로 단선을 확인하는 순서로 옳은 것을 있는대로 고른 것은?

유사문제
24년 문47
24년 문49
22년 문33
21년 문13

교재
P.223

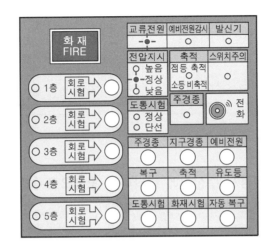

① 주경종 버튼 누름 → 5층 회로시험 누름
② 화재시험 버튼 누름 → 5층 회로시험 누름
③ 축적 버튼 누름 → 5층 회로시험 누름
④ 도통시험 버튼 누름 → 5층 회로시험 버튼 누름

해설 5층 선로 단선 확인순서
(1) 도통시험스위치 버튼 누름

(2) 5층 회로시험 버튼 누름

용어 회로도통시험

수신기에서 감지기 사이 회로의 단선 유무와 기기 등의 접속 상황을 확인하기 위한 시험

✓ 중요 P형 수신기의 동작시험

구분	순서
동작시험순서	① 동작시험스위치 누름 ② 자동복구스위치 누름 ③ 회로시험스위치 돌림

기출문제 2024

구분	순서
동작시험복구순서	① 회로시험스위치 돌림 ② 동작시험스위치 누름 ③ 자동복구스위치 누름
회로도통시험순서	① 도통시험스위치를 누름 ② 각 경계구역 동작버튼을 차례로 누름(회로시험스위치를 각 경계구역별로 차례로 회전)
예비전원시험순서	① 예비전원시험스위치 누름 ② 예비전원 결과 확인

정답 ④

★★★
42 계단감지기 점검시 수신기에 나타나는 모습으로 옳은 것은?

유사문제
22년 문46
21년 문33
20년 문26

교재
P.223

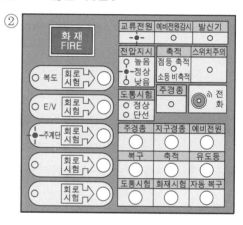

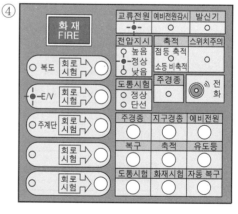

해설
② 계단감지기 점검시에는 계단램프가 점등되어야 하므로 ②번 정답

① 아무것도 점등되지 않음

② 계단램프 점등
(계단감지기 점검시 점등)

③ 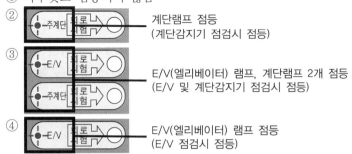 E/V(엘리베이터) 램프, 계단램프 2개 점등
(E/V 및 계단감지기 점검시 점등)

④ E/V(엘리베이터) 램프 점등
(E/V 점검시 점등)

정답 ②

★★
43 추운 곳에 설치하기 곤란한 스프링클러설비는?

유사문제
22년 문07

① 습식   ② 건식
③ 준비작동식   ④ 일제살수식

교재
P.185

해설

① 습식 스프링클러설비 : 동결 우려 장소(추운 곳) 사용제한

스프링클러설비의 종류

구 분		장 점	단 점
폐쇄형 헤드 사용	습 식	• **구조**가 **간단**하고 **공사비 저렴** • 소화가 신속 • 타방식에 비해 유지·관리 용이	• **동결** 우려 장소 사용**제한** 보기 ① • 헤드 오동작시 수손피해 및 배관 부식 촉진
	건 식	• 동결 우려 장소 및 옥외 사용 가능	• 살수개시시간 지연 및 복잡한 구조 • 화재 초기 **압축공기**에 의한 화재 촉진 우려 • 일반헤드인 경우 **상향형**으로 시공하여야 함
	준비 작동식	• 동결 우려 장소 사용 가능 • 헤드 오동작(개방)시 수손피해 우려 없음 • 헤드개방 전 경보로 조기 대처 용이	• 감지장치로 감지기 별도 시공 필요 • 구조 복잡, 시공비 고가 • 2차측 배관 부실시공 우려
	부압식	• 배관파손 또는 오동작시 **수손피해 방지**	• 동결 우려 장소 사용제한 • 구조가 다소 복잡
개방형 헤드 사용	일제 살수식	• **초기화재**에 신속 대처 용이 • 층고가 높은 장소에서도 소화 가능	• 대량살수로 수손피해 우려 • 화재감지장치 별도 필요

정답 ①

44 아래와 같이 옥내소화전설비의 감시제어반이 유지되고 있다. 다음 중 주펌프를 수동기동하는 방법(㉠, ㉡, ㉢)과 이때 감시제어반에서 작동되는 음향장치(㉣)를 올바르게 나열한 것은? (단, 설비는 정상상태이며 제시된 조건을 제외한 나머지 조건은 무시한다.)

유사문제
24년 문26
24년 문31
24년 문33
24년 문48
23년 문40
23년 문46
23년 문49
22년 문30
22년 문36
22년 문41
21년 문41
20년 문28
20년 문35
20년 문35
20년 문41

교재
P.170

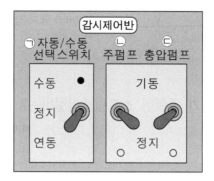

① ㉠ 연동, ㉡ 기동, ㉢ 정지, ㉣ 사이렌
② ㉠ 연동, ㉡ 정지, ㉢ 정지, ㉣ 부저
③ ㉠ 수동, ㉡ 기동, ㉢ 정지, ㉣ 부저
④ ㉠ 수동, ㉡ 기동, ㉢ 정지, ㉣ 사이렌

해설

주펌프 수동기동방법 보기 ③	충압펌프 수동기동방법
① 선택스위치 : **수동**	① 선택스위치 : **수동**
② 주펌프 : **기동**	② 주펌프 : **정지**
③ 충압펌프 : **정지**	③ 충압펌프 : **기동**
④ 음향장치 : **부저**	④ 음향장치 : **부저**

정답 ③

★★★
45

유사문제
24년 문32
23년 문35
22년 문43

교재
PP.186
-187

그림 A의 밸브를 화살표 방향으로 내렸을 때 그림 B와 같이 감시제어반에 표시되었다. 감시제어반 상태에 대한 설명으로 옳은 것은? (단, 설비는 정상상태이며 제시된 조건을 제외한 나머지 조건은 무시한다.)

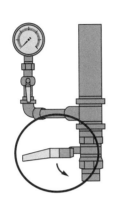

┃ 그림 A ┃

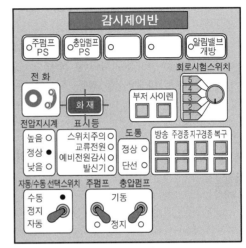

┃ 그림 B ┃

① 주펌프 및 충압펌프는 정상적으로 동작하고 있다.
② 화재표시등이 꺼져있다.
③ 알람밸브는 개방되어 있지 않다.
④ 자동/수동 선택스위치는 현재 수동에 위치하고 있다.

해설

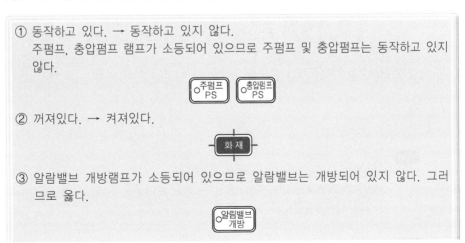

① 동작하고 있다. → 동작하고 있지 않다.
주펌프, 충압펌프 램프가 소등되어 있으므로 주펌프 및 충압펌프는 동작하고 있지 않다.

② 꺼져있다. → 켜져있다.

③ 알람밸브 개방램프가 소등되어 있으므로 알람밸브는 개방되어 있지 않다. 그러므로 옳다.

④ 수동 → 자동

자동/수동 선택스위치

시험밸브 개방시 작동 또는 점등되어야 할 것

(1) 펌프작동
(2) 감시제어반 밸브개방표시등(습식 : 알람밸브표시등)
(3) 음향장치(사이렌) 작동
(4) 화재표시등 점등

정답 ③

★★★
46 다음은 인공호흡에 관한 내용이다. 보기 중 옳은 것을 있는 대로 고른 것은?

교재
P.368

┃ 인공호흡 ┃

⊙ 턱을 목 아래쪽으로 내려 공기가 잘 들어가도록 해준다.
ⓒ 머리를 젖혔던 손의 엄지와 검지로 환자의 코를 잡아서 막고, 입을 크게 벌려 환자의 입을 완전히 막은 후 가슴이 올라올 정도로 1초에 걸쳐서 숨을 불어 넣는다.
ⓒ 숨을 불어 넣을 때에는 환자의 가슴이 부풀어 오르는지 눈으로 확인하고 공기가 배출되도록 해야 한다.
ⓔ 인공호흡이 꺼려지는 경우에는 가슴압박만 시행할 수 있다.

① ㉠   ② ㉡
③ ㉡, ㉣   ④ ㉠, ㉢

해설

⊙ 턱을 목 아래쪽으로→ 턱을 들어올려
ⓒ 공기가 배출되도록 해야 한다. → 숨을 불어넣은 후에는 입을 떼고 코도 놓아주어서 공기가 배출되도록 한다.

정답 ③

47

유사문제
24년 문26
24년 문41

교재
PP.225
-226

그림은 P형 수신기의 도통시험을 위하여 도통시험 버튼 및 회로 3번 시험버튼을 누른 모습이다. 점검표 작성 내용으로 옳은 것은? (단, 회로 1, 2, 4, 5번의 점검결과는 회로 3번 결과와 동일하다.)

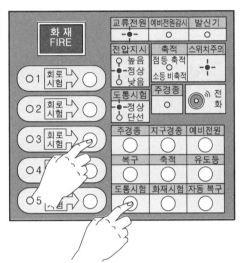

점검항목	점검내용	점검결과	
		결과	불량내용
수신기 도통시험	회로 단선 여부	㉠	㉡

① ㉠ ×, ㉡ 회로 1, 2번의 단선 여부를 확인할 수 없음

② ㉠ ○, ㉡ 이상 없음

③ ㉠ ×, ㉡ 1번 회로 단선

④ ㉠ ○, ㉡ 회로 3번은 정상, 나머지 회선은 단선

해설

도통시험 정상램프가 점등되어 있으므로 회로 단선 여부는 ○이고, 불량내용은 이상 없음

도통시험
●─정상
○ 단선

정답 ②

★★★
48

그림은 옥내소화전 감시제어반 중 펌프제어를 위한 스위치의 예시를 나타낸 것이다. 평상시 및 펌프점검시 스위치 위치에 대한 설명으로 옳은 것만 보기에서 있는대로 고른 것은?

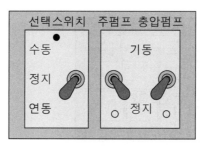

교재
P.170

ⓐ 평상시 펌프선택스위치는 '수동' 위치에 있어야 한다.
ⓑ 평상시 주펌프스위치는 '기동' 위치에 있어야 한다.
ⓒ 펌프 수동기동시 펌프 선택스위치는 '수동'에 있어야 한다.

① ⓐ

② ⓒ

③ ⓐ, ⓑ

④ ⓐ, ⓑ, ⓒ

해설
ⓐ 수동 → 연동
ⓑ 기동 → 정지

평상시 상태	수동기동 상태	점검시 상태
① 선택스위치 : **연동**	① 선택스위치 : **수동**	① 선택스위치 : **정지**
② 주펌프 : **정지**	② 주펌프 : **기동**	② 주펌프 : **정지**
③ 충압펌프 : **정지**	③ 충압펌프 : **기동**	③ 충압펌프 : **정지**

정답 ②

★★★
49 다음 중 그림 A~C에 대한 설명으로 옳지 않은 것은?

유사문제
24년 문41
24년 문47

교재
PP.225
-226

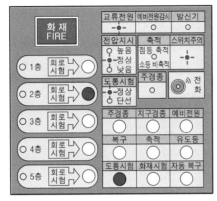

┃그림 A┃

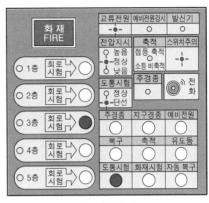

┃그림 B┃

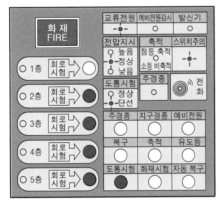

┃그림 C┃

기출문제 2024

① 그림 A를 봤을 때 2층의 도통시험 결과가 정상임을 알 수 있다.
② 그림 A를 봤을 때 스위치 주의표시등이 점등된 것은 정상이다.
③ 그림 B를 봤을 때 3층의 도통시험 결과 단선임을 알 수 있다.
④ 그림 C를 봤을 때 모든 경계구역은 단선이다.

해설

① 그림 A : 2층 지구표시등이 점등되어 있고, 도통시험 정상램프가 점등되어 있으므로 옳다. (○)

② 그림 A : 도통시험스위치가 눌러져 있으므로 스위치주의표시등이 점등되는 것은 정상이므로 옳다. (○)

③ 그림 B : 3층 **회로시험**버튼이 눌려 있고, 도통시험 단선램프가 점등되어 있으므로 옳다. (O)

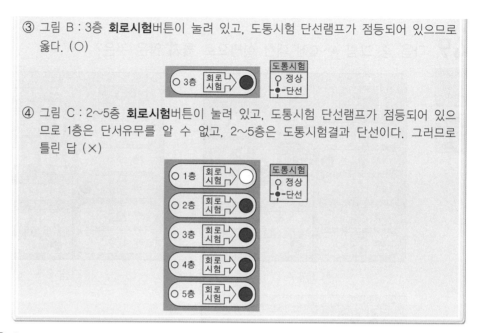

④ 그림 C : 2~5층 **회로시험**버튼이 눌려 있고, 도통시험 단선램프가 점등되어 있으므로 1층은 단서유무를 알 수 없고, 2~5층은 도통시험결과 단선이다. 그러므로 틀린 답 (×)

정답 ④

50 다음 중 수신기 그림의 설명 중 옳은 것은?

유사문제
24년 문41
24년 문47
24년 문49

교재
P.223

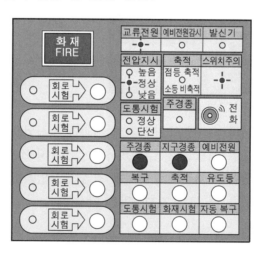

① 스위치 주의표시등이 점등되어 있으므로 119에 신속히 신고한다.
② 스위치 주의표시등이 점등되어 있으므로 화재 위치를 확인하여 조치한다.
③ 스위치 주의표시등이 점등되어 있으므로 스위치 상태를 확인하여 정상위치에 놓는다.
④ 스위치 주의표시등이 점등되어 있으므로 예비전원 상태를 확인한다.

해설

스위치주의

① 스위치 주의표시등이 점등되어 있으므로 눌러져 있는 주경종, 지구경종 정지스위치 등을 **정상위치로 복구**시켜야 한다. 119에 신고할 필요는 없으므로 틀린 답 (×)
② 스위치 주의표시등이 점등되어 있으므로 눌러져 있는 주경종, 지구경종 정지스위치등을 정상위치로 복구시켜야 한다. 화재가 발생한 경우는 아니므로 화재위치를 확인할 필요는 없다. 그러므로 틀린 답 (×)
④ 스위치 주의표시등은 주경종, 지구경종 정지스위치 등이 눌러져 있을 때 점등되는 것으로 예비전원 상태와는 무관하다. 그러므로 틀린 답 (×)

정답 ③

" 성공한 사람이 아니라 가치있는 사람이 되려고 힘써라.

- 아인슈타인 - "

2023년 기출문제

제①과목

01 소방대상물의 관계인이 아닌 것은?

 교재 P.14

① 소유자
② 관리자
③ 감독자
④ 점유자

해설 관계인

(1) **소**유자 보기 ①
(2) **관**리자 보기 ②
(3) **점**유자 보기 ④

공하성 기억법 소관점

정답 ③

02 소방기본법에 따른 한국소방안전원의 설립목적 및 업무가 아닌 것은?

 유사문제
22년 문17
21년 문20

교재 P.15

출제연도
문제

 유사문제부터 풀어보세요. 실력이 팍!팍! 올라갑니다.

① 소방기술과 안전관리에 관한 교육
② 위험물안전관리법에 따른 탱크안전성능시험
③ 교육·훈련 등 행정기관이 위탁하는 업무의 수행
④ 소방안전에 관한 국제협력

해설

② 한국소방산업기술원의 업무

한국소방안전원

한국소방안전원의 설립목적	한국소방안전원의 업무
① 소방기술과 안전관리기술의 향상 및 홍보 ② 교육·훈련 등 행정기관이 위탁하는 업무의 수행 보기 ③ ③ **소방관계종사자**의 기술 향상	① 소방기술과 안전관리에 관한 **교육** 및 **조사·연구** 보기 ① ② 소방기술과 안전관리에 관한 각종 **간행물 발간** ③ 화재예방과 안전관리의식 고취를 위한 **대국민 홍보** ④ 소방업무에 관하여 **행정기관**이 **위탁**하는 업무 ⑤ 소방안전에 관한 **국제협력** 보기 ④ ⑥ **회원**에 대한 **기술지원** 등 정관으로 정하는 사항

정답 ②

★★★
03 다음 중 무창층의 개구부 요건에 해당하지 않는 것은?

유사문제
22년 문14
22년 문22
21년 문19

교재
P.40

① 내부 또는 외부에서 쉽게 부수거나 열 수 있을 것
② 해당 층의 바닥면으로부터 개구부 밑부분까지의 높이가 1.2m 이내일 것
③ 도로 또는 차량이 진입할 수 있는 빈터를 향할 것
④ 크기는 지름 30cm 이하의 원이 통과할 수 있을 것

해설

> ④ 30cm 이하 → 50cm 이상

무창층

지상층 중 다음에 해당하는 개구부면적의 합계가 그 층의 바닥면적의 $\frac{1}{30}$ 이하가 되는 층

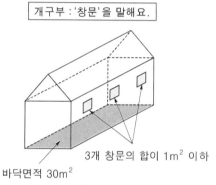

개구부 : '창문'을 말해요.

3개 창문의 합이 1m² 이하

바닥면적 30m²

∥ 무창층 ∥

(1) 크기는 지름 **50cm 이상**의 원이 통과할 수 있을 것   보기 ④

　　　　　이하 ✕

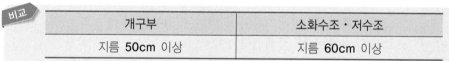

비교

개구부	소화수조·저수조
지름 **50cm** 이상	지름 **60cm** 이상

(2) 해당층의 바닥면으로부터 개구부 밑부분까지의 높이가 **1.2m** 이내일 것   보기 ②

　　　　　　　　　　　　　　　　　　　　1.5m ✕

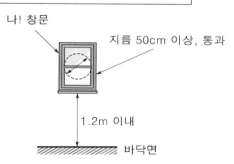

화재발생시 사람이 통과할 수 있는 어깨너비, 키 등의 최소기준을 생각해 봐요.

나! 창문

지름 50cm 이상, 통과

1.2m 이내

바닥면

(3) **도로** 또는 **차량**이 진입할 수 있는 **빈터**를 향할 것 보기 ③

(4) 화재시 건축물로부터 쉽게 **피난**할 수 있도록 개구부에 **창살**이나 그 밖의 장애물이 설치되지 않을 것

(5) 내부 또는 외부에서 **쉽게 부수거나 열** 수 있을 것 보기 ①

정답 ④

04 자체점검(작동점검 또는 종합점검)을 실시한 자는 점검결과를 몇 년간 보관하여야 하는가?

① 1년   ② 2년

③ 3년   ④ 5년

해설 **자체점검 후 결과조치**

자체점검 결과 보관 : **2년**

정답 ②

05 가연성 물질의 구비조건으로 옳은 것은?

① 산소와의 친화력이 작다.   ② 표면적이 작다.

③ 발열량이 작다.   ④ 열전도율이 작다.

> ①·②·③ 작다 → 크다

가연성 물질의 구비조건

(1) 화학반응을 일으킬 때 필요한 **활성화에너지값**이 **작아야** 한다.

(2) 일반적으로 산화되기 쉬운 물질로서 산소와 결합할 때 **발열량**이 **커야** 한다. 보기 ③

(3) 열의 축적이 용이하도록 **열전도**의 값(열전도율)이 **작아야** 한다. 보기 ④

〈가연물질별 열전도〉

● 철 : 열전도 빠르다(크다). → 불에 잘 타지 않는다.
● 종이 : 열전도 느리다(작다). → 불에 잘 탄다.

열전도 방향

‖ 열전도 ‖

(4) 지연성 가스인 **산소·염소**와의 **친화력**이 **강해야** 한다. 보기 ①

(5) 산소와 접촉할 수 있는 **표면적**이 **큰 물질**이어야 한다. 보기 ②

(6) **연쇄반응**을 일으킬 수 있는 물질이어야 한다.

 활성화에너지(최소 점화에너지)

가연물이 처음 연소하는 데 필요한 열

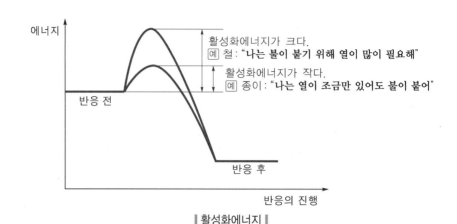

활성화에너지가 크다.
예 철 : "나는 불이 붙기 위해 열이 많이 필요해"

활성화에너지가 작다.
예 종이 : "나는 열이 조금만 있어도 불이 붙어"

반응 전

반응 후

에너지

반응의 진행

▎활성화에너지 ▎

●정답 ④

06 화재안전조사 항목에 대한 사항으로 틀린 것은?

교재
PP.20
-21

① 특정소방대상물 및 관계지역에 대한 강제처분에 관한 사항
② 소방안전관리 업무 수행에 관한 사항
③ 화재의 예방조치 등에 관한 사항
④ 소방시설 등의 자체점검에 관한 사항

해설 **화재안전조사 항목**

(1) 화재의 **예방조치** 등에 관한 사항 │보기 ③│
(2) **소방안전관리 업무** 수행에 관한 사항 │보기 ②│
(3) 피난계획의 수립 및 시행에 관한 사항
(4) 소화·통보·피난 등의 훈련 및 소방안전관리에 필요한 교육에 관한 사항
(5) **소방자동차 전용구역** 등에 관한 사항
(6) 소방시설공사업법에 따른 시공, 감리 및 **감리원** 배치 등에 관한 사항
(7) **소방시설**의 **설치** 및 **관리** 등에 관한 사항
(8) 건설현장 **임시소방시설**의 설치 및 관리에 관한 사항
(9) **피난시설**, 방화구획 및 방화시설의 관리에 관한 사항
(10) **방염**에 관한 사항
(11) 소방시설 등의 **자체점검**에 관한 사항 │보기 ④│
(12) 「다중이용업소의 안전관리에 관한 특별법」, 「위험물안전관리법」 및 「초고층 및 지하연계 복합건축물 재난관리에 관한 특별법」의 안전관리에 관한 사항
(13) 그 밖에 화재 발생 위험 등 **소방관서장**이 화재안전조사의 목적을 달성하기 위하여 필요하다고 인정하는 사항

●정답 ①

07 다음 중 연소 후 재를 남기지 않는 것은?

유사문제
24년 문10
22년 문11
21년 문01
21년 문27

① 일반화재   ② 유류화재
③ 전기화재   ④ 주방화재

교재
PP.78
-79

해설 화재의 종류

종류	적응물질	소화약제
일반화재(A급)	• 보통가연물(폴리에틸렌 등) • 종이 • 목재, 면화류, 석탄 • **재를 남김**	① 물 ② 수용액
유류화재(B급)	• 유류 • 알코올 • **재를 남기지 않음** 보기 ②	① 포(폼)
전기화재(C급)	• 변압기 • 배전반	① 이산화탄소 ② 분말소화약제 ③ 주수소화 금지
금속화재(D급)	• 가연성 금속류(나트륨 등)	① 금속화재용 분말소화약제 ② 건조사(마른모래)
주방화재(K급)	• 식용유 • 동·식물성 유지	① 강화액

정답 ②

08 열 전달의 설명 중 화재에서 화염의 접촉 없이 연소가 확산되는 현상을 무엇이라 하는가?

유사문제
24년 문13

교재
PP.79
-80

① 전도   ② 대류
③ 복사   ④ 비화

해설 열전달

종류	설명
전도(conduction)	• 하나의 물체가 다른 물체와 **직접 접촉**하여 전달되는 것
대류(convection)	• **유체**의 흐름에 의하여 열이 전달되는 것
복사(radiation) 보기 ③	• 화재시 열의 이동에 **가장 크게 작용**하는 열이동방식 • **화염의 접촉 없이** 연소가 확산되는 현상 보기 ③ • 화재현장에서 **인접건물**을 **연소**시키는 주된 원인

  비화

불씨가 날아가서 다른 곳에 또 화재를 일으키는 것

정답 ③

09 연기의 수평방향 확산속도는?

교재 P.81

① 0.5~1.0m/sec   ② 1.0~1.2m/sec
③ 2~3m/sec   ④ 3~5m/sec

해설 연기의 확산속도

구 분	확산속도
수평방향	0.5~1.0m/sec 보기 ①
수직방향	2~3m/sec
계단실 내의 수직이동속도	3~5m/sec

공하성 기억법 수23, 계35

정답 ①

10 (   ) 안에 들어갈 말로 옳은 것은?

교재 P.106

위험물이란 (   ) 또는 (   ) 등의 성질을 가지는 것으로 대통령령이 정하는 물품이다.

① 발화성 또는 점화성
② 위험성 또는 인화성
③ 인화성 또는 발화성
④ 인화성 또는 점화성

해설 위험물
인화성 또는 **발화성** 등의 성질을 가지는 것으로서 **대통령령**이 정하는 물품

정답 ③

11 액화석유가스(LPG)에 대한 설명으로 옳지 않은 것은?

유사문제
24년 문06
22년 문08
21년 문02
21년 문12
21년 문16

교재 P.112

① 가정용, 공업용으로 주로 사용된다.
② CH_4이 주성분이다.
③ 프로판의 폭발범위는 2.1~9.5%이다.
④ 비중이 1.5~2로 누출시 낮은 곳으로 체류한다.

해설

② CH_4 → C_3H_8 또는 C_4H_{10}

LPG vs LNG

구 분 \ 종 류	액화석유가스 (LPG)	액화천연가스 (LNG)
주성분	• 프로판(C₃H₈) 보기 ② • 부탄(C₄H₁₀) 공하성 기억법 P프부	• 메탄(CH₄) 공하성 기억법 N메
비 중	• 1.5~2(누출시 낮은 곳 체류) 보기 ④	• 0.6(누출시 천장 쪽 체류)
폭발범위 (연소범위)	• 프로판 : 2.1~9.5% 보기 ③ • 부탄 : 1.8~8.4%	• 5~15%
용 도	• 가정용 • 공업용 보기 ① • 자동차연료용	• 도시가스
증기비중	• 1보다 큰 가스	• 1보다 작은 가스
탐지기의 위치	• 탐지기의 **상단**은 **바닥**면의 **상방** **30cm** 이내에 설치 탐지기 → ○○ 　　　　　30cm 이내 바닥 ‖LPG 탐지기 위치‖	• 탐지기의 **하단**은 천장면의 **하방** **30cm** 이내에 설치 천장 탐지기 → ○○　30cm 이내 ‖LNG 탐지기 위치‖
가스누설경보기의 위치	• 연소기 또는 관통부로부터 수평 거리 **4m** 이내에 설치	• 연소기로부터 수평거리 **8m** 이내에 설치
공기와 무게 비교	• 공기보다 무겁다.	• 공기보다 가볍다.

정답 ②

★★
12 다음 중 단독주택에 설치하는 소방시설은?

교재 P.41

① 소화기 및 단독경보형 감지기　　② 투척용 소화용구
③ 간이소화용구　　　　　　　　　④ 자동확산소화기

해설 **단독주택 및 공동주택(아파트 및 기숙사 제외)에 설치하는 소방시설**
(1) 소화기
(2) 단독경보형 감지기

정답 ①

13 다음 중 피난시설, 방화구획 및 방화시설 관련 금지행위에 해당되지 않는 것은?

교재
PP.127
-128

① 방화문에 시건장치를 하여 폐쇄하는 행위
② 방화문에 고임장치(도어스톱) 등을 설치하는 행위
③ 비상구에 물건을 쌓아두는 행위
④ 방화문을 닫아놓은 상태로 관리하는 행위

해설 **피난시설, 방화구획 및 방화시설 관련 금지행위**
   (1) 건축법령에 의거 설치한 피난·방화시설을 화재시 사용할 수 없도록 폐쇄하는 행위
   (2) **계단, 복도** 등에 **방범철책(창)** 등을 설치하여 화재시 피난할 수 없도록 하는 행위
   (3) 비상구 등에 잠금장치(고정식 잠금장치 등)를 설치하여 누구나 쉽게 열 수 없도록 하는 행위
   (4) 용접, 조적, 쇠창살, 석고보드 또는 합판 등으로 비상(탈출)구의 개방이 불가능하도록 하는 행위
   (5) 방화문에 시건장치를 하여 폐쇄하는 행위 보기 ①
   (6) 방화문에 고임장치(도어스톱) 등을 설치하는 행위 보기 ②
   (7) 비상구에 물건을 쌓아두는 행위 보기 ③
   (8) 기타 객관적인 판단하에 누구라도 폐쇄라고 볼 수 있는 행위

정답 ④

14 방염처리물품의 성능검사에서 현장처리물품의 성능검사 실시기관은?

유사문제
21년 문09

① 관할소방서장   ② 한국소방안전원
③ 한국소방산업기술원   ④ 성능검사를 받지 않아도 된다.

교재
P.43

해설 **현장처리물품**

방염 현장처리물품의 성능검사 실시기관	방염 선처리물품의 성능검사 실시기관
시·도지사(관할소방서장) 보기 ①	한국소방산업기술원

정답 ①

15 소화설비 중 소화기구에 대한 설명으로 옳지 않은 것은?

유사문제
23년 문26
23년 문45
22년 문01
22년 문04
22년 문29
20년 문34

① 소화기는 각 층마다 설치하고 소형소화기는 특정소방대상물의 각 부분으로부터 1개 소화기까지 보행거리는 20m 이내로 한다.
② ABC급 분말소화기의 주성분은 제1인산암모늄이다.
③ 능력단위가 2단위 이상이 되도록 소화기를 설치하여야 하는 특정소방대상물 또는 그 부분에 있어서는 간이소화용구의 능력단위가 전체 능력단위를 초과하지 않도록 하여야 한다.
④ 소화기의 내용연수는 10년으로 하고 내용연수가 지난 제품은 교체 또는 성능확인을 받아야 한다.

교재
PP.144
-145,
P.148

해설

③ 전체 능력단위를 → 전체 능력단위의 $\frac{1}{2}$을

소화기구

(1) 소화능력 단위기준 및 보행거리 보기 ①

소화기 분류		능력단위	보행거리
소형소화기		1단위 이상	20m 이내
대형소화기	A급	10단위 이상	30m 이내
	B급	20단위 이상	

🔷 공하성 기억법 보3대, 대2B(데이빗!)

(2) 분말소화기

‖ 소화약제 및 적응화재 ‖

적응화재	소화약제의 주성분	소화효과
BC급	탄산수소나트륨($NaHCO_3$)	• 질식효과 • 부촉매(억제)효과
	탄산수소칼륨($KHCO_3$)	
ABC급 보기 ②	제1인산암모늄($NH_4H_2PO_4$)	
BC급	탄산수소칼륨($KHCO_3$)＋요소($(NH_2)_2CO$)	

(3) 내용연수 보기 ④
소화기의 내용연수를 **10년**으로 하고 내용연수가 지난 제품은 교체 또는 성능확인을 받을 것

내용연수 경과 후 10년 미만	내용연수 경과 후 10년 이상
3년	1년

(4) 능력단위가 **2단위** 이상이 되도록 소화기를 설치하여야 할 특정소방대상물 또는 그 부분에 있어서는 **간이소화용구**의 능력단위가 전체능력단위의 $\frac{1}{2}$ 초과금지(**노유자시설** 제외) 보기 ③

🔵 정답 ③

★★★
16
유사문제
24년 운17
21년 문34
20년 운17

교재
P.148

건축물의 주요구조부가 내화구조이고, 벽 및 반자의 실내에 면하는 부분이 불연재료로 된 바닥면적 600m²인 의료시설에 필요한 소화기구의 능력단위는?

① 2단위 ② 3단위
③ 4단위 ④ 6단위

해설 특정소방대상물별 소화기구의 능력단위기준

특정소방대상물	소화기구의 능력단위	건축물의 주요구조부가 내화구조이고, 벽 및 반자의 실내에 면하는 부분이 불연재료·준불연재료 또는 난연재료로 된 특정소방 대상물의 능력단위
● **위**락시설 공하성 기억법 위3(위상)	바닥면적 **30m²**마다 1단위 이상	바닥면적 **60m²**마다 1단위 이상
● **공연**장 ● **집**회장 ● **관람**장 ● **문**화재 ● **장**례식장 및 의료시설 공하성 기억법 5공연장 문의 집관람 (손오공 연장 문의 집관람)	바닥면적 **50m²**마다 1단위 이상	바닥면적 **100m²**마다 1단위 이상
● **근**린생활시설 ● **판**매시설 ● 운**수**시설 ● **숙**박시설 ● **노**유자시설 ● **전**시장 ● 공동**주**택(아파트 등) ● **업**무시설(사무실 등) ● **방**송통신시설 ● 공**장** ● **창**고시설 ● **항**공기 및 자동**차**관련시설, **관광**휴게시설 공하성 기억법 근판숙노전 주업방차창 1항 관광(근판숙노전 주업방차창 일본항 관광)	바닥면적 **100m²**마다 1단위 이상	바닥면적 **200m²**마다 1단위 이상
● 그 밖의 것	바닥면적 **200m²**마다 1단위 이상	바닥면적 **400m²**마다 1단위 이상

의료시설로서 **내화구조**이고 **불연재료**이므로 바닥면적 **100m²**마다 1단위 이상이므로

$$\frac{600m^2}{100m^2} = 6단위$$

정답 ④

17 옥내소화전설비에 대한 설명으로 옳은 것은?

유사문제
21년 문24
20년 문22

교재
P.158,
P.161

① 옥내소화전(2개 이상인 경우 2개, 고층건축물의 경우 최대 5개)을 동시에 방수할 경우 방수압은 0.17MPa 이상, 0.7MPa 이하가 되어야 한다.

② 옥내소화전(2개 이상인 경우 2개, 고층건축물의 경우 최대 5개)을 동시에 방수할 경우 방수량은 350L/min 이상이어야 한다.

③ 방수구는 바닥으로부터 0.8m~1.5m 이하의 위치에 설치한다.

④ 옥내소화전설비의 호스의 구경은 25mm 이상의 것을 사용하여야 한다.

 해설

② 350L/min → 130L/min
③ 0.8m~1.5m → 1.5m
④ 25mm → 40mm

(1) 옥내소화전설비 vs 옥외소화전설비

구 분	방수량	방수압	최소방출시간	소화전 최대개수
옥내소화전설비	● 130L/min 이상 보기 ②	● 0.17~0.7MPa 이하 보기 ①	● 20분 : 29층 이하 ● 40분 : 30~49층 이하 ● 60분 : 50층 이상	● 저층건축물 : 최대 2개 ● 고층건축물 : 최대 5개 보기 ①
옥외소화전설비	● 350L/min 이상	● 0.25~0.7MPa 이하	● 20분	

(2) 옥내소화전설비 호스구경

구 분	호 스
호스릴	25mm 이상
일 반	40mm 이상 보기 ④

 공하성 기억법 내호25, 내4(내사 종결)

비교 설치높이 1.5m 이하 교재 P.148, P.161

(1) 소화기
(2) 옥내소화전 방수구 보기 ③

정답 ①

18

30층 미만인 어느 건물에 옥내소화전이 1층에 6개, 2층에 4개, 3층에 4개가 설치된 소방대상물의 최소수원의 양은?

교재 P.158

① 2.6m³

② 5.2m³

③ 10.8m³

④ 13m³

해설 **옥내소화전설비 수원의 저수량**

> $Q = 2.6N$(30층 미만, N : 최대 2개)
> $Q = 5.2N$(30~49층 이하, N : 최대 5개)
> $Q = 7.8N$(50층 이상, N : 최대 5개)

여기서, Q : 수원의 저수량[m³]
　　　　 N : 가장 많은 층의 소화전개수

수원의 **저수량** Q는

$Q = 2.6N = 2.6 \times 2 = 5.2m^3$

정답 ②

19

1급 소방안전관리대상물의 소방안전관리자로 선임될 수 없는 사람은?(단, 해당 소방안전관리자 자격증을 받은 경우이다.)

유사문제
22년 문24
22년 문25
20년 문10

① 소방설비기사

② 소방설비산업기사

교재 P.24

③ 소방공무원으로 7년간 근무한 경력이 있는 사람

④ 위험물기능장

해설

④ 2급 소방안전관리자 선임조건

(1) **1급 소방안전관리대상물의 소방안전관리자 선임조건**

자 격	경 력	비 고
• 소방설비기사 보기 ①	경력 필요 없음	1급 소방안전관리자 자격증을 받은 사람
• 소방설비산업기사 보기 ②	경력 필요 없음	
• 소방공무원 보기 ③	7년	
• 소방청장이 실시하는 1급 소방안전관리대상물의 소방안전관리에 관한 시험에 합격한 사람	경력 필요 없음	
• 특급 소방안전관리대상물의 소방안전관리자 자격이 인정되는 사람		

(2) 2급 소방안전관리대상물의 소방안전관리자 선임조건

자 격	경 력	비 고
• 위험물기능장 보기 ④ • 위험물산업기사 • 위험물기능사	경력 필요 없음	2급 소방안전관리자 자격증을 받은 사람
• 소방공무원	3년	
• 「기업활동 규제완화에 관한 특별조치법」에 따라 소방안전관리자로 선임된 사람(소방안전관리자 로 선임된 기간으로 한정) • 소방청장이 실시하는 2급 소방안전관리대상물 의 소방안전관리에 관한 시험에 합격한 사람 • 특급 또는 1급 소방안전관리대상물의 소방안전 관리자 자격이 인정되는 사람	경력 필요 없음	

정답 ④

20

★

교재 P.178

지하층을 제외한 층수가 10층 이하인 소방대상물 중 공장(특수가연물을 저장·취급하는 것)의 경우 스프링클러헤드의 기준 개수는?

① 10개　　　　　　　　　　　② 20개
③ 30개　　　　　　　　　　　④ 40개

해설 폐쇄형 헤드의 기준 개수

특정소방대상물		폐쇄형 헤드의 기준 개수
지하가·지하역사		30 보기 ③
11층 이상		
10층 이하	공장(**특수가연물**) →	
	판매시설(슈퍼마켓, 백화점 등), 복합건축물(판매시설이 설치된 것)	
	근린생활시설·운수시설	20
	8m 이상	
	8m 미만	10
공동주택(아파트등)		10(각 동이 주차장으로 연결된 주차장 30)

정답 ③

21

★

유사문제 20년 문50

교재 PP.186 -187

습식 스프링클러설비에서 알람밸브 2차측 압력이 저하되어 클래퍼가 개방(작동)되면 이후 일어나는 현상은?

① 클래퍼 개방에 따른 압력수 유입으로 압력스위치가 동작한다.
② 가속기의 동작으로 1차측 물이 2차측으로 빠르게 이동한다.
③ 주펌프와 충압펌프가 번갈아가면서 기동된다.
④ 주펌프만 기동된다.

해설 알람밸브 2차측 압력이 저하되어 **클래퍼**가 **개방**되면 클래퍼 개방에 따른 **압력수 유입**으로 **압력스위치**가 **동작**된다. 보기 ①

정답 ①

★★
22 화재안전조사 결과에 따른 조치명령 사항이 아닌 것은?

교재
P.21

① 재축명령
② 개수명령
③ 제거명령
④ 이전명령

해설 화재안전조사 결과에 따른 조치명령
  (1) 명령권자 : **소방관서장**(**소방청장 · 소방본부장 · 소방서장**)
  (2) 명령사항
    ① **개수**명령 보기 ②
    ② **이전**명령 보기 ④
    ③ **제거**명령 보기 ③
    ④ **사용**의 **금지** 또는 제한명령, 사용폐쇄
    ⑤ **공사**의 **정지** 또는 중지명령

공하성 기억법 장본서

정답 ①

★★★
23 5년 이하의 징역 또는 5천만원 이하의 벌금으로 옳지 않은 것은?

교재
P.16,
P.49

① 위력을 사용하여 출동한 소방대의 화재진압 · 인명구조 또는 구급활동을 방해하는
  행위
② 화재가 발생하거나 불이 번질 우려가 있는 소방대상물의 강제처분을 방해한 자
③ 출동한 소방대원에게 폭행 또는 협박을 행사하여 화재진압 · 인명구조 또는 구급
  활동을 방해하는 행위
④ 출동한 소방대의 소방장비를 파손하거나 그 효용을 해하여 화재진압 · 인명구조
  또는 구급활동을 방해하는 행위

해설
  ② 3년 이하의 징역 또는 3천만원 이하의 벌금

5년 이하의 징역 또는 5000만원 이하의 벌금
  (1) **위력**을 사용하여 출동한 소방대의 화재진압 · 인명구조 또는 구급활동을 **방해**하는
    행위 보기 ①
  (2) 소방대가 화재진압 · 인명구조 또는 구급활동을 위하여 **현장**에 **출동**하거나 현장에
    출입하는 것을 고의로 **방해**하는 행위

(3) 출동한 소방대원에게 폭행 또는 협박을 행사하여 화재진압·인명구조 또는 구급활동을 **방해**하는 행위 보기 ③

(4) 출동한 소방대의 **소방장비**를 **파손**하거나 그 효용을 해하여 화재진압·인명구조 또는 구급활동을 **방해**하는 행위 보기 ④

(5) 소방자동차의 **출동**을 **방해**한 사람

(6) 사람을 **구출**하는 일 또는 불을 끄거나 불이 번지지 아니하도록 하는 일을 **방해**한 사람

(7) 정당한 사유 없이 소방용수시설 또는 비상소화장치를 사용하거나 소방용수시설 또는 비상소화장치의 효용을 해하거나 그 정당한 사용을 **방해**한 사람

(8) 소방시설의 폐쇄·차단

공하성 기억법 5방5000

😊정답 ②

24
⭐⭐⭐

유사문제 20년 문11

교재 P.208

어느 건축물의 바닥면적이 각각 1층 $700m^2$, 2층 $600m^2$, 3층 $300m^2$, 4층 $200m^2$ 이다. 이 건축물의 최소 경계구역수는?

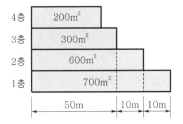

① 2개

② 3개

③ 4개

④ 5개

해설 **최소 경계구역수**

(1) 1층 : 1경계구역의 면적은 **$600m^2$** 이하로 하여야 하므로 바닥면적을 **$600m^2$**로 나누어주면 된다.

1층 : $\dfrac{700m^2}{600m^2} = 1.1 ≒ 2$개(소수점 올림)

(2) 2층 : 바닥면적이 $600m^2$ 이하이지만 한 변의 길이가 **50m**를 **초과**하므로 **2개**로 나눈다. 면적길이가 모두 주어진 경우 면적, 길이 2가지를 모두 고려해서 큰 값을 적용한다.

2층 : $\dfrac{50m + 10m + 10m}{50m} = 1.4 ≒ 2$개(소수점 올림)

(3) $\boxed{3\sim4층}$: 500m² 이하는 2개층을 1경계구역으로 할 수 있으므로 2개층의 합이 500m² 이하일 때는 **500m²**로 나누어주면 된다.

$$3\sim4층 : \frac{(300+200)\mathrm{m}^2}{500\mathrm{m}^2} = 1\,개$$

∴ 2개＋2개＋1개＝5개

정답 ④

25 주방에 설치하는 감지기는?

유사문제
20년 문03

교재
PP.211
-212

① 차동식 스포트형 감지기
② 이온화식 스포트형 감지기
③ 정온식 스포트형 감지기
④ 광전식 스포트형 감지기

해설 감지기의 구조

정온식 스포트형 감지기	차동식 스포트형 감지기
① **바이메탈**, **감열판**, **접점** 등으로 구분 기억법 **바정(봐줘)**	① **감열실**, **다이어프램**, **리크구멍**, **접점** 등으로 구성
② **보일러실**, **주방** 설치 보기 ③	② **거실**, **사무실** 설치
③ 주위 온도가 일정 온도 이상이 되었을 때 작동	③ 주위 온도가 일정 상승률 이상이 되는 경우에 작동

정답 ③

제 ② 과목

★★★
26 다음 그림의 소화기를 점검하였다. 점검결과에 대한 내용으로 옳은 것은?

주의사항
1. 매월 1회 이상 지시압력계의 바늘이 정상위치에 있는가를 확인
2. 소화기 설치시에는 태양의 직사 고온다습의 장소를 피한다.
3. 사용시에는 바람을 등지고 방사하고 사용 후에는 내부약제를 완전 방출하여야 한다.
4. 사람을 향하여 방사하지 마십시오.
※ 소화약제 물질 안전자료 관련정보(MSDS정보)
① 위험물질 정보(0.1% 초과시 목록) : 없음
② 내용물의 5%를 초과하는 화학물질목록 : 제1인산암모늄, 석분
③ 위험한 약제에 관한 정보 : 폐자극성 분진

제조연월	2008.06

번호	점검항목	점검결과
1-A-007	○ 지시압력계(녹색범위)의 적정 여부	㉠
1-A-008	○ 수동식 분말소화기 내용연수(10년) 적정 여부	㉡

설비명	점검항목	불량내용
소화설비	1-A-007	㉢
	1-A-008	

① ㉠ ×, ㉡ ○, ㉢ 약제량 부족
② ㉠ ○, ㉡ ○, ㉢ 없음
③ ㉠ ×, ㉡ ×, ㉢ 약제량 부족, 내용연수 초과
④ ㉠ ○, ㉡ ×, ㉢ 내용연수 초과

해설

㉠ 지시압력계가 녹색범위를 가리키고 있으므로 적정여부는 (○)이다.

‖ 지시압력계의 색표시에 따른 상태 ‖

노란색(황색)	녹 색	적 색
‖ 압력이 부족한 상태 ‖	‖ 정상압력 상태 ‖	‖ 정상압력보다 높은 상태 ‖

• 용기 내 압력을 확인할 수 있도록 지시압력계가 부착되어 사용가능한 범위가 **0.7~0.98MPa**로 녹색으로 되어있음

ⓒ 제조연월 : 2008.6이고 내용연수가 10년이므로 유효기간은 2018.6까지이다. 내용
연수가 초과되었으므로 (×)이다.
ⓒ 불량내용은 내용연수 초과이다.
- 소화기의 내용연수를 10년으로 하고 내용연수가 지난 제품은 교체 또는 성능확
  인을 받을 것

┃내용연수┃

내용연수 경과 후 10년 미만	내용연수 경과 후 10년 이상
3년	1년

정답 ④

★★
27 P형 수신기 예비전원시험(전압계 방식)을 하기 위해 예비전원버튼을 눌렀을 때 전
압계가 다음과 같이 지시하였다. 다음 중 옳은 설명은?

유사문제
24년 문27
24년 문30
23년 문38
22년 문46
21년 문26
21년 문33
20년 문26
20년 문33
20년 문44
20년 문49

교재
P.227

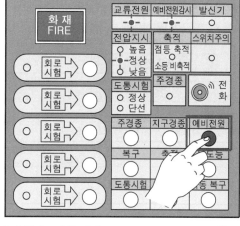

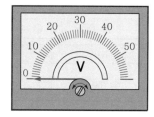

① 예비전원이 정상이다.　　　　② 예비전원이 불량이다.
③ 교류전원을 점검하여야 한다.　　④ 예비전원전압이 과도하게 높다.

해설
① 정상 → 불량
③ 교류전원 → 예비전원
　예비전원이 0V를 가리키고 있으므로 예비전원을 점검하여야 한다.
④ 높다 → 낮다

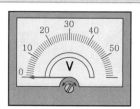

┃0V를 가리킴┃

‖ 예비전원시험 ‖ 교재 P.227

전압계인 경우 정상	램프방식인 경우 정상
19~29V	녹색

적색 → 26V 이상
녹색 → 24V 정상
황색 → 22V 이하
전압표시

예비전원시험

‖ 예비전원시험 ‖

‖ 24V를 가리킴 ‖

정답 ②

★
28 아래의 그림은 준비작동식 스프링클러 점검시 유수검지장치를 작동시키는 방법과 감시제어반에서 확인해야 할 사항이다. 다음 중 옳은 것을 모두 고르시오.

유사문제
24년 문20

교재
PP.188
-189

기출문제 2023

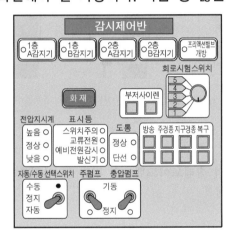

1. 프리액션밸브 유수검지장치를 작동시키는 방법
   ㉠ 화재동작시험을 통한 A, B 감지기 작동
   ㉡ 해당 구역 감지기(A, B) 2개 회로 작동
   ㉢ 말단시험밸브 개방

2. 감시제어반 확인사항
   ㉣ 해당 구역 감지기 A, B 지구표시등 점등
   ㉤ 프리액션밸브 개방표시등 점등
   ㉥ 도통시험회로 단선여부 확인
   ㉦ 발신기표시등 점등 확인

① ㉠, ㉡, ㉣, ㉥
② ㉠, ㉢, ㉣, ㉤
③ ㉠, ㉡, ㉣, ㉤
④ ㉠, ㉢, ㉥, ㉦

해설

ⓒ 말단시험밸브는 습식 · 건식 스프링클러설비에만 있으므로 프리액션밸브(준비작동식)은 해당 없음

ⓗ 도통시험회로 단선여부는 유수검지장치 작동과 무관함

ⓐ 발신기표시등은 자동화재탐지설비에 적용되므로 준비작동식에는 관계 없음

말단시험밸브 여부

습식 · 건식 스프링클러설비	준비작동식 · 일제살수식 스프링클러설비
말단시험밸브 ○	말단시험밸브 ×

정답 ③

★★
29

유사문제
23년 문36
23년 문42
22년 문32

교재
P.198

가스계 소화설비 기동용기함의 솔레노이드밸브 점검 전 상태를 참고하여 안전조치의 순서로 옳은 것은?

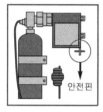
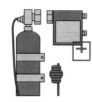
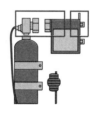
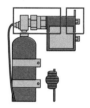

‖솔레노이드밸브 점검 전‖ ㉠ 안전핀 제거 ㉡ 솔레노이드 분리 ㉢ 안전핀 체결

① ㉡ – ㉢ – ㉠   ② ㉢ – ㉡ – ㉠

③ ㉢ – ㉠ – ㉡   ④ ㉡ – ㉠ – ㉢

해설 **기동용기함의 솔레노이드밸브의 점검 전 안전조치 순서**

㉢ 안전핀 체결 → ㉡ 솔레노이드 분리 → ㉠ 안전핀 제거

정답 ②

★★★
30

유사문제
23년 문37
23년 문43
23년 문50
21년 문43
20년 문38
20년 문48

교재
P.367

심폐소생술 가슴압박의 위치로 옳은 것은?

①
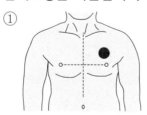

②
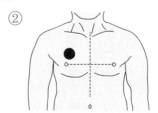

③
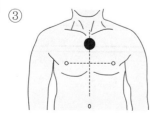

④
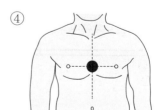

해설 성인의 가슴압박
(1) 환자의 **어깨**를 두드린다.
(2) 쓰러진 환자의 얼굴과 가슴을 <u>10초 이내</u>로 관찰하여 호흡이 있는지를 확인한다.
　　　　　　　　　　　　10초 이상 ×
(3) 구조자의 체중을 이용하여 압박한다.
(4) 인공호흡에 자신이 없으면 가슴압박만 시행한다.

구 분	설 명
속 도	분당 **100~120회**
깊 이	약 **5cm**(소아 4~5cm)

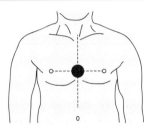

┃가슴압박 위치┃ 보기 ④

정답 ④

★★
31 김소방씨는 어느 건물에 자동화재탐지설비의 작동점검을 한 후 작동점검표에 점
유사문제 검결과를 다음과 같이 작성하였다. 점검항목에 '조작스위치가 정상위치에 있는지
22년 문50 여부'는 어떤 것을 확인하여야 알 수 있었겠는가?

교재
PP.400
-401

자동화재탐지설비　　　　　　　　　　　　　　　　(양호○, 불량×, 해당 없음/)

구분	점검번호	점검항목	점검결과
수신기	15-B-002	• 조작스위치가 정상위치에 있는지 여부	○
	15-B-006	• 수신기 음향기구의 음량·음색 구별 가능 여부	○
감지기	15-D-009	• 감지기 변형·손상 확인 및 작동시험 적합 여부	○
전원	15-H-002	• 예비전원 성능 적정 및 상용전원 차단시 예비전원 자동전환 여부	×
배선	15-I-003	• 수신기 도통시험회로 정상 여부	○

① 회로단선여부 확인
② 예비전원 및 예비전원감시등 확인
③ 교류전원감시등 확인
④ 스위치주의등 확인

해설 작동점검표

자동화재탐지설비 　　　　　　　　　　　　　　　　　　　(양호○, 불량×, 해당 없음/)

구분	점검번호	점검항목	점검결과
수신기	15-B-002	• 조작스위치가 정상위치에 있는지 여부 　스위치주의등 확인	○
	15-B-006	• 수신기 음향기구의 음량 · 음색 구별 가능 여부	○
감지기	15-D-009	• 감지기 변형 · 손상 확인 및 작동시험 적합 여부	○
전원	15-H-002	• 예비전원 성능 적정 및 상용전원 차단시 예비전원 　예비전원 및 예비전원감시등 확인 　자동전환 여부	×
배선	15-I-003	• 수신기 도통시험회로 정상 여부 　회로 단선여부	○

정답 ④

★★★
32 수신기 점검시 1F 발신기를 눌렀을 때 건물 어디에서도 경종(음향장치)이 울리지
않았다. 이때 수신기의 스위치 상태로 옳은 것은?

교재
P.223

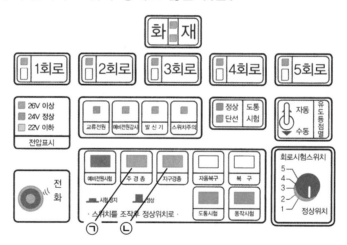

① ㉠ 스위치가 눌러져 있다. 　　　　　② ㉡ 스위치가 눌러져 있다.
③ ㉠, ㉡ 스위치가 눌러져 있다. 　　　④ 스위치가 눌러져 있지 않다.

해설
> ③ ㉠ 주경종 정지스위치, ㉡ 지구경종 정지스위치를 누르면 경종(음향장치)이 울리지
> 않는다.

정답 ③

33 다음 소화기 점검 후 아래 점검결과표의 작성(㉠~㉢순)으로 가장 적합한 것은?

유사문제
23년 문26

교재
PP.150
-151

소화기 점검사항		

번호	점검항목	점검결과
1-A-006	○ 소화기의 변형손상 또는 부식 등 외관의 이상 여부	㉠
1-A-007	○ 지시압력계(녹색범위)의 적정 여부	㉡

설비명	점검항목	불량내용
소화설비	1-A-007	㉢
	1-A-008	

① ㉠ ○, ㉡ ×, ㉢ 약제량 부족　　② ㉠ ○, ㉡ ×, ㉢ 외관부식, 호스파손
③ ㉠ ×, ㉡ ○, ㉢ 외관부식, 호스파손　④ ㉠ ×, ㉡ ○, ㉢ 약제량 부족

해설

㉠ 호스가 파손되었고 소화기가 부식되었으므로 외관의 이상이 있기 때문에 ×
㉡ 지시압력계가 녹색범위를 가리키고 있으므로 적정여부는 ○
㉢ 불량내용은 외관부식과 호스파손이다.
※ 양호 ○, 불량 ×로 표시하면 됨

정답 ③

34 옥내소화전 방수압력시험에 필요한 장비로 옳은 것은?

유사문제
24년 문34
24년 문36
22년 문47
21년 문47
20년 문29
20년 문45

교재
P.164

①

②

③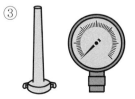

④

해설 **옥내소화전 방수압력 측정**

(1) 측정장치 : 방수압력측정계(피토게이지)

(2)

방수량	방수압력
130L/min	0.17~0.7MPa 이하

(3) 방수압력 측정방법 : 방수구에 호스를 결속한 상태로 노즐의 선단에 방수압력측정계(피토게이지)를 근접$\left(\frac{D}{2}\right)$시켜서 측정하고 방수압력측정계의 압력계상의 눈금을 확인한다.

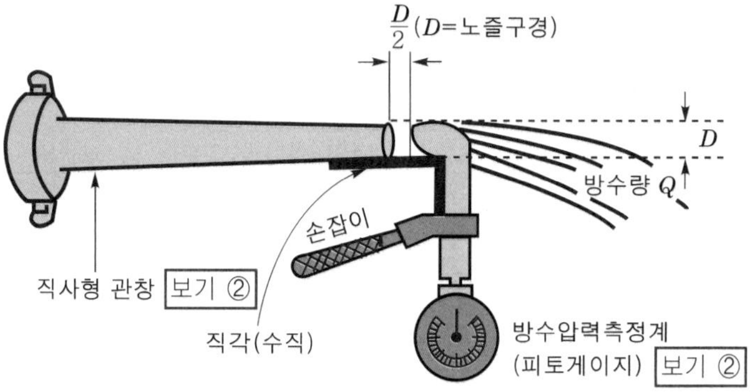

▮방수압력 측정▮

정답 ②

★★

35 습식 스프링클러설비 시험밸브 개방시 감시제어반의 표시등이 점등되어야 할 것으로 올바르게 짝지어 진 것으로 옳은 것은? (단, 설비는 정상상태이며, 주어지지 않은 조건을 무시한다.)

유사문제
24년 문32
24년 문45
22년 문43

교재
PP.186-187

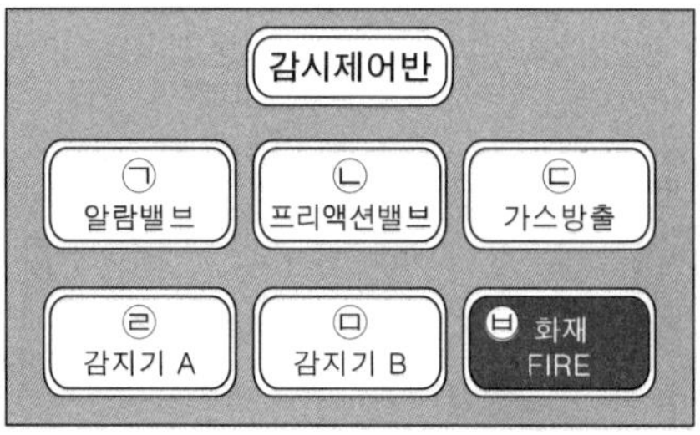

① ㉠, ㉥
② ㉡, ㉢
③ ㉢, ㉣
④ ㉣, ㉤

해설 **시험밸브 개방시 작동 또는 점등되어야 할 것**

(1) 펌프작동

(2) 감시제어반 밸브개방표시등(습식 : 알람밸브표시등) 점등

(3) 음향장치(사이렌)작동

(4) 화재표시등 점등

정답 ①

★★★
36 보기(㉠~㉣)를 보고 가스계 소화설비의 점검 전 안전조치를 순서대로 나열한 것
으로 옳은 것은?

유사문제
23년 문29
23년 문42
22년 문32

교재
P.198

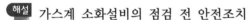

㉠ 솔레노이드밸브 분리
㉡ 연결된 조작동관 분리
㉢ 감시제어반 연동 정지
㉣ 솔레노이드밸브 안전핀 제거

① ㉡ - ㉢ - ㉣ - ㉠   ② ㉡ - ㉢ - ㉠ - ㉣
③ ㉡ - ㉠ - ㉢ - ㉣   ④ ㉢ - ㉡ - ㉣ - ㉠

해설 **가스계 소화설비의 점검 전 안전조치**
㉡ 연결된 조작동관 분리 → ㉢ 감시제어반 연동 정지 → ㉠ 솔레노이드밸브 분리 →
㉣ 솔레노이드밸브 안전핀 제거

정답 ②

★
37 환자를 발견 후 그림과 같이 심폐소생술을 하고 있다. 이때 올바른 속도와 가슴압
박 깊이로 옳은 것은?

유사문제
23년 문30
23년 문43
23년 문50
21년 문43
20년 문38
20년 문43
20년 문48

교재
P.367

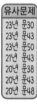

① 속도 : 40~60회/분, 압박 깊이 : 1cm
② 속도 : 40~60회/분, 압박 깊이 : 5cm
③ 속도 : 100~120회/분, 압박 깊이 : 1cm
④ 속도 : 100~120회/분, 압박 깊이 : 5cm

기출문제 2023

해설 **성인의 가슴압박**

(1) 환자의 **어깨**를 두드린다.

(2) 쓰러진 환자의 얼굴과 가슴을 <u>10초 이내</u>로 관찰하여 호흡이 있는지를 확인한다.
               10초 이상 ✕

(3) 구조자의 체중을 이용하여 압박

(4) 인공호흡에 자신이 없으면 가슴압박만 시행

구 분	설 명 보기 ④
속 도	분당 **100~120회**
깊 이	약 **5cm(소아 4~5cm)**

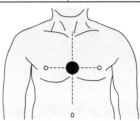

▌가슴압박 위치▐

정답 ④

★★★
38 그림의 수신기가 비화재보인 경우, 화재를 복구하는 순서로 옳은 것은?

유사문제
24년 문27
24년 문30
23년 문27
21년 문33
20년 문26
20년 문33
20년 문44
20년 문49

교재
P.232

ㄱ 수신기 확인
ㄴ 수신반 복구
ㄷ 음향장치 정지
ㄹ 실제 화재 여부 확인
ㅁ 발신기 복구
ㅂ 음향장치 복구

① ㄱ - ㄹ - ㄷ - ㅁ - ㅂ - ㄴ
② ㄱ - ㄹ - ㄷ - ㅁ - ㄴ - ㅂ
③ ㄹ - ㄱ - ㅁ - ㄷ - ㄴ - ㅂ
④ ㄹ - ㄱ - ㄷ - ㅁ - ㄴ - ㅂ

해설 **비화재보 복구순서**

ㄱ 수신기 확인 – ㄹ 실제 화재 여부 확인 – ㄷ 음향장치 정지 – ㅁ 발신기 복구 –
ㄴ 수신반 복구 – ㅂ 음향장치 복구 – 스위치주의등 확인

정답 ②

39 다음 그림의 축압식 분말소화기 지시압력계에 대한 설명으로 옳은 것은?

유사문제
23년 문26
22년 문35
21년 문40
21년 문46
20년 문27
20년 문34
20년 문40

교재
PP.150
-151

① 압력이 부족한 상태이다.
② 압력이 0.7MPa을 가리키게 되면 소화기를 교체하여야 한다.
③ 지시압력이 0.7~0.98MPa에 위치하고 있으므로 정상이다.
④ 소화약제를 정상적으로 방출하기 어려울 것으로 보인다.

해설

> ① 부족한 상태 → 정상상태
> ② 0.7MPa → 0.7~0.98MPa, 교체하여야 한다. → 교체하지 않아도 된다.
> ③ 용기 내 압력을 확인할 수 있도록 지시압력계가 부착되어 사용 가능한 범위가 0.7~0.98MPa로 녹색으로 되어 있음
> ④ 어려울 것으로 보인다. → 용이한 상태이다.

지시압력계
(1) 노란색(황색) : 압력부족
(2) 녹색 : 정상압력
(3) 적색 : 정상압력 초과

노란색   녹색 적색
(황색)

‖ 소화기 지시압력계 ‖

‖ 지시압력계의 색표시에 따른 상태 ‖

노란색(황색)	녹 색	적 색
압력이 부족한 상태	정상압력 상태	정상압력보다 높은 상태

정답 ③

기출문제 2023

★
40 종합점검 중 주펌프 성능시험을 위하여 주펌프만 수동으로 기동하려고 한다. 감시
제어반의 스위치 상태로 옳은 것은?

유사문제
24년 문26
24년 문31
24년 문33
24년 문44
24년 문48
23년 문46
23년 문49
22년 문30
22년 문36
22년 문42
21년 문41
20년 문28
20년 문35
20년 문36
20년 문41

교재
P.170

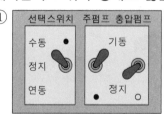

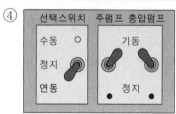

해설 점등램프

주펌프만 수동으로 기동 보기①	충압펌프만 수동으로 기동	주펌프·충압펌프 수동으로 기동
① 선택스위치 : 수동	① 선택스위치 : 수동	① 선택스위치 : 수동
② 주펌프 : 기동	② 주펌프 : 정지	② 주펌프 : 기동
③ 충압펌프 : 정지	③ 충압펌프 : 기동	③ 충압펌프 : 기동

정답 ①

★★★
41 준비작동식 스프링클러설비 밸브개방시험 전 유수검지장치실에서 안전조치를
하려고 한다. 보기 중 안전조치 사항으로 옳은 것은?

교재
PP.188
-189

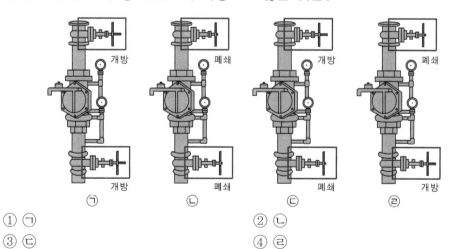

① ㄱ

② ㄴ

③ ㄷ

④ ㄹ

해설 준비작동식 스프링클러설비 밸브개방시험 전에는 1차측은 개방, 2차측은 폐쇄되어
있어야 스프링클러헤드를 통해 물이 방사되지 않아서 안전하다.

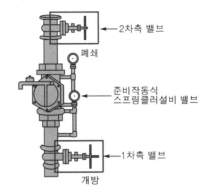

정답 ④

42

유사문제
23년 문29
23년 문36
22년 문32

교재
P.200

다음 그림과 같이 가스계 소화설비 기동용기함의 압력스위치 점검(작동)시험을 실
시하였을 때, 확인해야 할 사항으로 옳은 것은?

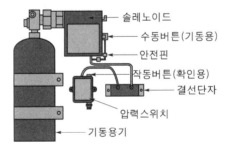

① 솔레노이드밸브의 격발을 확인한다.
② 제어반에서 화재표시등의 점등을 확인한다.
③ 수동조작함 방출등 점등을 확인한다.
④ 경보발령 여부를 확인한다.

해설

③ 압력스위치를 작동시키면 방출등(방출표시등)이 점등되므로 방출등 점등을 확인하
는 것이 맞음

정답 ③

43 성인심폐소생술의 가슴압박에 대한 설명으로 옳지 않은 것은?

유사문제
23년 문30
23년 문37
23년 문50
21년 문43
20년 문38
20년 문48

교재
PP.366
-368

① 환자를 바닥이 단단하고 평평한 곳에 등을 대고 눕힌다.
② 가슴압박시 가슴뼈(흉골) 위쪽의 절반 부위에 깍지를 낀 두 손의 손바닥 뒤꿈치를 댄다.
③ 구조자는 양팔을 쭉 편 상태로 체중을 실어서 환자의 몸과 수직이 되도록 가슴을 압박한다.
④ 100~120회/분의 속도로 환자의 가슴이 약 5cm 깊이로 눌릴 수 있게 압박한다.

해설

> ② 위쪽 → 아래쪽

일반인 심폐소생술 시행방법
(1) 환자의 **어깨**를 두드린다.
(2) 쓰러진 환자의 얼굴과 가슴을 <u>10초 이내</u>로 관찰하여 호흡이 있는지를 확인한다.
　　　　　　　　　　　　　10초 이상 ✕
(3) 환자를 바닥이 단단하고 **평평한 곳**에 등을 대고 눕힌다. 보기 ①
(4) 가슴압박시 가슴뼈(흉골) **아래쪽**의 절반 부위에 깍지를 낀 두 손의 손바닥 뒤꿈치를 댄다. 보기 ②
(5) 구조자는 양팔을 쭉 편 상태로 체중을 실어서 환자의 몸과 **수직**이 되도록 가슴을 압박한다. 보기 ③
(6) 구조자의 체중을 이용하여 압박한다.
(7) 인공호흡에 자신이 없으면 가슴압박만 시행한다.

구 분	설 명 보기 ④
속 도	분당 **100~120회**
깊 이	약 **5cm(소아 4~5cm)**

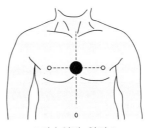

┃ 가슴압박 위치 ┃

●정답 ②

★★★
44 그림과 같이 감지기 점검시 점등되는 표시등으로 옳은 것은?

유사문제
23년 문28
22년 문39

교재
PP.220
-221

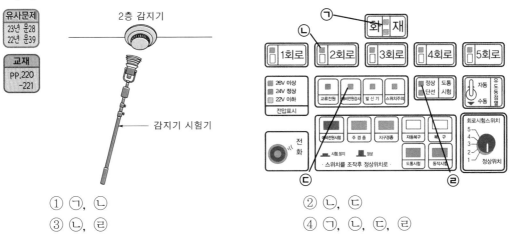

① ㉠, ㉡

② ㉡, ㉢

③ ㉡, ㉣

④ ㉠, ㉡, ㉢, ㉣

해설

왼쪽그림은 2층 감지기 동작시험을 하는 그림이다.
2층 감지기가 동작되면 ㉠ 화재표시등, ㉡ 2층 지구표시등이 점등된다.

●정답 ①

★★★
45 다음 분말소화기의 약제의 주성분은 무엇인가?

유사문제
23년 문15
22년 문29
21년 문40
20년 문34

교재
P.144

① $NH_4H_2PO_4$

② $NaHCO_3$

③ $KHCO_3$

④ $KHCO_3+(NH_2)_2CO$

해설

① 적응화재가 ABC급이므로 제1인산암모늄(NH₄H₂PO₄) 정답

분말소화기

‖ 소화약제 및 적응화재 ‖

적응화재	소화약제의 주성분	소화효과
BC급	탄산수소나트륨($NaHCO_3$)	• 질식효과 • 부촉매(억제)효과
	탄산수소칼륨($KHCO_3$)	
ABC급	제1인산암모늄($NH_4H_2PO_4$)	
BC급	탄산수소칼륨($KHCO_3$)+요소((NH_2)$_2$CO)	

정답 ①

★★★

46 화재발생시 옥내소화전을 사용하여 충압펌프가 작동하였다. 다음 그림을 보고 표시등(㉠~㉢) 중 점등되는 것을 모두 고른 것은? (단, 설비는 정상상태이며 제시된 조건을 제외하고 나머지 조건은 무시한다.)

유사문제
24년 문26
24년 문31
24년 문33
24년 문44
24년 문48
23년 문40
23년 문49
22년 문30
22년 문36
22년 문42
21년 문28
21년 문41
20년 문28
20년 문35
20년 문36
20년 문41

교재
PP.170
-171

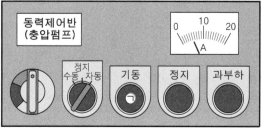

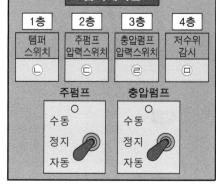

① ㉠, ㉡, ㉢

② ㉠, ㉢, ㉣

③ ㉠, ㉣

④ ㉠, ㉣, ㉤

해설

③ 충압펌프가 작동되었으므로 동력제어반 기동램프 점등 보기 ㉠ 감시제어반에서 충압펌프 압력스위치 램프 점등 보기 ㉣

충압펌프 작동	주펌프 작동
① 동력제어반 기동램프 : 점등 ② 감시제어반 충압펌프 압력스위치램프 : 점등	① 동력제어반 기동램프 : 점등 ② 감시제어반 주펌프 압력스위치램프 : 점등

정답 ③

47
유사문제
22년 문48
21년 문29
21년 문36
20년 문47

실무교재
P.85

다음 조건을 기준으로 스프링클러설비의 주펌프 압력스위치의 설정값으로 옳은 것은? (단, 압력스위치의 단자는 고정되어 있으며, 옥상수조는 없다.)

- 조건1 : 펌프양정 70m
- 조건2 : 가장 높이 설치된 헤드로부터 펌프 중심점까지의 낙차를 압력으로 환산한 값 = 0.3MPa

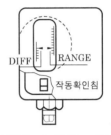

① RANGE : 0.7MPa, DIFF : 0.3MPa
② RANGE : 0.3MPa, DIFF : 0.7MPa
③ RANGE : 0.7MPa, DIFF : 0.25MPa
④ RANGE : 0.7MPa, DIFF : 0.2MPa

해설 **스프링클러설비의 기동점, 정지점**

기동점(기동압력)	정지점(양정, 정지압력)
기동점＝RANGE－DIFF＝자연낙차압+0.15MPa	정지점＝RANGE

정지점(양정)＝RANGE＝70m＝0.7MPa
기동점＝자연낙차압+0.15MPa＝0.3MPa+0.15MPa＝0.45MPa
　　　　＝RANGE－DIFF
DIFF＝RANGE－기동점＝0.7MPa－0.45MPa＝0.25MPa

중요

(1) **압력스위치**

DIFF(Difference)	RANGE
펌프의 작동정지점에서 기동점과의 **압력 차이**	펌프의 **작동정지점**

	MPa	
	1	체절압력
	0.9	릴리프 작동압력
	0.8	수동정지
0.75	0.7	주펌프 / 정지 충압펌프
	0.6	기동
0.55	0.5	낙차압력
DIFF	RANGE	기동

(a) 압력스위치　　(b) DIFF, RANGE의 설정 예

(2) **충압펌프 기동점**
충압펌프 기동점＝주펌프 기동점+0.05MPa

> **용어** 자연낙차압
>
> 가장 높이 설치된 헤드로부터 펌프 중심점까지의 낙차를 압력으로 환산한 값

정답 ③

★★
48 그림은 일반인 구조자에 대한 기본소생술 흐름도이다. 빈칸의 내용으로 옳은 것은?

유사문제
21년 문31

교재
PP.366
-368

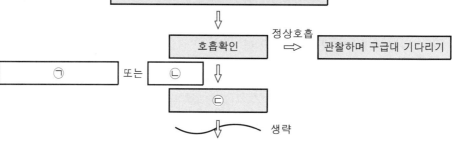

① ㉠ : 무호흡, ㉡ : 비정상호흡, ㉢ : 가슴압박 소생술
② ㉠ : 무호흡, ㉡ : 정상호흡, ㉢ : 인공호흡
③ ㉠ : 무호흡, ㉡ : 정상호흡, ㉢ : 가슴압박 소생술
④ ㉠ : 무호흡, ㉡ : 비정상호흡, ㉢ : 인공호흡

해설 일반인 구조자에 대한 기본소생술 흐름도

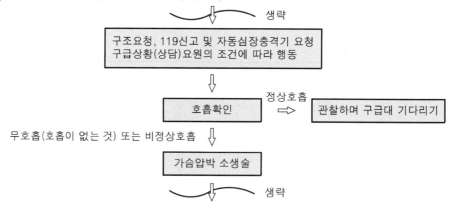

정답 ①

기출문제 2023

49 다음 감시제어반 및 동력제어반의 스위치 위치를 보고 정상위치(평상시 상태)가 아닌 것을 고르시오. (단, 설비는 정상상태이며 상기 조건을 제외하고 나머지 조건은 무시한다.)

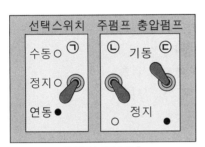

▌감시제어반 ▌

▌동력제어반 ▌

① ㉠, ㉡ 　　　　② ㉡, ㉢
③ ㉣, ㉤ 　　　　④ ㉢, ㉤

해설

㉢ 기동 위치에 있으므로 잘못, **정지** 위치에 있어야 함
㉤ 정지 위치에 있으므로 잘못, **자동** 위치에 있어야 함

▌감시제어반 ▌

평상시 상태	수동기동시 상태	점검시 상태
① 선택스위치 : 연동	① 선택스위치 : 수동	① 선택스위치 : 정지
② 주펌프 : 정지	② 주펌프 : 기동	② 주펌프 : 정지
③ 충압펌프 : 정지	③ 충압펌프 : 기동	③ 충압펌프 : 정지

▌동력제어반 ▌

평상시 상태	수동기동시 상태	점검시 상태
① POWER : 점등	① POWER : 점등	① POWER : 점등
② 선택스위치 : 자동	② 선택스위치 : 수동	② 선택스위치 : 정지
③ 기동램프 : 소등	③ 기동램프 : 점등	③ 기동램프 : 소등
④ 정지램프 : 점등	④ 정지램프 : 소등	④ 정지램프 : 점등
⑤ 펌프기동램프 : 소등	⑤ 펌프기동램프 : 점등	⑤ 펌프기동램프 : 소등

정답 ④

기출문제
2023

50 다음 응급처치요령 중 빈칸의 내용으로 옳은 것은?

유사문제
23년 문30
23년 문37
23년 문43
22년 문27
21년 문43
20년 문38
20년 문43
20년 문48

교재
P.367,
P.369

□ 가슴압박
- 위치 : 환자의 가슴뼈(흉골)의 아래쪽 절반부위
- 자세 : 양팔을 쭉 편 상태로 체중을 실어서 환자의 몸과 수직이 되도록 가슴을 압박하고, 압박된 가슴은 완전히 이완되도록 한다.
- 속도 및 깊이 : 소아를 기준으로 속도는 (㉠)회/분, 깊이는 약(㉡)cm
□ 자동심장충격기(AED) 사용
- 자동심장충격기의 전원을 켜고 환자의 상체에 패드를 부착한다.
  • 부착위치 : (㉢) 아래, (㉣) 젖꼭지 아래의 중간겨드랑선
- "분석 중..."이라는 음성 지시가 나오면, 심폐소생술을 멈추고 환자에게서 손을 뗀다. (이하 생략)

① ㉠ 80~100, ㉡ 5~6, ㉢ 왼쪽 빗장뼈, ㉣ 오른쪽
② ㉠ 100~120, ㉡ 4~5, ㉢ 오른쪽 빗장뼈, ㉣ 왼쪽
③ ㉠ 90~100, ㉡ 1~2, ㉢ 오른쪽 빗장뼈, ㉣ 왼쪽
④ ㉠ 100~120, ㉡ 4~5, ㉢ 왼쪽 빗장뼈, ㉣ 오른쪽

해설 (1) **성인의 가슴압박**
① 환자의 **어깨**를 두드린다.
② 쓰러진 환자의 얼굴과 가슴을 10초 이내로 관찰하여 호흡이 있는지를 확인한다.
   10초 이상 ×
③ 구조자의 체중을 이용하여 압박
④ 인공호흡에 자신이 없으면 가슴압박만 시행

구 분	설 명
속 도	분당 **100~120회** 보기 ㉠
깊 이	약 **5cm(소아 4~5cm)** 보기 ㉡

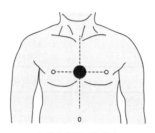

‖가슴압박 위치‖

(2) **자동심장충격기(AED) 사용방법**
① 자동심장충격기를 심폐소생술에 방해가 되지 않는 위치에 놓은 뒤 전원버튼을 누른다.
② 환자의 상체를 노출시킨 다음 패드 포장을 열고 2개의 패드를 환자의 가슴에 붙인다.
③ 패드는 **왼쪽 젖꼭지 아래의 중간겨드랑선**에 설치하고 **오른쪽 빗장뼈**(쇄골) 바로 **아래**에 붙인다. 보기 ㉢, ㉣

┃ **패드의 부착위치** ┃

패드 1	패드 2
오른쪽 빗장뼈(쇄골) 바로 아래	왼쪽 젖꼭지 아래의 중간겨드랑선

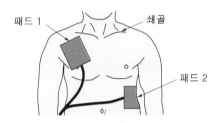

┃ **패드 위치** ┃

④ 심장충격이 필요한 환자인 경우에만 제세동버튼이 깜박이기 시작하며, 깜박일 때 심장충격버튼을 눌러 심장충격을 시행한다.
⑤ 심장충격버튼을 누르기 전에는 반드시 주변사람 및 구조자가 환자에게서 떨어져 있는지 다시 한 번 확인한 후에 실시하도록 한다.
　　　　　　　　 누른 후에는 ✕
⑥ 심장충격이 필요 없거나 심장충격을 실시한 이후에는 즉시 **심폐소생술**을 다시 시작한다.
⑦ **2분**마다 심장리듬을 분석한 후 반복 시행한다.

정답 ②

인생에서는 누구나 1등이 될 수 있다.
우리 모두 1등이 되는 삶을 향하여 한 발짝씩 전진해 봅시다.

- 김영식 '10m만 더 뛰어봐' -

2022년 기출문제

제 1 과목

01

다음 중 특정소방대상물의 각 부분으로부터 1개의 소화기까지의 보행거리로 옳은 것은?

유사문제
24년 문19
23년 문15
22년 문29

출제연도 •
문제

교재
P.148

유사문제부터
풀어보세요.
실력이 팍!팍!
올라갑니다.

① 소형소화기 : 10m 이내, 대형소화기 : 20m 이내
② 소형소화기 : 15m 이내, 대형소화기 : 20m 이내
③ 소형소화기 : 20m 이내, 대형소화기 : 30m 이내
④ 소형소화기 : 20m 이내, 대형소화기 : 35m 이내

해설 소화기의 설치기준

구 분	설 명
보행거리 20m 이내 보기 ③	소형소화기
보행거리 30m 이내 보기 ③	대형소화기

공하성 기억법 대3(대상을 받다.)

정답 ③

02

가연물질의 구비조건이다. 빈칸에 알맞은 것은?

유사문제
23년 문05

교재
P.72

• 활성화에너지의 값이 (　ㄱ　)
• 열전도도가 (　ㄴ　)

① ㄱ 커야 한다. ㄴ 커야 한다. 　② ㄱ 커야 한다. ㄴ 작아야 한다.
③ ㄱ 작아야 한다. ㄴ 커야 한다. 　④ ㄱ 작아야 한다. ㄴ 작아야 한다.

해설 가연물질의 구비조건
(1) 화학반응을 일으킬 때 필요한 **활성화에너지값이 작아야** 한다. 보기 ㄱ
(2) 일반적으로 산화되기 쉬운 물질로서 산소와 결합할 때 **발열량**이 **커야** 한다.
(3) 열의 축적이 용이하도록 **열전도의 값이 작아야** 한다. 보기 ㄴ
(4) 지연성 가스인 산소·염소와의 **친화력**이 **강해야** 한다.
(5) 산소와 접촉할 수 있는 **표면적이 큰 물질**이어야 한다.
(6) **연쇄반응**을 일으킬 수 있는 물질이어야 한다.

정답 ④

03 다음 중 간이소화용구를 모두 고른 것은?

교재
P.133

㉠ 에어로졸식 소화용구
㉡ 투척용 소화용구
㉢ 팽창질석
㉣ 팽창진주암
㉤ 마른모래(모래주머니)

① ㉠, ㉡
② ㉠, ㉡, ㉣
③ ㉠, ㉡, ㉢, ㉤
④ ㉠, ㉡, ㉢, ㉣, ㉤

해설 간이소화용구

(1) **에어로졸식** 소화용구 보기 ㉠
(2) **투척용** 소화용구 보기 ㉡
(3) 소공간용 소화용구 및 소화약제 외의 것(**팽창질석, 팽창진주암, 마른모래**) 보기 ㉢㉣㉤

정답 ④

04 분말소화기의 내용연수로 알맞은 것은?

유사문제
23년 문15
23년 문26
22년 문41
21년 문40
20년 문40

① 3년
② 5년
③ 8년
④ 10년

교재
P.145

해설 분말소화기 내용연수

소화기의 내용연수를 **10년**으로 하고 내용연수가 지난 제품은 교체 또는 성능확인을 받을 것 보기 ④

내용연수 경과 후 10년 미만	내용연수 경과 후 10년 이상
3년	1년

정답 ④

05 발화점에 대한 설명으로 옳은 것은?

유사문제
24년 문14

교재
P.76

① 외부의 직접적인 점화원 없이 가열된 열의 축적에 의하여 발화에 이르는 최저의 온도를 말한다.
② 점화원이 있는 상태에서 가연성 물질을 공기 또는 산소 중에서 가열함으로써 발화되는 최저온도를 말한다.
③ 발화점이 높을수록 위험하다.
④ 발화점은 보통 인화점보다 수백도가 낮은 온도이다.

해설
> ② 점화원이 있는 → 점화원이 없는
> ③ 높을수록 → 낮을수록
> ④ 낮은 → 높은

발화점
(1) 외부로부터의 직접적인 에너지 공급 없이(**점화원 없이**) 물질 자체의 열축적에 의하여 착화되는 **최저온도** 보기 ①
(2) 점화원이 **없는** 상태에서 가연성 물질을 공기 또는 산소 중에서 가열함으로써 발화되는 **최저온도** 보기 ②
(3) 발화점＝착화점＝발화온도
(4) 발화점이 **낮을수록** 위험하다. 보기 ③
(5) 발화점은 보통 인화점보다 수백도가 높은 온도이다. 보기 ④

정답 ①

★★★
06 화재를 진압하고 화재, 재난·재해, 그 밖의 위급한 상황에서 구조·구급활동 등을 하기 위하여 구성된 조직체로 틀린 것은?

유사문제 22년 문16

교재 P.14

① 소방공무원
② 의무소방원
③ 의용소방대원
④ 소방관리직원

해설 **소방대**
화재를 **진압**하고 화재, 재난·재해, 그 밖의 위급한 상황에서의 **구조·구급**활동 등을 하기 위하여 구성된 조직체
(1) **소**방공무원 보기 ①
(2) **의**무소방원 보기 ②
(3) **의**용소방대원 보기 ③

공하성 기억법 **소의(소의 가죽)**

정답 ④

★★
07 동파 위험이 있는 스프링클러설비는?

유사문제 24년 문43

교재 P.185

① 습식
② 건식
③ 준비작동식
④ 일제살수식

해설

① 습식 : 동결 우려 장소(추운 곳) 사용제한

스프링클러설비의 종류

구 분		장 점	단 점
폐쇄형 헤드 사용	습 식	• **구조**가 간단하고 **공사비 저렴** • 소화가 신속 • 타방식에 비해 유지·관리 용이	• **동결** 우려 장소 사용**제한** 보기 ① • 헤드 오동작시 수손피해 및 배관 부식 촉진
	건 식	• 동결 우려 장소 및 옥외 사용 가능	• 살수개시시간 지연 및 복잡한 구조 • 화재 초기 **압축공기**에 의한 화재 촉진 우려 • 일반헤드인 경우 **상향형**으로 시공하여야 함
	준비 작동식	• 동결 우려 장소 사용 가능 • 헤드 오동작(개방)시 수손피해 우려 없음 • 헤드개방 전 경보로 조기 대처 용이	• 감지장치로 감지기 별도 시공 필요 • 구조 복잡, 시공비 고가 • 2차측 배관 부실시공 우려
	부압식	• 배관파손 또는 오동작시 **수손피해 방지**	• 동결 우려 장소 사용제한 • 구조가 다소 복잡
개방형 헤드 사용	일제 살수식	• **초기화재**에 신속 대처 용이 • 층고가 높은 장소에서도 소화 가능	• 대량살수로 수손 피해 우려 • 화재감지장치 별도 필요

정답 ①

★★★
08 LPG의 탐지기 설치위치로 옳은 것은?

유사문제
24년 문06
23년 문11
21년 문02
21년 문12
21년 문16

① 하단은 천장면의 하방 30cm 이내에 위치
② 상단은 천장면의 하방 30cm 이내에 위치
③ 하단은 바닥면의 상방 30cm 이내에 위치
④ 상단은 바닥면의 상방 30cm 이내에 위치

교재
P.112,
P.114

해설 LPG vs LNG

구 분	LPG	LNG
용 도	가정용	도시가스용
증기비중	1보다 큰 가스	1보다 작은 가스
비 중	1.5∼2	0.6
탐지기의 설치위치	탐지기의 **상단**은 **바닥면**의 **상방 30cm** 이내에 설치 보기 ④	탐지기의 **하단**은 **천장면**의 **하방 30cm** 이내에 설치
가스누설경보기의 설치위치	연소기 또는 관통부로부터 수평거리 **4m** 이내의 위치에 설치	연소기로부터 수평거리 **8m** 이내의 위치에 설치

정답 ④

★★★
09 객석통로의 직선부분의 길이가 30m일 때, 객석유도등의 최소 설치개수는?

유사문제
20년 문06

교재
P.245

① 4개

② 6개

③ 7개

④ 10개

해설 **객석유도등 산정식**

$$객석유도등\ 설치개수 = \frac{객석통로의\ 직선부분의\ 길이(m)}{4} - 1(소수점\ 올림)$$

$$\frac{30}{4} - 1 = 6.5 = 7개$$

공하성 **기억법** 객4

정답 ③

★★
10 자동화재탐지설비에서 감지기 사이의 회로배선은 어떤 식으로 하여야 하는가?

유사문제
21년 문39
20년 문02

교재
P.214

① 송배선식

② 직렬식

③ 병렬식

④ 트위스트식

해설

① 감지기 사이의 회로배선은 **송배선식**이다. 보기 ①

용어 송배선식

도통시험을 원활히 하기 위한 시험방식으로 전선 **중간**에서 **분기**하지 **않는** 방식

정답 ①

★★★
11 화재의 분류로 옳지 않은 것은?

유사문제
24년 문10
23년 문07
21년 문01
21년 문27

교재
PP.78
-79

① A급 – 일반화재

② B급 – 유류화재

③ C급 – 전기화재

④ K급 – 금속화재

해설

④ K급 − 주방화재

화재의 종류

종 류	적응물질	소화약제
일반화재(A급) 보기 ①	• 보통가연물(폴리에틸렌 등) • 종이 • 목재, 면화류, 석탄 • **재를 남김**	① 물 ② 수용액
유류화재(B급) 보기 ②	• 유류 • 알코올 • **재를 남기지 않음**	① 포(폼)
전기화재(C급) 보기 ③	• 변압기 • 배전반	① 이산화탄소 ② 분말소화약제 ③ 주수소화 금지
금속화재(D급) 보기 ④	• 가연성 금속류(나트륨 등)	① 금속화재용 분말소화약제 ② 건조사(마른모래)
주방화재(K급) 보기 ④	• 식용유 • 동·식물성 유지	① 강화액

정답 ④

★★★
12 다음 중 방염대상물품 중 제조 또는 가공공정에서 방염처리를 한 물품이 아닌 것은?

유사문제
21년 문03

교재
P.42

① 창문에 설치하는 커튼류(블라인드 제외)
② 전시용 합판, 무대용 합판
③ 가상체험 체육시설업에 설치하는 스크린
④ 단란주점, 유흥주점 소파

해설

① 블라인드 제외 → 블라인드 포함

방염대상물품

제조 또는 가공공정에서 방염처리를 한 물품	건축물 내부의 **천장·벽**에 부착·설치하는 것
① 창문에 설치하는 **커튼류**(블라인드 포함) 보기 ① ② 카펫 ③ **벽지류**(두께 2mm 미만인 **종이벽지** 제외) ④ **전시용 합판·목판·섬유판** 보기 ② ⑤ **무대용 합판·목판·섬유판** 보기 ② ⑥ **암막·무대막**(영화상영관·**가상체험 체육시설업**의 스크린 포함) 보기 ③ ⑦ 섬유류 또는 합성수지류 등을 원료로 하여 제작된 **소파·의자**(단란주점·유흥주점·노래연습장에 한함) 보기 ④	① 종이류(두께 **2mm 이상**), **합성수지류** 또는 **섬유류**를 주원료로 한 물품 ② **합판**이나 **목재** ③ 공간을 구획하기 위하여 설치하는 **간이칸막이** ④ 흡음·방음을 위하여 설치하는 **흡음재**(흡음용 커튼 포함) 또는 **방음재**(방음용 커튼 포함) ※ **가구류**(옷장, 찬장, 식탁, 식탁용 의자, 사무용 책상, 사무용 의자 및 계산대)와 너비 **10cm 이하**인 **반자돌림대**, 내부마감재료 제외

정답 ①

★★ 13

소방안전관리대상물의 작동점검 또는 종합점검 결과를 몇 년간 자체 보관하여야 하는가?

유사문제
23년 문04

교재
P.47

① 1년   ② 2년
③ 3년   ④ 4년

해설 (1) **자체점검실시 결과보고서 보관**

작동점검 · 종합점검 결과 **보관 : 2년** 보기 ②

공하성 **기억법** 보2(**보이**차)

(2) **자체점검 결과**의 **조치** 등

구 분	제출기간	제출처
관리업자 또는 소방안전관리자로 선임된 소방시설관리사 · 소방기술사	**10일** 이내	관계인
관계인	**15일** 이내	소방본부장 · 소방서장

정답 ②

★★★ 14

다음 중 무창층에 대한 설명으로 옳은 것은?

유사문제
23년 문03
23년 문22
21년 문19

교재
P.40

① 창문이 없는 층이나 그 층의 일부를 이루는 실
② 지하층의 명칭
③ 직접 지상으로 통하는 출입구나 개구부가 없는 층
④ 지상층 중 개구부면적의 합계가 그 층의 바닥면적의 $\frac{1}{30}$ 이하가 되는 층

해설 **무창층**

(1) **무창층**의 **정의**

지상층 중 개구부면적의 합계가 그 층의 바닥면적의 $\frac{1}{30}$ **이하**가 되는 층 보기 ④

(2) **개구부**의 **요건**

① 크기는 지름 **50cm** 이상의 원이 통과할 수 있을 것
② 해당층의 바닥면으로부터 개구부 밑부분까지의 높이가 **1.2m** 이내일 것
③ **도로** 또는 **차량**이 **진입**할 수 있는 **빈터**를 향할 것
④ 화재시 건축물로부터 쉽게 피난할 수 있도록 개구부에 **창살**이나 그 밖의 장애물이 설치되지 않을 것
⑤ **내부** 또는 **외부**에서 **쉽게** 부수거나 열 수 있을 것

정답 ④

15 물과 반응하거나 자연발화에 의해 발열 또는 가연성 가스가 발생하는 위험물은?

교재
P.107

① 제1류 위험물　　　　　　　　② 제2류 위험물
③ 제3류 위험물　　　　　　　　④ 제4류 위험물

해설 제3류 위험물(자연발화성 물질 및 금수성 물질)
(1) **물**과 반응하거나 **자연발화**에 의해 발열 또는 가연성 가스 발생 보기 ③
(2) 용기 파손 또는 누출에 주의

정답 ③

16 소방기본법 용어의 정의에 대한 설명으로 틀린 것은?

유사문제
22년 문06

교재
P.14

① 산림은 소방대상물에 해당한다.
② 점유자는 관계인에 포함한다.
③ 자위소방대는 소방대의 조직체이다.
④ 소방대장은 현장에서 소방대를 지휘하는 사람이다.

해설

> ③ 조직체이다. → 조직체가 아니다.

소방대 보기 ③
화재를 **진압**하고 화재, 재난·재해, 그 밖의 위급한 상황에서의 **구조·구급**활동 등을 하기 위하여 구성된 조직체
(1) **소**방공무원
(2) **의**무소방원
(3) **의**용소방대원

공하성 기억법 소의(소의 가죽)

비교 1. **소방대상물** 보기 ① 교재 P.14
(1) **건**축물
(2) **차**량
(3) **선**박(항구에 **매어둔 선박**)
(4) 선박건조구조물
(5) **산**림
(6) **인**공구조물 또는 **물**건

공하성 기억법 건차선 산인물

2. **관계인** 보기 ② 교재 P.14
(1) **소**유자
(2) **관**리자

(3) **점**유자

 공하성 기억법   소관점

3. **소방대장** 보기 ④   교재 P.14
현장에서 소방대를 지휘하는 사람

정답 ③

★★ 17 한국소방안전원의 업무내용이 아닌 것은?

유사문제
23년 문02
21년 문20

교재
P.15

① 소방기술과 안전관리에 관한 교육 및 조사·연구
② 소방기술과 안전관리에 관한 각종 간행물 발간
③ 행정기관이 위탁하는 업무
④ 소방관계인의 기술향상

해설

④ 해당 없음

한국소방안전원의 업무
(1) 소방기술과 안전관리에 관한 **교육** 및 **조사·연구** 보기 ①
(2) 소방기술과 안전관리에 관한 각종 **간행물 발간** 보기 ②
(3) 화재예방과 안전관리의식 고취를 위한 **대국민 홍보**
(4) 소방업무에 관하여 **행정기관**이 **위탁**하는 업무 보기 ③
(5) 소방안전에 관한 국제협력
(6) **회원**에 대한 **기술지원** 등 정관으로 정하는 사항

정답 ④

★★ 18 한국소방안전원 회원의 자격으로 볼 수 없는 것은?

교재
P.15

① 소방안전관리자   ② 소방기술자
③ 관계인   ④ 위험물안전관리자

해설

③ 해당 없음

회원의 자격
(1) 「소방시설 설치 및 관리에 관한 법률」·「소방시설공사업법」·「위험물안전관리법」
에 따라 **등록**을 하거나 허가를 받은 사람으로서 회원이 되려는 사람
(2) 「화재의 예방 및 안전관리에 관한 법률」·「소방시설공사업법」·「위험물안전관리법」
에 따라 **소방안전관리자·소방기술자** 또는 **위험물안전관리자**로 선임되거나 채용
된 사람으로서 회원이 되려는 사람 보기 ①②④
(3) 그 밖에 소방에 관한 학식과 경험이 풍부한 사람으로서 **대통령령**으로 정하는 사람
가운데 회원이 되려는 사람

정답 ③

★★★
19 5년 이하의 징역 또는 5000만원 이하의 벌금으로 옳지 않은 것은?

유사문제
24년 문24
22년 문21
20년 문12
20년 문20

교재
P.16,
P.49

① 위력을 사용하여 출동한 소방대의 화재진압·인명구조 또는 구급활동을 방해하는 행위
② 화재안전조사를 정당한 사유 없이 거부·방해 또는 기피한 자
③ 출동한 소방대원에게 폭행 또는 협박을 행사하여 화재진압·인명구조 또는 구급활동을 방해하는 행위
④ 출동한 소방대의 소방장비를 파손하거나 그 효용을 해하여 화재진압·인명구조 또는 구급활동을 방해하는 행위

해설

> ② 300만원 이하의 벌금

5년 이하의 징역 또는 5000만원 이하의 벌금

(1) **위력**을 사용하여 출동한 소방대의 화재진압·인명구조 또는 구급활동을 **방해**하는 행위 보기 ①
(2) 소방대가 화재진압·인명구조 또는 구급활동을 위하여 **현장**에 **출동**하거나 현장에 출입하는 것을 고의로 **방해**하는 행위
(3) 출동한 소방대원에게 폭행 또는 협박을 행사하여 화재진압·인명구조 또는 구급활동을 **방해**하는 행위 보기 ③
(4) 출동한 소방대의 **소방장비**를 **파손**하거나 그 효용을 해하여 화재진압·인명구조 또는 구급활동을 **방해**하는 행위 보기 ④
(5) 소방자동차의 **출동**을 **방해**한 사람
(6) 사람을 **구출**하는 일 또는 불을 끄거나 불이 번지지 아니하도록 하는 일을 **방해**한 사람
(7) 정당한 사유 없이 소방용수시설 또는 비상소화장치를 사용하거나 소방용수시설 또는 비상소화장치의 효용을 해하거나 그 정당한 사용을 **방해**한 사람

공하성 기억법 5방5000

비교 **300만원 이하의 벌금** 교재 P.37, P.49

1. **화재안전조사**를 정당한 사유 없이 **거부**·방해·기피한 자 보기 ②
2. 화재예방조치 조치명령을 정당한 사유 없이 따르지 아니하거나 방해한 자
3. **소방안전관리자, 총괄소방안전관리자, 소방안전관리보조자**를 **선임**하지 아니한 자
4. **소방시설**·피난시설·방화시설 및 방화구획 등이 **법령**에 **위반**된 것을 발견하였음에도 필요한 조치를 할 것을 요구하지 아니한 **소방안전관리자**
5. **소방안전관리자**에게 **불이익**한 처우를 한 **관계인**
6. 자체점검 결과 소화펌프 고장 등 중대위반사항이 발견된 경우 필요한 조치를 하지 않은 관계인 또는 관계인에게 중대위반사항을 알리지 아니한 관리업자 등

정답 ②

20 화재로 오인할 만한 연기를 피운 자가 신고하지 않아 소방자동차가 출동하게 한 자의 벌칙은?

교재 P.18

① 200만원 이하의 벌금
② 200만원 이하의 과태료
③ 50만원 이하의 과태료
④ 20만원 이하의 과태료

해설 20만원 이하의 과태료
화재로 **오인**할 만한 우려가 있는 불을 피우거나 **연막소독**을 실시하고자 하는 자가 신고를 하지 아니하여 소방자동차를 출동하게 한 자 [보기 ④]

정답 ④

21 다음 중 양벌규정의 적용을 받지 않는 것은?

유사문제
24년 문24
22년 문19
20년 문12
20년 문20

교재
PP.16
-18

① 화재가 발생하거나 불이 번질 우려가 있는 소방대상물 또는 토지의 강제처분을 방해한 자
② 정당한 사유 없이 소방대의 생활안전활동을 방해한 자
③ 소방자동차의 출동에 지장을 준 자
④ 피난명령을 위반한 자

해설

> ① 3년 이하의 징역 또는 3000만원 이하의 벌금
> ②, ④ 100만원 이하의 벌금
> ③ 200만원 이하의 과태료

양벌규정의 적용
(1) **5년** 이하의 징역 또는 **5000만원** 이하의 벌금
(2) **3년** 이하의 징역 또는 **3000만원** 이하의 벌금
(3) **300만원** 이하의 **벌금**
(4) **100만원** 이하의 **벌금**

✓ 중요

(1) **5년** 이하의 징역 또는 **5000만원** 이하의 벌금 　교재 P.16, P.49
　① 위력을 사용하여 출동한 소방대의 화재진압·인명구조 또는 구급활동을 **방해**하는 행위
　② 소방대가 화재진압·인명구조 또는 구급활동을 위하여 현장에 출동하거나 현장에 출입하는 것을 고의로 **방해**하는 행위
　③ 출동한 소방대원에게 폭행 또는 협박을 행사하여 화재진압·인명구조 또는 구급활동을 **방해**하는 행위
　④ 출동한 소방대의 소방장비를 파손하거나 그 효용을 해하여 화재진압·인명구조 또는 구급활동을 **방해**하는 행위
　⑤ 소방자동차의 **출동**을 **방해**한 사람
　⑥ 사람을 **구출**하는 일 또는 불을 끄거나 불이 번지지 아니하도록 하는 일을 **방해**한 사람

⑦ 정당한 사유 없이 소방용수시설 또는 비상소화장치를 사용하거나 소방용수시설 또는 비상소화장치의 효용을 해하거나 그 정당한 사용을 **방해**한 사람

⑧ 소방시설의 폐쇄·**차**단

> **공하성 기억법** 5방5000, 5차(오차범위)

(2) **3년 이하의 징역 또는 3000만원 이하의 벌금** [교재 P.17, P.36, P.49]

① 소방대상물 또는 **토지**의 **강제처분** 방해 보기 ①

② 정당한 사유 없이 **화재안전조사** 결과에 따른 **조치명령**을 위반한 자

③ 화재예방안전진단 결과에 따른 보수·보강 등의 조치명령을 정당한 사유 없이 위반한 자

④ 소방시설이 **화재안전기준**에 따라 설치·관리되고 있지 아니한 때 관계인에게 필요한 조치명령을 정당한 사유 없이 위반한 자

⑤ **피난시설**, **방화구획** 및 **방화시설**의 관리를 위하여 필요한 조치명령을 정당한 사유 없이 위반한 자

⑥ 소방시설 자체점검 결과에 따른 이행계획을 완료하지 않아 필요한 조치의 이행명령을 하였으나, 명령을 정당한 사유 없이 위반한 자

(3) **300만원 이하의 벌금** [교재 P.37, P.49]

① **화재안전조사**를 정당한 사유 없이 **거부·방해·기피**한 자

② 화재예방조치 조치명령을 정당한 사유 없이 따르지 아니하거나 방해한 자

③ **소방안전관리자, 총괄소방안전관리자, 소방안전관리보조자**를 **선임**하지 아니한 자

④ **소방시설·피난시설·방화시설** 및 **방화구획** 등이 법령에 위반된 것을 발견하였음에도 필요한 조치를 할 것을 요구하지 아니한 소방안전관리자

⑤ **소방안전관리자**에게 **불이익**한 처우를 한 관계인

⑥ 자체점검 결과 **소화펌프 고장** 등 중대위반사항이 발견된 경우 필요한 조치를 하지 않은 관계인 또는 관계인에게 중대위반사항을 알리지 아니한 관리업자 등

(4) **100만원 이하의 벌금** [교재 P.17]

① 정당한 사유 없이 소방대가 현장에 도착할 때까지 사람을 **구**출하는 조치 또는 불을 끄거나 불이 번지지 않도록 하는 조치를 하지 아니한 사람

② **피**난명령을 위반한 사람 보기 ④

③ 정당한 사유 없이 **물**의 사용이나 **수도**의 **개폐장치**의 사용 또는 **조**작을 하지 못하게 하거나 방해한 자

④ 정당한 사유 없이 **소방대**의 **생활안전활동**을 방해한 자 보기 ②

⑤ 긴급조치를 정당한 사유 없이 방해한 자

> **공하성 기억법** 구피조1

정답 ③

22 다음 중 개구부의 요건이 아닌 것은?

유사문제
23년 문03
22년 문14
21년 문19

교재
P.40

① 크기는 지름 50cm 이하의 원이 통과할 수 있을 것
② 해당층의 바닥면으로부터 개구부 밑부분까지의 높이가 1.2m 이내일 것
③ 도로 또는 차량이 진입할 수 있는 빈터를 향할 것
④ 내부 또는 외부에서 쉽게 부수거나 열 수 있는 것

해설

> ① 50cm 이하 → 50cm 이상

(1) 무창층

지상층 중 개구부면적의 합계가 그 층의 바닥면적의 $\frac{1}{30}$ 이하가 되는 층

(2) 개구부 요건

① 크기는 지름 **50cm** 이상의 원이 통과할 수 있을 것 보기 ①
② 해당층의 바닥면으로부터 개구부 밑부분까지의 높이가 **1.2m** 이내일 것 보기 ②
③ **도로** 또는 **차량**이 진입할 수 있는 **빈터**를 향할 것 보기 ③
④ 화재시 건축물로부터 쉽게 **피난**할 수 있도록 개구부에 **창살**이나 그 밖의 장애물이 설치되지 않을 것
⑤ 내부 또는 외부에서 **쉽게 부수거나 열** 수 있을 것 보기 ④

정답 ①

23 피난층에 대한 뜻이 옳은 것은?

교재
P.40

① 곧바로 지상으로 갈 수 있는 출입구가 있는 층
② 건축물 중 지상 1층
③ 직접 지상으로 통하는 계단과 연결된 지상 2층 이상의 층
④ 옥상의 지하층으로서 옥상으로 직접 피난할 수 있는 층

해설 **피**난층
곧바로 지상으로 갈 수 있는 출입구가 있는 층 보기 ①

공하성 기억법 피곧(피곤)

정답 ①

기출문제 2022

★★★
24 다음 보기를 보고 옳은 것은? (단, 해당 소방안전관리자 자격증을 받은 경우이다.)

유사문제
24년 문22
22년 문25

교재
PP.23
-26

• 업무시설로서 연면적 40000m²
• 지하 1층, 지상 5층
• 3층에 옥내소화전설비가 설치되어 있음

① 소방안전관리자 1명, 소방안전관리보조자 3명이 필요하다.
② 위 건물은 관리의 권원이 분리된 특정소방대상물의 소방안전관리자가 필요하다.
③ 소방공무원으로 7년 이상된 경력자가 선임자격이 있다.
④ 가연성 가스를 100톤 이상 1000톤 미만 저장·취급하는 시설과 같은 소방안전관리자 선임대상물이다.

해설

① 3명 → 2명
② 필요하다. → 필요없다.
④ 100톤 이상 1000톤 미만 → 1000톤 이상

(1) **소방안전관리자 및 소방안전관리보조자를 선임하는 특정소방대상물** 교재 PP.23-25

소방안전관리대상물	특정소방대상물
특급 소방안전관리대상물 (동식물원, 철강 등 불연성 물품 저장·취급창고, 지하구, 위험물제조소 등 제외)	• **50층** 이상(지하층 제외) 또는 지상 **200m** 이상 **아파트** • **30층** 이상(지하층 포함) 또는 지상 **120m** 이상(아파트 제외) • 연면적 **10만m²** 이상(아파트 제외)
1급 소방안전관리대상물 (동식물원, 철강 등 불연성 물품 저장·취급창고, 지하구, 위험물제조소 등 제외)	• **30층** 이상(지하층 제외) 또는 지상 **120m** 이상 **아파트** • 연면적 **15000m²** 이상인 것(아파트 및 연립주택 제외) • **11층** 이상(아파트 제외) • 가연성 가스를 **1000톤** 이상 저장·취급하는 시설
2급 소방안전관리대상물	• 지하구 • 가스제조설비를 갖추고 도시가스사업 허가를 받아야 하는 시설 또는 가연성 가스를 **100톤 이상 1000톤** 미만 저장·취급하는 시설 보기 ④ • 옥내소화전설비·**스프링클러설비** 설치대상물 • **물분무등소화설비**(호스릴방식만을 설치한 경우 제외) 설치대상물 • 공동주택 • 목조건축물(국보·보물)
3급 소방안전관리대상물	• **자동화재탐지설비** 설치대상물 • **간이스프링클러설비** 설치대상물

보기에서 연면적 40000m²로서 15000m² 이상이므로 **1급 소방안전관리대상물**

기출문제 2022

④ 100톤 이상 1000톤 미만은 2급 소방안전관리대상물이므로 틀림

(2) 최소 선임기준 보기 ① 교재 P.26

소방안전관리자	소방안전관리보조자
• 특정소방대상물마다 **1명**	• **300세대 이상 아파트 : 1명**(단, 300세대 초과마다 **1명 이상 추가**) • **연면적 15000m² 이상 : 1명**(단, 15000m² 초과마다 **1명 이상 추가**) • **공동주택**(기숙사), **의료시설, 노유자시설, 수련시설** 및 **숙박시설**(바닥면적 합계 1500m² 미만이고, 관계인이 24시간 상시 근무하고 있는 숙박시설 제외) : **1명**

$$소방안전관리보조자수 = \frac{연면적}{15000\text{m}^2}(소수점\ 버림)$$

$$= \frac{40000\text{m}^2}{15000\text{m}^2} = 2.6 ≒ 2명(소수점\ 버림)$$

∴ 소방안전관리자 1명, 소방안전관리보조자 2명

(3) 관리의 **권원**이 **분리된** 특정소방대상물의 **소방안전관리** 보기 ②
  ① **복합건축물**(지하층을 제외한 **11층** 이상 또는 연면적 **3만m²** 이상인 건축물)
  ② **지하가**
  ③ **도매시장, 소매시장** 및 **전통시장**

② 업무시설로서 복합건축물이 아니므로 관리의 권원이 분리된 소방안전관리자가 필요없음

(4) 1급 소방안전관리대상물의 소방안전관리자 선임자격 보기 ③ 교재 P.24

자 격	경 력	비 고
• 소방설비기사 · 소방설비산업기사	경력 필요 없음	1급 소방안전관리자 자격증을 받은 사람
• 소방공무원	7년	
• 소방청장이 실시하는 1급 소방안전관리대상물의 소방안전관리에 관한 시험에 합격한 사람	경력 필요 없음	
• 특급 소방안전관리대상물의 소방안전관리자 자격이 인정되는 사람		

③ 소방공무원＋7년 경력자는 1급 소방안전관리대상물 선임자격이 되므로 옳다.

⊙정답 ③

★★★
25

유사문제
24년 문22
23년 문19
22년 문24

교재
P.24

복합건축물로서 13층이고 연면적 12000m²이다. 소방안전관리자 선임자격으로 옳은 것은? (단, 해당 소방안전관리자 자격증을 받은 경우이다.)

① 소방설비기사
② 산업안전기사의 자격을 취득한 후 3년 이상 실무경력이 있는 사람
③ 소방공무원으로 5년 이상 근무한 경력이 있는 사람
④ 위험물기능장

 해설

> ② 해당 없음
> ③ 5년 → 7년
> ④ 위험물자격증은 해당 없음

☑ 중요 1급 소방안전관리대상물의 특정소방대상물   교재 P.24

소방안전관리대상물	특정소방대상물
1급 소방안전관리대상물 (동식물원, 철강 등 불연성 물품 저장·취급창고, 지하구, 위험물제조소 등 제외)	• **30층** 이상(지하층 제외) 또는 지상 **120m** 이상 **아파트** • 연면적 **15000m²** 이상인 것(아파트 및 연립주택 제외) • **11층** 이상(아파트 제외) • 가연성 가스를 **1000톤** 이상 저장·취급하는 시설

지상 **13층 이상**이므로 **1급 소방안전관리대상물**에 해당된다. 그러므로 1급 소방안전관리자 선임조건을 확인하면 된다.

┃1급 소방안전관리대상물의 소방안전관리자 선임조건┃

자 격	경 력	비 고
• 소방설비기사 · 소방설비산업기사 보기 ①	경력 필요 없음	
• 소방공무원 보기 ③	7년	1급 소방안전관리자 자격증을 받은 사람
• 소방청장이 실시하는 1급 소방안전관리대상물의 소방안전관리에 관한 시험에 합격한 사람	경력 필요 없음	
• 특급 소방안전관리대상물의 소방안전관리자 자격이 인정되는 사람		

😊정답 ①

제 ② 과목

26 소방계획의 절차에 대한 설명 중 틀린 것은?

① 사전기획 : 소방계획 수립을 위한 임시조직을 구성하거나 위원회 등을 개최하여 의견수렴
② 위험환경분석 : 위험요인 식별하고 이에 대한 분석 및 평가 실시 후 대책 수립
③ 설계 및 개발 : 환경을 바탕으로 소방계획 수립의 목표와 전략을 수립하고 세부 실행계획 수립
④ 시행 및 유지·관리 : 구체적인 소방계획을 수립하고 소방서장의 최종 승인을 받은 후 소방계획을 이행하고 지속적인 개선 실시

④ 소방서장의 → 이해관계자의 검토를 거쳐

소방계획의 수립절차

수립절차	내 용
사전기획 보기 ①	소방계획 수립을 위한 **임시조직**을 구성하거나 위원회 등을 개최하여 법적 요구사항은 물론 **이해관계자**의 의견을 수렴하고 세부 작성계획 수립
위험환경분석 보기 ②	대상물 내 물리적 및 인적 위험요인 등에 대한 **위험요인**을 식별하고, 이에 대한 분석 및 평가를 정성적·정량적으로 실시한 후 이에 대한 대책 수립
설계 및 개발 보기 ③	대상물의 **환경** 등을 바탕으로 소방계획 수립의 목표와 전략을 수립하고 세부 실행계획 수립
시행 및 유지·관리 보기 ④	**구체적인** 소방계획을 수립하고 **이해관계자의 검토**를 거쳐 최종 승인을 받은 후 소방계획을 이행하고 지속적인 개선 실시

정답 ④

★★★
27 다음 중 자동심장충격기(AED) 사용순서로 옳은 것은?

유사문제
23년 문50
22년 문40
22년 문45
22년 문49
21년 문37
21년 문49
20년 문32
20년 문48

교재
PP.369
-370

①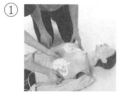

2개의 패드 부착　　전원켜기　　즉시 심폐소생술 다시 시행　　심장리듬 분석 및 심장충격 실시

②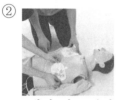

2개의 패드 부착　　전원켜기　　심장리듬 분석 및 심장충격 실시　　즉시 심폐소생술 다시 시행

③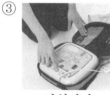

전원켜기　　2개의 패드 부착　　즉시 심폐소생술 다시 시행　　심장리듬 분석 및 심장충격 실시

④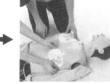

전원켜기　　2개의 패드 부착　　심장리듬 분석 및 심장충격 실시　　즉시 심폐소생술 다시 시행

해설 자동심장충격기(AED) 사용방법

 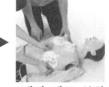  

전원켜기　　2개의 패드 부착　　심장리듬 분석 및 심장충격 실시　　즉시 심폐소생술 다시 시행

정답 ④

28 다음은 감지기 시험장비를 활용한 경보설비 점검 사진이다. 그림의 내용 중 옳지 않은 것은?

유사문제
23년 문44
22년 문39

교재
P.220

감지기

감지기 시험기

① 감지기 작동상태 확인이 가능하다.
② 감지기 작동 확인은 수신기에서 불가능하다.
③ 수신기에서 해당 경계구역 확인이 가능하다.
④ 감지기 동작시 지구경종 확인이 가능하다.

 해설

② 불가능하다. → 가능하다.
  감지기 시험장비를 사용하여 감지기 동작시험을 하는 사진으로 감지기 작동 확인은 수신기에서 반드시 가능해야 한다.

정답 ②

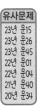

29 ABC급 대형소화기에 관한 설명 중 틀린 것은?

유사문제
23년 문15
23년 문26
23년 문45
22년 문01
22년 문04
21년 문40
20년 문34

① 주성분은 제1인산암모늄이다.
② 능력단위가 B급 화재 30단위 이상, C급 화재는 적응성이 있는 것을 말한다.
③ 능력단위가 A급 화재 10단위 이상인 것을 말한다.
④ 소화효과는 질식, 부촉매(억제)이다.

 해설

② 30단위 → 20단위

교재
P.144,
P.146

소화기
(1) 소화능력 단위기준 및 보행거리

소화기 분류		능력단위	보행거리
소형소화기		**1단위** 이상	20m 이내
대형소화기 보기 ②, ③	A급	**10단위** 이상	**3**0m 이내
	B급	**20단위** 이상	
	C급	적응성이 있는 것	–

기출문제 2022

(2) 분말소화기

주성분	적응화재	소화효과 보기 ④
탄산수소나트륨(NaHCO₃)	BC급	• 질식효과 • 부촉매(억제)효과
탄산수소칼륨(KHCO₃)		
제1인산암모늄(NH₄H₂PO₄) 보기 ①	ABC급	
탄산수소칼륨(KHCO₃)＋요소((NH₂)₂CO)	BC급	

(3) 이산화탄소소화기

주성분	적응화재
이산화탄소(CO₂)	BC급

정답 ②

★★★
30 옥내소화전의 동력제어반과 감시제어반을 나타낸 것이다. 다음 그림에 대한 설명으로 옳지 않은 것은? (단, 현재 동력제어반은 정지표시등만 점등상태이다.)

유사문제
24년 문26
24년 문31
24년 문33
24년 문44
24년 문48
23년 문40
23년 문46
23년 문49
22년 문36
22년 문42
21년 문41
20년 문28
20년 문35
20년 문36
20년 문41

교재
P.170

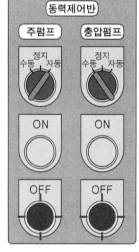

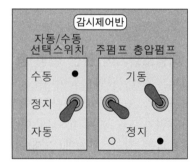

① 옥내소화전 사용시 주펌프는 기동한다.
② 옥내소화전 사용시 충압펌프는 기동하지 않는다.
③ 현재 충압펌프는 기동 중이다.
④ 현재 주펌프는 정지상태이다.

해설

① 감시제어반 **선택스위치**가 **자동**에 있으므로 옥내소화전 사용시(옥내소화전 앵글밸브를 열면) **주펌프**는 당연히 **기동**한다.
② 동력제어반 충압펌프 **선택스위치**가 **수동**으로 되어 있으므로 옥내소화전 사용시(옥내소화전 앵글밸브를 열면) 충압펌프는 기동하지 않는다. 동력제어반 충압펌프 선택스위치가 **자동**으로 되어 있을 때만 옥내소화전 사용시 **충압펌프**가 **기동**한다.

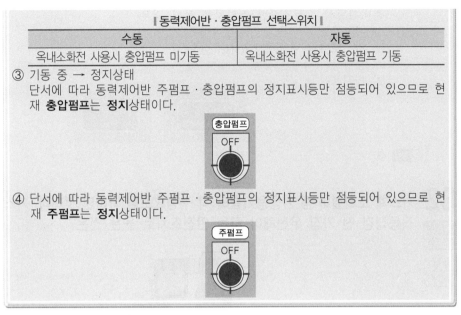

∥ 동력제어반 · 충압펌프 선택스위치 ∥	
수동	자동
옥내소화전 사용시 충압펌프 미기동	옥내소화전 사용시 충압펌프 기동

③ 기동 중 → 정지상태
　단서에 따라 동력제어반 주펌프 · 충압펌프의 정지표시등만 점등되어 있으므로 현재 **충압펌프**는 **정지**상태이다.

④ 단서에 따라 동력제어반 주펌프 · 충압펌프의 정지표시등만 점등되어 있으므로 현재 **주펌프**는 **정지**상태이다.

정답 ③

★★★
31
유사문제
22년 문37

교재
PP.188
-189

준비작동식 스프링클러설비 수동조작함(SVP) 스위치를 누를 경우 다음 감시제어반의 표시등이 점등되어야 할 것으로 올바르게 짝지어 진 것으로 옳은 것은? (단, 주어지지 않은 조건은 무시한다.)

감시제어반

ⓐ 알람밸브 | ⓑ 프리액션밸브 | ⓒ 가스방출
ⓓ 감지기 A | ⓔ 감지기 B | ⓕ 화재 FIRE

① ⓓ, ⓕ
② ⓑ, ⓒ
③ ⓑ, ⓕ
④ ⓐ, ⓕ

해설

ⓐ 알람밸브는 습식에 사용되므로 해당 없음
ⓒ 가스방출스위치는 이산화탄소소화설비, 할론소화설비에 작용되므로 해당 없음

ⓒ
가스방출

ⓓ, ⓔ **감지기** A, B에 의해 **자동**으로 준비작동식을 작동시키는 것이므로 수동조작함을 누르는 **수동**작동방식과는 **무관함**

ⓓ 감지기 A | ⓔ 감지기 B

준비작동식 수동조작함 스위치를 누른 경우
(1) 펌프작동
(2) 감시제어반 밸브개방표시등 점등
(3) 음향장치(사이렌)작동
(4) 화재표시등 점등

정답 ③

★★★
32
유사문제
23년 문29

교재
P.198

가스계 소화설비 중 기동용기함의 각 구성요소를 나타낸 것이다. 가스계 소화설비 작동점검 전 가장 우선해야 하는 안전조치로 옳은 것은?

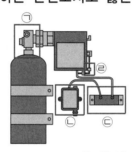

① ㉠의 연결부분을 분리한다.   ② ㉡의 압력스위치를 당긴다.
③ ㉢의 단자에 배선을 연결한다.   ④ ㉣ 안전핀을 체결한다.

해설 **가스계 소화설비의 점검 전 안전조치**
(1) 안전핀 체결
(2) 솔레노이드 분리
(3) 안전핀 제거

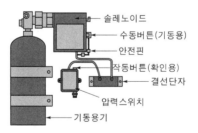

정답 ④

★★★
33
유사문제
24년 문41
21년 문13

교재
P.225

자동화재탐지설비의 회로도통시험 적부판정방법으로 틀린 것은?
① 전압계가 있는 경우 정상은 24V를 가리킨다.
② 전압계가 있는 경우 단선은 0V를 가리킨다.
③ 도통시험확인등이 있는 경우 정상은 정상확인등이 녹색으로 점등된다.
④ 도통시험확인등이 있는 경우 단선은 단선확인등이 적색으로 점등된다.

 ① 24V → 4~8V

회로도통시험 적부판정

구 분	전압계가 있는 경우	도통시험확인등이 있는 경우
정 상	4~8V 보기 ①	정상확인등 점등(녹색) 보기 ③
단 선	0V 보기 ②	단선확인등 점등(적색) 보기 ④

> **용어** 회로도통시험
>
> 수신기에서 감지기 사이 회로의 **단선 유무**와 기기 등의 접속상황을 확인하기 위한 시험

정답 ①

34 다음 중 출혈시 증상이 아닌 것은?

교재 P.362

① 호흡과 맥박이 느리고 약하고 불규칙하다.
② 체온이 떨어지고 호흡곤란도 나타난다.
③ 탈수현상이 나타나며 갈증이 심해진다.
④ 구토가 발생한다.

 ① 느리고 → 빠르고

출혈의 증상

(1) 호흡과 맥박이 **빠르고** **약하고** **불규칙**하다. 보기 ①
(2) 반사작용이 둔해진다.
(3) 체온이 떨어지고 **호흡곤란**도 나타난다. 보기 ②
(4) 혈압이 점차 저하되며, 피부가 **창백**해진다.
(5) **구토**가 발생한다. 보기 ④
(6) **탈수현상**이 나타나며 갈증을 호소한다. 보기 ③

정답 ①

★★★
35 다음 그림과 같이 분말소화기를 점검하였다. 점검 결과로 옳은 것은?

유사문제
23년 문26
23년 문39
22년 문41
21년 문40
21년 문46
20년 문27
20년 문34
20년 문40

▌그림 A▐

▌그림 B▐

▌그림 C▐

교재
P.151

① 그림 A, B는 외관상 문제가 없다.
② 그림 A의 안전핀 체결 상태가 불량이다.
③ 그림 A는 호스가 손상되었고, 그림 B는 호스가 탈락되었다.
④ 그림 C의 지시압력계의 압력이 부족하다.

 해설

> ① 없다. → 있다.
>   그림 A는 호스파손, 그림 B는 호스탈락이므로 외관상 문제가 있다.
> ② 불량이다. → 양호하다.
>   안전핀은 손잡이에 잘 끼워져 있는 것으로 보이므로 안전핀 체결상태는 양호하다.
> ④ 부족하다. → 높다.

(1) 소화기 호스·혼·노즐

▌호스 파손▐

▌호스 탈락▐

▌노즐 파손▐

▌혼 파손▐

(2) 지시압력계
   ① 노란색(황색) : 압력부족
   ② 녹색 : 정상압력
   ③ 적색 : 정상압력 초과

노란색
(황색) 녹색 적색

┃ 소화기 지시압력계 ┃

┃ 지시압력계의 색표시에 따른 상태 ┃

노란색(황색)	녹 색	적 색
압력이 부족한 상태	정상압력 상태	정상압력보다 높은 상태

● 용기 내 압력을 확인할 수 있도록 지시압력계가 부착되어 사용 가능한 범위가 0.7~0.98MPa로 녹색으로 되어 있음

정답 ③

★★★
36 옥내소화전 감시제어반의 스위치 상태가 아래와 같을 때, 보기의 동력제어반(㉠~㉣)에서 점등되는 표시등을 있는대로 고른 것은? (단, 설비는 정상상태이며 제시된 조건을 제외하고 나머지 조건은 무시한다.)

교재
P.170

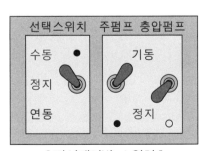

┃ 감시제어반 스위치 ┃

┃ 동력제어반 스위치 ┃

① ㉠, ㉡, ㉢   ② ㉠, ㉡, ㉣
③ ㉠, ㉣   ④ ㉡, ㉣

해설 점등램프

선택스위치 : 수동, 주펌프 : 기동	선택스위치 : 수동, 충압펌프 : 기동
① POWER램프	① POWER램프 주펌프기동
② 주펌프기동램프	② 충압펌프기동램프
③ 주펌프 펌프기동램프	③ 충압펌프 펌프기동램프

정답 ②

37

유사문제
23년 문31

교재
PP.188
-189

그림과 같이 준비작동식 스프링클러설비의 수동조작함을 작동시켰을 때, 확인해야 할 사항으로 옳지 않은 것은?

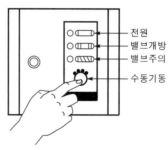

전원
밸브개방
밸브주의
수동기동

① 감지기 A 작동
② 감시제어반 밸브개방표시등 점등
③ 사이렌 또는 경종 동작
④ 펌프동작

해설

> ① 감지기는 자동으로 화재를 감지하는 기기이므로 수동으로 수동조작함을 작동시키는 방식과는 무관함

준비작동식 스프링클러설비

수동기동	자동기동
수동조작함 조작	감지기 A, B 작동

수동조작함 작동시 확인해야 할 사항

(1) 펌프작동 보기 ④
(2) 감시제어반 밸브개방표시등 점등 보기 ②
(3) 음향장치(사이렌)작동 보기 ③
(4) 화재표시등 점등

정답 ①

★★★
38 R형 수신기 화면이다. 다음 중 보기의 운영기록 내용으로 옳지 않은 것은?

유사문제
20년 문30
20년 문39

실무교재
P.78

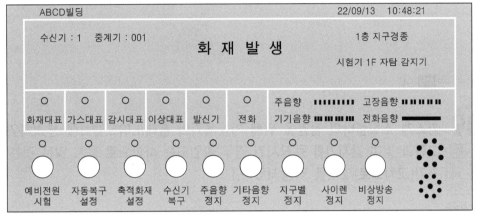

보기	일시	수신기	회선정보	회선설명	동작구분	메시지
①	22/09/13 10:48:21	1	001	1층 지구경종	중력	중계기 출력
②	22/09/13 10:48:21	1	–	–	수신기	주음향 출력
③	22/09/13 10:48:21	1	001	시험기 1F 자탐 감지기	화재	화재발생
④	22/09/13 10:48:21	1	–	–	시스템 고장	예비전원 고장발생

해설

① **1층 지구경종** 작동표시가 있고 **중계기** 글씨가 있으므로 옳은 답

중계기 : 001　　　　　　　　　　　　　　　　　　　　　　1층 지구경종

② **수신기** 글씨가 있고 **화재발생** 글씨도 있으므로 수신기에서 **주음향 출력**이 되는 것으로 판단되어 옳은 답

수신기 : 1

화 재 발 생

③ **시험기 1F 자탐 감지기** 글씨가 있고, **화재발생** 글씨도 있으므로 옳은 답

화 재 발 생

시험기 1F 자탐 감지기

기출문제 2022

④ 예비전원 시험버튼은 있지만 **예비전원고장**이란 글씨는 없으므로 틀린 답

예비전원
시험

🔎정답 ④

***
39 가스계 소화설비의 점검을 위해 기동용기와 솔레노이드밸브를 분리하였다. 다음 그림과 같이 감지기를 동작시킨 경우 확인되는 사항으로 옳지 않은 것은? [단, 감지기(교차회로) 2개를 작동시켰다.]

유사문제
23년 문4
22년 문28
20년 문31

교재
P.199

감지기

감지기 시험기

① 제어반 화재표시
② 솔레노이드밸브 파괴침 동작
③ 사이렌 또는 경종 동작
④ 방출표시등 점등

해설 **감지기를 동작시킨 경우 확인사항**
  (1) 제어반 화재표시
  (2) 솔레노이드밸브 파괴침 동작
  (3) 사이렌 또는 경종 동작

④ 기동용기와 솔레노이드밸브를 분리했으므로 방출표시등은 점등되지 않는다.

🔎정답 ④

★★
40 다음 중 자동심장충격기(AED) 사용방법으로 옳지 않은 것은?

유사문제
23년 문50
22년 문27
22년 문45
22년 문49
21년 문37
21년 문49
20년 문32
20년 문48

교재
PP.369
-370

① 자동심장충격기를 심폐소생술에 방해가 되지 않는 위치에 놓은 뒤 전원버튼을 누른다.

② 환자의 상체를 노출시킨 다음 패드 포장을 열고 2개의 패드를 환자의 가슴 피부에 붙인다.

③ 패드 1은 왼쪽 빗장뼈(쇄골) 바로 아래에, 패드 2는 오른쪽 젖꼭지 아래와 중간겨드랑선에 붙인다.

④ 심장충격이 필요한 환자인 경우에만 제세동버튼이 깜박이기 시작하며, 깜박일 때 심장충격버튼을 눌러 심장충격을 시행한다.

해설

> ③ 왼쪽 → 오른쪽, 오른쪽 → 왼쪽

자동심장충격기(AED) 사용방법

(1) 자동심장충격기를 심폐소생술에 방해가 되지 않는 위치에 놓은 뒤 **전원버튼**을 누른다.
보기 ①

(2) 패드는 **왼쪽 젖꼭지 아래의 중간겨드랑선**에 설치하고 **오른쪽 빗장뼈**(쇄골) 바로 **아래**에 붙인다. 보기 ③

‖ 패드의 부착위치 ‖

패드 1	패드 2
오른쪽 빗장뼈(쇄골) 바로 아래	왼쪽 젖꼭지 아래의 중간겨드랑선

(3) 심장충격이 필요한 환자인 경우에만 **제세동버튼**이 **깜박**이기 시작하며, 깜박일 때 심장충격버튼을 눌러 심장충격을 시행한다. 보기 ④

(4) 심장충격이 필요 없거나 심장충격을 실시한 이후에는 즉시 **심폐소생술**을 다시 시작한다.

(5) **2분**마다 심장리듬을 분석한 후 반복 시행한다.

(6) 환자의 상체를 노출시킨 다음 패드 포장을 열고 **2개**의 **패드**를 환자의 가슴 피부에 붙인다. 보기 ②

정답 ③

41 2020년 작동점검시 소화기 점검결과의 조치내용으로 옳은 것은?

유사문제
23년 문26
22년 문04
22년 문35
21년 문40
21년 문46
20년 문40

교재
P.145,
P.151

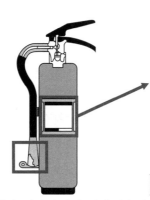

주의사항
1. 매월 1회 이상 지시압력계의 바늘이 정상위치에 있는가를 확인
2. 소화기 설치시에는 태양의 직사 고온다습의 장소를 피한다.
3. 사용시에는 바람을 등지고 방사하고 사용 후에는 내부약제를 완전방출하여야 한다.
4. 사람을 향하여 방사하지 마십시오.
※ 소화약제 물질 안전자료 관련정보(MSDS정보) 　① 위험물질 정보(0.1% 초과시 목록) : 없음 　② 내용물의 5%를 초과하는 화학물질목록 : 제1인산암모늄, 석분 　③ 위험한 약제에 관한 정보 : 폐자극성 분진

제조연월	2017.11

① 소화기 외관점검시 불량내용에 대하여 조치를 한 경우, 점검결과에 기록하지 않는다.
② 노즐이 경미하게 파손되었지만 정상적인 소화활동을 위하여 노즐을 즉시 교체하였다.
③ 내용연수가 초과되어 소화기를 교체하였다.
④ 레버가 파손되어 소화기를 즉시 교체하였다.

해설

① 기록하지 않는다. → 기록해야 한다.
② 노즐이 파손되었으므로 즉시 교체한 것은 옳다.

‖ 노즐 파손 ‖

③ 초과되어 → 초과되지 않아서, 교체하였다. → 교체하지 않아도 된다.
제조연월이 2017.11이고 내용연수는 10년이므로 2027.11까지가 유효기간으로 내용연수가 초과되지 않았다.

제조연월	2017.11

④ 파손되어 소화기를 즉시 교체하였다. → 파손되지 않았다.

레버(손잡이)

☑ 중요 ▶ 내용연수 [교재 P.145]

소화기의 내용연수를 **10년**으로 하고 내용연수가 지난 제품은 교체 또는 성능확인을 받을 것

내용연수 경과 후 10년 미만	내용연수 경과 후 10년 이상
3년	1년

정답 ②

42 그림은 옥내소화전 감시제어반 중 펌프제어를 위한 스위치의 예시를 나타낸 것이다. 평상시 및 펌프 점검시 스위치 위치에 대한 설명으로 옳은 것만 보기에서 있는 대로 고른 것은? (단, 설비는 정상상태이며 제시된 조건을 제외하고 나머지 조건은 무시한다.)

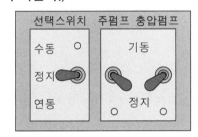

㉠ 평상시 펌프 선택스위치는 '정지' 위치에 있어야 한다.
㉡ 평상시 주펌프스위치는 '기동' 위치에 있어야 한다.
㉢ 펌프 수동기동시 펌프 선택스위치는 '수동' 위치에 있어야 한다.

[교재 P.170]

① ㉠
② ㉢
③ ㉠, ㉡
④ ㉠, ㉡, ㉢

해설

㉠ '정지' 위치 → '연동' 위치
㉡ '기동' 위치 → '정지' 위치

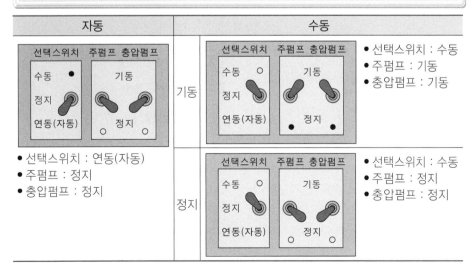

정답 ②

43 그림의 밸브를 작동시켰을 때 확인해야 할 사항으로 옳지 않은 것은?

유사문제
24년 문32
24년 문45
23년 문35
21년 문42

교재
PP.186
-187

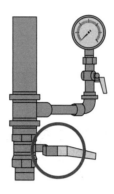

① 펌프 작동상태
② 감시제어반 밸브개방표시등
③ 음향장치 작동
④ 방출표시등 점등

 해설

④ 방출표시등은 이산화탄소소화설비, 할론소화설비에 해당하는 것으로서 스프링클러 설비와는 관련 없음

시험밸브 개방시 작동 또는 점등되어야 할 것
(1) 펌프작동
(2) 감시제어반 밸브개방표시등(습식 : 알람밸브표시등) 점등
(3) 음향장치(사이렌) 작동
(4) 화재표시등 점등

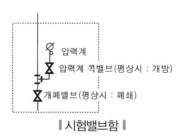

┃ 시험밸브함 ┃

정답 ④

44 가스계 소화설비 점검 중 감시제어반의 모습이다. 이에 대한 설명으로 옳은 것은?
(단, 점검 전 약제방출방지를 위한 안전조치를 완료한 상태이다.)

교재
PP.199
-201

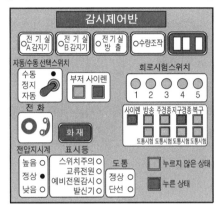

① 교차회로감지기(A, B)는 기계실에 설치되어 있다.
② 전기실에 소화약제가 방출되지 않았다.
③ 주경종, 지구경종, 사이렌, 비상방송은 정상적으로 작동되고 있다.
④ 전기실 출입문 위 약제 방출표시등은 점등되어 있을 것이다.

 해설

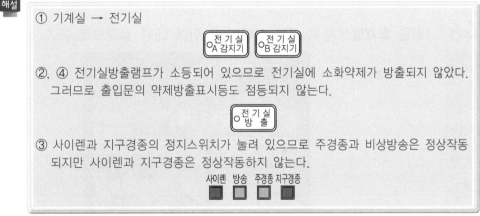

① 기계실 → 전기실

②, ④ 전기실방출램프가 소등되어 있으므로 전기실에 소화약제가 방출되지 않았다.
그러므로 출입문의 약제방출표시등도 점등되지 않는다.

③ 사이렌과 지구경종의 정지스위치가 눌려 있으므로 주경종과 비상방송은 정상작동
되지만 사이렌과 지구경종은 정상작동하지 않는다.

정답 ②

★★ 45 다음은 자동심장충격기 사용에 관한 내용이다. 옳은 것은?

유사문제
23년 문50
22년 문27
22년 문40
22년 문49
21년 문37
21년 문49
20년 문32
20년 문48

교재
PP.369
-370

▮ AED 사용 ▮

㉠ 자동심장충격기의 전원을 켤 때 감전의 위험이 있으므로 환자와 접촉해서는 안 된다.

㉡ 두 개의 패드 중 1개가 이물질로부터 오염시 패드 1개만 부착하여도 된다.

㉢ 심장리듬 분석시 환자에게서 즉시 떨어져 올바른 분석을 할 수 있도록 한다.

㉣ 제세동 버튼을 누를 때 환자와 접촉한 사람이 없음을 확인 후 제세동 버튼을 누른다.

① ㉠, ㉡   ② ㉡, ㉢
③ ㉢, ㉣   ④ ㉠, ㉣

해설

㉠ 전원을 켤 때 → 심장충격 시행시

㉡ 패드 1개만 부착하여도 된다. → 이물질로 오염시 제거하여 패드 2개를 반드시 부착하여야 한다.

정답 ③

★★★ 46 그림은 화재발생시 수신기 상태이다. 이에 대한 설명으로 옳지 않은 것은?

유사문제
24년 문27
24년 문30
23년 문27
23년 문38
21년 문33
20년 문26
20년 문33
20년 문44
20년 문49

교재
P.224

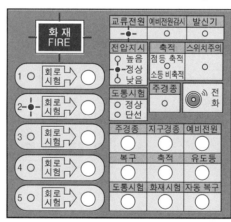

① 2층에서 화재가 발생하였다.

② 경종이 울리고 있다.

③ 화재 신호기기는 발신기이다.

④ 화재 신호기기는 감지기이다.

해설

③ 발신기램프가 점등되어있지 않으므로 화재신호기기는 발신기가 아니다. 그러므로 화재
신호기기는 감지기로 추정할 수 있다.

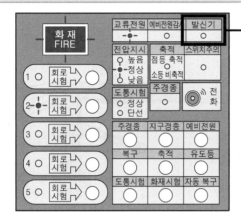

발신기 램프가 점등되어
있지 않음

정답 ③

47 방수압력시험 장비를 사용하여 방수압력시험시 장비의 측정 모습으로 옳은 것은?

유사문제
24년 문34
24년 문36
23년 문34
21년 문47
20년 문29
20년 문45

교재
P.164

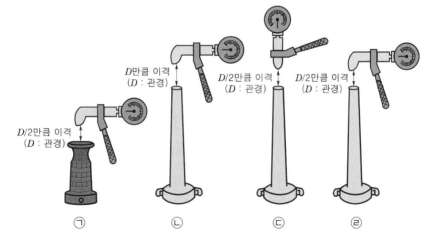

① ㉠

② ㉡

③ ㉢

④ ㉣

해설 **옥내소화전 방수압력측정**

(1) 측정장치 : 방수압력측정계(피토게이지)

(2)

방수량	방수압력
130L/min	0.17~0.7MPa 이하

(3) 방수압력 측정방법 : 방수구에 호스를 결속한 상태로 노즐의 선단에 방수압력측 정계(피토게이지)를 근접 $\left(\dfrac{D}{2}\right)$ 시켜서 측정하고 방수압력측정계의 압력계상의 눈 금을 확인한다. 보기 ㄹ

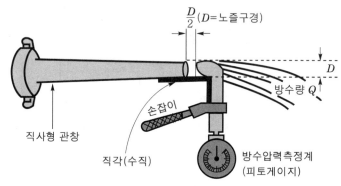

‖ 방수압력 측정 ‖

정답 ④

★★★
48 다음 그림에 대한 설명으로 옳은 것은?

유사문제
23년 문47
21년 문29
21년 문36
20년 문47

실무교재
p.85

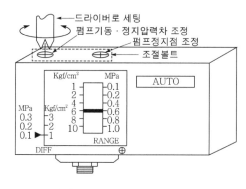

① 펌프의 정지점은 0.6MPa이다.　② 펌프의 기동점은 0.1MPa이다.
③ 펌프의 정지점은 0.1MPa이다.　④ 펌프의 기동점은 0.6MPa이다.

해설　**스프링클러설비의 기동점, 정지점**

기동점(기동압력)	정지점(양정, 정지압력)
기동점＝RANGE－DIFF＝자연낙차압＋0.15MPa	정지점＝RANGE

①, ③ 정지점＝RANGE＝0.6MPa
②, ④ 기동점＝RANGE－DIFF＝0.6MPa－0.1MPa＝0.5MPa

(1) 압력스위치

DIFF(Difference)	RANGE
펌프의 작동정지점에서 기동점과의 **압력차이**	펌프의 **작동정지점**

(2) **충압펌프 기동점**
충압펌프 기동점＝주펌프 기동점+0.05MPa

정답 ①

★★★
49 자동심장충격기(AED) 패드 부착 위치로 옳은 것은?

유사문제
23년 문50
22년 문27
22년 문40
22년 문45
21년 문37
21년 문49
20년 문32
20년 문48

교재
P.369

〈두 개의 패드 부착 위치〉
● 패드1 : 오른쪽 빗장뼈 아래
● 패드2 : 왼쪽 젖꼭지 아래의 중간겨드랑선

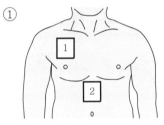

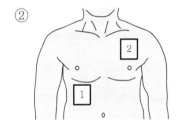

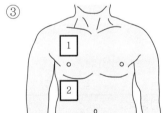

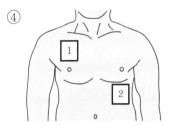

해설 자동심장충격기(AED) 사용방법
(1) 자동심장충격기를 심폐소생술에 방해가 되지 않는 위치에 놓은 뒤 전원버튼을 누른다.
(2) 환자의 상체를 노출시킨 다음 패드 포장을 열고 2개의 패드를 환자의 가슴에 붙인다.
(3) 패드는 **왼쪽 젖꼭지 아래의 중간겨드랑선**에 설치하고 **오른쪽 빗장뼈**(쇄골) 바로 **아래**에 붙인다.

‖ 패드의 부착위치 ‖

패드 1	패드 2
오른쪽 빗장뼈(쇄골) 바로 아래	왼쪽 젖꼭지 아래의 중간겨드랑선

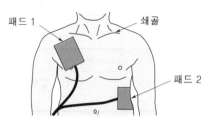

▌패드 위치▐

(4) 심장충격이 필요한 환자인 경우에만 제세동버튼이 깜박이기 시작하며, 깜박일 때 심장충격버튼을 눌러 심장충격을 시행한다.

(5) 심장충격버튼을 누르기 전에는 반드시 주변사람 및 구조자가 환자에게서 떨어져 ~~누른 후에는~~ ×

있는지 다시 한 번 확인한 후에 실시하도록 한다.

(6) 심장충격이 필요 없거나 심장충격을 실시한 이후에는 즉시 **심폐소생술**을 다시 시작한다.

(7) **2분**마다 심장리듬을 분석한 후 반복 시행한다.

ⓐ정답 ④

50

유사문제 23년 문31

교재 P.400

박소방씨는 어느 건물에 옥내소화전설비의 펌프제어반 정상위치에 대한 작동점검을 한 후 작동점검표에 점검결과를 다음과 같이 작성하였다. 제어반에서 '음향경보장치 정상작동 여부'는 어떤 것으로 확인 가능한가?

(양호○, 불량×, 해당 없음/)

구분	점검번호	점검항목	점검결과
가압송수장치	2-C-002	옥내소화전 방수압력 적정여부	○
제어반	2-H-011	펌프 작동 여부 확인 표시등 및 음향경보장치 정상작동 여부	○
	2-H-012	펌프별 자동·수동 전환스위치 정상작동 여부	○

① 경종

② 사이렌

③ 부저

④ 경종 및 사이렌

해설 옥내소화전설비

(양호○, 불량×, 해당 없음/)

구분	점검번호	점검항목	점검결과
가압송수장치	2-C-002	옥내소화전 방수압력 적정여부	○
제어반	2-H-011	펌프 작동 여부 확인 표시등 및 음향경보장치 정상작동 여부 부저	○
	2-H-012	펌프 별 자동·수동 전환스위치 정상작동 여부 평상시 전환스위치 상태확인	○

 중요

부저	경종	사이렌
제어반	자동화재탐지설비	이산화탄소소화설비

ⓐ정답 ③

2021년 기출문제

제 ① 과목

01 주방화재에 해당하는 것은?

유사문제
24년 문10
23년 문07
22년 문11
21년 문27

출제연도
문제

교재
P.79

유사문제부터
풀어보세요.
실력이 팍!팍!
올라갑니다.

① A급 화재   ② B급 화재
③ C급 화재   ④ K급 화재

해설 화재의 종류

종 류	적응물질	소화약제
일반화재(A급)	• 보통가연물(폴리에틸렌 등) • 종이 • 목재, 면화류, 석탄 • **재를 남김**	① 물 ② 수용액
유류화재(B급)	• 유류 • 알코올 • **재를 남기지 않음**	① 포(폼)
전기화재(C급)	• 변압기 • 배전반	① 이산화탄소 ② 분말소화약제 ③ 주수소화 금지
금속화재(D급)	• 가연성 금속류(나트륨 등)	① 금속화재용 분말소화약제 ② 건조사(마른모래)
주방화재(K급)  보기 ④	• 식용유 • 동·식물성 유지	① 강화액

정답 ④

02 LPG의 탐지기의 설치위치로 옳은 것은?

유사문제
24년 문06
23년 문11
22년 문08
21년 문12
21년 문16

① 하단은 천장면의 하방 30cm 이내에 위치
② 상단은 천장면의 하방 30cm 이내에 위치
③ 하단은 바닥면의 상방 30cm 이내에 위치
④ 상단은 바닥면의 상방 30cm 이내에 위치

교재
P.112,
P.114

해설 LPG vs LNG

구 분	LPG	LNG
용 도	가정용	도시가스용
증기비중	1보다 큰 가스	1보다 작은 가스

구 분	LPG	LNG
비 중	1.5~2	0.6
탐지기의 설치위치	탐지기의 **상단**은 **바닥면**의 **상방** 30cm 이내에 설치	탐지기의 **하단**은 **천장면**의 **하방** 30cm 이내에 설치
가스누설경보기의 설치위치	연소기 또는 관통부로부터 수평거리 4m 이내의 위치에 설치	연소기로부터 수평거리 8m 이내의 위치에 설치

정답 ④

★★★
03 다음 중 방염처리된 물품의 사용을 권장할 수 있는 경우는?

 ① 의료시설에 설치된 소파   ② 노유자시설에 설치된 암막
③ 종합병원에 설치된 무대막   ④ 종교시설에 설치된 침구류

해설 **방염처리된 물품의 사용을 권장할 수 있는 경우**

다중이용업소·**의**료시설·**노**유자시설·**숙**박시설·**장**례시설에서 사용하는 **침**구류, **소**파, **의**자 보기 ①

> 공하성 기억법 **다의 노숙장 침소의**

> 비교 **방염대상물품**(제조 또는 **가공공정**에서 방염처리를 한 물품) 교재 P.42
> 1. 창문에 설치하는 **커튼류**(블라인드 포함)
> 2. 카펫
> 3. **벽지류**(두께 2mm 미만인 종이벽지 제외)
> 4. **전시용 합판·목재·섬유판**
> 5. **무대용 합판·목재·섬유판**
> 6. **암막·무대막**(영화상영관·가상체험 체육시설업의 **스크린** 포함)
> 7. 섬유류 또는 합성수지류 등을 원료로 하여 제작된 **소파·의자**(단란주점·유흥주점·노래연습장에 한함)

정답 ①

★★
04 전기화재의 주요 화재원인이 아닌 것은?

 ① 전선의 합선(단락)에 의한 발화   ② 누전에 의한 발화
③ 과전류(과부하)에 의한 발화   ④ 누전차단기 고장

> ④ 주요 화재원인이 아님

전기화재의 주요 화재원인
(1) 전선의 **합선**(단락)에 의한 발화 보기 ①
     단선 ×
(2) **누전**에 의한 발화 보기 ②
(3) **과전류**(과부하)에 의한 발화 보기 ③
(4) 기타 **규격 미달**의 전선 또는 전기기계기구 등의 과열, 배선 및 전기기계기구 등의 절연불량 또는 정전기로부터의 불꽃

정답 ④

05
건축물 사용승인일이 2020년 1월 30일이라면 종합점검 시기와 작동점검 시기를 순서대로 맞게 말한 것은?

교재 P.45

① 종합점검 시기 : 1월, 작동점검 시기 : 7월
② 종합점검 시기 : 6월, 작동점검 시기 : 12월
③ 종합점검 시기 : 4월, 작동점검 시기 : 10월
④ 종합점검 시기 : 3월, 작동점검 시기 : 9월

해설 **자체점검의 실시**

종합점검	작동점검
사용승인 **달**에 실시 보기 ①	종합점검 + **6개월** ↓ 보기 ①

⑴ **종합점검** : 건축물 사용승인일이 1월 30일이며 1월에 실시해야 하므로 1월에 받으면 된다.
⑵ **작동점검** : 종합점검을 받은 달부터 6개월이 되는 달(지난 달)에 실시하므로 1월에 종합점검을 받았으므로 6개월이 지난 7월달에 작동점검을 받으면 된다.

정답 ①

06
의료시설의 4, 5, 6층 건물에 피난기구를 설치하고자 한다. 적응성이 없는 것은?

유사문제 20년 문05

① 피난교
② 다수인 피난장비
③ 승강식 피난기
④ 미끄럼대

교재 P.237

해설 **피난기구의 적응성**

설치 장소별 구분 \ 층별	1층	2층	3층	4층 이상 10층 이하
노유자시설	• 미끄럼대 • 구조대 • 피난교 • 다수인 피난장비 • 승강식 피난기	• 미끄럼대 • 구조대 • 피난교 • 다수인 피난장비 • 승강식 피난기	• 미끄럼대 • 구조대 • 피난교 • 다수인 피난장비 • 승강식 피난기	• 구조대[1] • 피난교 • 다수인 피난장비 • 승강식 피난기
의료시설 · 입원실이 있는 의원 · 접골원 · 조산원	−	−	• 미끄럼대 • 구조대 • 피난교 • 피난용 트랩 • 다수인 피난장비 • 승강식 피난기	• 구조대 • 피난교 • 피난용 트랩 • 다수인 피난장비 • 승강식 피난기

설치 장소별 구분 \ 층별	1층	2층	3층	4층 이상 10층 이하
영업장의 위치가 4층 이하인 다중이용업소	–	• 미끄럼대 • 피난사다리 • 구조대 • 완강기 • 다수인 피난장비 • 승강식 피난기	• 미끄럼대 • 피난사다리 • 구조대 • 완강기 • 다수인 피난장비 • 승강식 피난기	• 미끄럼대 • 피난사다리 • 구조대 • 완강기 • 다수인 피난장비 • 승강식 피난기
그 밖의 것	–	–	• 미끄럼대 • 피난사다리 • 구조대 • 완강기 • 피난교 • 피난용 트랩 • 간이완강기[2)] • 공기안전매트[2)] • 다수인 피난장비 • 승강식 피난기	• 피난사다리 • 구조대 • 완강기 • 피난교 • 간이완강기[2)] • 공기안전매트[2)] • 다수인 피난장비 • 승강식 피난기

주 1) **구조대**의 적응성은 장애인관련시설로서 주된 사용자 중 스스로 피난이 불가한 자가 있는 경우 추가로 설치하는 경우에 한한다.

2) 간이완강기의 적응성은 **숙박시설**의 **3층 이상**에 있는 객실에, **공기안전매트**의 적응성은 **공동주택**에 추가로 설치하는 경우에 한한다.

정답 ④

07 다음 중 피난기구에 해당되지 않는 것은?

교재 P.134, PP.235 -236

① 완강기
② 유도등
③ 구조대
④ 피난사다리

해설

② 유도등 : 피난구조설비

피난기구의 종류

구 분	설 명
피난사다리 보기 ④	건축물화재시 안전한 장소로 피난하기 위해서 건축물의 개구부에 설치하는 기구
완강기 보기 ①	사용자의 몸무게에 의하여 자동적으로 내려올 수 있는 기구 중 사용자가 교대하여 **연속적으로 사용할 수 있는 것**
간이완강기	사용자의 몸무게에 의하여 자동직으로 내려올 수 있는 기구 중 사용자가 **연속적으로 사용할 수 없는 것**

구 분	설 명
구조대 보기 ③	화재시 건물의 창, 발코니 등에서 지상까지 **포대**를 사용하여 그 포대 속을 활강하는 피난기구 공하성 기억법 **구포**(부산에 있는 **구포**)
미끄럼대	화재 발생시 신속하게 지상으로 피난할 수 있도록 제조된 피난기구로서 **장애인복지시설, 노약자수용시설** 및 **병원** 등에 적합
다수인 피난장비	화재시 **2인 이상**의 피난자가 동시에 해당층에서 지상 또는 피난층으로 하강하는 피난기구
기타 피난기구	피난용 트랩, 공기안전매트 등

정답 ②

08
★★
유사문제
24년 문05
20년 문01

교재
P.212

그림과 같은 주요구조부가 내화구조로 된 어느 건축물에 차동식 스포트형 1종 감지기를 설치하고자 한다. 감지기의 최소 설치개수는? (단, 감지기의 부착높이는 3.5m이다.)

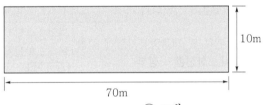

10m

70m

① 8개　　　　　　　　　　　　② 9개
③ 10개　　　　　　　　　　　④ 11개

해설 감지기의 설치개수

‖ 감지기 설치유효면적 ‖ (단위 : m²)

부착높이 및 소방대상물의 구분		감지기의 종류				
		차동식 · 보상식 스포트형		정온식 스포트형		
		1종	2종	특 종	1종	2종
4m 미만	내화구조	→ 90	70	70	60	20
	기타구조	50	40	40	30	15
4m 이상 8m 미만	내화구조	45	35	35	30	–
	기타구조	30	25	25	15	–

내화구조이고 부착높이가 **3.5m, 차동식 스포트형 1종** 감지기이므로 감지기 1개가 담당하는 바닥면적은 **90m²**가 된다.

차동식 스포트형 1종 감지기 $= \dfrac{70\text{m} \times 10\text{m}}{90\text{m}^2} = \dfrac{700\text{m}^2}{90\text{m}^2} = 7.7 ≒ 8$개 (소수점 올림)

정답 ①

09 방염에 있어서 현장처리물품의 실시기관은?

유사문제
23년 문14

① 행정안전부장관　　　　　② 소방청장
③ 소방본부장　　　　　　　④ 시·도지사

교재
P.43

 해설

방염 현장처리물품의 성능검사 실시기관	방염 선처리물품의 성능검사 실시기관
시·도지사(관할소방서장) 보기 ④	한국소방산업기술원

정답 ④

10 옥내소화전함 펌프 기동표시등의 색으로 옳은 것은?

교재
P.161

① 녹색　　　　　　　　　② 적색
③ 황색　　　　　　　　　④ 백색

해설 옥내소화전함 표시등

위치표시 설치위치	펌프 기동표시등 설치위치
'표시등의 성능인증 및 제품검사기준'에 적합한 것으로, **옥내소화전함**의 **상부**	가압송수장치의 기동을 표시하는 표시등은 옥내소화전함의 상부 또는 그 직근(**적색등**) 보기 ②

정답 ②

11 다음 중 바이메탈, 감열판 및 접점 등으로 구성된 감지기는?

유사문제
23년 문25
20년 문03

① 차동식 스포트형　　　　② 정온식 스포트형
③ 차동식 분포형　　　　　④ 정온식 감지선형

교재
P.211

 해설 감지기의 구조

정온식 스포트형 감지기 보기 ②	차동식 스포트형 감지기
① **바이메탈, 감열판, 접점** 등으로 구분 　공하성 기억법 바정(봐줘) ② **보일러실, 주방** 설치 ③ 주위 온도가 일정 온도 이상이 되었을 때 작동	① **감열실, 다이어프램, 리크구멍, 접점** 등으로 구성 ② **거실, 사무실** 설치 ③ 주위 온도가 일정 상승률 이상이 되는 경우에 작동

정답 ②

★★★
12 가연성 증기 중 중유의 연소범위〔vol%〕로 옳은 것은?

① 1~5
② 1.2~7.6
③ 6~36
④ 2.5~81

해설 공기 중의 연소범위

기체 또는 증기	연소범위〔vol%〕	
	연소하한계	연소상한계
아세틸렌	2.5	81
수 소	4.1	75
메틸알코올	6	36
암모니아	15	28
아세톤	2.5	12.8
휘발유	1.2	7.6
등 유	0.7	5
중 유 보기 ①	1	5

비교 **LPG(액화석유가스)의 폭발범위** 교재 P.112

부 탄	프로판
1.8~8.4%	2.1~9.5%

정답 ①

★★★
13 자동화재탐지설비에서 P형 수신기의 회로도통시험시 회로시험스위치가 로터리방식으로 전압계가 있는 경우 정상과 단선은 몇 V를 가리키는가?

① 정상 : 4~8V, 단선 : 0V
② 정상 : 20~24V, 단선 : 1V
③ 정상 : 40~48V, 단선 : 0V
④ 정상 : 48~54V, 단선 : 1V

해설 회로도통시험(로터리방식의 회로시험스위치) 보기 ①

단 선	정 상
0V	4~8V

비교 **예비전원시험**

정 상	19~29V

정답 ①

★★★ 14 위험물과 지정수량의 연결이 잘못 연결된 것은?

교재 p.107

① 알코올류-400L
② 휘발유-200L
③ 등유-1000L
④ 중유-4000L

해설

④ 중유-2000L

위험물의 지정수량

위험물	지정수량
유 황	100kg
휘발유 [보기 ②]	200L 공하성 기억법 휘2
질 산	300kg
알코올류 [보기 ①]	400L
등유 · 경유 [보기 ③]	1000L
중 유 [보기 ④]	2000L 공하성 기억법 중2(간부 중위)

정답 ④

★ 15 화재안전조사 결과에 따른 조치명령사항이 아닌 것은?

유사문제 24년 문15

① 재축명령
② 개수명령
③ 제거명령
④ 이전명령

교재 P.21

해설 **화재안전조사 결과에 따른 조치명령**

(1) 명령권자 : **소방관서장(소방청장 · 소방본부장 · 소방서장)**
(2) 명령사항

① **개수**명령 [보기 ②]
② **이전**명령 [보기 ④]
③ **제거**명령 [보기 ③]
④ **사용**의 **금지** 또는 제한명령, 사용폐쇄
⑤ **공사**의 **정지** 또는 중지명령

공하성 기억법 장본서

정답 ①

⭐⭐ 16 연료가스에 대한 설명으로 옳지 않은 것은?

유사문제
24년 문06
23년 문11
22년 문08
21년 문02

교재
P.112,
P.114

① LNG의 주성분은 C_4H_{10}이다.
② LPG의 비중은 1.5~2이다.
③ LPG의 가스누설경보기는 연소기 또는 관통부로부터 수평거리 4m 이내의 위치에 설치한다.
④ 프로판의 폭발범위는 2.1~9.5%이다.

해설

① C_4H_{10} → CH_4

LPG vs LNG

구 분 ＼ 종 류	액화석유가스(LPG)	액화천연가스(LNG)
주성분	• **프**로판(C_3H_8) • **부**탄(C_4H_{10}) 공학성 기억법 P프부	• **메**탄(CH_4) 보기 ① 공학성 기억법 N메
비 중	• 1.5~2(누출시 낮은 곳 체류)	• 0.6(누출시 천장 쪽에 체류)
폭발범위 (연소범위)	• 프로판 : 2.1~9.5% • 부탄 : 1.8~8.4%	• 5~15%
용 도	• 가정용 • 공업용 • 자동차연료용	• 도시가스
증기비중	• 1보다 큰 가스	• 1보다 작은 가스
탐지기의 위치	• 탐지기의 **상단**은 **바닥면**의 **상방** 30cm 이내에 설치	• 탐지기의 **하단**은 **천장면**의 **하방** 30cm 이내에 설치
가스누설경보기의 위치	• 연소기 또는 관통부로부터 수평 거리 **4m** 이내에 설치	• 연소기로부터 수평거리 **8m** 이내에 설치
공기와 무게 비교	• 공기보다 무겁다.	• 공기보다 가볍다.

정답 ①

기출문제 2021

⭐⭐ 17 다음 중 방염성능기준 이상의 실내장식물을 설치하여야 할 장소로 알맞은 것을 모두 고른 것은?

교재
P.41

ㄱ 숙박시설
ㄴ 노유자시설
ㄷ 요양병원
ㄹ 교육연구시설 중 합숙소
ㅁ 근린생활시설 중 의원

① ㄱ, ㄴ
② ㄱ, ㄴ, ㄷ
③ ㄱ, ㄴ, ㄷ, ㄹ
④ ㄱ, ㄴ, ㄷ, ㄹ, ㅁ

해설 **방염성능기준 이상의 실내장식물 등을 설치하여야 할 장소**
(1) **11층** 이상의 층(**아파트** 제외)
(2) **체**력단련장, 공연장 및 종교집회장
(3) 문화 및 집회시설(옥내에 있는 시설)
(4) 운동시설(**수영장** 제외)
(5) **숙**박시설 · **노**유자시설 보기 ㉠㉡
(6) 의원, 조산원, 산후조리원 보기 ㉢
(7) 의료시설(요양병원) 보기 ㉢
(8) 수련시설(**숙**박시설이 있는 것)
(9) **방**송국 · 촬영소
(10) 다중이용업소(단란주점영업, 유흥주점영업, 노래연습장의 영업장 등)
(11) 종교시설
(12) 합숙소 보기 ㉣

공하성 기억법 **방숙체노**

정답 ④

★★ 18 소방기본법 목적이 아닌 것은?

교재 P.14
① 화재 예방, 경계, 진압과 재난, 재해 및 위급한 상황에서의 구조 및 구급활동
② 국민의 생명 및 재산 보호
③ 공공의 안녕 및 질서 유지와 복리 증진에 이바지
④ 사회와 기업의 복리 증진

해설 **소방기본법의 목적**
(1) 화재 예방 · 경계 및 진압 보기 ①
(2) 화재, 재난 · 재해 등 위급한 상황에서의 구조 · 구급 보기 ①
(3) 국민의 생명 · 신체 및 재산 보호 보기 ②
(4) 공공의 안녕, 질서 유지 및 복리 증진에 이바지 보기 ③

정답 ④

★★★ 19 다음 중 무창층에 대한 설명으로 옳은 것은?

유사문제
23년 문03
22년 문14
22년 문22
① 창문이 없는 층이나 그 층의 일부를 이루는 실
② 지하층의 명칭
③ 직접 지상으로 통하는 출입구나 개구부가 없는 층

교재 P.40
④ 지상층 중 개구부면적의 합계가 그 층의 바닥면적의 $\frac{1}{30}$ 이하가 되는 층

해설 **무창층**
(1) 지상층 중 (2)에 해당하는 개구부면적의 합계가 그 층의 바닥면적의 $\frac{1}{30}$ 이하가 되는 층 보기 ④

(2) 개구부의 요건
  ① 크기는 지름 **50cm** 이상의 원이 통과할 수 있을 것
  ② 해당층의 바닥면으로부터 개구부 밑부분까지의 높이가 **1.2m** 이내일 것
  ③ **도로** 또는 **차량**이 **진입**할 수 있는 **빈터**를 향할 것
  ④ 화재시 건축물로부터 쉽게 피난할 수 있도록 개구부에 **창살**이나 그 밖의 장애물이 설치되지 않을 것
  ⑤ **내부** 또는 **외부**에서 **쉽게** 부수거나 열 수 있을 것

◉정답 ④

★ 20 다음 중 한국소방안전원의 설립목적 및 업무가 아닌 것은?

유사문제
23년 문02
22년 문17

교재
P.15

① 소방기술과 안전관리에 관한 교육
② 소방안전에 관한 국제협력
③ 교육 등 행정기관이 위탁하는 업무의 수행
④ 소방용품에 대한 검정기술의 연구, 조사

해설

> ④ 한국소방산업기술원의 업무

한국소방안전원
(1) 한국소방안전원의 설립목적
  ① 소방기술과 안전관리기술의 향상 및 홍보
  ② 교육·훈련 등 행정기관이 위탁하는 업무의 수행 보기 ③
  ③ **소방관계종사자**의 기술 향상
(2) 한국소방안전원의 업무
  ① 소방기술과 안전관리에 관한 **교육** 및 **조사·연구** 보기 ①
  ② 소방기술과 안전관리에 관한 각종 **간행물 발간**
  ③ 화재예방과 안전관리의식 고취를 위한 **대국민 홍보**
  ④ 소방업무에 관하여 **행정기관**이 **위탁**하는 업무
  ⑤ 소방안전에 관한 **국제협력** 보기 ②
  ⑥ 그 밖에 **회원**에 대한 **기술지원** 등 정관으로 정하는 사항

◉정답 ④

★★ 21 위험물의 종류별로 위험성을 고려하여 대통령령이 정하는 수량으로서 제조소 등의 설치허가 등에 있어서 최저의 기준이 되는 수량을 무엇이라 하는가?

교재
P.107

① 허가수량   ② 유효수량
③ 지정수량   ④ 저장수량

해설 **지정수량** 보기 ③
위험물의 종류별로 위험성을 고려하여 **대통령령**이 정하는 수량으로서 제조소 등의 설치허가 등에 있어서 **최저**의 **기준**이 되는 수량

◉정답 ③

기출문제 2021

★★
22 다음 중 연소의 3요소를 이용한 소화방법이 잘못 설명된 것은?

유사문제
20년 문08

교재
PP.84
-85

① 밸브차단

② 할로겐소화약제를 이용한 억제소화

③ 이산화탄소를 이용한 냉각소화

④ 촛불을 입으로 불어 가연성 증기를 순간적으로 날려 보내는 방법

해설

> ② 억제소화 : 연소의 4요소를 이용한 소화방법

(1) 연소의 3요소
　① **가**연물질
　② **산**소공급원(공기・오존・산화제・지연성 가스)
　③ **점**화원(활성화에너지)

공하성 기억법　가산점

(2) 소화방법의 예

제거소화	질식소화	냉각소화	억제소화
• 가스밸브의 **폐쇄** [보기 ①] • 가연물 직접 **제거** 및 **파괴** • **촛불**을 입으로 불어 가연성 증기를 순간적으로 날려 보내는 방법 [보기 ④] • 산불화재시 진행방향의 나무 **제거**	• 불연성 기체로 연소물을 덮는 방법 • 불연성 포로 연소물을 덮는 방법 • 불연성 고체로 연소물을 덮는 방법	• 주수에 의한 냉각작용 • **이산화탄소소화약제**에 의한 **냉각작용** [보기 ③]	• 화학적 작용에 의한 소화방법 • 할론, 할로겐화합물 소화약제에 의한 억제(부촉매)작용 [보기 ②] • 분말소화약제에 의한 억제(부촉매)작용

정답 ②

★★
23 가스계 소화설비의 방출방식 중 다음 그림은 어떤 방식인가?

교재
P.192

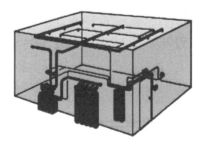

① 국소방출방식　　　　　　② 전역방출방식

③ 호스릴방식　　　　　　　④ 확산방출방식

해설 **가**스계 소화설비의 방출방식

전역방출방식	**국**소방출방식	**호**스릴방식
고정식 소화약제 공급장치에 배관 및 분사헤드를 고정 설치하여 **밀폐 방호구역** 내에 소화약제를 방출하는 설비 **공하성 기억법** 밀전	고정식 소화약제 공급장치에 배관 및 분사헤드를 설치하여 직접 화점에 소화약제를 방출하는 설비로 **화재발생부분**에만 **집중적**으로 소화약제를 방출하도록 설치하는 방식 **공하성 기억법** 국화집	분사헤드가 배관에 고정되어 있지 않고 소화약제 저장용기에 호스를 연결하여 사람이 직접 화점에 소화약제를 방출하는 **이**동식 소화설비 **공하성 기억법** 호이(호일)

공하성 기억법 가전국호

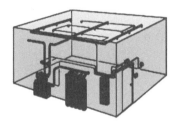
‖ 전역방출방식 ‖ 보기 ②

‖ 국소방출방식 ‖

‖ 호스릴방식 ‖

정답 ②

★★ 24 옥내소화전함 등의 설치기준이다. 빈칸에 알맞은 것은?

유사문제
20년 문22

교재
PP.161
-162

• 층마다 설치하되 소방대상물의 각 부분으로부터 1개의 옥내소화전 방수구까지의 (㉠)가 되도록 할 것
• 호스는 구경 (㉡)의 것으로 물이 유효하게 뿌려질 수 있는 길이로 설치

① ㉠ 수평거리 20m 이하, ㉡ 구경 40mm 이상
② ㉠ 수평거리 25m 이하, ㉡ 구경 40mm 이상
③ ㉠ 수평거리 20m 이하, ㉡ 구경 65mm 이상
④ ㉠ 수평거리 25m 이하, ㉡ 구경 65mm 이상

해설 옥내소화전함 등의 설치기준

방수구	호스
층마다 설치하되 소방대상물의 각 부분으로부터 1개의 옥내소화전 방수구까지의 **수평거리 25m 이하**가 되도록 할 것(호스릴 옥내소화전설비 포함). 단, 복층형 구조의 공동주택의 경우에는 세대의 출입구가 설치된 층에만 설치 보기 ㉠	구경 **40mm**(호스릴 옥내소화전설비의 경우에는 **25mm**) **이상**의 것으로 물이 유효하게 뿌려질 수 있는 길이로 설치 보기 ㉡

정답 ②

25 옥내소화전설비 수원의 점검 중 저수조의 유효수량은?

교재 P.164

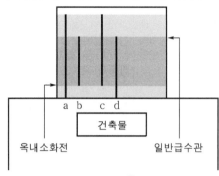

① a
② b
③ c
④ d

해설 유효수량의 기준

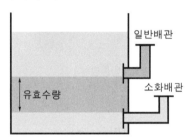

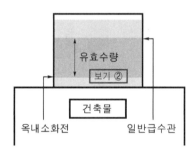

정답 ②

제 ② 과목

26 예비전원 시험스위치 누를시 측정되는 정상 전압계의 범위로 옳은 것은?

유사문제 23년 문27

교재 P.227

① 5~10V
② 0~5V
③ 12~24V
④ 19~29V

 해설

▌예비전원시험 적부 판정▌

전압계인 경우 정상	램프방식인 경우 정상
19~29V [보기 ④]	녹색

비교

▌회로도통시험 적부 판정▌ [교재 P.225]

구분	전압계가 있는 경우	도통시험확인등이 있는 경우
정상	4~8V	정상확인등 점등(녹색)
단선	0V	단선확인등 점등(적색)

정답 ④

★★★
27 K급 화재의 적응물질로 맞는 것은?

유사문제
24년 문10
23년 문07
22년 문11
21년 문01

① 목재
② 유류
③ 금속류
④ 동·식물성 유지

교재
P.79,
P.144

해설 **화재의 종류**

종 류	적응물질	소화약제
일반화재(A급)	• 보통가연물(폴리에틸렌 등) • 종이 • 목재, 면화류, 석탄 • **재를 남김**	① 물 ② 수용액
유류화재(B급)	• 유류 • 알코올 • **재를 남기지 않음**	① 포(폼)
전기화재(C급)	• 변압기 • 배전반	① 이산화탄소 ② 분말소화약제 ③ 주수소화 금지
금속화재(D급)	• 가연성 금속류(나트륨 등)	① 금속화재용 분말소화약제 ② 건조사(마른모래)
주방화재(K급)	• 식용유 • 동·식물성 유지 [보기 ④]	① 강화액

정답 ④

★★
28

유사문제
23년 문46
21년 문35

최상층의 옥내소화전설비 방수압력을 시험하고 있다. 그림 중 옥내소화전설비의 동력제어반 상태, 점검결과, 불량내용 순으로 옳은 것은? (단, 동력제어반 정상위치 여부만 판단한다.)

교재
P.170

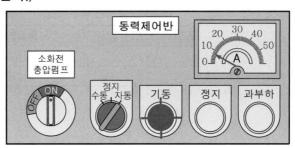

① 펌프수동기동, ×, 펌프 자동 기동불가
② 펌프수동기동, ○, 이상 없음
③ 펌프자동기동, ○, 이상 없음
④ 펌프자동기동, ×, 알 수 없음

해설

동력제어반 선택스위치가 자동이고, 기동램프가 점등되어 있으므로 동력제어반 상태는 자동기동, 점검결과 불량내용이 이상 없으므로 ○, 불량내용 이상 없음.

정답 ③

★★
29

유사문제
23년 문47
22년 문48
21년 문36
20년 문47

다음 조건을 보고 점검결과표를 작성(㉠~㉣순)한 것으로 옳은 것은? (단, 압력스위치의 단자는 고정되어 있으며, 옥상수조는 없다.)

실무교재
P.85

• 조건 1 : 펌프 양정 80m
• 조건 2 : 가장 높이 설치된 헤드로부터 펌프 중심점까지의 낙차를 압력으로 환산한 값=0.3MPa

점검 항목	점검내용	점검결과	
		결과	불량내용
기동용 수압 개폐장치	• 작동압력치의 적정 여부 • 주펌프 : 기동 (㉠) MPa 　　　　　정지 (㉡) MPa	(㉢)	(㉣)

① ㉠ 0.3, ㉡ 0.8, ㉢ ○, ㉣ 기동 압력 미달
② ㉠ 1.1, ㉡ 0.8, ㉢ ×, ㉣ 없음
③ ㉠ 0.45, ㉡ 0.8, ㉢ ○, ㉣ 없음
④ ㉠ 1.1, ㉡ 0.3, ㉢ ×, ㉣ 기동 압력 미달

해설

⊙ 기동점 = 자연낙차압+0.15MPa = 0.3MPa+0.15MPa=0.45MPa
ⓛ 정지점(양정) = RANGE = 80m = 0.8MPa
ⓒ, ⓔ 기동점이 0.45MPa, 정지점이 0.8MPa이다. 스프링클러설비의 방수압은 기동압력
0.1~1.2MPa 이하이므로 결과는 'O', 불량내용 '없음'

구분	스프링클러설비
방수압	0.1~1.2MPa 이하
방수량	80L/min 이상

기동점(기동압력)	정지점(양정, 정지압력)
기동점＝RANGE−DIFF ＝자연낙차압+0.15MPa	정지점＝RANGE

용어 ▶ **자연낙차압**

가장 높이 설치된 헤드로부터 펌프 중심점까지의 낙차를 압력으로 환산한 값

☑ 중요 ▶ **충압펌프 기동점**

충압펌프 기동점＝주펌프 기동점+0.05MPa

정답 ③

30

유사문제
20년 문37

교재
P.201

가스계 소화설비 점검 후 각 구성요소의 상태를 나타낸 것이다. 그림의 상태를 정상복구하는 방법으로 옳은 것은?

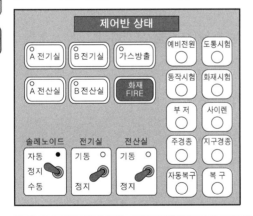

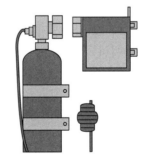

┃솔레노이드 및 조작동관 분리상태┃

⊙ 제어반 복구 → 제어반의 솔레노이드밸브 연동 정지
ⓛ 솔레노이드밸브 복구
ⓒ 솔레노이드밸브에 안전핀을 체결한 후 기동용기에 결합
ⓔ 제어반 스위치의 연동상태 확인 후 솔레노이드밸브에서 안전핀 분리
ⓜ 점검 전 분리했던 조작동관을 결합

① ⊙ - ⓔ - ⓒ - ⓛ - ⓜ
② ⊙ - ⓒ - ⓛ - ⓜ - ⓔ
③ ⓔ - ⓛ - ⓒ - ⊙ - ⓜ
④ ⊙ - ⓛ - ⓒ - ⓔ - ⓜ

> **해설** 가스계 소화설비 점검 후 복구방법
> (1) 제어반 복구 → 제어반의 솔레노이드밸브 연동정지
> (2) 솔레노이드밸브 복구
> (3) 솔레노이드밸브에 안전핀을 체결한 후 기동용기에 결합
> (4) 제어반 스위치의 연동상태 확인 후 솔레노이드밸브에서 안전핀 분리
> (5) 점검 전 분리했던 조작동관을 결합

정답 ④

★★
31
유사문제 23년 문48

교재 PP.366 -368

그림은 일반인 구조자의 기본소생술 흐름도이다. 빈칸 ㉠의 절차에 대한 내용으로 옳지 않은 것은?

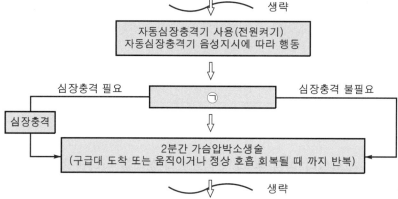

① ㉠에 필요한 장비는 자동심장충격기이다.
② ㉠의 장비는 2분마다 환자의 심전도를 자동으로 분석한다.
③ ㉠의 장비는 심장리듬 분석 후 심장충격이 필요한 경우에만 심장충격 버튼이 깜박인다.
④ ㉠은 반드시 여러 사람이 함께 사용하여야 한다.

> **해설**
> ④ 여러 사람이 함께 사용 → 한 사람이 사용

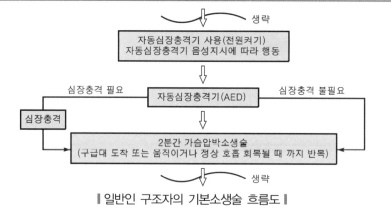

‖일반인 구조자의 기본소생술 흐름도‖

자동심장충격기(AED) 사용방법

(1) 자동심장충격기를 심폐소생술에 방해가 되지 않는 위치에 놓은 뒤 전원버튼을 누른다.

(2) 환자의 상체를 노출시킨 다음 패드 포장을 열고 2개의 패드를 환자의 가슴에 붙인다.

(3) 패드는 **왼쪽 젖꼭지 아래의 중간겨드랑선**에 설치하고 **오른쪽 빗장뼈**(쇄골) 바로 **아래**에 붙인다.

‖ 패드의 부착위치 ‖

패드 1	패드 2
오른쪽 빗장뼈(쇄골) 바로 아래	왼쪽 젖꼭지 아래의 중간겨드랑선

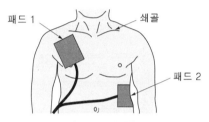

‖ 패드 위치 ‖

(4) 심장충격이 필요한 환자인 경우에만 제세동(심장충격)버튼이 깜박이기 시작하며, 깜박일 때 심장충격버튼을 눌러 심장충격을 시행한다. 보기 ③

(5) 심장충격버튼을 <u>누르기 전</u>에는 반드시 주변사람 및 구조자가 환자에게서 떨어져
   ~~누른 후에는~~ ✕
   있는지 다시 한 번 확인한 후에 실시하도록 한다.

(6) 심장충격이 필요 없거나 심장충격을 실시한 이후에는 즉시 **심폐소생술**을 다시 시작한다.

(7) **2분**마다 심장리듬을 분석한 후 반복 시행한다. 보기 ②

(8) 반드시 한 사람이 사용해야 한다. 보기 ④

 ④

★
32 다음 중 소방안전관리자 현황표에 기입하지 않아도 되는 사항은?

교재
P.300

① 소방안전관리자 현황표의 대상명
② 소방안전관리자의 선임일자
③ 소방안전관리대상물의 등급
④ 관계인의 인적사항

> ④ 해당 없음

소방안전관리자 현황표 기입사항

(1) 소방안전관리자 현황표의 **대상명** 보기 ①
(2) 소방안전관리자의 **이름**

(3) 소방안전관리자의 **연락처**

(4) 소방안전관리자의 **선임일자** 보기 ②

(5) 소방안전관리대상물의 **등급** 보기 ③

정답 ④

★★★
33 다음은 수신기의 일부분이다. 그림과 관련된 설명 중 옳은 것은?

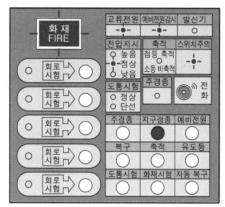

유사문제
24년 문27
24년 문30
23년 문27
23년 문38
22년 문46
20년 문26
20년 문33
20년 문44
20년 문49

교재
PP.224
-228

① 수신기 스위치 상태는 정상이다.   ② 예비전원을 확인하여 교체한다.

③ 수신기 교류전원에 문제가 발생했다.   ④ 예비전원이 정상상태임을 표시한다.

해설
① 정상 → 비정상

스위치주의등이 점멸하고 있으므로 수신기 스위치 상태는 비정상이다. 스위치주의 등이 점멸하고 있는 이유는 **지구경종정지스위치**가 눌러져 있기 때문이다.

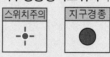

② 예비전원 감시램프가 점등되어 있으므로 예비전원을 확인하여 교체한다.

③ 교류전원램프가 점등되어있고 전압지시 정상램프가 점등되어 있으므로 수신기 교류전원에 문제가 없다.

④ 예비전원 감시램프가 점등되어 있으므로 예비전원이 정상상태가 아니다.

정답 ②

34

바닥면적이 2000m²인 근린생활시설에 3단위 분말소화기를 비치하고자 한다. 소화기의 개수는 최소 몇 개가 필요한가? (단, 이 건물은 내화구조로서 벽 및 반자의 실내에 면하는 부분이 불연재료이다.)

유사문제
23년 문16
20년 문17

교재
PP.148
-149

① 3개   ② 4개

③ 5개   ④ 6개

해설 특정소방대상물별 소화기구의 능력단위기준

특정소방대상물	소화기구의 능력단위	건축물의 주요구조부가 **내화구조**이고, 벽 및 반자의 실내에 면하는 부분이 **불연재료·준불연재료** 또는 **난연재료**로 된 특정소방대상물의 능력단위
• **위**락시설 공하성 기억법 위3(위상)	바닥면적 **30m²**마다 1단위 이상	바닥면적 60m²마다 1단위 이상

• **공**연장
• **집**회장
• **관**람장
• **문**화재
• **장**례식장 및 **의**료시설
  공하성 기억법 5공연장 문의 집관람
  (손오공 연장 문의 집관람)
	바닥면적 **50m²**마다 1단위 이상	바닥면적 100m²마다 1단위 이상

• **근**린생활시설 ———————→ • **판**매시설 • 운수시설 • **숙**박시설 • **노**유자시설 • **전**시장 • 공동**주**택(아파트 등) • **업**무시설(사무실 등) • **방**송통신시설 • 공장 • **창**고시설 • **항**공기 및 자동**차**관련시설, **관광**휴게시설 공하성 기억법 근판숙노전 주업방차창 1항 관광(근판숙노전 주업방차창 일본항 관광)	바닥면적 **100m²**마다 1단위 이상	바닥면적 **200m²**마다 1단위 이상
• 그 밖의 것	바닥면적 **200m²**마다 1단위 이상	바닥면적 400m²마다 1단위 이상

근린생활시설로서 내화구조이며, 불연재료이므로 바닥면적 200m²마다 1단위 이상이다.

$$\frac{2000\text{m}^2}{200\text{m}^2} = 10\text{단위}$$

$$\frac{10\text{단위}}{3\text{단위}} = 3.3 ≒ 4\text{개(소수점 올림)}$$

비교

소화기구의 능력단위 교재 P.148	소방안전관리보조자 교재 P.26
소수점 발생시 소수점을 올린다(**소수점 올림**).	소수점 발생시 소수점을 버린다(**소수점 내림**).

정답 ②

★★
35 아래의 옥내소화전함을 보고 동력제어반의 모습으로 옳은 것을 보기(㉠~◎)에서 있는대로 고른 것은? (단, 주펌프는 기동상태, 충압펌프는 정지상태이다.)

유사문제
23년 문46
21년 문28

교재
P.170

동력제어반	주펌프		
	기동표시등	정지표시등	펌프기동표시등
㉠	점등	소등	점등
㉡	소등	소등	점등
㉢	점등	점등	점등
㉣	점등	소등	소등

동력제어반	충압펌프		
	기동표시등	정지표시등	펌프기동표시등
㉤	소등	점등	점등
㉥	소등	소등	소등
㉦	점등	소등	점등
◎	소등	점등	소등

┃ 옥내소화전함 ┃

① ㉠, ◎ 　　　　② ㉢, ㉥
③ ㉢, ㉦ 　　　　④ ㉠, ㉥

해설

주펌프 기동상태 보기 ㉠	충압펌프 정지상태 보기 ◎
① 기동표시등 : 점등	① 기동표시등 : 소등
② 정지표시등 : 소등	② 정지표시등 : 점등
③ 펌프기동표시등 : 점등	③ 펌프기동표시등 : 소등

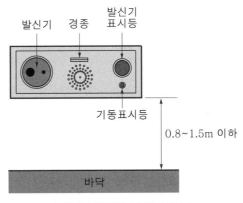

발신기　경종　발신기 표시등

기동표시등

0.8~1.5m 이하

바닥

┃ 옥내소화전함 발신기세트 ┃

정답 ①

36

스프링클러설비의 압력챔버에서 주펌프 압력스위치를 나타낸 것이다. 그림에 대한 설명으로 옳지 않은 것은? (단, 옥상수조는 설치되어 있지 않다.)

유사문제
23년 문47
22년 문48
21년 문29
20년 문47

실무교재
P.85

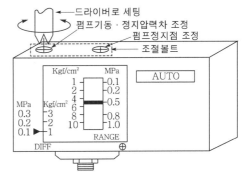

드라이버로 세팅
펌프기동 · 정지압력차 조정
펌프정지점 조정
조절볼트

PUMP			
구경	50mm	소요동력	5.5kW
토출량	0.2L/min	전양정	50m
베어링 앞	6306	극수	4극
베어링 뒤	6305	제조번호	1401226

┃ 스프링클러 주펌프 명판 ┃

┃ 주펌프 압력스위치 ┃

① 주펌프의 정지점은 0.5MPa이다.

② 가장 높이 설치된 헤드로부터 펌프 중심점까지의 낙차는 35m이다.

③ 주펌프의 기동점은 0.4MPa이다.

④ 주펌프의 기동점은 충압펌프의 기동점보다 0.05MPa 낮게 설정해야 한다.

해설

기동점(기동압력)	정지점(양정, 정지압력)
기동점＝RANGE−DIFF ＝자연낙차압+0.15MPa	정지점＝RANGE

① 정지점＝RANGE이므로 0.5MPa는 옳은 답

② 35m → 25m
　자연낙차압＝기동점−0.15MPa
　　　　　　 ＝0.4MPa−0.15MPa=0.25MPa=25m(1MPa=100m)

기출문제 2021

③ 기동점 = RANGE − DIFF = 0.5MPa − 0.1MPa = 0.4MPa
④ 충압펌프 기동점 = 주펌프 기동점 + 0.05MPa이므로 주펌프의 기동점은 충압펌프의 기동점보다 0.05MPa 낮게 설정해야한다.

> **용어** ▷ **자연낙차압**
>
> 가장 높이 설치된 헤드로부터 펌프 중심점까지의 낙차를 압력으로 환산한 값

정답 ②

★★ 37 자동심장충격기(AED) 패드 부착 위치로 옳은 것은?

유사문제
23년 문50
22년 문27
22년 문40
22년 문45
22년 문49
21년 문49
20년 문32
20년 문48

교재
P.369

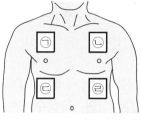

① ㉠, ㉢　　　　　　　　② ㉠, ㉣
③ ㉡, ㉢　　　　　　　　④ ㉡, ㉣

해설 **자동심장충격기(AED) 사용방법**
(1) 자동심장충격기를 심폐소생술에 방해가 되지 않는 위치에 놓은 뒤 전원버튼을 누른다.
(2) 환자의 상체를 노출시킨 다음 패드 포장을 열고 2개의 패드를 환자의 가슴에 붙인다.
(3) 패드는 **왼쪽 젖꼭지 아래의 중간겨드랑선**에 설치하고 **오른쪽 빗장뼈**(쇄골) 바로 **아래**에 붙인다.

‖ 패드의 부착위치 ‖

패드 1	패드 2
오른쪽 빗장뼈(쇄골) 바로 아래	왼쪽 젖꼭지 아래의 중간겨드랑선

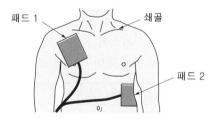

‖ 패드 위치 ‖

(4) 심장충격이 필요한 환자인 경우에만 제세동 버튼이 깜박이기 시작하며, 깜박일 때 심장충격버튼을 눌러 심장충격을 시행한다.
(5) 심장충격버튼을 누르기 전에는 반드시 주변사람 및 구조자가 환자에게서 떨어져
　　　　　　　　누른 후에는 ✕
있는지 다시 한 번 확인한 후에 실시하도록 한다.

(6) 심장충격이 필요 없거나 심장충격을 실시한 이후에는 즉시 **심폐소생술**을 다시 시작한다.

(7) **2분**마다 심장리듬을 분석한 후 반복 시행한다.

정답 ②

★★ 38 다음 중 소방교육 및 훈련의 원칙에 해당되지 않는 것은?

교재 PP.377 -378

① 목적의 원칙
② 교육자 중심의 원칙
③ 현실의 원칙
④ 관련성의 원칙

해설

> ② 교육자 중심 → 학습자 중심

소방**교**육 및 훈련의 원칙

원 칙	설 명
현실의 원칙 보기 ③	• 학습자의 능력을 고려하지 않은 훈련은 비현실적이고 불완전하다.
학습자 중심의 원칙 보기 ②	• **한** 번에 한 가지씩 습득 가능한 분량을 교육 및 훈련시킨다. • **쉬운 것**에서 **어려운 것**으로 교육을 실시하되 기능적 이해에 비중을 둔다. • 학습자에게 감동이 있는 교육이 되어야 한다. **공하성 기억법** 학한
동기부여의 원칙	• **교육의 중요성**을 전달해야 한다. • 학습을 위해 적절한 스케줄을 적절히 배정해야 한다. • 교육은 시기적절하게 이루어져야 한다. • 핵심사항에 교육의 포커스를 맞추어야 한다. • 학습에 대한 보상을 제공해야 한다. • 교육에 재미를 부여해야 한다. • 교육에 있어 다양성을 활용해야 한다. • 사회적 상호작용을 제공해야 한다. • 전문성을 공유해야 한다. • 초기성공에 대해 격려해야 한다.
목적의 원칙 보기 ①	• 어떠한 기술을 어느 정도까지 익혀야 하는가를 명확하게 제시한다. • 습득하여야 할 기술이 활동 전체에서 어느 위치에 있는가를 인식하도록 한다.
실습의 원칙	• **실습**을 통해 지식을 습득한다. • 목적을 생각하고, 적절한 방법으로 정확하게 하도록 한다.
경험의 원칙	• 경험했던 사례를 들어 현실감 있게 하도록 한다.
관련성의 원칙 보기 ④	• 모든 교육 및 훈련 내용은 **실무적**인 **접목**과 **현장성**이 있어야 한다.

공하성 기억법 현학동 목실경관교

정답 ②

기출문제 2021

★★
39

화재감지기가 (a), (b)와 같은 방식의 배선으로 설치되어 있다. (a), (b)에 대한 설명으로 옳지 않은 것은?

유사문제
22년 문10
20년 문02

교재
P.214,
P.225

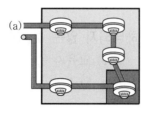
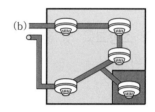

① (a)방식으로 설치된 선로를 도통시험할 경우 정상인지 단선인지 알 수 있다.
② (a)방식의 배선방식 목적은 독립된 실에 설치하는 감지기 사이의 단선 여부를 확인하기 위함이다.
③ (b)방식의 배선방식은 독립된 실내 감지기 선로 단선시 도통시험을 통하여 감지기 단선여부를 확인할 수 없다.
④ (b)방식의 배선방식을 송배선방식이라 한다.

해설
● (a)방식 : 송배선식(○), (b)방식 : 송배선식(×)
① 송배선식이므로 도통시험으로 정상인지 단선인지 알 수 있다. (○)
② 송배선식이므로 감지기 사이의 단선 여부를 확인할 수 있다. (○)
③ 송배선식이 아니므로 감지기 단선 여부를 확인할 수 없다. (○)
④ 이라 한다. → 이 아니다.

용어 송배선식 교재 P.214
도통시험(선로의 정상연결 유무확인)을 원활히하기 위한 배선방식

정답 ④

40 다음 중 소화기를 점검하고 있다. 옳지 않은 것은?

유사문제
23년 문15
23년 문26
23년 문39
22년 문29
22년 문35
21년 문46
20년 문27
20년 문34
20년 문40

교재
P.145

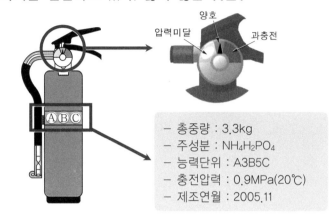

- 총중량 : 3.3kg
- 주성분 : $NH_4H_2PO_4$
- 능력단위 : A3B5C
- 충전압력 : 0.9MPa(20℃)
- 제조연월 : 2005.11

① 축압식 분말소화기를 점검하고 있다.

② 금속화재에 적응성이 있다.

③ 0.7~0.98MPa 압력을 유지하고 있다.

④ 내용연수 초과로 소화기를 교체해야 한다.

 해설

① 주성분 : $NH_4H_2PO_4$(제1인산암모늄)이므로 축압식 분말소화기이다.

┃ 소화약제 및 적응화재 ┃

적응화재	소화약제의 주성분	소화효과
BC급	탄산수소나트륨($NaHCO_3$)	• 질식효과
	탄산수소칼륨($KHCO_3$)	• 부촉매(억제)효과
ABC급	제1인산암모늄($NH_4H_2PO_4$)	
BC급	탄산수소칼륨($KHCO_3$)+요소($(NH_2)_2CO$)	

② 있다. → 없다.

능력단위 : A 3 B 5 C 이므로 금속화재는 적응성이 없다.
　　　　일반화재　　　전기화재
　　　　　　　유류화재

✓ 참고 ▸ 소화능력단위

A3, B5, C급 적응
일반　　　전기
화재　　　화재
　3단위　　　사용가능
　유류
　화재
　　5단위

③ 충전압력 : 0.9MPa이므로 0.7~0.98MPa 압력을 유지하고 있다.
• 용기 내 압력을 확인할 수 있도록 지시압력계가 부착되어 사용가능한 범위가 0.7~ 0.98MPa로 녹색으로 되어 있음

지시압력계
① 노란색(황색) : 압력부족
② 녹색 : 정상압력
③ 적색 : 정상압력 초과

노란색
(황색) 녹색 적색

┃ 소화기 지시압력계 ┃

┃ 지시압력계의 색표시에 따른 상태 ┃

노란색(황색)	녹 색	적 색
┃ 압력이 부족한 상태 ┃	┃ 정상압력 상태 ┃	┃ 정상압력보다 높은 상태 ┃

④ 제조연월 : 2005.11이고 내용연수는 10년이므로 2015년 11월까지가 유효기간이다. 내용연수 초과로 소화기를 교체하여야 한다.

분말소화기 vs 이산화탄소소화기

분말소화기	이산화탄소소화기
10년	내용연수 없음

 ②

★★★
41 옥내소화전설비의 동력제어반과 감시제어반을 나타낸 것이다. 옳지 않은 것은?

유사문제
24년 문26
24년 문31
24년 문33
24년 문44
24년 문48
23년 문40
23년 문46
22년 문30
22년 문36
22년 문42
20년 문28
20년 문35
20년 문36
20년 문41

교재
PP.170
-171

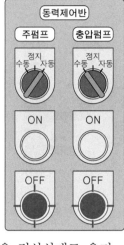

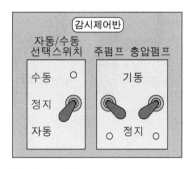

① 감시제어반은 정상상태로 유지·관리되고 있다.
② 동력제어반에서 주펌프 ON버튼을 누르면 주펌프는 기동하지 않는다.
③ 감시제어반에서 주펌프 스위치를 기동위치로 올리면 주펌프는 기동한다.
④ 동력제어반에서 충압펌프를 자동위치로 돌리면 모든 제어반은 정상상태가 된다.

해설

① 감시제어반 선택스위치 : 자동, 주펌프 : 정지, 충압펌프 : 정지상태이므로 감시제어반은 정상상태이므로 옳다.
② 주펌프 선택스위치가 자동이므로 ON버튼을 눌러도 주펌프는 기동하지 않으므로 옳다.
③ 기동한다. → 기동하지 않는다.
   감시제어반에서 주펌프 스위치만 기동으로 올리면 주펌프는 기동하지 않는다. 감시제어반 선택스위치를 수동으로 올리고 주펌프 스위치를 기동으로 올려야 주펌프는 기동한다.
④ 동력제어반에서 충압펌프 스위치를 자동위치로 돌리면 모든 제어반은 정상상태가 되므로 옳다.

❚ 정상상태 ❚

동력제어반	감시제어반
주펌프 선택스위치 : **자동** • 주펌프 ON 램프 : **소등** • 주펌프 OFF 램프 : **점등** 충압펌프 선택스위치 : **자동** • 충압펌프 ON 램프 : **소등** • 충압펌프 OFF 램프 : **점등**	선택스위치 : **자동** 주펌프 : **정지** 충압펌프 : **정지**

정답 ③

기출문제 2021

42 습식 스프링클러설비 점검을 위하여 시험밸브함을 열었을 때 유지관리 상태(평상시)모습으로 옳은 것은?

유사문제
24년 문32
24년 문45
22년 문43
21년 문50

교재
PP.186
-187

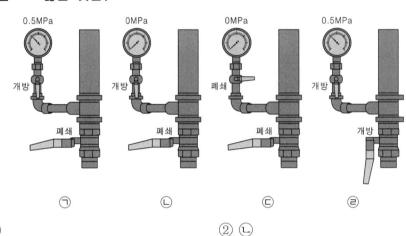

0.5MPa	0MPa	0MPa	0.5MPa
개방	개방	폐쇄	개방
폐쇄	폐쇄	폐쇄	개방
㉠	㉡	㉢	㉣

① ㉠   ② ㉡

③ ㉢   ④ ㉣

해설

구분	스프링클러설비
방수압	0.1~1.2MPa 이하
방수량	80L/min 이상

압력계
압력계 콕밸브(평상시 : 개방)
개폐밸브(평상시 : 폐쇄)

‖ 시험밸브함 ‖

㉠ 스프링클러설비의 방수압이 0.1~1.2MPa 이하이므로 0.5MPa은 옳음

정답 ①

43 성인심폐소생술 중 가슴압박 시행에 해당하는 내용으로 옳은 것은?

유사문제
23년 문30
23년 문37
23년 문43
23년 문50
20년 문38
20년 문48

교재
P.367

① 구조자는 깍지를 낀 두 손의 손바닥 앞꿈치를 가슴뼈(흉골)의 아래쪽 절반 부위에 댄다.

② 양팔을 쭉 편 상태로 체중을 실어서 환자의 몸과 수평이 되도록 가슴을 압박한다.

③ 가슴압박은 분당 100~120회의 속도와 5cm 깊이로 강하고 빠르게 시행한다.

④ 가슴압박시 갈비뼈가 압박되어 부러질 정도로 강하게 실시한다.

해설
① 앞꿈치 → 뒤꿈치
② 수평 → 수직
④ 갈비뼈가 압박되어 부러질 정도로 강하게 실시하면 안된다.

┃심폐소생술의 진행┃

구 분	설 명 보기 ③
속 도	분당 **100~120회**
깊 이	약 **5cm(소아 4~5cm)**

정답 ③

44 소방계획의 주요 내용이 아닌 것은?

교재 P.254

① 화재예방을 위한 자체점검계획 및 대응대책
② 소방훈련 및 교육에 관한 계획
③ 화재안전조사에 관한 사항
④ 위험물의 저장·취급에 관한 사항

해설
③ 해당 없음

소방안전관리대상물의 소방계획의 주요 내용
(1) 소방안전관리대상물의 위치·구조·연면적·용도 및 수용인원 등 일반 현황
(2) 소방안전관리대상물에 설치한 소방시설·방화시설·전기시설·가스시설 및 위험물시설의 현황
(3) 화재예방을 위한 **자체점검계획** 및 **대응대책** 보기 ①
(4) **소방시설**·피난시설 및 방화시설의 **점검·정비계획**
(5) 피난층 및 피난시설의 위치와 피난경로의 설정, 화재안전취약자의 피난계획 등을 포함한 피난계획
(6) **방화구획**, 제연구획, 건축물의 내부 마감재료 및 방염물품의 사용현황과 그 밖의 방화구조 및 설비의 유지·관리계획
(7) **소방훈련** 및 **교육**에 관한 계획 보기 ②
(8) 소방안전관리대상물의 근무자 및 거주자의 **자위소방대** 조직과 대원의 임무(화재안전취약자의 피난보조임무를 포함)에 관한 사항
(9) **화기취급작업**에 대한 사전 안전조치 및 감독 등 공사 중 소방안전관리에 관한 사항
(10) 관리의 권원이 분리된 소방안전관리에 관한 사항
(11) **소화**와 **연소 방지**에 관한 사항
(12) **위험물**의 저장·취급에 관한 사항 보기 ④
(13) 소방안전관리에 대한 업무수행에 관한 기록 및 유지에 관한 사항
(14) 화재발생시 화재경보 **초기소화** 및 **피난유도** 등 초기대응에 관한 사항
(15) 그 밖에 소방안전관리를 위하여 **소방본부장** 또는 **소방서장**이 소방안전관리대상물의 위치·구조·설비 또는 관리상황 등을 고려하여 소방안전관리에 필요하여 요청하는 사항

정답 ③

기출문제 2021

45 (a)와 (b)에 대한 설명으로 옳지 않은 것은?

교재
P.220,
P.224

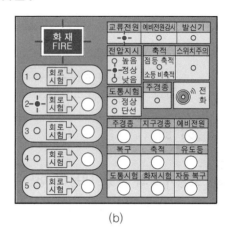

(a)　　　　　　　　　　　　　　　(b)

① (a)의 감지기는 할로겐 열시험기로 작동시킬 수 없다.

② (a)의 감지기는 2층에 설치되어 있다.

③ 2층에 화재가 발생했기 때문에 (b)의 발신기표시등에도 램프가 점등되어야 한다.

④ (a)의 상태에서 (b)의 상태는 정상이다.

해설

① 연기감지기 시험기이므로 열감지기시험기로 작동시킬 수 없다. (○)

② (a)에서 2F(2층)이라고 했으므로 옳다. (○)

③ 점등되어야 한다. → 점등되지 않아야 한다.

　(a)가 연기감지기 시험기이므로 감지기가 작동되기 때문에 발신기램프는 점등되지 않아야 한다.

④ (a)에서 2F(2층) 연기감지기 시험이므로 (b)에서 2층 램프가 점등되었으므로 정상이다. (○)

2층　　연기감지기 시험기　　　　　　2층 지구표시등

정답 ③

46 축압식 분말소화기의 점검결과 중 불량내용과 관련이 없는 것은?

교재
P.151

①

②

③

④

해설

① 이산화탄소소화설비·할론소화설비 소화기이므로 축압식 소화기와는 관련이 없다.
② 축압식 분말소화기 호스 탈락
③ 축압식 분말소화기 호스 파손
④ 축압식 분말소화기 압력이 높은 상태

(1) 호스·혼·노즐

‖호스 파손‖

‖호스 탈락‖

‖노즐 파손‖

‖혼 파손‖

(2) 지시압력계
① 노란색(황색) : 압력부족
② 녹색 : 정상압력
③ 적색 : 정상압력 초과

‖ 소화기 지시압력계 ‖

- 용기 내 압력을 확인할 수 있도록 지시압력계가 부착되어 사용 가능한 범위가 0.7~0.98MPa로 녹색으로 되어 있음

‖ 지시압력계의 색표시에 따른 상태 ‖

노란색(황색)	녹 색	적 색
‖ 압력이 부족한 상태 ‖	‖ 정상압력 상태 ‖	‖ 정상압력보다 높은 상태 ‖

정답 ①

★★★

47 그림은 옥내소화전설비의 방수압력 측정방법이다. (   ) 안에 들어갈 내용으로 옳은 것은?

유사문제
24년 문34
24년 문36
23년 문34
22년 문47
20년 문29
20년 문45

교재
P.158,
P.164

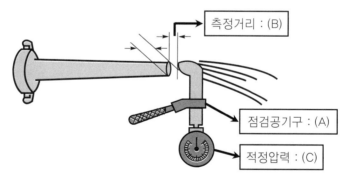

측정거리 : (B)

점검공기구 : (A)

적정압력 : (C)

① (A) 레벨메타, (B) 노즐구경의 $\frac{1}{3}$, (C) 0.25~0.7MPa

② (A) 방수압력측정계, (B) 노즐구경의 $\frac{1}{2}$, (C) 0.17~0.7MPa

③ (A) 레벨메타, (B) 노즐구경의 $\frac{1}{2}$, (C) 0.17~0.7MPa

④ (A) 방수압력측정계, (B) 노즐구경의 $\frac{1}{3}$, (C) 0.1~1.2MPa

해설 **옥내소화전 방수압력 측정**

(1) 측정장치 : 방수압력측정계(피토게이지)

(2)

방수량	방수압력
130L/min	0.17~0.7MPa 이하 보기 ②

(3) 방수압력 측정방법 : 방수구에 호스를 결속한 상태로 노즐의 선단에 방수압력측정계(피토게이지)를 근접$\left(\dfrac{D}{2}\right)$시켜서 측정하고 방수압력측정계의 압력계상의 눈금을 확인한다.

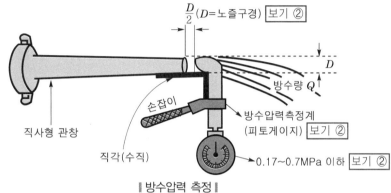

┃ 방수압력 측정 ┃

정답 ②

★★★
48

유사문제
24년 문20

교재
PP.179
-180

다음 보기를 참고하여 습식 스프링클러설비의 작동순서를 올바르게 나열한 것은 어느 것인가?

ⓐ 화재발생
ⓑ 2차측 배관압력 저하
ⓒ 헤드 개방 및 방수
ⓓ 1차측 압력에 의해 습식 유수검지장치의 클래퍼 개방
ⓔ 습식 유수검지장치의 압력스위치 작동 → 사이렌 경보, 감시제어반의 화재표시등, 밸브개방표시등 점등
ⓕ 배관 내 압력저하로 기동용 수압개폐장치의 압력스위치 작동 → 펌프기동

① ㉠ → ㉡ → ㉢ → ㉣ → ㉤ → ㉥   ② ㉠ → ㉢ → ㉡ → ㉣ → ㉤ → ㉥
③ ㉠ → ㉣ → ㉤ → ㉢ → ㉡ → ㉥   ④ ㉠ → ㉤ → ㉡ → ㉢ → ㉣ → ㉥

해설 **습식 스프링클러설비의 작동순서**

(1) **화**재발생 보기 ㉠

(2) **헤**드 개방 및 방수 보기 ㉢

(3) **2**차측 배관압력 저하 보기 ㉡

(4) **1**차측 압력에 의해 습식 유수검지장치의 클래퍼 개방 보기 ㉣

(5) **습**식 유수검지장치의 압력스위치 작동 → 사이렌 경보, 감시제어반의 화재표시등, 밸브개방표시등 점등 보기 ㉤

(6) 배관 내 압력저하로 기동용 수압개폐장치의 압력스위치 작동 → 펌프기동 [보기 ⓑ]

공하성 기억법　화혜 21습배

정답 ②

★★★
49 다음 중 자동심장충격기(AED)의 사용방법(순서로) 옳은 것은?

유사문제
23년 문50
22년 문27
22년 문40
22년 문45
22년 문49
21년 문37
20년 문32
20년 문48

 ㉠ 전원켜기 ㉡ 2개의 패드 부착  ㉢ 심장리듬 분석 및 심장충격 실시  ㉣ 심폐소생술 시행

교재
PP.369
-370

① ㉠-㉡-㉢-㉣　　② ㉠-㉡-㉣-㉢
③ ㉡-㉠-㉣-㉢　　④ ㉡-㉠-㉢-㉣

해설

 ㉠ 전원켜기 →  ㉡ 2개의 패드 부착 →  ㉢ 심장리듬 분석 및 심장충격 실시 →  ㉣ 심폐소생술 시행

정답 ①

★★
50 다음의 시험밸브함을 열어 밸브 개방시 측정되어야 할 정상압력(MPa) 범위로 옳은 것은?

유사문제
21년 문42

교재
P.178

시험밸브함

① 0.1MPa 이상 1.2MPa 이하　　② 0.17MPa 이상 0.7MPa 이하
③ 0.25MPa 이상 0.7MPa 이하　　④ 0.7MPa 이상 0.98MPa 이하

해설 스프링클러설비 : 시험밸브함은 스프링클러설비(습식·건식)에 사용

구 분	스프링클러설비
방수압	0.1~1.2MPa 이하 [보기 ①]
방수량	80L/min 이상

정답 ①

2020년 기출문제

유사문제
24년 문05
22년 문42
21년 문08
출제연도 ─ 문제

교재
P.212

유사문제부터 풀어보세요. 실력이 팍!팍! 올라갑니다.

제 ① 과목

★★★

01 주요구조부가 내화구조인 4m 미만의 소방대상물의 제1종 정온식 스포트형 감지기의 설치 유효면적은?

① 60m^2

② 70m^2

③ 80m^2

④ 90m^2

해설 **자동화재탐지설비의 부착높이 및 감지기 1개의 바닥면적**

(단위 : m^2)

부착높이 및 소방대상물의 구분		감지기의 종류						
		차동식 스포트형		보상식 스포트형		정온식 스포트형		
		1종	2종	1종	2종	특종	1종	2종
4m 미만	주요구조부를 내화구조로 한 소방대상물 또는 그 부분	90	70	90	70	70	60	20
	기타구조의 소방대상물 또는 그 부분	50	40	50	40	40	30	15
4m 이상 8m 미만	주요구조부를 내화구조로 한 소방대상물 또는 그 부분	45	35	45	35	35	30	–
	기타구조의 소방대상물 또는 그 부분	30	25	30	25	25	15	–

공하성 기억법

차	보	정
97	97	762
54	54	43①
④③	④③	③3
3②	3②	②①

※ 동그라미로 표시한 것은 뒤에 5가 붙음

정답 ①

★

02 도통시험을 용이하게 하기 위한 감지기 회로의 배선방식은?

유사문제
22년 문10
21년 문39

교재
P.214

① 송배선식

② 비접지 배선방식

③ 3선식 배선방식

④ 교차회로 배선방식

기출문제 2020

해설 송배선식

도통시험(선로의 정상연결 여부 확인)을 원활히 하기 위한 배선방식

정답 ①

★03 비화재보의 원인과 대책으로 옳지 않은 것은?

교재 PP.230 -231

① 원인 : 천장형 온풍기에 밀접하게 설치된 경우

대책 : 기류흐름 방향 외 이격·설치

② 원인 : 담배연기로 인한 연기감지기 동작

대책 : 흡연구역에 환풍기 등 설치

③ 원인 : 청소불량(먼지·분진)에 의한 감지기 오동작

대책 : 내부 먼지 제거 후 복구스위치 누름 또는 감지기 교체

④ 원인 : 주방에 비적응성 감지기가 설치된 경우

대책 : 적응성 감지기(차동식 감지기)로 교체

해설

④ 차동식 → 정온식

비화재보의 원인과 대책

주요 원인	대 책
주방에 **'비적응성 감지기'**가 설치된 경우 보기 ④	적응성 감지기(정온식 감지기 등)로 교체
'천장형 온풍기'에 밀접하게 설치된 경우 보기 ①	기류흐름 방향 외 이격설치
담배연기로 인한 연기감지기 동작 보기 ②	흡연구역에 환풍기 등 설치
청소불량(먼지·분진)에 의한 감지기 오동작 보기 ③	내부 먼지 제거 후 복구스위치 누름 또는 감지기 교체

정답 ④

★04 다음 중 물질이 격렬한 산화반응을 함으로써 열과 빛을 발생하는 현상을 무엇이라 하는가?

교재 P.71

① 발화   ② 인화

③ 연소   ④ 화염

해설 **연소** : 열+빛=산화

가연물이 공기 중에 있는 산소 또는 산화제와 반응하여 **열**과 **빛**을 발생하면서 **산화**하는 현상

정답 ③

05 다음 중 3층인 노유자시설에 적합하지 않은 피난기구는?

 유사문제 21년 문06

① 미끄럼대　　　　　　　② 구조대
③ 피난교　　　　　　　　④ 완강기

 교재 P.237

 해설 피난기구의 적응성

설치 장소별 구분 ＼ 층별	1층	2층	3층	4층 이상 10층 이하
노유자시설	• 미끄럼대 • 구조대 • 피난교 • 다수인 피난장비 • 승강식 피난기	• 미끄럼대 • 구조대 • 피난교 • 다수인 피난장비 • 승강식 피난기	• 미끄럼대 보기 ① • 구조대 보기 ② • 피난교 보기 ③ • 다수인 피난장비 • 승강식 피난기	• 구조대[1] • 피난교 • 다수인 피난장비 • 승강식 피난기
의료시설 · 입원실이 있는 의원 · 접골원 · 조산원	설치 제외	설치 제외	• 미끄럼대 • 구조대 • 피난교 • 피난용 트랩 • 다수인 피난장비 • 승강식 피난기	• 구조대 • 피난교 • 피난용 트랩 • 다수인 피난장비 • 승강식 피난기
영업장의 위치가 4층 이하인 다중이용업소	설치 제외	• 미끄럼대 • 피난사다리 • 구조대 • 완강기 • 다수인 피난장비 • 승강식 피난기	• 미끄럼대 • 피난사다리 • 구조대 • 완강기 • 다수인 피난장비 • 승강식 피난기	• 미끄럼대 • 피난사다리 • 구조대 • 완강기 • 다수인 피난장비 • 승강식 피난기
그 밖의 것	설치 제외	설치 제외	• 미끄럼대 • 피난사다리 • 구조대 • 완강기 • 피난교 • 피난용 트랩 • 간이완강기[2] • 공기안전매트[2] • 다수인 피난장비 • 승강식 피난기	• 피난사다리 • 구조대 • 완강기 • 피난교 • 간이완강기[2] • 공기안전매트[2] • 다수인 피난장비 • 승강식 피난기

주 1) **구조대**의 적응성은 장애인관련시설로서 주된 사용자 중 스스로 피난이 불가한 자가 있는 경우 추가로 설치하는 경우에 한한다.

2) 간이완강기의 적응성은 **숙박시설**의 **3층 이상**에 있는 객실에, **공기안전매트**의 적응성은 **공동주택**에 추가로 설치하는 경우에 한한다.

 정답 ④

★★★
06 객석통로의 직선부분의 길이가 70m인 경우 객석유도등의 최소 설치개수는?

유사문제
22년 문09

① 14개   ② 15개

③ 16개   ④ 17개

교재
P.245

해설 객석유도등 산정식

$$객석유도등\ 설치개수 = \frac{객석통로의\ 직선부분의\ 길이[m]}{4} - 1(소수점\ 올림)$$

$$\therefore \frac{70}{4} - 1 = 16.5 ≒ 17개(소수점\ 올림)$$

정답 ④

★
07 공기 중에 산소(체적비)는 약 몇 %가 존재하는가?

교재
PP.72
-73

① 15   ② 18

③ 21   ④ 23

해설 공기 중 산소

체적비	중량비
21%	23%

정답 ③

★
08 다음 중 제거소화 방법이 아닌 것은?

유사문제
21년 문22

① 가스화재에서 밸브를 잠금

② 산림화재에서 화염이 진행하는 방향에 있는 나무 등 가연물을 미리 제거

교재
PP.84
-85

③ 가연물 파괴

④ 불연성 기체의 방출

해설 소화방법의 예

제거소화	질식소화	냉각소화	억제소화
• 가스밸브의 **폐쇄** 보기 ① • 가연물 직접 **제거** 및 **파괴** 보기 ③ • **촛불**을 입으로 불어 가연성 증기를 순간적으로 날려 보내는 방법 • 산불화재시 진행방향의 나무 **제거** 보기 ②	• 불연성 기체로 연소물을 덮는 방법 보기 ④ • 불연성 포로 연소물을 덮는 방법 • 불연성 고체로 연소물을 덮는 방법	• 주수에 의한 냉각작용 • **이산화탄소소화약제**에 의한 **냉각작용**	• 화학적 작용에 의한 소화방법 • 할로겐소화약제

정답 ④

★★
09
유사문제
20년 문22

교재
P.174

옥외소화전은 소방대상물의 각 부분으로부터 호스접결구까지의 수평거리가 몇 m 이하가 되도록 설치하여야 하며, 호스구경은 몇 mm의 것으로 하여야 하는가?

① 30m, 40mm
② 30m, 65mm
③ 40m, 40mm
④ 40m, 65mm

해설 옥외소화전의 설치기준

소방대상물의 각 부분으로부터 호스접결구까지의 **수평거리**가 **40m 이하**가 되도록 설치하여야 하며, 호스구경은 **65mm**의 것으로 하여야 한다. 보기 ④

정답 ④

★★★
10
유사문제
23년 문19
20년 문24

교재
P.25

2급 소방안전관리대상물의 소방안전관리자로 선임될 수 있는 자격기준으로 알맞은 것은? (단, 2급 소방안전관리자 자격증을 받은 경우이다.)

① 전기기능사 자격을 가진 사람
② 소방공무원으로 3년 이상 근무한 경력이 있는 사람
③ 경찰공무원으로 2년 이상 근무한 경력이 있는 사람
④ 의용소방대원으로 2년 이상 근무한 경력이 있는 사람

해설

① · ③ · ④ 해당 없음

2급 소방안전관리대상물의 소방안전관리자 선임조건

자 격	경 력	비 고
• 위험물기능장 · 위험물산업기사 · 위험물기능사	경력 필요 없음	
• 소방공무원 보기 ②	3년	
• 소방청장이 실시하는 2급 소방안전관리대상물의 소방안전관리에 관한 시험에 합격한 사람	경력 필요 없음	2급 소방안전관리자 자격증을 받은 사람
• 「기업활동 규제완화에 관한 특별조치법」에 따라 소방안전관리자로 선임된 사람(소방안전관리자로 선임된 기간으로 한정)		
• 특급 또는 1급 소방안전관리대상물의 소방안전관리자 자격이 인정되는 사람		

정답 ②

★★★
11

유사문제
23년 문24

교재
P.208

해당 소방대상물의 주된 출입구에서 그 내부 전체가 보이는 건축물의 자동화재탐지설비 경계구역 설정 방법기준으로 옳은 것은?

① 하나의 경계구역의 면적은 500m^2 이하로, 한 변의 길이는 60m 이하로 할 것
② 하나의 경계구역의 면적은 600m^2 이하로, 한 변의 길이는 50m 이하로 할 것
③ 하나의 경계구역의 면적은 1000m^2 이하로, 한 변의 길이는 50m 이하로 할 것
④ 하나의 경계구역의 면적은 1000m^2 이하로, 한 변의 길이는 60m 이하로 할 것

해설 **경계구역의 설정 기준**

(1) 1경계구역이 2개 이상의 **건축물**에 미치지 않을 것
(2) 1경계구역이 2개 이상의 **층**에 미치지 않을 것(단, **500m²** 이하는 2개층을 1경계구역으로 할 것)
(3) 1경계구역의 면적은 **600m²** 이하로 하고, 1변의 길이는 **50m** 이하로 할 것(단, 내부 전체가 보이면 **1000m²** 이하로 할 것) 보기 ③

정답 ③

★★★
12

유사문제
24년 문24
22년 문19
22년 문21
20년 문20

교재
PP.16
-17,
P.37

다음 중 벌금이 가장 많은 사람은?

① 갑 : 나는 정당한 사유 없이 소방용수시설을 사용하였어.
② 을 : 나는 화재시 피난명령을 위반하였어.
③ 병 : 나는 불이 번질 우려가 있는 소방대상물의 강제처분을 방해하였어.
④ 정 : 나는 화재안전조사를 정당한 사유 없이 기피하였어.

해설

① 5년 이하의 징역 또는 5000만원 이하의 벌금　교재 P.16
② 100만원 이하의 벌금　교재 P.17
③ 3년 이하의 징역 또는 3000만원 이하의 벌금　교재 P.17
④ 300만원 이하의 벌금　교재 P.37

(1) **5년 이하의 징역 또는 5000만원 이하의 벌금**　교재 P.16, P.49
① 위력을 사용하여 출동한 소방대의 화재진압·인명구조 또는 구급활동을 **방해**하는 행위
② 소방대가 화재진압·인명구조 또는 구급활동을 위하여 현장에 출동하거나 현장에 출입하는 것을 고의로 **방해**하는 행위
③ 출동한 소방대원에게 폭행 또는 협박을 행사하여 화재진압·인명구조 또는 구급활동을 **방해**하는 행위
④ 출동한 소방대의 소방장비를 파손하거나 그 효용을 해하여 화재진압·인명구조 또는 구급활동을 **방해**하는 행위
⑤ 소방자동차의 **출동**을 **방해**한 사람

⑥ 사람을 **구출**하는 일 또는 불을 끄거나 불이 번지지 아니하도록 하는 일을 **방해**한 사람

⑦ 정당한 사유 없이 소방용수시설 또는 비상소화장치를 사용하거나 소방용수시설 또는 비상소화장치의 효용을 해하거나 그 정당한 사용을 **방해**한 사람 보기 ①

⑧ 소방시설의 폐쇄·**차**단

> 공하성 기억법   5방5000, 5차(오차범위)

(2) **3년 이하의 징역 또는 3000만원 이하의 벌금** 교재 P.17, P.36, P.49
   ① 소방대상물 또는 **토지**의 **강제처분** 방해 보기 ③
   ② 정당한 사유 없이 **화재안전조사** 결과에 따른 **조치명령**을 위반한 자
   ③ 화재예방안전진단 결과에 따른 보수·보강 등의 조치명령을 정당한 사유없이 위반한 자
   ④ 소방시설이 **화재안전기준**에 따라 설치·관리되고 있지 아니할 때 관계인에게 필요한 조치명령을 정당한 사유 없이 위반한 자
   ⑤ **피난시설, 방화구획** 및 **방화시설**의 관리를 위하여 필요한 조치명령을 정당한 사유 없이 위반한 자
   ⑥ 소방시설 자체점검 결과에 따른 이행계획을 완료하지 않아 필요한 조치의 이행명령을 하였으나, 명령을 정당한 사유 없이 위반한 자

(3) **300만원 이하의 벌금** 교재 P.37, P.49
   ① **화재안전조사**를 정당한 사유 없이 **거부·방해·기피**한 자 보기 ④
   ② 화재예방조치 조치명령을 정당한 사유 없이 따르지 아니하거나 방해한 자
   ③ **소방안전관리자, 총괄소방안전관리자, 소방안전관리보조자**를 **선임**하지 아니한 자
   ④ **소방시설·피난시설·방화시설** 및 **방화구획** 등이 법령에 위반된 것을 발견하였음에도 필요한 조치를 할 것을 요구하지 아니한 소방안전관리자
   ⑤ **소방안전관리자**에게 **불이익**한 처우를 한 관계인
   ⑥ 자체점검 결과 소화펌프 고장 등 중대위반사항이 발견된 경우 필요한 조치를 하지 않은 관계인 또는 관계인에게 중대위반사항을 알리지 아니한 관리업자 등

(4) **100만원 이하의 벌금** 교재 P.17
   ① 정당한 사유 없이 소방대가 현장에 도착할 때까지 사람을 **구**출하는 조치 또는 불을 끄거나 불이 번지지 않도록 하는 조치를 하지 아니한 사람
   ② **피**난명령을 위반한 사람 보기 ②
   ③ 정당한 사유 없이 **물**의 사용이나 **수도**의 **개폐장치**의 사용 또는 **조**작을 하지 못하게 하거나 방해한 자
   ④ 정당한 사유 없이 **소방대**의 **생활안전활동**을 방해한 자
   ⑤ 긴급조치를 정당한 사유 없이 방해한 자

> 공하성 기억법   구피조1

정답 ①

★★ 13 11층 이상인 다음 건물의 경보상황을 보고 유추할 수 있는 사항은?

유사문제
24년 문30

교재
P.213

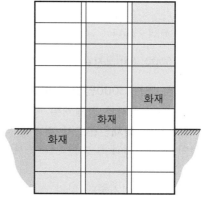

① 발화층 및 직상 4개층 경보   ② 일제경보

③ 구분경보   ④ 직하발화 우선경보

해설 자동화재탐지설비 발화층 및 직상 4개층 경보 적용대상물

11층(공동주택 **16층**) 이상의 특정소방대상물의 경보

‖ 자동화재탐지설비 음향장치의 경보 ‖

발화층	경보층	
	11층(공동주택 16층) 미만	11층(공동주택 16층) 이상
2층 이상 발화	전층 일제경보	• 발화층 • 직상 4개층
1층 발화		• 발화층 • 직상 4개층 • 지하층
지하층 발화		• 발화층 • 직상층 • 기타의 지하층

정답 ①

★ 14 다음 중 점화원에 관한 설명으로 옳지 않은 것은?

교재
PP.73
-74

① 단열압축 : 기체를 높은 압력으로 압축하면 온도가 상승하는데, 이때 상승한 열에 의한 가연물을 착화시킨다.

② 정전기불꽃 : 물체가 접촉하거나 결합한 후 떨어질 때 양(+)전하와 음(−)전하로 전하의 분리가 일어나 발생한 과잉전하가 물체(물질)에 축적되는 현상

③ 전기불꽃 : 장시간에 집중적으로 에너지가 방사되므로 에너지밀도가 높은 점화원이다.

④ 자연발화 : 물질이 외부로부터 에너지를 공급받지 않아도 온도가 상승하여 발화하는 현상이다.

③ 장시간 → 단시간

점화원

종 류	설 명
전기불꽃 보기 ③	**단시간**에 집중적으로 에너지가 방사되므로 에너지밀도가 높은 점화원이다.
충격 및 마찰	두 개 이상의 물체가 서로 **충격·마찰**을 일으키면서 작은 불꽃을 일으키는데, 이러한 마찰불꽃에 의하여 가연성 가스에 착화가 일어날 수 있다.
단열압축 보기 ①	기체를 높은 압력으로 **압축**하면 온도가 상승하는데, 이때 상승한 열에 의한 가연물을 착화시킨다.
불 꽃	항상 화염을 가지고 있는 열 또는 화기로서 위험한 화학물질 및 가연물이 존재하고 있는 장소에서 **불꽃**의 사용은 대단히 위험하다.
고온표면	작업장의 화기, 가열로, 건조장치, 굴뚝, 전기·기계 설비 등으로서 항상 화재의 위험성이 내재되어 있다.
정전기불꽃 보기 ②	물체가 접촉하거나 결합한 후 떨어질 때 양(+)전하와 음(-)전하로 **전하의 분리**가 일어나 발생한 **과잉전하**가 물체(물질)에 **축적**되는 현상이다.
자연발화 보기 ④	물질이 **외부**로부터 에너지를 **공급받지 않아도** 자체적으로 온도가 상승하여 발화하는 현상이다.
복사열	물질에 따라서 비교적 약한 복사열도 장시간 방사로 발화될 수 있다.

정답 ③

15 다음 조건을 참고하여 피난계단수 및 피난계단의 종류를 선정했을 때 옳은 것은?

교재 P.126

- 건물의 서측 및 동측에 계단이 하나씩 설치되어 있다.
- 피난시 이동경로는 옥내 → 부속실 → 계단실 → 피난층이다.

① 총 계단수 : 1개, 옥내피난계단
② 총 계단수 : 2개, 옥내피난계단
③ 총 계단수 : 1개, 특별피난계단
④ 총 계단수 : 2개, 특별피난계단

해설 **피난계단의 종류 및 피난시 이동경로**

피난계단의 종류	피난시 이동경로
옥내피난계단	옥내 → 계단실 → 피난층
옥외피난계단	옥내 → 옥외계단 → 지상층
특별피난계단 ——→	**옥내 → 부속실 → 계**단실 → **피**난층 보기 ④

기출문제 2020

> 종합성 기억법 내부계피특

계단은 서측과 동측 두 곳에 있으므로 피난계단의 수는 2개이고, 피난시 이동경로
가 옥내 → 부속실 → 계단실 → 피난층이므로 특별피난계단을 선정

정답 ④

★★★
16 다음 중 자체점검에 대한 설명으로 옳은 것은?

교재
PP.44
-45

① 소방대상물의 규모·용도 및 설치된 소방시설의 종류에 의하여 자체점검자의 자
격·절차 및 방법 등을 달리한다.
② 작동점검시 항시 소방시설관리사가 참여해야 한다.
③ 종합점검시 소방시설별 점검장비를 이용하여 점검하지 않아도 된다.
④ 종합점검시 특급, 1급은 연 1회만 실시하면 된다.

해설

> ② 항시 소방시설관리사 → 관계인, 소방안전관리자, 소방시설관리업자
> ③ 점검하지 않아도 된다. → 점검한다.
> ④ 특급, 1급은 연 1회만 → 특급은 반기별 1회 이상, 1급은 연 1회 이상

‖ 소방시설 등 자체점검의 점검대상, 점검자의 자격, 점검횟수 및 시기 ‖

점검구분	정 의	점검대상	점검자의 자격(주된 인력)	점검횟수 및 점검시기
작동점검	소방시설 등을 인위적으로 조작하여 정상적으로 작동하는지를 점검하는 것	① 간이스프링클러설비·자동화재탐지설비가 설치된 특정소방대상물	• 관계인 • 소방안전관리자로 선임된 소방시설관리사 또는 소방기술사 • 소방시설관리업에 등록된 기술인력 중 소방시설관리사 또는 「소방시설공사업법 시행규칙」에 따른 특급 점검자 보기 ②	• 작동점검은 연 1회 이상 실시하며, 종합점검대상은 종합점검을 받은 달부터 6개월이 되는 달에 실시 • 종합점검대상 외의 특정소방대상물은 사용승인일이 속하는 달의 말일까지 실시
		② ①에 해당하지 아니하는 특정소방대상물	• 소방시설관리업에 등록된 기술인력 중 소방시설관리사 • 소방안전관리자로 선임된 소방시설관리사 또는 소방기술사	
		③ 작동점검 제외대상 • 특정소방대상물 중 소방안전관리자를 선임하지 않는 대상 • 위험물제조소 등 • 특급 소방안전관리대상물		

점검구분	정 의	점검대상	점검자의 자격(주된 인력)	점검횟수 및 점검시기
종합 점검	소방시설 등의 작동점검을 포함하여 소방시설 등의 설비별 주요 구성 부품의 구조기준이 화재안전기준과 「건축법」 등 관련 법령에서 정하는 기준에 적합한지 여부를 점검하는 것 (1) 최초점검 : 해당 특정소방대상물의 소방시설 등이 신설된 경우 (2) 그 밖의 종합점검 : 최초점검을 제외한 종합점검	④ 소방시설 등이 신설된 경우에 해당하는 특정소방대상물 ⑤ **스프링클러설비**가 설치된 특정소방대상물 ⑥ **물분무등소화설비**(호스릴 방식의 물분무등소화설비만을 설치한 경우는 제외)가 설치된 연면적 **5000m²** 이상인 특정소방대상물(위험물제조소 등 제외) ⑦ 다중이용업의 영업장이 설치된 특정소방대상물로서 연면적이 **2000m²** 이상인 것 ⑧ **제연설비**가 설치된 터널 ⑨ **공공기관** 중 연면적(터널·지하구의 경우 그 길이와 평균폭을 곱하여 계산된 값)이 **1000m²** 이상인 것으로서 옥내소화전설비 또는 자동화재탐지설비가 설치된 것(단, 소방대가 근무하는 공공기관 제외) ☑중요 ▶ 종합점검 ① 공공기관 : 1000m² ② 다중이용업 : 2000m² ③ 물분무등(호스릴 ×) : 5000m²	● 소방시설관리업에 등록된 기술인력 중 **소방시설관리사** ● 소방안전관리자로 선임된 **소방시설관리사** 또는 **소방기술사**	〈점검횟수〉 ㉠ **연 1회** 이상(**특급** 소방안전관리대상물은 반기에 **1회** 이상) 실시 ㉡ ㉠에도 불구하고 소방본부장 또는 소방서장은 소방청장이 소방안전관리가 우수하다고 인정한 특정소방대상물에 대해서는 3년의 범위에서 소방청장이 고시하거나 정한 기간 동안 종합점검을 면제할 수 있다(단 면제기간 중 화재가 발생한 경우는 제외). 〈점검시기〉 ㉠ ④에 해당하는 특정소방대상물은 건축물을 사용할 수 있게 된 날부터 60일 이내 실시 ㉡ ㉠을 제외한 특정소방대상물은 건축물의 사용승인일이 속하는 달에 실시(단, 학교의 경우 해당 건축물의 사용승인일이 1월에서 6월 사이에 있는 경우에는 6월 30일까지 실시할 수 있다.) ㉢ 건축물 사용승인일 이후 ⑦에 따라 종합점검대상에 해당하게 된 경우에는 그 다음 해부터 실시 ㉣ 하나의 대지경계선 안에 2개 이상의 자체점검대상 건축물 등이 있는 경우 그 건축물 중 사용승인일이 가장 빠른 연도의 건축물의 사용승인일을 기준으로 점검할 수 있다.

☑중요 ▶ 종합점검대상

① **스프링클러설비·제연설비**(터널)
② **공공기관** 연면적 **1000m²** 이상
③ **다중이용업** 연면적 **2000m²** 이상
④ **물분무등소화설비**(호스릴 제외) 연면적 **5000m²** 이상

💿정답 ①

★★★
17 다음 조건을 참고하여 2단위 분말소화기의 설치개수를 구하면 몇 개인가?

유사문제
24년 문17
23년 문16
21년 문34
20년 문17

- 용도 : 근린생활시설
- 바닥면적 : 3000m²
- 구조 : 건축물의 주요구조부가 내화구조이고, 내장마감재는 불연재료로 시공되었다.

교재
P.148

① 8개 ② 15개
③ 20개 ④ 30개

해설 **특정소방대상물별 소화기구의 능력단위기준**

특정소방대상물	소화기구의 능력단위	건축물의 주요구조부가 **내화구조**이고, 벽 및 반자의 실내에 면하는 부분이 **불연재료· 준불연재료** 또는 **난연재료**로 된 특정소방대상물의 능력단위
● **위**락시설 공하성 기억법 위3(위상)	바닥면적 **30m²**마다 1단위 이상	바닥면적 **60m²**마다 1단위 이상
● **공연**장 ● **집**회장 ● **관람**장 및 **문**화재 ● **의**료시설 및 **장**례식장 공하성 기억법 5공연장 문의 집관람 (손오공 연장 문의 집관람)	바닥면적 **50m²**마다 1단위 이상	바닥면적 **100m²**마다 1단위 이상
● **근**린생활시설 ————————➡ ● **판**매시설 ● 운**수**시설 ● **숙**박시설 ● **노**유자시설 ● **전**시장 ● 공동**주**택(아파트 등) ● **업**무시설(사무실 등) ● **방**송통신시설 ● 공장·**창**고시설 ● **항**공기 및 자동**차**관련시설 및 **관광**휴게 시설 공하성 기억법 근판숙노전 주업방차창 1항 관광(근판숙노전 주업방차창 일본항 관광)	바닥면적 **100m²**마다 1단위 이상	바닥면적 **200m²**마다 1단위 이상
● 그 밖의 것	바닥면적 **200m²**마다 1단위 이상	바닥면적 **400m²**마다 1단위 이상

근린생활시설로서 **내화구조**이고 **불연재료**인 경우이므로 바닥면적 **200m²**마다 1단위 이상

$$\frac{3000\text{m}^2}{200\text{m}^2} = 15\text{단위}$$

● 15단위를 15개라고 쓰면 틀린다. 특히 주의!

2단위 분말소화기를 설치하므로

소화기 개수 $= \dfrac{15\text{단위}}{2\text{단위}} = 7.5 ≒ 8$개(소수점 올림)

정답 ①

★★★
18 펌프의 성능곡선에 관한 다음 (　) 안에 올바른 명칭은?

 유사문제 23년 문23

 교재 P.168

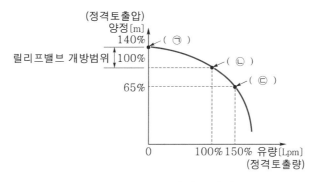

① ㉠ 정격부하운전점, ㉡ 체절운전점, ㉢ 최대운전점
② ㉠ 체절운전점, ㉡ 정격부하운전점, ㉢ 최대운전점
③ ㉠ 최대운전점, ㉡ 정격부하운전점, ㉢ 체절운전점
④ ㉠ 체절운전점, ㉡ 최대운전점, ㉢ 정격부하운전점

해설

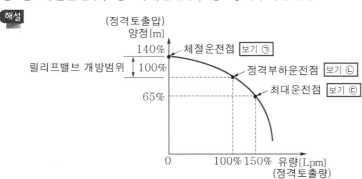

정답 ②

19 다음 사진은 유도등의 점검내용 중 어떤 점검에 해당되는가?

유사문제
21년 문32

교재
P.247

① 예비전원(배터리)점검   ② 3선식 유도등점검
③ 2선식 유도등점검   ④ 상용전원점검

> ① 예비전원(배터리)점검 : 외부에 있는 점검스위치(배터리상태 점검스위치)를 당겨보
> 는 방법 또는 점검버튼을 눌러서 점등상태 확인
> ④ 상용전원점검 : 교류전원(전원등)램프의 점등 여부로 확인

(1) **예비전원**(배터리)**점검** : 외부에 있는 **점검스위치**(배터리상태 점검스위치)를 **당겨**
보는 방법 또는 **점검버튼**을 눌러서 점등상태 확인 보기 ①

‖ 예비전원 점검스위치 ‖   ‖ 예비전원 점검버튼 ‖

(2) **2선식** 유도등점검 : 유도등이 **평상시 점등**되어 있는지 확인

‖ 평상시 점등이면 정상 ‖   ‖ 평상시 소등이면 비정상 ‖

(3) **3선식** 유도등점검
    ① 수동전환 : 수신기에서 수동으로 점등스위치를 ON하고 건물 내의 점등이 안
       되는 유도등을 확인

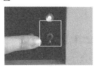

‖ 유도등 절환스위치   ‖ 유도등 점등 확인 ‖
수동전환 ‖

기출문제
2020

② 연동(자동)전환 : 감지기·발신기·중계기·스프링클러설비 등을 현장에서 작동(동작)과 동시에 유도등이 점등되는지를 확인

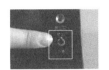

┃유도등 절환스위치 연동(자동)전환┃ ┃감지기, 발신기 동작┃ ┃유도등 점등 확인┃

 정답 ①

★★★
20 소방기본법에 따른 벌칙이 가장 무거운 것은?

유사문제
24년 문24
22년 문19
22년 문21
20년 문12

교재
PP.16
-17

① 정당한 사유 없이 소방대가 현장에 도착할 때까지 사람을 구출하는 조치 또는 불을 끄거나 불이 번지지 아니하도록 하는 조치를 하지 아니한 소방대상물 관계인

② 사람을 구출하는 일 또는 불을 끄거나 불이 번지지 아니하도록 하는 일을 방해한 사람

③ 피난명령을 위반한 자

④ 정당한 사유 없이 소방대의 생활안전활동을 방해한 자

 해설

> ①·③·④ 100만원 이하의 벌금
> ② 5년 이하의 징역 또는 5천만원 이하의 벌금

(1) **5년 이하의 징역 또는 5000만원 이하의 벌금**
① **위력**을 사용하여 출동한 소방대의 화재진압·인명구조 또는 구급활동을 **방해**하는 행위
② 소방대가 화재진압·인명구조 또는 구급활동을 위하여 **현장**에 **출동**하거나 현장에 출입하는 것을 고의로 **방해**하는 행위
③ 출동한 소방대원에게 폭행 또는 협박을 행사하여 화재진압·인명구조 또는 구급활동을 **방해**하는 행위
④ 출동한 소방대의 소방장비를 파손하거나 그 효용을 해하여 화재진압·인명구조 또는 구급활동을 **방해**하는 행위
⑤ 소방자동차의 **출동**을 **방해**한 사람
⑥ 사람을 **구출**하는 일 또는 불을 끄거나 불이 번지지 아니하도록 하는 일을 **방해**한 사람 [보기 ②]
⑦ 정당한 사유 없이 소방용수시설 또는 비상소화장치를 사용하거나 소방용수시설 또는 비상소화장치의 효용을 해하거나 그 정당한 사용을 **방해**한 사람

공하성 기억법 5방5000

(2) **100만원 이하의 벌금**

① 정당한 사유 없이 <u>소방대가</u> 현장에 도착할 때까지 사람을 **구**출하는 조치 또는 불을 끄거나 불이 번지지 않도록 하는 조치를 하지 아니한 사람 보기 ①

② **피**난명령을 위반한 사람 보기 ③

③ 정당한 사유 없이 **물**의 **사용**이나 **수도**의 **개폐장치**의 사용 또는 **조**작을 하지 못하게 하거나 방해한 자

④ 정당한 사유 없이 **소방대**의 **생활안전활동**을 방해한 자 보기 ④

⑤ 긴급조치를 정당한 사유 없이 방해한 자

공하성 기억법 **구피조1**

정답 ②

★★★
21

교재
P.31

소방안전관리자를 선임하지 아니하는 특정소방대상물의 관계인의 업무에 해당하지 않는 것은?

① 화기취급의 감독

② 소방시설 그 밖의 소방관련시설의 관리

③ 자위소방대 및 초기대응체계의 구성·운영·교육

④ 피난시설, 방화구획 및 방화시설의 관리

해설

③ 소방안전관리자의 업무

관계인 및 소방안전관리자의 업무

특정소방대상물(관계인)	소방안전관리대상물(소방안전관리자)
① 피난시설·방화구획 및 방화시설의 관리 보기 ④	① 피난시설·방화구획 및 방화시설의 관리
② 소방시설, 그 밖의 소방관련시설의 관리 보기 ②	② 소방시설, 그 밖의 소방관련시설의 관리
③ **화기취급**의 감독 보기 ①	③ **화기취급**의 감독
④ 소방안전관리에 필요한 업무	④ 소방안전관리에 필요한 업무
⑤ 화재발생시 **초기대응**	⑤ **소방계획서**의 작성 및 시행(대통령령으로 정하는 사항 포함)
	⑥ **자위소방대** 및 **초기대응체계**의 구성·운영·교육 보기 ③
	⑦ 소방훈련 및 교육
	⑧ 소방안전관리에 관한 업무수행에 관한 기록·유지
	⑨ 화재발생시 **초기대응**

정답 ③

22 옥외소화전설비의 호스 구경은 몇 mm의 것으로 해야 하는가?

유사문제
20년 문09

① 25mm　　　　　　　　　　　② 40mm

③ 45mm　　　　　　　　　　　④ 65mm

교재
PP.174
-175

해설 **옥내소화전설비 vs 옥외소화전설비**

구 분	옥내소화전설비	옥외소화전설비
방수량	• 130L/min 이상	• 350L/min 이상
방수압	• 0.17~0.7MPa 이하	• 0.25~0.7MPa 이하
호스구경	• **40mm(호**스릴 **25**mm) 공하성 기억법 **내호25, 내4(내사 종결)**	• 65mm 보기 ④
최소방출시간	• **20분** : 29층 이하 • **40분** : 30~49층 이하 • **60분** : 50층 이상	• **20분**
설치거리	수평거리 **25m** 이하	수평거리 **40m** 이하
표시등	**적색등**	**적색등**

 정답 ④

[23~25] 다음 소방안전관리대상물의 조건을 보고 다음 각 물음에 답하시오.

구 분	업무시설
용도	근린생활시설
규모	지상 5층, 지하 2층, 연면적 6000m²
설치된 소방시설	소화기, 옥내소화전설비, 자동화재탐지설비
소방안전관리자 현황	자격 : 2급 소방안전관리자 자격취득자
	강습수료일 : 2023년 3월 5일
건축물 사용승인일	2023년 3월 15일

23 소방안전관리자의 선임기간으로 옳은 것은?

교재
P.29

① 2023년 4월 13일　　　　　　② 2023년 4월 28일

③ 2023년 4월 29일　　　　　　④ 2023년 4월 30일

해설 건축승인을 받은 후(다음 날) 30일 이내에 소방안전관리자를 선임하여야 한다. 3월 15일 건축승인을 받았으므로 30일 이내는 **4월 14일 이내**가 답이 된다. 그러므로 ① 정답

 정답 ①

★★★
24 소방안전관리대상물의 등급 및 소방안전관리보조자 선임인원으로 옳은 것은?

유사문제
23년 문19
20년 문10

① 1급 소방안전관리대상물, 소방안전관리보조자 선임대상 아님
② 1급 소방안전관리대상물, 소방안전관리보조자 1명
③ 2급 소방안전관리대상물, 소방안전관리보조자 선임대상 아님
④ 2급 소방안전관리대상물, 소방안전관리보조자 1명

교재
PP.25
-26

해설

> • 옥내소화전설비가 설치되어 있으므로 2급 소방안전관리대상물
> • 연면적 6000m²로서 15000m² 이상이 안되므로 소방안전관리보조자 선임대상 아님

(1) **2급 소방안전관리대상물**
　① 지하구
　② 가스제조설비를 갖추고 도시가스사업 허가를 받아야 하는 시설 또는 가연성 가스를 **100톤 이상 1000톤** 미만 저장·취급하는 시설
　③ **스프링클러설비** 또는 **물분무등소화설비**(호스릴방식 제외) 설치대상물
　④ **옥내소화전설비** 설치대상물 [보기 ③]
　⑤ 공동주택(옥내소화전설비 또는 스프링클러설비가 설치된 공동주택에 한함)
　⑥ 목조건축물(국보·보물)

(2) **최소 선임기준**

소방안전관리자	소방안전관리보조자
• 특정소방대상물마다 1명	• **300세대** 이상 아파트 : **1명**(단, 300세대 초과마다 **1명** 이상 **추가**) • 연면적 15000m² 이상 : **1명**(단, 15000m² 초과마다 **1명** 이상 **추가**) [보기 ③] • **공동주택**(기숙사), **의료시설**, **노유자시설**, **수련시설** 및 **숙박시설**(바닥면적 합계 1500m² 미만이고, 관계인이 24시간 상시 근무하고 있는 숙박시설 제외) : **1명**

정답 ③

★★
25 소방안전관리자가 건축물 사용승인일에 선임되었다면 실무교육 최대 이수기한은?

유사문제
24년 문11

① 2023년 9월 4일　　　　　　② 2023년 10월 4일
③ 2025년 3월 4일　　　　　　④ 2025년 11월 4일

교재
P.36

해설

> • 사용승인일이 2023년 3월 15일이고, 사용승인일에 선임되었으므로 강습수료일로부터 1년 이내에 취업한 경우에 해당되어 강습수료일로부터 2년마다 실무교육을 받아야 한다. 그러므로 2025년 3월 4일 이내가 답이 되므로 ③ 정답

소방안전관리자의 실무교육

실시기관	실무교육주기
한국소방안전원	선임된 날부터 6개월 이내, 그 이후 2년마다 1회

선임된 날부터 6개월 이내, 그 이후 2년마다(최초 실무교육을 받은 날을 기준일로 하여 매 2년이 되는 해의 기준일과 같은 날 전까지) 1회 실무교육을 받아야 한다.

(1) 소방안전관리 강습 또는 실무교육을 받은 후 1년 이내에 소방안전관리자로 선임된 경우 해당 강습교육을 수료하거나 실무교육을 이수한 날에 당해 실무교육을 이수한 것으로 본다.

● 실무교육 주기

강습수료일로부터 1년 이내 취업한 경우	강습수료일로부터 1년 넘어서 취업한 경우
강습수료일로부터 2년마다 1회	선임된 날부터 6개월 이내, 그 이후 2년마다 1회

(2) 소방안전관리보조자의 경우, 소방안전관리자 강습교육 또는 실무교육이나 소방안전관리보조자 실무교육을 받은 후 1년 이내에 선임된 경우 해당 강습교육을 수료하거나 실무교육을 이수한 날에 실무교육을 이수한 것으로 본다.

 실무교육

소방안전 관련업무 경력보조자	소방안전관리자 및 소방안전관리보조자
선임된 날로부터 **3개월** 이내, 그 이후 2년마다 1회 실무교육을 받아야 한다.	선임된 날로부터 6개월 이내, 그 이후 2년마다 **1회** 실무교육을 받아야 한다.

정답 ③

제2과목

26 다음 중 수신기 그림의 화재복구방법으로 옳은 것은?

유사문제
24년 문27
24년 문30
23년 문27
23년 문38
21년 문33
20년 문33
20년 문44
20년 문49

교재
P.224

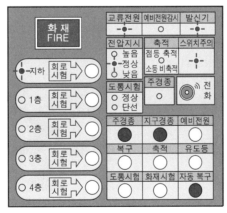

① 수신기 복구버튼을 누르기 전 발신기 누름스위치를 누르면 수신기가 정상상태로 된다.

② 수신기 내 발신기 응답표시등 소등을 위하여 발신기 누름스위치를 반드시 복구시켜야 한다.

③ 수신기 복구버튼을 누르면 주경종, 지구경종 음향이 멈춘다.

④ 스위치주의등은 발신기 응답표시등 소등시 동시에 소등된다.

해설

① 발신기스위치를 눌러서 화재신호가 들어온 경우 발신기스위치를 복구시킨 후 수신기 복구버튼을 눌러야 수신기가 정상상태로 되므로 틀린 답임 (×)

② 발신기응답표시등은 발신기를 눌렀을 때 점등되고, 발신기 누름스위치를 복구 시켰을 때 소등되므로 옳은 답임 (○)

③ 발신기스위치를 복구시킨 후 수신기 복구버튼을 눌러야 주경종, 지구경종음향이 멈추므로 틀린 답임 (×)

④ 스위치주의등은 주경종, 지구경종, 자동복구스위치등이 복구되어야 소등되므로 틀린 답임 (×)

정답 ②

★★★
27 다음 중 축압식 분말소화기 지시압력계의 정상상태로 옳은 것은?

유사문제
23년 문26
23년 문39
22년 문35
21년 문40
21년 문46
20년 문34
20년 문40

교재
P.151

①

②

③

④

해설

② 위쪽 가운데 위치해 있으므로 정상

지시압력계
(1) 노란색(황색) : 압력부족
(2) 녹색 : 정상압력
(3) 적색 : 정상압력 초과

노란색(황색) 녹색 적색

┃ 소화기 지시압력계 ┃

┃ 지시압력계의 색표시에 따른 상태 ┃

노란색(황색)	녹색	적색
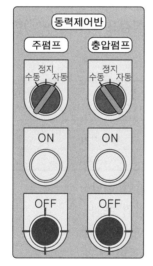		
┃ 압력이 부족한 상태 ┃	┃ 정상압력 상태 ┃	┃ 정상압력보다 높은 상태 ┃

- 용기 내 압력을 확인할 수 있도록 지시압력계가 부착되어 사용 가능한 범위가 0.7~0.98MPa로 녹색으로 되어 있음

정답 ②

★★★
28 그림을 보고 각 내용에 맞게 ○ 또는 ×가 올바르지 않은 것은?

유사문제
24년 문26
24년 문31
24년 문44
24년 문48
23년 문40
23년 문46
23년 문49
22년 문30
22년 문36
22년 문42
20년 문35
20년 문36
20년 문41

교재
PP.170
-171

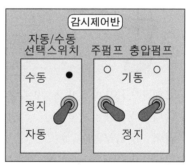

① 감시제어반은 정상상태로 유지관리 되고 있다. (○)
② 동력제어반에서 주펌프 ON버튼을 누르면 주펌프는 기동하지 않는다. (○)
③ 감시제어반에서 주펌프 스위치를 기동위치로 올리면 주펌프는 기동한다. (○)
④ 동력제어반에서 충압펌프를 자동위치로 돌리면 모든 제어반은 정상상태가 된다. (○)

해설
③ 기동한다. → 기동하지 않는다.
감시제어반 선택스위치는 **수동**으로 올린 후, 주펌프 스위치를 **기동**으로 올려야 주펌프가 기동한다.

선택스위치 : **수동**, 주펌프 : **기동**으로 해야 주펌프는 기동한다. 선택스위치가 **자동**으로 되어있으므로 주펌프 : **기동**으로 해도 주펌프는 기동하지 않는다. 보기 ③

▌감시제어반▐

평상시 상태	수동기동 상태	점검시 상태
① 선택스위치 : **자동**	① 선택스위치 : **수동**	① 선택스위치 : **정지**
② 주펌프 : **정지**	② 주펌프 : **기동**	② 주펌프 : **정지**
③ 충압펌프 : **정지**	③ 충압펌프 : **기동**	③ 충압펌프 : **정지**

▌동력제어반▐

평상시 상태	수동기동시 상태
① POWER : **점등**	① POWER : **점등**
② 선택스위치 : **자동**	② 선택스위치 : **수동**
③ ON 램프 : **소등**	③ ON 램프 : **점등**
④ OFF 램프 : **점등**	④ OFF 램프 : **소등**
	⑤ 펌프기동램프 : **점등**

정답 ③

★★★
29 방수압력측정계의 측정된 방수압력과 점검표 작성(㉠~㉡)한 것으로 옳은 것은?

유사문제
24년 문34
24년 문36
23년 문34
22년 문47
21년 문47
20년 문45

교재
P.158,
P.164

0.1MPa

손잡이

점검번호	점검항목	점검결과
2-C-002	옥내소화전 방수량 및 방수압력 적정 여부	㉠

설비명	점검번호	불량내용
소화설비	2-C-002	㉡

① 방수압력 : 0.1MPa, ㉠ ×, ㉡ 방수압력 미달
② 방수압력 : 0.1MPa, ㉠ ○, ㉡ 방수압력 초과
③ 방수압력 : 0.17MPa, ㉠ ○, ㉡ 방수압력 미달
④ 방수압력 : 0.17MPa, ㉠ ×, ㉡ 방수압력 초과

①

0.1MPa

손잡이

㉠ 0.17~0.7MPa이므로 0.1MPa은 ×
㉡ 0.1MPa은 0.17MPa 이상이 되지 않으므로 방수압력 미달

옥내소화전 방수압력측정

(1) 측정장치 : 방수압력측정계(피토게이지)

(2)

방수량	방수압력
130L/min	0.17~0.7MPa 이하

(3) 방수압력 측정방법 : 방수구에 호스를 결속한 상태로 노즐의 선단에 방수압력측정계(피토게이지)를 근접 $\left(\dfrac{D}{2}\right)$ 시켜서 측정하고 방수압력측정계의 압력계상의 눈금을 확인한다.

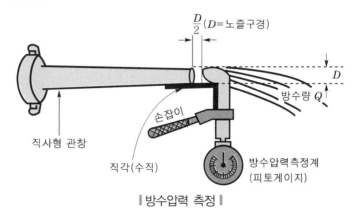

┃방수압력 측정┃

정답 ①

★★★
30 R형 수신기의 운영기록 중 스프링클러설비 밸브의 동작시간으로 옳은 것은?

유사문제
22년 문38

실무교재
P.79

2022.08.01 13:09:20 SVP수동기동스위치 동작
2022.08.01 13:09:23 솔레노이드밸브 동작
2022.08.01 13:09:28 밸브개방확인
2022.08.01 13:09:33 사이렌출력
2022.08.01 13:09:42 충압펌프 PS
2022.08.01 13:09:43 충압펌프 동작
2022.08.01 13:10:11 주펌프 PS
2022.08.01 13:10:12 주펌프 동작

① 13 : 09 : 23
② 13 : 09 : 33
③ 13 : 09 : 28
④ 13 : 09 : 42

해설

밸브개방확인 = 스프링클러설비 밸브의 동작시간이므로 ③ 정답, 스프링클러설비 **개방**과 동시에 **밸브개방확인표시등**이 **점등**된다.

정답 ③

★★★
31

가스계 소화설비의 점검을 위하여 솔레노이드밸브를 분리한 수동조작함을 조작하였다. 다음 결과 중 옳지 않은 것은?

① 감시제어반 연동확인
② 솔레노이드 격발
③ 방출표시등 점등
④ 음향장치 작동

해설

③ 솔레노이드밸브를 분리하면 수동조작함을 조작하여도 약제가 방출되지 않으므로 방출표시등은 점등되지 않는다.

정답 ③

★★
32
그림에 대한 설명으로 옳지 않은 것은?

유사문제
23년 문50
22년 문27
22년 문40
22년 문45
22년 문49
21년 문37
21년 문49
20년 문48

교재
PP.369
-370

생략

심장리듬 분석 및 심장충격 실시   즉시 심폐소생술 다시 시행

① 심장리듬 분석 중 심장충격이 필요한 경우 심장충격이 필요하다는 음성지시 후 스스로 설정된 에너지로 충전을 시작한다.
② 심장충격시 주변 사람에게 심장충격 버튼을 누르고 있도록 도움을 요청한다.
③ 심장충격시 심장충격 버튼을 누르기 전에 반드시 다른 사람이 환자에게서 떨어져 있는지 확인한다.
④ 심장충격을 실시한 뒤에는 즉시 가슴압박과 인공호흡을 30 : 2로 다시 시작한다.

 ② 주변사람에게 심장충격 버튼을 누르고 있도록 도움을 요청한다. → 다른 사람이 환자에게서 떨어져 있는지 확인한다.

자동심장충격기(AED) 사용방법

(1) 자동심장충격기를 심폐소생술에 방해가 되지 않는 위치에 놓은 뒤 전원버튼을 누른다.

(2) 환자의 상체를 노출시킨 다음 패드 포장을 열고 2개의 패드를 환자의 가슴에 붙인다.

(3) 패드는 **왼쪽 젖꼭지 아래의 중간겨드랑선**에 설치하고 **오른쪽 빗장뼈**(쇄골) 바로 **아래**에 붙인다.

❚ 패드의 부착위치 ❚

패드 1	패드 2
오른쪽 빗장뼈(쇄골) 바로 아래	왼쪽 젖꼭지 아래의 중간겨드랑선

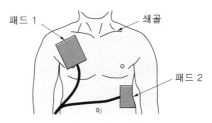

❚ 패드 위치 ❚

(4) 심장리듬 분석 중 심장충격이 필요한 경우 심장충격이 필요하다는 음성지시 후 스스로 설정된 에너지로 충전을 시작한다. 보기 ①

(5) 심장충격이 필요한 환자인 경우에만 제세동버튼이 깜박이기 시작하며, 깜박일 때 심장충격버튼을 눌러 심장충격을 시행한다.

(6) 심장충격버튼을 <u>누르기 전</u>에는 반드시 주변사람 및 구조자가 환자에게서 떨어져 _{누른 후에는 ×} 있는지 다시 한 번 확인한 후에 실시하도록 한다. 보기 ③

(7) 심장충격이 필요 없거나 심장충격을 실시한 이후에는 즉시 **심폐소생술**을 다시 시작한다.

(8) **2분**마다 심장리듬을 분석한 후 반복 시행한다.

(9) 심장충격을 실시한 뒤에는 즉시 가슴압박과 인공호흡을 30 : 2로 다시 시작한다. 보기 ④

정답 ②

★★★

33 예비전원시험에 대한 정상적인 결과로 옳은 것은? (단, 수신기는 정상운영 상태
이다.)

유사문제

24년 문27
24년 문30
23년 문27
21년 문33
20년 문26
20년 문44
20년 문49

교재
PP.227
-228

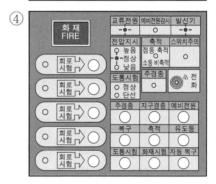

해설

① **예비전원**시험스위치가 눌러져 있지만 전압지시 **낮음**램프가 점등되어 있으므로 예
비전원은 비정상이다.

② **예비전원**시험스위치가 **눌러져 있고** 전압지시 **정상**램프가 점등되어 있으므로 예비
전원은 정상이다.

③ **교류전원** 램프가 **점등**되어 있고 전압지시 **정상**램프가 점등되어 있으므로 **교류전원**
이 **정상**이다. 예비전원이 눌러져 있지 않으므로 예비전원 정상유무는 알 수 없다.

④ **교류전원** 램프가 점등되어 있고 전압지시 **정상**램프가 점등되어 있으므로 교류전원이 **정상**이다. 예비전원 정상유무는 알 수 없다. 발신기램프도 점등되어 있지만 이는 발신기를 눌렀다는 의미로 예비전원 상태는 알 수 없다.

교류전원	발신기	전압지시
-※-	-※-	♀ 높음 -●-정상 ♀ 낮음

정답 ②

★★★
34 다음 그림의 소화기 설명으로 옳은 것은?

유사문제
23년 문15
23년 문26
23년 문39
23년 문45
22년 문29
22년 문35
21년 문40
21년 문46
20년 문27
20년 문40

교재
PP.144
-145,
P.148

① 철수 : 고무공장에서 발생하는 화재에 적응성을 갖기 위해서 제1인산암모늄을 주성분으로 하는 분말소화기를 비치하는 것이 맞아.
② 영희 : 소화기는 함부로 사용하지 못하도록 바닥으로부터 1.5m 이상의 위치에 비치해야 해.
③ 민수 : 축압식 분말소화기의 정상압력 범위는 0.6~0.98MPa이야.
④ 지영 : 소화기를 비치할 때는 해당 건물 전체 능력단위의 2분의 1을 넘어선 안돼.

해설

① 고무공장은 일반화재(A급)이므로 제1인산암모늄을 주성분으로 하는 분말소화기를 비치하는 것은 옳은 답

‖ 소화약제 및 적응화재 ‖

적응화재	소화약제의 주성분	소화효과
BC급	탄산수소나트륨($NaHCO_3$)	• 질식효과 • 부촉매(억제)효과
	탄산수소칼륨($KHCO_3$)	
ABC급	제1인산암모늄($NH_4H_2PO_4$)	
BC급	탄산수소칼륨($KHCO_3$)+요소($(NH_2)_2CO$)	

② 함부로 사용하지 못하도록 → 사용하기 쉽도록, 1.5m 이상 → 1.5m 이하

소화기의 설치기준
(1) 설치높이 : 바닥에서 **1.5m** 이하
(2) 설치면적 : 구획된 실 바닥면적 **33m²** 이상에 1개 설치

> ③ 0.6~0.98MPa → 0.7~0.98MPa

> • 용기 내 압력을 확인할 수 있도록 지시압력계가 부착되어 사용가능한 범위가 0.7~0.98MPa로 녹색으로 되어 있음

지시압력계
(1) 노란색(황색) : 압력부족
(2) 녹색 : 정상압력
(3) 적색 : 정상압력 초과

‖ 소화기 지시압력계 ‖

‖ 지시압력계의 색표시에 따른 상태 ‖

노란색(황색)	녹 색	적 색
‖ 압력이 부족한 상태 ‖	‖ 정상압력 상태 ‖	‖ 정상압력보다 높은 상태 ‖

> ④ 소화기 → 간이소화용구
>
> 간이소화용구는 전체 능력단위의 $\frac{1}{2}$을 넘어서는 안된다. (단, 노유자시설인 경우 제외)

정답 ①

35 그림의 옥내소화전설비 동력 및 감시제어반의 설명으로 옳은 것은?

유사문제
24년 문26
24년 문31
24년 문33
24년 문44
24년 문48
23년 문40
23년 문46
23년 문49
22년 문30
22년 문36
22년 문42
21년 문41
20년 문28
20년 문36
20년 문41

교재
P.170

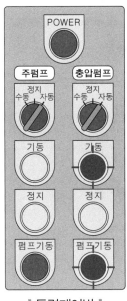

┃ 동력제어반 ┃

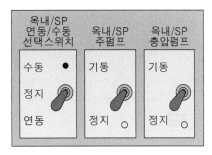

┃ 감시제어반 ┃

① 누군가 옥내소화전을 사용하여 주펌프가 기동하고 있다.
② 배관 내 압력저하가 발생하여 충압펌프가 자동으로 기동하였다.
③ 동력제어반에서 수동으로 충압펌프를 기동시켰다.
④ 감시제어반에서 수동으로 충압펌프를 기동시켰다.

해설

① 주펌프의 기동램프가 점등되지 않았으므로 주펌프가 기동하지 않는다.

주펌프
기동

② ㉠ 감시제어반 선택스위치 : **연동**, 주펌프 : **정지**, 충압펌프 : **정지**로 되어 있어서 수동으로는 작동하지 않으므로 배관 내 압력저하가 발생하여 자동으로 작동된 것으로 추측할 수 있다.
㉡ **충압펌프 기동램프**가 **점등**되어 있으므로 **충압펌프**가 **기동**한다.

옥내/SP
연동/수동
선택스위치 · · · 옥내/SP 주펌프 · · · 옥내/SP 충압펌프

수동 ●   기동   기동
정지
연동   정지 ○   정지 ○

기출문제 2020

③ **동력제어반 충압펌프 선택스위치**가 **자동**으로 되어 있으므로 수동으로 충압펌프는 기동되지 않는다.

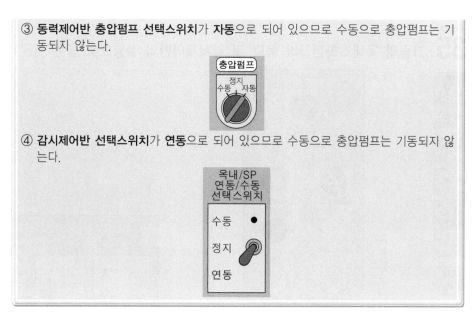

④ **감시제어반 선택스위치**가 **연동**으로 되어 있으므로 수동으로 충압펌프는 기동되지 않는다.

정답 ②

★★★
36 다음은 준비작동식 스프링클러설비가 설치되어 있는 감시제어반이다. 그림과 같이 감시제어반에서 충압펌프를 수동기동 했을 경우 옳은 것은?

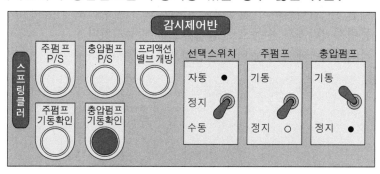

교재
P.188

① 스프링클러헤드는 개방되었다.
② 현재 충압펌프는 자동으로 작동하고 있는 중이다.
③ 프리액션밸브는 개방되었다.
④ 주펌프는 기동하지 않는다.

해설
① 개방되었다. → 개방여부는 알 수 없다.
　충압펌프를 수동기동했지만 스프링클러헤드 개방여부는 알 수 없다.
② 자동 → 수동
　감시제어반 선택스위치 : **수동**, 충압펌프 : **기동**이므로 충압펌프는 **수동**으로 **작동**
　중이다.

③ 개방되었다. → 개방되지 않았다.
프리액션밸브 개방램프가 **소등**되어있으므로 개방되지 않았다.

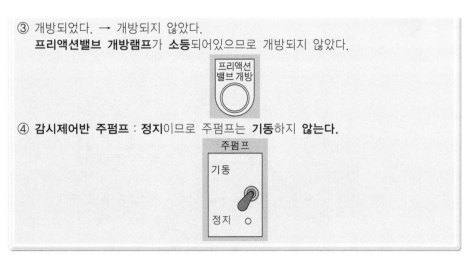

프리액션
밸브개방

④ 감시제어반 주펌프 : 정지이므로 주펌프는 **기동**하지 **않는다.**

주펌프

기동

정지 ○

(🍩정답) ④

★★★

37 가스계 소화설비의 점검에 대한 다음 물음에 답하시오.

교재
P.199

(가) 가스계 소화설비 점검방법 중 그림 A의 솔레노이드밸브를 격발시킬 수 있는 방법으로 옳지 않은 것은?

ⓙ 감지기 A, B 동작
ⓛ 솔로노이드 수동조작버튼 누름
ⓒ 제어반에서 수동기동스위치 조작
ⓔ 제어반에서 도통시험버튼 누름

┃그림 A┃

(나) 가스계 소화설비 점검 중 그림 B 압력스위치를 동작시켰다. 제어반 상태를 보고 옳은 것은?

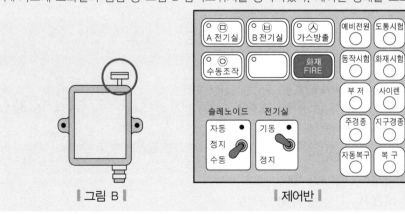

┃그림 B┃   ┃제어반┃

① ㄴ, ㅁ, ㅇ   ② ㄴ, ㅁ, ㅂ
③ ㄹ, ㅁ, ㅂ, ㅇ   ④ ㄹ, ㅁ, ㅅ, ㅇ

해설

ⓔ 도통시험버튼과 솔레노이드밸브 격발과는 무관함

ⓓ, ⓕ 솔레노이드밸브 스위치가 수동으로 되어 있으며 감지기 A, B는 무관하므로 감지기 A, B램프는 소등되는게 맞음

ⓞ 압력스위치를 동작시켰고 수동조작스위치는 누르지 않았으므로 수동조작램프는 소등되는게 맞음

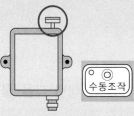

ⓐ 압력스위치를 동작시키면 가스방출램프는 점등되는데 가스방출램프가 점등되지 않았으므로 틀림

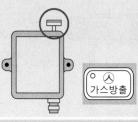

정답 ③

38 다음 보기 중 빈칸의 내용으로 옳은 것은?

유사문제
23년 문30
23년 문37
23년 문43
23년 문50
21년 문43
20년 문48
20년 문43

교재
P.367

성인심폐소생술(가슴압박)
- 위치 : 환자의 가슴뼈(흉골)의 (㉠)절반 부위
- 자세 : 양팔을 쭉 편 상태로 체중을 실어서 환자의 몸과 수직이 되도록 가슴을 압박하고, 압박된 가슴은 완전히 이완되도록 한다.
- 속도 및 깊이 : 성인기준으로 속도는 (㉡)회/분, 깊이는 약 (㉢)cm

① ㉠ 아래쪽, ㉡ 80~100, ㉢ 5
② ㉠ 아래쪽, ㉡ 100~120, ㉢ 5
③ ㉠ 위쪽, ㉡ 80~100, ㉢ 7
④ ㉠ 위쪽, ㉡ 100~120, ㉢ 7

해설 **성인의 가슴압박**

(1) 환자의 얼굴과 가슴을 **10초 이내**로 관찰
(2) 구조자의 체중을 이용하여 압박
(3) 인공호흡에 자신이 없으면 가슴압박만 시행
　① 위치 : 환자의 가슴뼈(흉골)의 아래쪽 절반 부위 보기 ㉠
　② 자세 : 양팔을 쭉 편 상태로 체중을 실어서 환자의 몸과 수직이 되도록 가슴을
　　　압박하고, 압박된 가슴은 완전히 이완되도록 한다.

구 분	설 명
속 도	분당 100~120회 보기 ㉡
깊 이	약 5cm(소아 4~5cm) 보기 ㉢

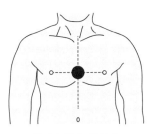

┃ 가슴압박 위치 ┃

정답 ②

★★★
39 안전관리자 A씨가 근무 중 수신기를 조작한 운영기록이다. 다음 설명 중 옳은 것은?

유사문제
22년 문38

실무교재
P.79

순번	일시	회선정보	회선설명	동작구분	메시지
1	2022.09.01. 22시 13분 00초	01-003-1	2F 감지기	화재	화재발생
2	2022.09.01. 22시 13분 05초	01-003-1	–	수신기	수신기복구
3	2022.09.01. 22시 17분 07초	01-003-1	2F 감지기	화재	화재발생
4	2022.09.01. 22시 17분 45초	01-003-1	–	수신기	주음향 정지
5	2022.09.01. 22시 17분 47초	01-003-1	–	수신기	지구음향 정지

① A씨는 2F 발신기 오작동으로 인한 화재를 복구한 적이 있다.
② 건물의 4층에서 빈번하게 화재감지기가 작동한다.
③ 운영기록을 보면 건물 2층 감지기 오작동을 예상할 수 있다.
④ 22년 9월 1일에는 주경종 및 지구경종의 음향이 멈추지 않았다.

해설

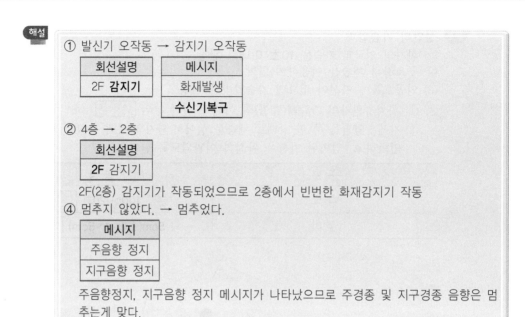

① 발신기 오작동 → 감지기 오작동

회선설명	메시지
2F **감지기**	화재발생
	수신기복구

② 4층 → 2층

회선설명
2F 감지기

2F(2층) 감지기가 작동되었으므로 2층에서 빈번한 화재감지기 작동

④ 멈추지 않았다. → 멈추었다.

메시지
주음향 정지
지구음향 정지

주음향정지, 지구음향 정지 메시지가 나타났으므로 주경종 및 지구경종 음향은 멈추는게 맞다.

정답 ③

★★
40 소화기를 아래 그림과 같이 배치했을 경우, 다음 설명으로 옳지 않은 것은?

유사문제
23년 문26
23년 문39
22년 문35
21년 문40
21년 문46
20년 문27
20년 문34

교재
P.145,
P.148

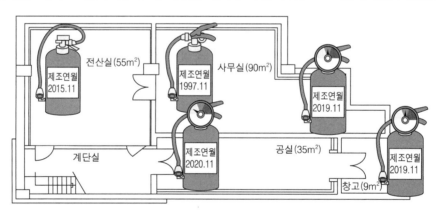

① 전산실 : 소화기의 내용연수가 초과하여 소화기를 교체해야 한다.
② 사무실 : 가압식 소화기는 폐기하여야 하며, 축압식 소화기는 정상이다.
③ 공실 : 소화기 압력미달로 교체하여야 한다.
④ 창고 : 법적으로 면적미달로 소화기 미설치 구역이지만, 비치해도 관계없다.

해설

① 초과하여 → 초과되지 않아, 교체하여야 한다. → 교체할 필요 없다.
제조년월 : 2015.11.이고 내용연수가 10년이므로 2025.11.까지가 유효기간이므로 내용연수가 초과되지 않았다.

내용연수
소화기의 내용연수를 **10년**으로 하고 내용연수가 지난 제품은 교체 또는 성능확인을 받을 것

내용연수 경과 후 10년 미만	내용연수 경과 후 10년 이상
3년	1년

② 가압식 소화기는 폭발우려가 있으므로 폐기하여야 하며, 압력계가 정상범위에 있으므로 축압식 소화기는 정상이다.
③ 소화기 압력미달로 교체해야 한다.

가압식 소화기 : 압력계 ×	축압식 소화기 : 압력계 ○
• 본체 용기 내부에 가압용 가스용기가 **별도**로 설치되어 있으며, 현재는 용기 폭발우려가 있어 <u>생산 중단</u>	• 본체 용기 내에는 규정량의 소화약제와 **함께** 압력원인 **질소**가스가 충전되어 있음 • 용기 내 압력을 확인할 수 있도록 지시압력계가 부착되어 사용 가능한 범위가 0.7~0.98MPa로 **녹색**으로 되어 있음

‖ 가압식 소화기 ‖

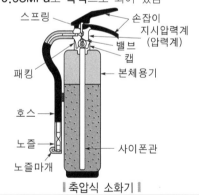

‖ 축압식 소화기 ‖

지시압력계
(1) 노란색(황색) : 압력부족
(2) 녹색 : 정상압력
(3) 적색 : 정상압력 초과

‖ 소화기 지시압력계 ‖

∥ 지시압력계의 색표시에 따른 상태 ∥

노란색(황색) 보기 ③	녹 색	적 색
∥ 압력이 부족한 상태 ∥	∥ 정상압력 상태 ∥	∥ 정상압력보다 높은 상태 ∥

④ 33m² 이상에 설치하지만 33m² 미만에 비치해도 아무관계가 없으므로 옳다.

소화기의 설치기준
(1) 설치높이 : 바닥에서 **1.5m** 이하
(2) 설치면적 : 구획된 실 바닥면적 **33m²** 이상에 1개 설치

정답 ①

★★★

41 평상시 제어반의 상태로 옳지 않은 것을 있는 대로 고른 것은? (단, 설비는 정상상태이며 제시된 조건을 제외하고 나머지 조건은 무시한다.)

유사문제
24년 문26
24년 문31
24년 문33
24년 문44
24년 문48
23년 문40
23년 문46
23년 문49
22년 문30
22년 문36
22년 문42
21년 문41
20년 문28
20년 문35
20년 문36

교재
PP.170
-171

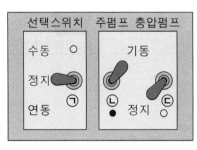

∥ 감시제어반 스위치 ∥

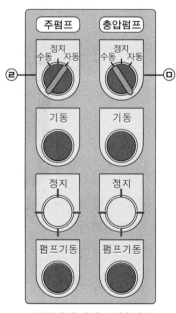

∥ 동력제어반 스위치 ∥

① ㉠, ㉡
② ㉠, ㉢, ㉣
③ ㉠, ㉡, ㉣
④ ㉠, ㉡, ㉤

해설

ⓐ 정지 → 연동
ⓑ 기동 → 정지
ⓜ 수동 → 자동

평상시 상태

감시제어반	동력제어반
선택스위치 : **연동** 보기 ⓐ 주펌프 : **정지** 보기 ⓑ 충압펌프 : **정지** 보기 ⓒ	주펌프 선택스위치 : **자동** 보기 ⓓ • 주펌프 기동램프 : **소등** • 주펌프 정지램프 : **점등** • 주펌프 펌프기동램프 : **소등** 충압펌프 선택스위치 : **자동** 보기 ⓜ • 충압펌프 기동램프 : **소등** • 충압펌프 정지램프 : **점등** • 충압펌프 펌프기동램프 : **소등**

정답 ④

★★
42 다음은 습식 스프링클러설비의 유수검지장치 및 압력스위치의 모습이다. 그림과 같이 압력스위치가 작동했을 때 작동하지 않는 기기는 무엇인가?

 유사문제
24년 문32

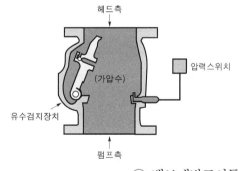 교재
P.180

헤드측

압력스위치

(가압수)

유수검지장치

펌프측

① 화재감지기 점등
② 밸브개방표시등 점등
③ 사이렌 동작
④ 화재표시등 점등

해설

① 습식 스프링클러설비는 감지기를 사용하지 않으므로 화재감지기 점등과는 무관

감지기 사용유무

습식·건식 스프링클러설비	준비작동식·일제살수식 스프링클러설비
감지기 ×	감지기 ○

압력스위치 작동시의 상황
(1) 펌프작동
(2) 감시제어반 밸브개방표시등(습식 : 알람밸브표시등) 점등
(3) 음향장치(사이렌) 작동
(4) 화재표시등 점등

정답 ①

43 다음 빈칸의 내용으로 옳은 것은?

유사문제
23년 문37
23년 문50
20년 문38
20년 문48

교재
PP.366
-367

• 환자의 (㉠)를 두드리면서 "괜찮으세요?"라고 소리쳐서 반응을 확인한다.
• 쓰러진 환자의 얼굴과 가슴을 (㉡) 이내로 관찰하여 호흡이 있는 지를 확인한다.

∥반응 및 호흡 확인∥

① ㉠ : 어깨, ㉡ : 1초   ② ㉠ : 손바닥, ㉡ : 5초
③ ㉠ : 어깨, ㉡ : 10초   ④ ㉠ : 손바닥, ㉡ : 10초

해설 **성인의 가슴압박**

(1) 환자의 **어깨**를 두드린다. 보기 ㉠
(2) 환자의 얼굴과 가슴을 **10초 이내**로 관찰 보기 ㉡
(3) 구조자의 체중을 이용하여 압박한다.
(4) 인공호흡에 자신이 없으면 가슴압박만 시행한다.

구 분	설 명
속 도	분당 100∼120회
깊 이	약 5cm(소아 4∼5cm)

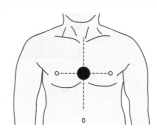

∥가슴압박 위치∥

정답 ③

★★★

44 P형 수신기가 정상이라면, 평상시 점등상태를 유지하여야 하는 표시등은 몇 개소 이고 어디인가?

유사문제
24년 문27
24년 문30
23년 문27
21년 문33
20년 문26
20년 문33
20년 문49

실무교재
P.75

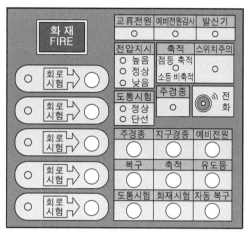

① 2개소 : 교류전원, 전압지시(정상)
② 2개소 : 교류전원, 축적
③ 3개소 : 교류전원, 전압지시(정상), 축적
④ 3개소 : 교류전원, 전압지시(정상), 스위치주의

해설 평상시 점등상태를 유지하여야 하는 표시등 |보기 ①|
　(1) 교류전원
　(2) 전압지시(정상)

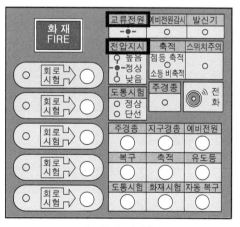

‖P형 수신기‖

정답 ①

45 최상층의 옥내소화전 방수압력을 측정한 후 점검표를 작성했다. 점검표(㉠~㉡) 작성에 대한 내용으로 옳은 것은? (단, 방수압력 측정시 방수압력측정계의 압력은 0.3MPa로 측정되었고, 주펌프가 기동하였다.)

유사문제
24년 문34
24년 문36
23년 문34
22년 문47
21년 문47
20년 문29

교재
P.158,
P.164

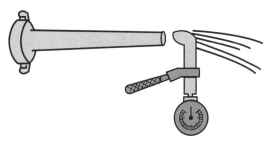

┃ 방수압력측정계 ┃ 　　　　　　　┃ 옥내소화전함 ┃

점검번호	점검항목	점검결과
2-C	펌프방식	
2-C-002	옥내소화전 방수량 및 방수압력 적정 여부	㉠
2-F	함 및 방수구 등	
2-F-002	위치 기동표시등 적정설치 및 정상점등 여부	㉡

① ㉠ : ○, ㉡ : ○　　　　　　② ㉠ : ×, ㉡ : ×

③ ㉠ : ×, ㉡ : ○　　　　　　④ ㉠ : ○, ㉡ : ×

해설

㉠ 단서에 따라 방수압력측정계 압력이 0.3MPa이므로 0.17~0.7MPa 이하이기 때문에 ○

㉡ 단서에 따라 주펌프가 기동하였지만 기동표시등이 점등되지 않았으므로 ×

옥내소화전 방수압력 측정

(1) 측정장치 : 방수압력측정계(피토게이지)

(2)

방수량	방수압력
130L/min	0.17~0.7MPa 이하 보기 ㉠

(3) 방수압력 측정방법 : 방수구에 호스를 결속한 상태로 노즐의 선단에 방수압력측정계(피토게이지)를 근접 $\left(\dfrac{D}{2}\right)$ 시켜서 측정하고 방수압력측정계의 압력계상의 눈금을 확인한다.

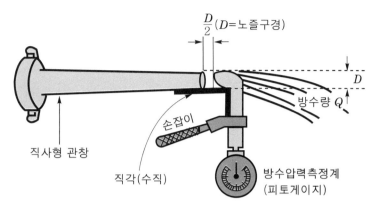

<D/2 (D=노즐구경)

D

방수량 Q

직사형 관창

직각(수직)

손잡이

방수압력측정계
(피토게이지)

┃ 방수압력 측정 ┃

정답 ④

★★
46 축압식 소화기의 압력게이지가 다음 상태인 경우 판단으로 맞는 것은?

교재
P.151

① 압력이 부족한 상태이다.
② 정상압력보다 높은 상태이다.
③ 정상압력을 가르키고 있다.
④ 소화약제를 정상적으로 방출하기 어려울 것으로 보인다.

해설 축압식 소화기의 압력게이지 상태

압력이 부족한 상태	정상압력상태	정상압력보다 높은 상태 보기 ②

정답 ②

★★★
47 다음 조건과 같이 주펌프의 압력스위치를 조정하였다. 이에 대한 설명으로 옳은 것은?

유사문제
23년 문47
22년 문48
21년 문29
21년 문36

실무교재
P.85

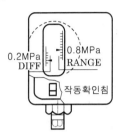

1. 가장 높이 설치된 헤드로부터 펌프중심선까지의 낙차를 압력으로 환산한 값 : 0.45MPa
2. 펌프의 양정 : 80m
3. RANGE 및 DIFF 설정값

① 펌프의 정지압력은 0.6MPa로 정상이나, 기동압력이 0.4MPa로 설정이 되어 있어 DIFF값을 0으로 설정해야 한다.
② 펌프의 기동압력은 0.2MPa로 정상이다.
③ RANGE 값을 0.6MPa로 조절해야 한다.
④ 기동압력과 정지압력이 모두 정상이다.

해설

기동점(기동압력)	정지점(양정, 정지압력)
기동점 = RANGE-DIFF = 자연낙차압+0.15MPa	정지점 = RANGE

① 0.6MPa → 0.8MPa, 0.4MPa → 0.6MPa, 0 → 0.2
   펌프의 정지압력(정지점, 양정) = RANGE이므로
   RANGE = 80m = 0.8MPa(100m = 1MPa) 보기 ③
   기동점 = 자연낙차압+0.15MPa = 0.45MPa+0.15MPa = 0.6MPa 보기 ②
   DIFF = RANGE-기동점 = 0.8MPa-0.6MPa = 0.2MPa
② 0.2MPa → 0.6MPa
③ 0.6MPa → 0.8MPa
④ 기동압력 = 0.6MPa, 정지압력 = 0.8MPa로 스프링클러설비의 방수압이 0.1~1.2MPa에 해당하여 **정상**이다.
• [조건1]에서 '**헤드**'라는 말이 있으므로 스프링클러설비임을 알 수 있다.

구분	스프링클러설비
방수압	0.1~1.2MPa 이하
방수량	80L/min 이상

☑중요 **충압펌프 기동점**

충압펌프 기동점 = 주펌프 기동점+0.05MPa

> 용어 │ **자연낙차압**
>
> 가장 높이 설치된 헤드로부터 펌프 중심점까지의 낙차를 압력으로 환산한 값

😀정답 ④

★★★
48 다음 중 그림에 대한 설명으로 옳지 않은 것은?

유사문제
23년 문30
23년 문37
23년 문43
23년 문50
22년 문40
22년 문45
22년 문49
21년 문37
21년 문43
21년 문49
20년 문32
20년 문43

교재
PP.366
-370

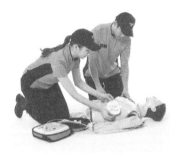

(a)　　　　　　　　　　　(b)

① 철수 : (a) 절차에는 분당 100~120회의 속도로 약 5cm 깊이로 강하고 빠르게 시행해야 해.

② 영희 : 그림에서 보여지는 모습은 심폐소생술 관련 동작이야. 그리고 기본순서로는 가슴압박＞기도유지＞인공호흡으로 알고 있어.

③ 민수 : 환자 발견 즉시 (a)의 모습대로 30회의 가슴압박과 5회의 인공호흡을 119 구급대원이 도착할 때까지 반복해서 시행해야 해.

④ 지영 : (b)의 응급처치 기기를 사용 시 2개의 패드를 각각 오른쪽 빗장뼈 아래와 왼쪽 젖꼭지 아래의 중간겨드랑선에 부착해야 해.

 해설

> ③ 5회 → 2회

(1) 성인의 가슴압박
① 환자의 **어깨**를 두드린다.
② 쓰러진 환자의 얼굴과 가슴을 <u>10초 이내</u>로 관찰
　　　　　　　　　　　　　　10초 이상 ✕
③ 구조자의 체중을 이용하여 압박한다.
④ 인공호흡에 자신이 없으면 가슴압박만 시행한다.
⑤ 인공호흡 : 1초에 걸쳐서 숨을 불어넣는다.

구 분	설 명 보기 ①
속 도	분당 100~120회
깊 이	약 5cm(소아 4~5cm)

기출문제 **2020**

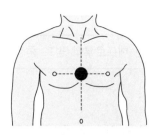

‖ 가슴압박 위치 ‖

(2) 심폐소생술

심폐소생술 실시	심폐소생술 기본순서 보기 ②
호흡과 심장이 멎고 **4~6분**이 경과하면 산소 부족으로 뇌가 손상되어 원상 회복되지 않으므로 호흡이 없으면 즉시 심폐소생술을 실시해야 한다.	**가슴압박 → 기도유지 → 인공호흡** 공학성 기억법 **가기인**

(3) 심폐소생술의 진행

구 분	시행횟수 보기 ③
가슴압박	30회
인공호흡	**2**회

(4) 자동심장충격기(AED) 사용방법
① 자동심장충격기를 심폐소생술에 방해가 되지 않는 위치에 놓은 뒤 전원버튼을 누른다.
② 환자의 상체를 노출시킨 다음 패드 포장을 열고 2개의 패드를 환자의 가슴에 붙인다.
③ 패드는 **왼쪽 젖꼭지 아래의 중간겨드랑선**에 설치하고 **오른쪽 빗장뼈**(쇄골) 바로 **아래**에 붙인다. 보기 ④

‖ 패드의 부착위치 ‖

패드 1	패드 2
오른쪽 빗장뼈(쇄골) 바로 아래	왼쪽 젖꼭지 아래의 중간겨드랑선

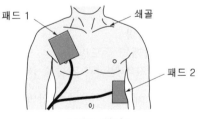

‖ 패드 위치 ‖

④ 심장충격이 필요한 환자인 경우에만 제세동버튼이 깜박이기 시작하며, 깜박일 때 심장충격버튼을 눌러 심장충격을 시행한다.
⑤ 심장충격버튼을 누르기 전에는 반드시 주변사람 및 구조자가 환자에게서 떨어져
   누른 후에는 ✕
   있는지 다시 한 번 확인한 후에 실시하도록 한다.

⑥ 심장충격이 필요 없거나 심장충격을 실시한 이후에는 즉시 **심폐소생술**을 다시 시작한다.

⑦ **2분**마다 심장리듬을 분석한 후 반복 시행한다.

정답 ③

49

유사문제
24년 문27
24년 문30
23년 문27
23년 문38
21년 문33
20년 문26
20년 문33
20년 문44

교재
P.223

그림과 같이 수신기의 스위치주의등이 점멸하고 있을 경우 수신기를 정상으로 복구하는 방법으로 옳은 것은?

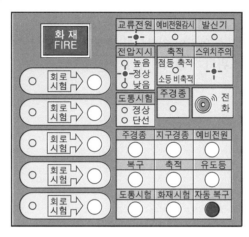

① 수신기의 복구 버튼을 누른다.

② 조작스위치가 정상위치에 있지 않은 스위치를 찾아 정상위치 시킨다.

③ 스위치주의등이 복구될 때까지 기다린다.

④ 수신기의 예비전원 버튼을 누른다.

해설

② 스위치주의등이 점멸하고 있을 때는 **지구경종, 주경종, 자동복구스위치** 등이 눌러져 있을 때이므로 눌러져 있는 스위치(정상위치에 있지 않은 스위치)를 정상위치 시킨다. 현재는 자동복구스위치가 눌러져 있으므로 자동복구스위치를 자동복구시키면 된다.

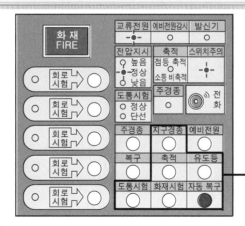

이 스위치가 하나라도 눌러져 있는 경우 스위치주의등이 점멸함

정답 ②

50

유사문제
23년 문21

교재
PP.186
-187

습식 스프링클러설비에서 알람밸브 2차측 압력이 저하되어 클래퍼가 개방(작동)되면 어떤 상황이 발생되는가?

① 압력수 유입으로 압력스위치가 동작된다.

② 다량의 물 유입으로 클래퍼 개방이 가속화된다.

③ 지연장치에 의해 설정시간지연 후 압력스위치가 작동된다.

④ 말단시험밸브를 개방하여 가압수를 배출시킨다.

해설 알람밸브 2차측 압력이 저하되어 **클래퍼**가 **개방**되면 클래퍼 개방에 따른 **압력수 유입**으로 **압력스위치**가 **동작**된다. 보기 ①

정답 ①

종목				
유형	Ⓐ	Ⓑ	Ⓒ	Ⓓ
일자				
성명				

수험번호

0	0	0	0	0	0
①	①	①	①	①	①
②	②	②	②	②	②
③	③	③	③	③	③
④	④	④	④	④	④
⑤	⑤	⑤	⑤	⑤	⑤
⑥	⑥	⑥	⑥	⑥	⑥
⑦	⑦	⑦	⑦	⑦	⑦
⑧	⑧	⑧	⑧	⑧	⑧
⑨	⑨	⑨	⑨	⑨	⑨

감독확인

문항	정 답 (1–10)	문항	정 답 (11–20)	문항	정 답 (21–30)	문항	정 답 (31–40)	문항	정 답 (41–50)
1	① ② ③ ④	11	① ② ③ ④	21	① ② ③ ④	31	① ② ③ ④	41	① ② ③ ④
2	① ② ③ ④	12	① ② ③ ④	22	① ② ③ ④	32	① ② ③ ④	42	① ② ③ ④
3	① ② ③ ④	13	① ② ③ ④	23	① ② ③ ④	33	① ② ③ ④	43	① ② ③ ④
4	① ② ③ ④	14	① ② ③ ④	24	① ② ③ ④	34	① ② ③ ④	44	① ② ③ ④
5	① ② ③ ④	15	① ② ③ ④	25	① ② ③ ④	35	① ② ③ ④	45	① ② ③ ④
6	① ② ③ ④	16	① ② ③ ④	26	① ② ③ ④	36	① ② ③ ④	46	① ② ③ ④
7	① ② ③ ④	17	① ② ③ ④	27	① ② ③ ④	37	① ② ③ ④	47	① ② ③ ④
8	① ② ③ ④	18	① ② ③ ④	28	① ② ③ ④	38	① ② ③ ④	48	① ② ③ ④
9	① ② ③ ④	19	① ② ③ ④	29	① ② ③ ④	39	① ② ③ ④	49	① ② ③ ④
10	① ② ③ ④	20	① ② ③ ④	30	① ② ③ ④	40	① ② ③ ④	50	① ② ③ ④

작성시 유의사항

- 시험종목, 시험일자, 성명, 수험번호를 정확하게 기재하여 주십시오.
- 문제지 유형과 수험번호를 검정색 수성사인펜, 볼펜 등으로 바르게 ● 표기하십시오.

  ※ 수험번호는 아라비아숫자 6자리 작성 후 표기
- 「감독확인」란은 응시자가 작성하지 않으며, 감독확인이 없는 답안지는 무효 처리합니다.
- 답안지는 구기거나 접지 마시고, 절대 낙서하지 마십시오.
- 이중 표기 등 잘못된 기재로 인한 OMR기의 인식 오류는 응시자 책임이므로 주의하시기 바랍니다.

바른 표기	잘못된 표기
●	⊘ ⊙ ⊗

- 응시자는 시험시간이 종료되면 즉시 답안작성을 멈춰야 하며, 감독위원이 답안지를 제출지시에 불응할 때에는 당해 시험은 무효 처리됩니다.

종목	
유형	Ⓐ Ⓑ Ⓒ Ⓓ
일자	
성명	

수험번호

| ⑨ ⑧ ⑦ ⑥ ⑤ ④ ③ ② ① ⓪ |
| ⑨ ⑧ ⑦ ⑥ ⑤ ④ ③ ② ① ⓪ |
| ⑨ ⑧ ⑦ ⑥ ⑤ ④ ③ ② ① ⓪ |
| ⑨ ⑧ ⑦ ⑥ ⑤ ④ ③ ② ① ⓪ |
| ⑨ ⑧ ⑦ ⑥ ⑤ ④ ③ ② ① ⓪ |
| ⑨ ⑧ ⑦ ⑥ ⑤ ④ ③ ② ① ⓪ |

감독확인

문항	정답 (1~10)	문항	정답 (11~20)	문항	정답 (21~30)	문항	정답 (31~40)	문항	정답 (41~50)
1	① ② ③ ④	11	① ② ③ ④	21	① ② ③ ④	31	① ② ③ ④	41	① ② ③ ④
2	① ② ③ ④	12	① ② ③ ④	22	① ② ③ ④	32	① ② ③ ④	42	① ② ③ ④
3	① ② ③ ④	13	① ② ③ ④	23	① ② ③ ④	33	① ② ③ ④	43	① ② ③ ④
4	① ② ③ ④	14	① ② ③ ④	24	① ② ③ ④	34	① ② ③ ④	44	① ② ③ ④
5	① ② ③ ④	15	① ② ③ ④	25	① ② ③ ④	35	① ② ③ ④	45	① ② ③ ④
6	① ② ③ ④	16	① ② ③ ④	26	① ② ③ ④	36	① ② ③ ④	46	① ② ③ ④
7	① ② ③ ④	17	① ② ③ ④	27	① ② ③ ④	37	① ② ③ ④	47	① ② ③ ④
8	① ② ③ ④	18	① ② ③ ④	28	① ② ③ ④	38	① ② ③ ④	48	① ② ③ ④
9	① ② ③ ④	19	① ② ③ ④	29	① ② ③ ④	39	① ② ③ ④	49	① ② ③ ④
10	① ② ③ ④	20	① ② ③ ④	30	① ② ③ ④	40	① ② ③ ④	50	① ② ③ ④

작성시 유의사항

- 시험종목, 시험일자, 성명, 수험번호를 정확하게 기재하여 주십시오.
- 문제지 유형과 수험번호를 검정색 수성사인펜, 볼펜 등으로 바르게 ● 표기하십시오.
  ※ 수험번호는 아라비아숫자 6자리 작성 후 표기
- '감독확인'란은 응시자가 작성하지 않으며, 감독확인이 없는 답안지는 무효 처리합니다.
- 답안지는 구기거나 접지 마시고, 절대 낙서하지 마십시오.
- 이중 표기 등 잘못된 기재로 인한 OMR기의 인식 오류는 응시자 책임이므로 주의하시기 바랍니다.

바른 표기	잘못된 표기
●	⊘ ⊙ ⊗

- 응시자는 시험시간이 종료되면 즉시 답안작성을 멈추어야 하며, 감독위원의 답안지 제출지시에 불응할 때에는 당해 시험은 무효 처리됩니다.

한국소방안전원
KOREA FIRE SAFETY INSTITUTE

자격시험 및 평가 답안지

종목			
유형	Ⓐ	Ⓑ Ⓒ Ⓓ	
일자			
성명			

수험번호

0	0	0	0	0	0
①	①	①	①	①	①
②	②	②	②	②	②
③	③	③	③	③	③
④	④	④	④	④	④
⑤	⑤	⑤	⑤	⑤	⑤
⑥	⑥	⑥	⑥	⑥	⑥
⑦	⑦	⑦	⑦	⑦	⑦
⑧	⑧	⑧	⑧	⑧	⑧
⑨	⑨	⑨	⑨	⑨	⑨

감독확인

문항	정답 (1~10)	문항	정답 (11~20)	문항	정답 (21~30)	문항	정답 (31~40)	문항	정답 (41~50)
1	① ② ③ ④	11	① ② ③ ④	21	① ② ③ ④	31	① ② ③ ④	41	① ② ③ ④
2	① ② ③ ④	12	① ② ③ ④	22	① ② ③ ④	32	① ② ③ ④	42	① ② ③ ④
3	① ② ③ ④	13	① ② ③ ④	23	① ② ③ ④	33	① ② ③ ④	43	① ② ③ ④
4	① ② ③ ④	14	① ② ③ ④	24	① ② ③ ④	34	① ② ③ ④	44	① ② ③ ④
5	① ② ③ ④	15	① ② ③ ④	25	① ② ③ ④	35	① ② ③ ④	45	① ② ③ ④
6	① ② ③ ④	16	① ② ③ ④	26	① ② ③ ④	36	① ② ③ ④	46	① ② ③ ④
7	① ② ③ ④	17	① ② ③ ④	27	① ② ③ ④	37	① ② ③ ④	47	① ② ③ ④
8	① ② ③ ④	18	① ② ③ ④	28	① ② ③ ④	38	① ② ③ ④	48	① ② ③ ④
9	① ② ③ ④	19	① ② ③ ④	29	① ② ③ ④	39	① ② ③ ④	49	① ② ③ ④
10	① ② ③ ④	20	① ② ③ ④	30	① ② ③ ④	40	① ② ③ ④	50	① ② ③ ④

작성시 유의사항

- 시험종목, 시험일자, 성명, 수험번호를 정확하게 기재하여 주십시오.
- 문제지 유형과 수험번호를 검정색 수성사인펜, 볼펜 등으로 바르게 ● 표기하십시오.

  ※ 수험번호는 아래비아숫자 6자리 작성 후 표기

- '감독확인'란은 응시자가 작성하지 않으며, 감독확인이 없는 답안지는 무효 처리합니다.
- 답안지는 구기거나 접지 마시고, 절대 낙서하지 마십시오.
- 이중 표기 등 잘못된 기재로 인한 OMR기의 인식 오류는 응시자 책임이므로 주의하시기 바랍니다.

바른 표기		잘못된 표기	
●		⊘ ⊙ ⊗	

- 응시자는 시험시간이 종료되면 즉시 답안작성을 멈춰야 하며, 감독위원의 답안지 제출지시에 불응할 때에는 당해 시험은 무효 처리됩니다.

소방안전관리자 2급
기출문제 총집합+5개년 기출문제

2017. 5. 10. 초 판 1쇄 발행
2018. 1. 5. 초 판 2쇄 발행
2018. 1. 25. 초 판 3쇄 발행
2018. 7. 2. 1차 개정증보 1판 1쇄 발행
2019. 1. 7. 2차 개정증보 2판 1쇄 발행
2019. 7. 3. 3차 개정증보 3판 1쇄 발행
2020. 1. 5. 3차 개정증보 3판 2쇄 발행
2020. 2. 10. 3차 개정증보 3판 3쇄 발행
2020. 3. 2. 3차 개정증보 3판 4쇄 발행
2020. 9. 3. 4차 개정증보 4판 1쇄 발행
2021. 1. 5. 4차 개정증보 4판 2쇄 발행
2021. 3. 15. 4차 개정증보 4판 3쇄 발행
2021. 7. 15. 5차 개정증보 5판 1쇄 발행
2021. 8. 20. 5차 개정증보 5판 2쇄 발행
2022. 8. 5. 6차 개정증보 6판 1쇄 발행
2022. 11. 9. 6차 개정증보 6판 2쇄 발행
2023. 3. 8. 7차 개정증보 7판 1쇄 발행
2023. 6. 28. 7차 개정증보 7판 2쇄 발행
2024. 1. 3. 8차 개정증보 8판 1쇄 발행
2024. 1. 10. 8차 개정증보 8판 2쇄 발행
2024. 3. 6. 8차 개정증보 8판 3쇄 발행
2024. 5. 22. 9차 개정증보 9판 1쇄 발행
2024. 9. 4. 9차 개정증보 9판 2쇄 발행
2025. 1. 15. 9차 개정증보 9판 3쇄 발행

지은이 │ 공하성
펴낸이 │ 이종춘
펴낸곳 │ BM ㈜도서출판 성안당

주소 │ 04032 서울시 마포구 양화로 127 첨단빌딩 3층(출판기획 R&D 센터)
      │ 10881 경기도 파주시 문발로 112 파주 출판 문화도시(제작 및 물류)
전화 │ 02) 3142-0036
      │ 031) 950-6300
팩스 │ 031) 955-0510
등록 │ 1973. 2. 1. 제406-2005-000046호
출판사 홈페이지 │ www.cyber.co.kr
ISBN │ 978-89-315-8695-4 (13530)
정가 │ **30,000원**

이 책을 만든 사람들

기획 │ 최옥현
진행 │ 박경희
교정·교열 │ 김혜린
전산편집 │ 이다은
표지 디자인 │ 박현정
홍보 │ 김계향, 임진성, 김주승, 최정민
국제부 │ 이선민, 조혜란
마케팅 │ 구본철, 차정욱, 오영일, 나진호, 강호묵
마케팅 지원 │ 장상범
제작 │ 김유석

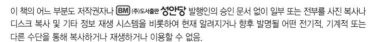